倒计时片头

美图欣赏

可爱卡通文字

镜头的快播和慢播效果

水平滚动字幕

镜头的快播和慢播效果

公益广告动画

彩插——案例欣赏

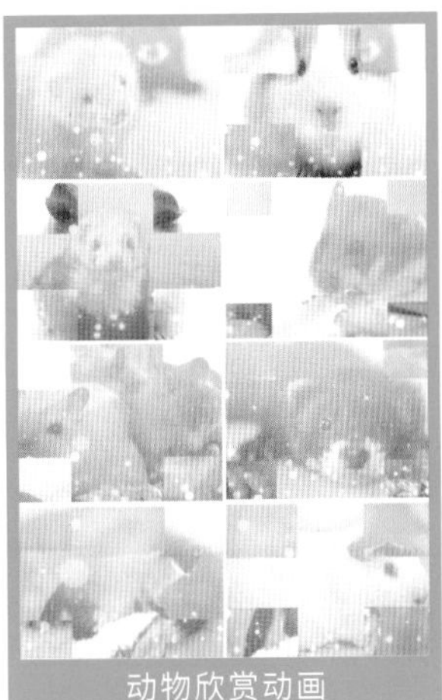

动物欣赏动画

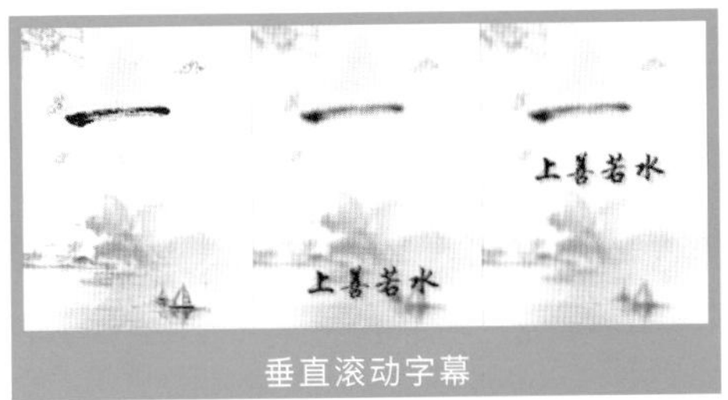

垂直滚动字幕

纹理效果字幕

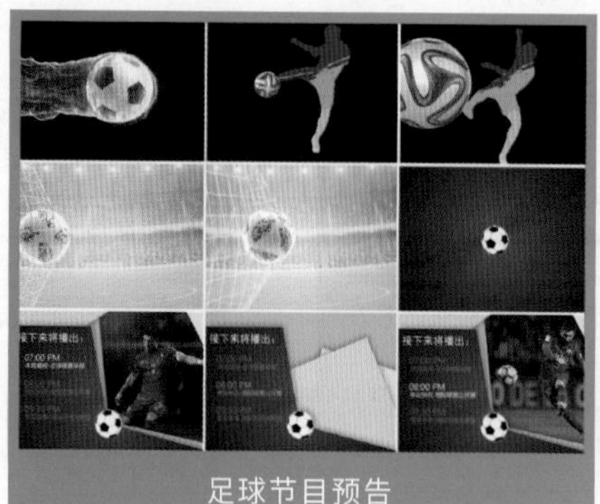
足球节目预告

环保宣传片

精致茶具

婚礼片头

可爱小天使

怀旧照片

可爱杯子

家居短片动画

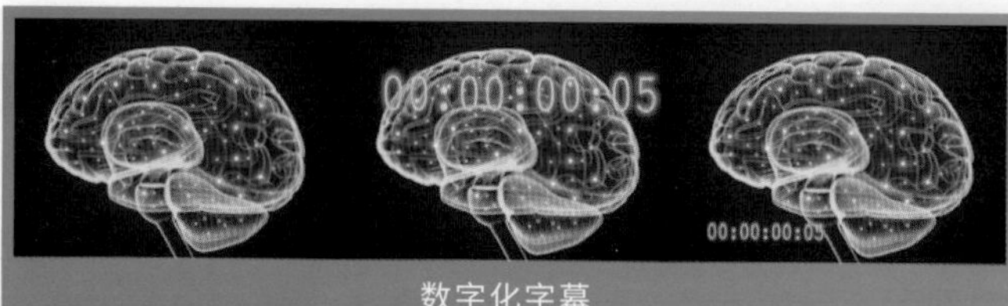

数字化字幕

圣诞麋鹿

Adobe Premiere Pro CC
影视编辑设计与制作案例实战

刘大伟　刘　芳　齐　欣　主编

清華大学出版社
北　京

内 容 简 介

Premiere Pro 是专门用于视频后期处理的非线性编辑软件，它的强大功能在于可以快速地对视频进行剪辑处理，专业人士能够使用该软件制作出非常漂亮的影视作品。本书共分 9 章，包括：倒计时片头——Premiere Pro CC 基础操作、镜头的快播和慢播效果——视频剪辑操作、文字雨效果——字幕设计、家居短片动画——视频切换效果、动物欣赏动画——视频特效、【婚纱摄影宣传片】制作 AVI 格式的影片——项目输出、综合案例——足球节目预告、综合案例——公益广告动画、课程设计等内容。

本书案例精彩、实战性强，在深入剖析各类动画实例制作技法的同时，力求使读者能够拓展设计视野与开阔思维，并且能够活学活用、学以致用，轻松地完成各类动画的设计工作。

本书内容丰富、语言通俗、结构清晰，适合初、中级读者学习使用，也可以供从事多媒体设计、影像处理、婚庆礼仪制作的人员参考，同时还可以作为大中专院校相关专业、相关计算机培训班的上机指导教材。

图书在版编目(CIP)数据

Adobe Premiere Pro CC 影视编辑设计与制作案例实战 / 刘大伟，刘芳，齐欣主编. —北京：清华大学出版社，2022.8(2024.3 重印)

ISBN 978-7-302-61419-7

Ⅰ. ①A… Ⅱ. ①刘… ②刘… ③齐… Ⅲ. ①视频编辑软件 Ⅳ. ①TP317.53

中国版本图书馆CIP数据核字（2022）第134014号

责任编辑：李玉茹

封面设计：李 坤

责任校对：吕丽娟

责任印制：曹婉颖

出版发行：清华大学出版社

网 址：https://www.tup.com.cn, https://www.wqxuetang.com

地 址：北京清华大学学研大厦A座 邮 编：100084

社 总 机：010-83470000 邮 购：010-62786544

投稿与读者服务：010-62776969，c-service@tup.tsinghua.edu.cn

质量反馈：010-62772015，zhiliang@tup.tsinghua.edu.cn

印 装 者：三河市君旺印务有限公司

经 销：全国新华书店

开 本：185mm×260mm **印 张**：14 **插 页**：1 **字 数**：339千字

版 次：2022年9月第1版 **印 次**：2024年3月第2次印刷

定 价：79.00 元

产品编号：092835-01

前言

Adobe Premiere Pro 是 Adobe 公司推出的一款视频、音频编辑软件，其提供了采集、剪辑、调色、美化音频、字幕设计、输出、DVD 刻录等一整套流程，深受广大视频、音频制作爱好者的喜爱。Premiere 作为功能强大的多媒体视频、音频编辑软件，广泛地应用于电视节目制作、广告制作及电影剪辑等领域，制作效果令人非常满意，可以协助用户更加高效地工作。

本书内容

本书用以帮助读者全面学习 Premiere Pro CC 的使用，通过案例精讲 + 实战 + 课后项目练习深入浅出地介绍 Premiere Pro 的具体操作要领。

本书共分 9 章，按照影视设计工作的实际需求组织内容，基础知识以实用、够用为原则。其中，包括倒计时片头——Premiere Pro CC 基础操作、镜头的快播和慢播效果——视频剪辑操作、文字雨效果——字幕设计、家居短片动画——视频切换效果、动物欣赏动画——视频特效、【婚纱摄影宣传片】制作 AVI 格式的影片——项目输出、综合案例——足球节目预告、综合案例——公益广告动画、课程设计等内容。

本书特色

本书面向 Premiere Pro 的初、中级用户，采用由浅入深、循序渐进的讲述方法，内容丰富。

（1）本书案例丰富，每章都有不同类型的案例，适合上机操作教学。

（2）每个案例都是编写者精心挑选的，可以引导读者发挥想象力，调动学习的积极性。

（3）案例实用，技术含量高，与实践紧密结合。

（4）配套资源丰富，方便教学。

海量的电子学习资源和素材

本书附带大量的学习资料和视频教程，书中将下载截图给出部分概览。

本书附带的素材文件、场景文件、效果文件、多媒体有声视频教学录像，读者在阅读完本书内容以后，可以调用这些资源进行深入学习。

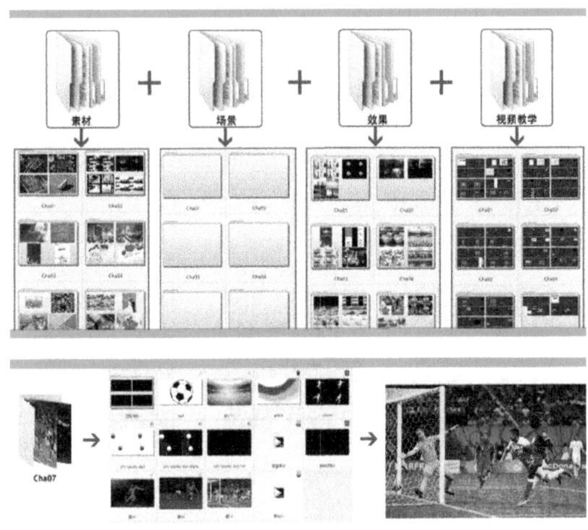

本书视频教学贴近实际，几乎是手把手教学。

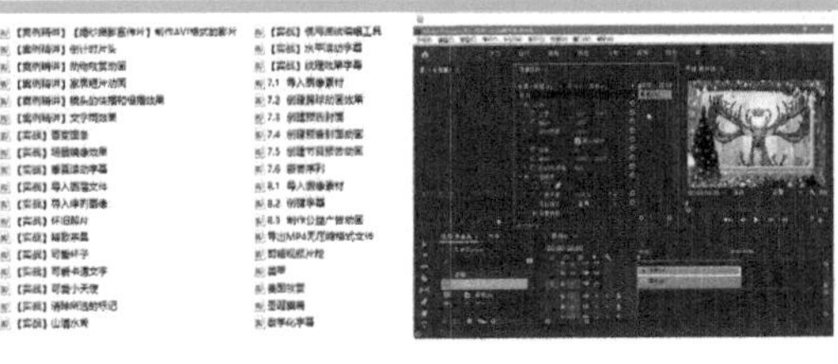

本书约定

为便于阅读理解，本书的写作风格遵从如下约定。

本书中出现的中文菜单和命令将用【】括起来，以示区分。此外，为了使语句更简洁易懂，本书中所有的菜单和命令之间以竖线 (|) 分隔。例如，单击【编辑】菜单，再选择【复制】命令，就用【编辑】|【复制】来表示。

用加号 (+) 连接的两个或三个键表示组合键，在操作时表示同时按下这两个或三个键。例如，Ctrl+V 是指在按下 Ctrl 键的同时按下 V 字母键；Ctrl+Alt+N 是指在按下 Ctrl 键和 Alt 键的同时按下字母键 N。

在没有特殊指定时，单击、双击和拖动是指用鼠标左键单击、双击和拖动，右击是指用鼠标右键单击。

读者对象

（1）Premiere 初学者。

（2）大中专院校和社会培训班平面设计及其相关专业的教材。

（3）平面设计从业人员。

致谢

衷心感谢在本书出版过程中给予我帮助的编辑老师，以及为这本书付出辛勤劳动的出版社的其他老师们。

本书由哈尔滨体育学院的刘大伟、刘芳、齐欣编写。其中，刘大伟编写第 1 ～ 4 章，刘芳编写第 5 ～ 7 章，齐欣编写第 8 ～ 9 章。

由于时间有限，书中疏漏之处在所难免，望读者朋友批评指正。

编　者

目录

第 5 章 动物欣赏动画——视频特效 /109

第 6 章 【婚纱摄影宣传片】制作 AVI 格式的影片——项目输出 /161

第 7 章 综合案例——足球节目预告 /169

第 1 章

倒计时片头——Premiere Pro CC 基础操作

本章导读：

在工作流程中，掌握软件的基本操作是进行编辑工作之前的一项重要的准备工作。本章介绍了 Premiere Pro CC 的启动和退出、工作界面和功能面板的使用方法，以及文件的基本操作和导入素材的操作等。

【案例精讲】倒计时片头

为了更好地完成本设计案例，现对制作要求及设计内容做如下规划，如图 1-1 所示。

作品名称	倒计时片头
设计创意	通过创建文字字幕制作倒计时文字和按钮，并为字幕添加转场动画实现倒计时动画
主要元素	（1）数字按钮 （2）GO 按钮
应用软件	Adobe Premiere Pro CC
素材	无
场景	场景 \Cha01\【案例精讲】倒计时片头 .prproj
视频	视频教学 \Cha01\【案例精讲】倒计时片头 .mp4
倒计时片头效果欣赏	图 1-1
备注	

01 启动 Premiere Pro CC 软件后，在弹出的【主页】对话框中单击【新建项目】按钮，弹出【新建项目】对话框，将【名称】设置为【案例精讲】倒计时片头，单击【位置】右侧的【浏览】按钮，弹出【请选择新项目的目标路径】对话框，在该对话框中设置储存路径，然后单击【选择文件夹】按钮，如图 1-2 所示。

02 返回到【新建项目】对话框中，其他参数保持默认设置，单击【确定】按钮即可新建项目。在【项目】面板的空白处右击，在弹出的快捷菜单中选择【新建项目】|【序列】命令，弹出【新建序列】对话框，切换到【序列预设】选项卡，在【可用预设】列表框中选择 DV-PAL|【标准 48kHz】选项，其他使用

默认设置，单击【确定】按钮，如图 1-3 所示。

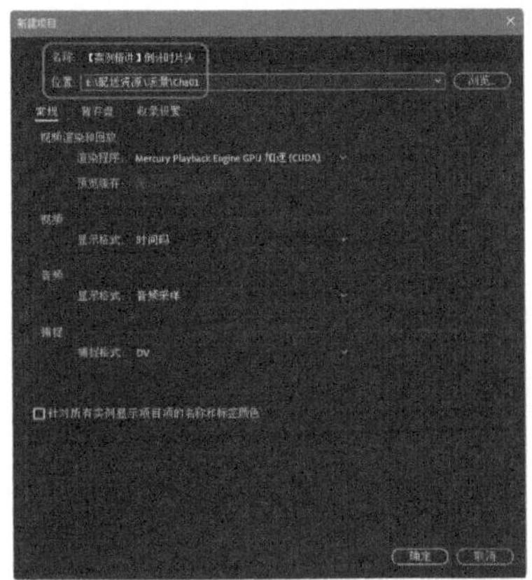

图 1-2

图 1-3

03 在菜单栏中选择【序列】|【添加轨道】命令，弹出【添加轨道】对话框，在【视频轨道】选项组中添加 5 条视频轨道，其他保持默认设置，单击【确定】按钮，如图 1-4 所示。

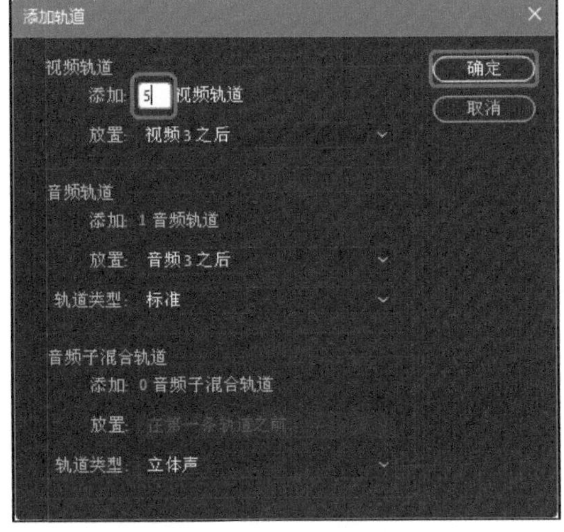

图 1-4

04 在菜单栏中选择【文件】|【新建】|【旧版标题】命令，新建【字幕 01】，保持默认设置，单击【确定】按钮，如图 1-5 所示。

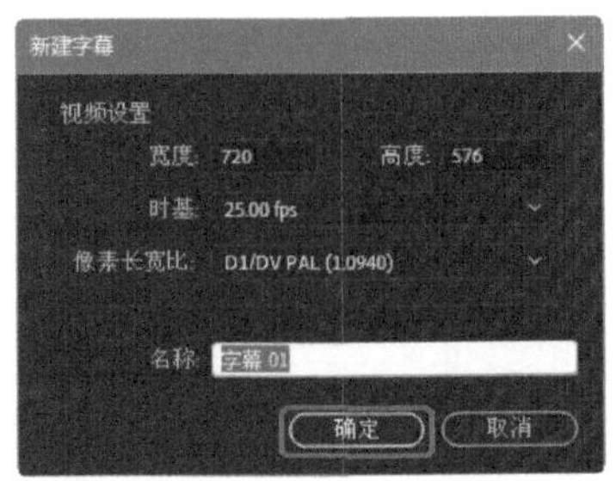

图 1-5

05 新建【旧版标题】后，会弹出对话框，可以在该对话框内进行设置，如图 1-6 所示。

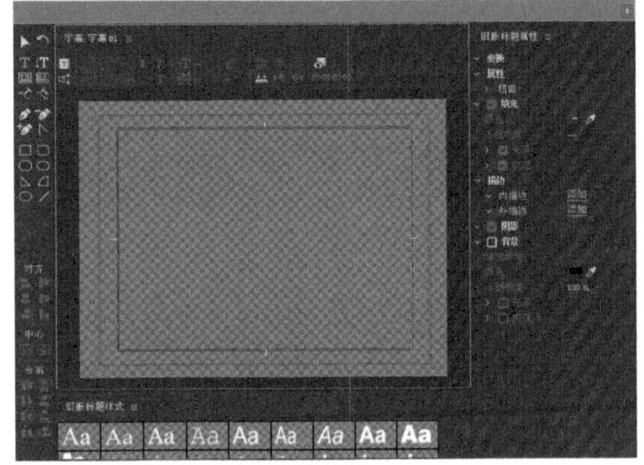

图 1-6

06 在打开的对话框左侧的【字幕工具】面板中，使用【椭圆工具】，拖曳鼠标的同时按住 Shift 键绘制正圆，然后转到【字幕属性】面板中，在【变换】选项组中将【宽度】、【高度】分别设置为 240、240，将【X 位置】、【Y 位置】分别设置为 390、280，如图 1-7 所示。

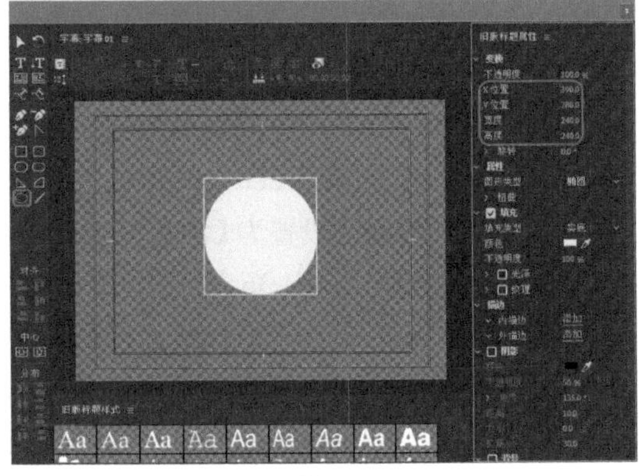

图 1-7

07 在【字幕属性】面板中，设置【填充】选项组中的【填充类型】为【线性渐变】，双击【颜色】右方的左侧色块，设置 RGB 值为 191、191、191，调整色块位置于最顶端，将右侧色块的 RGB 值设置为 64、64、64，调整色块位置于最末端，如图 1-8 所示。

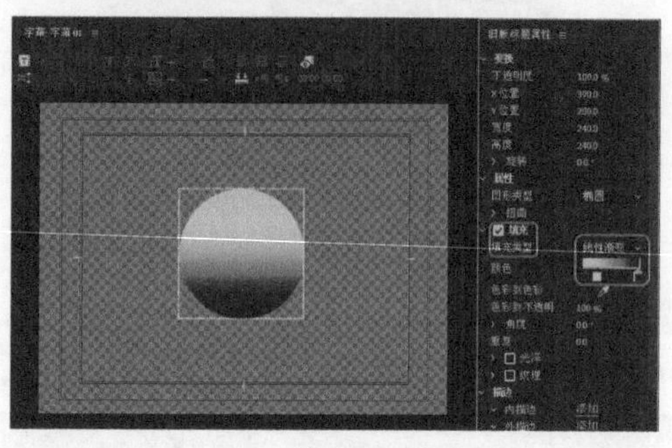

图 1-8

08 在【描边】选项组中单击【外描边】右侧的【添加】按钮，将【类型】设置为【边缘】，将【大小】设置为 5，将【颜色】设置为白色，如图 1-9 所示。

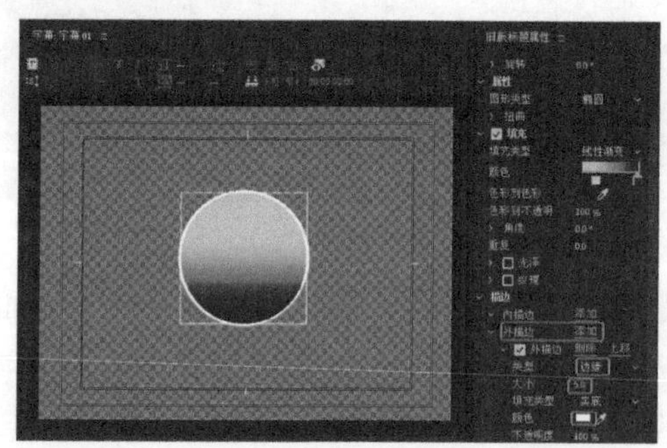

图 1-9

09 单击【基于当前字幕新建字幕】按钮，弹出【新建字幕】对话框，使用默认设置，单击【确定】按钮，即可创建【字幕 02】。在【变换】选项组中将【宽度】、【高度】分别设置为 210、210，将【X 位置】、【Y 位置】分别设置为 390、280，在【填充】选项组中将【填充类型】设置为【实底】，将【颜色】RGB 值设置为 37、35、36，如图 1-10 所示。

10 再次单击【基于当前字幕新建字幕】按钮，在弹出的对话框中使用默认设置，单击【确定】按钮，新建【字幕 03】。在【描边】选项组中取消勾选【外描边】复选框，将【填充】选项组中的【填充类型】设置为【实底】，将【颜色】RGB 值设置 214、0、0，在【变换】选项组中将【宽度】、【高度】分别设置为 210、210，将【X 位置】、【Y 位置】分别设置为 390、280，设置完成后的效果如图 1-11 所示。

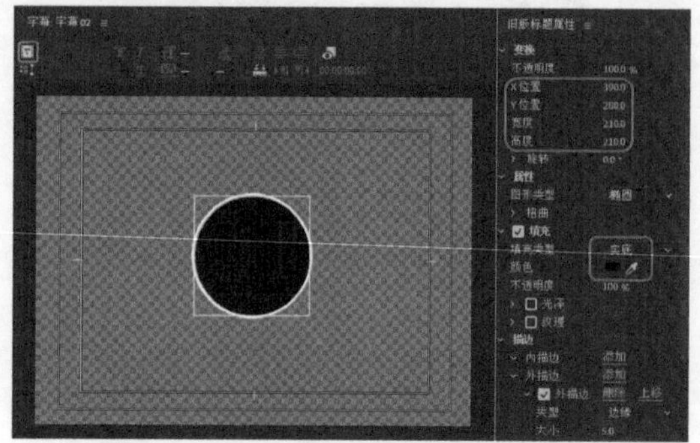

图 1-10

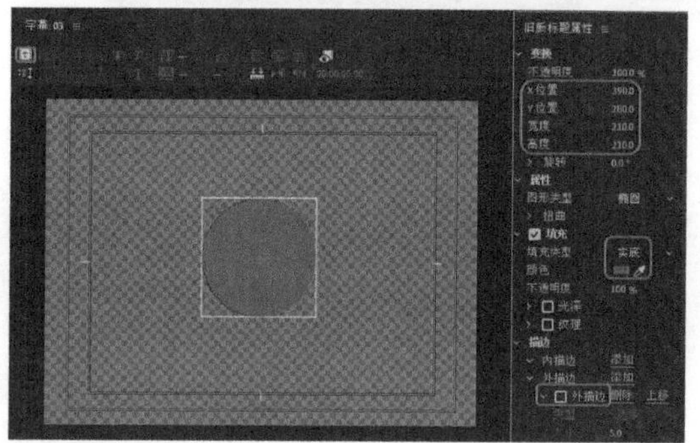

图 1-11

11 再次单击【基于当前字幕新建字幕】按钮，在弹出的对话框中使用默认设置，单击【确定】按钮，新建【字幕 04】。在【变换】选项组中将【宽度】、【高度】分别设置为 160、160，将【X 位置】、【Y 位置】分别设置为 390、280，如图 1-12 所示。

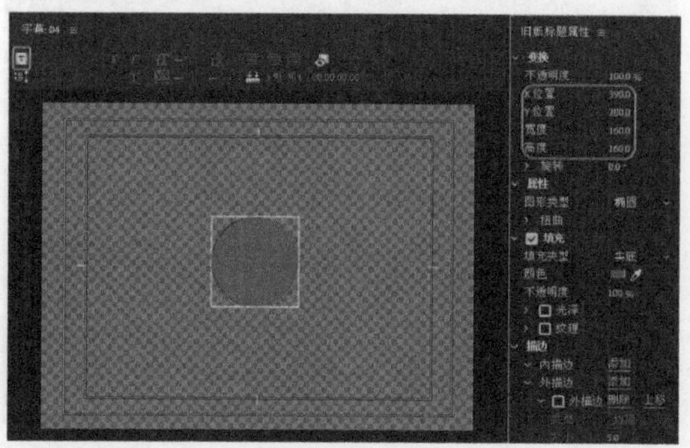

图 1-12

12 在【填充】选项组中将【填充类型】设置为【径向渐变】，将左侧的色块RGB值设置为255、255、0，将右侧的色块RGB值设置为231、87、1，如图1-13所示。

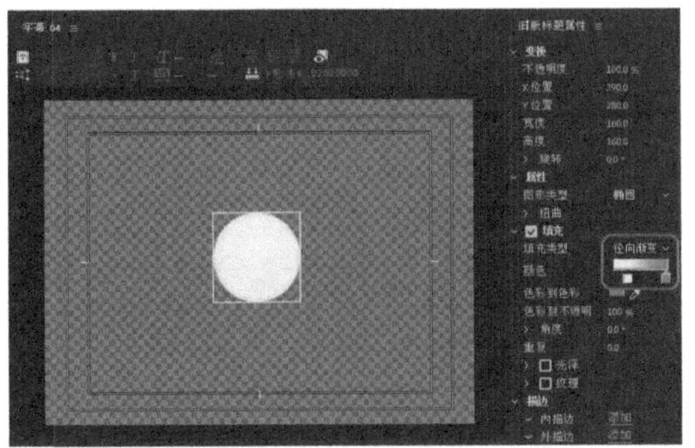

图 1-13

13 勾选【外描边】复选框，将【类型】设置为【边缘】，将【大小】设置为5，将【颜色】设置为白色，如图1-14所示。

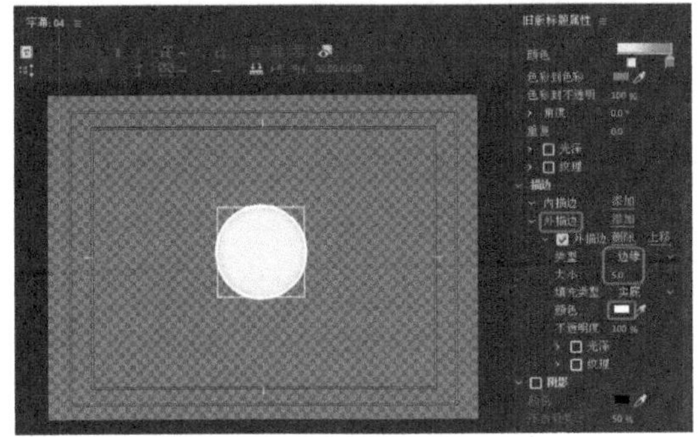

图 1-14

14 使用【文字工具】在字幕窗口中输入数字“5”，在【变换】选项组中将【X位置】、【Y位置】分别设置为391、290，在【属性】选项组中将【字体系列】设置为【方正姚体】，将【字体大小】设置为112，如图1-15所示。

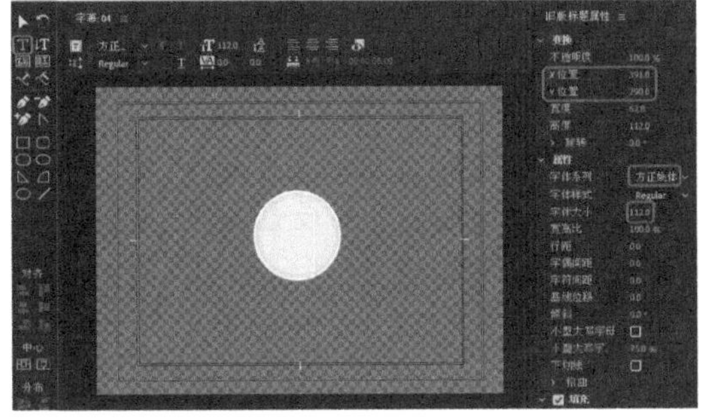

图 1-15

15 在【填充】选项组中将【填充类型】设置为【实底】，将【颜色】RGB值设置为176、26、2，在【描边】选项组中将【大小】设置为20，如图1-16所示。

图 1-16

16 单击【基于当前字幕新建字幕】按钮，在弹出的对话框中使用默认设置，单击【确定】按钮，新建【字幕05】，在【字幕】窗口中，将数字“5”改为“4”。单击【基于当前字幕新建字幕】按钮，在弹出的对话框中使用默认设置，单击【确定】按钮，新建【字幕06】，在【字幕】窗口中，将数字“4”改为“3”。使用同样的方法新建【字幕07】、【字幕08】，依次将数字改为“2”和“1”，最后效果如图1-17所示。

图 1-17

17 再次单击【基于当前字幕新建字幕】按钮，在弹出的对话框中使用默认设置，新建【字幕09】，选中【字幕】窗口中的所有对象，将其删除。使用【文字工具】，在窗口中输入文字“GO！”。选择“GO！”，在【属性】选项组中将【字体系列】设置为Magneto，将【字体大小】设置为200，在【变换】

选项组中将【X 位置】、【Y 位置】分别设置为 380、305，在【填充】选项组中设置【类型】为【线性渐变】，将左侧的色块 RGB 值设置为 250、20、20，将右侧的色块 RGB 值设置为 150、33、33，适当地调整两侧的色块，如图 1-18 所示。

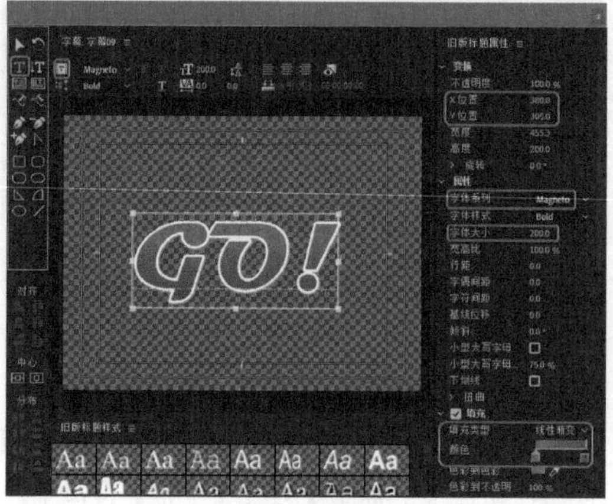
图 1-18

18 设置完成后关闭【字幕】面板，将【字幕 01】拖曳至【序列】面板中的 V1 轨道中，选择该素材文件并右击，在弹出的快捷菜单中选择【速度 / 持续时间】命令，弹出【剪辑速度 / 持续时间】对话框，将【持续时间】设置为 00:00:05:00，如图 1-19 所示。

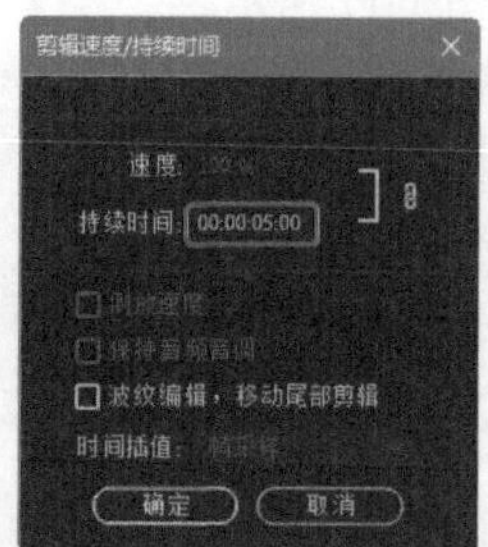

图 1-19

19 单击【确定】按钮，在【项目】面板中将【字幕 03】拖曳至 V2 轨道中，将其持续时间设置为 00:00:01:00。使用同样的方法继续将【字幕 03】拖曳至 V2 轨道中并设置相同的持续时间，四次设置完成后的效果如图 1-20 所示。

20 将当前时间设置为 00:00:00:00，在【项目】面板中将【字幕 02】拖曳至 V3 轨道中，将其持续时间设置为 00:00:01:00，完成后的效果如图 1-21 所示。

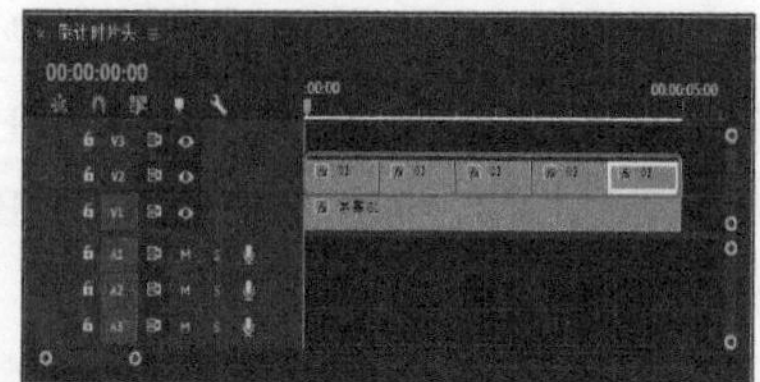
图 1-20

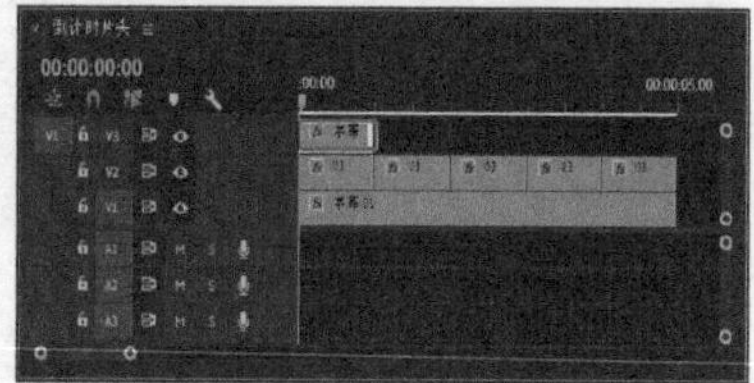
图 1-21

21 激活【效果】面板。选择【效果】面板中的【视频过渡】|【擦除】|【时钟式擦除】选项，将其拖曳至 V3 轨道中素材文件的开始处，如图 1-22 所示。

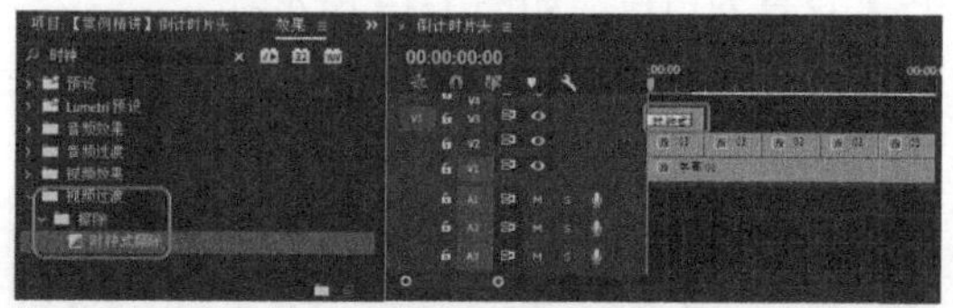
图 1-22

22 单击该特效，激活【效果控件】面板，将【持续时间】设置为 00:00:00:20，如图 1-23 所示。

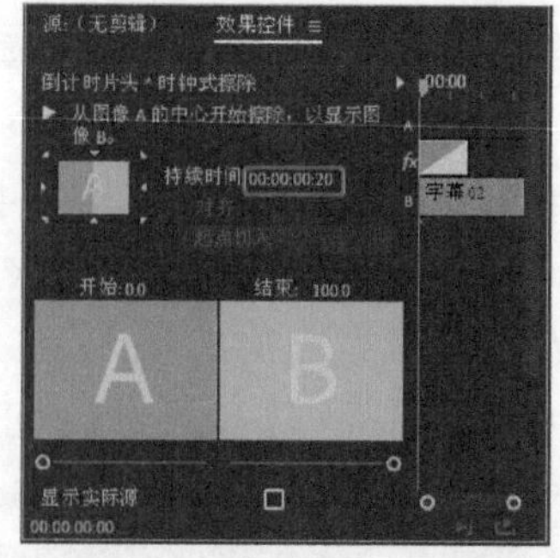

图 1-23

23 将当前时间设置为 00:00:01:00，将【字幕 02】拖曳至 V4 轨道中，将其开头处与时间线对齐，将其持续时间设置为 00:00:01:00，完成后的效果如图 1-24 所示。

24 激活【效果】面板，选择【时钟式擦除】特效，将其拖曳至 V4 轨道素材文件的结尾处，选择该过渡特效，激活【效果控件】面板，将【持续时间】设置为 00:00:00:20，如图 1-25 所示。

图 1-24

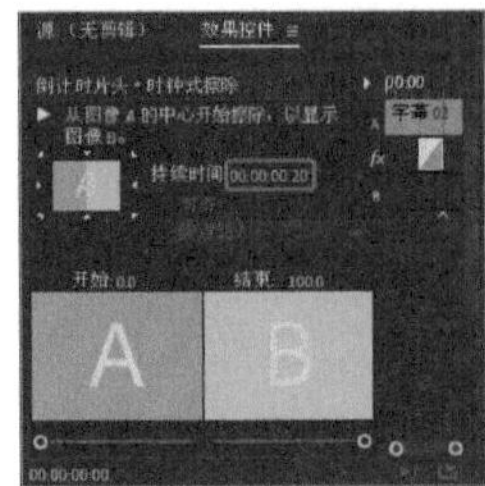

图 1-25

25 使用同样的方法完成其他的操作步骤，设置完成后的效果如图 1-26 所示。

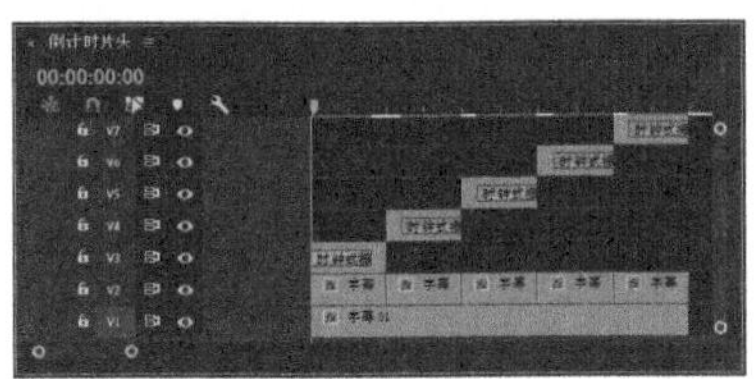

图 1-26

26 将当前时间设置为 00:00:00:00，在【项目】面板中将【字幕 04】拖曳至 V8 轨道中，将其持续时间设置为 00:00:01:00，将【字幕 05】拖曳至 V8 轨道中，将其开头处与【字幕 04】的结尾处对齐，并将其持续时间设置为 00:00:01:00。使用同样的方法将【字幕 06】、【字幕 07】、【字幕 08】拖曳至 V8 轨道中并设置相同的持续时间，如图 1-27 所示。

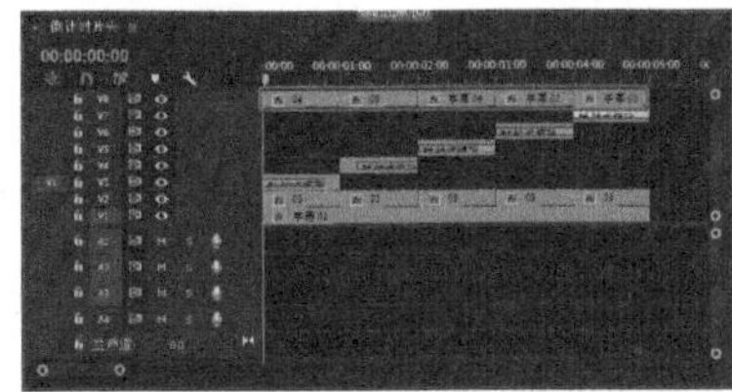

图 1-27

27 将【字幕 09】拖曳至 V8 轨道中，将其开头处与【字幕 08】的结尾处对齐，将其持续时间设置为 00:00:01:10，如图 1-28 所示。

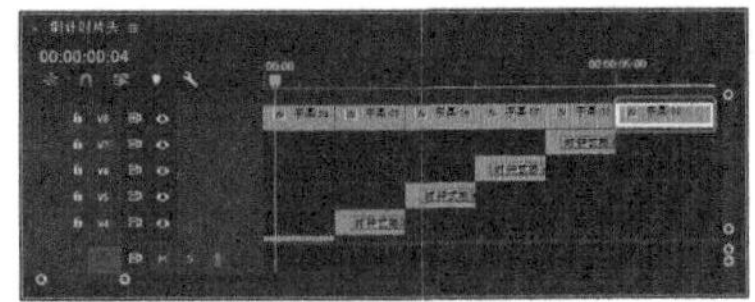

图 1-28

28 在菜单栏中选择【文件】|【导出】|【媒体】命令，在弹出的【导出设置】对话框中，将【格式】设置为 AVI，将【预设】设置为 PAL DV，单击【输出名称】右侧的文字，在弹出的【另存为】对话框中设置储存路径，并设置【文件名】为【案例精讲】倒计时片头，单击【保存】按钮，如图 1-29 所示。

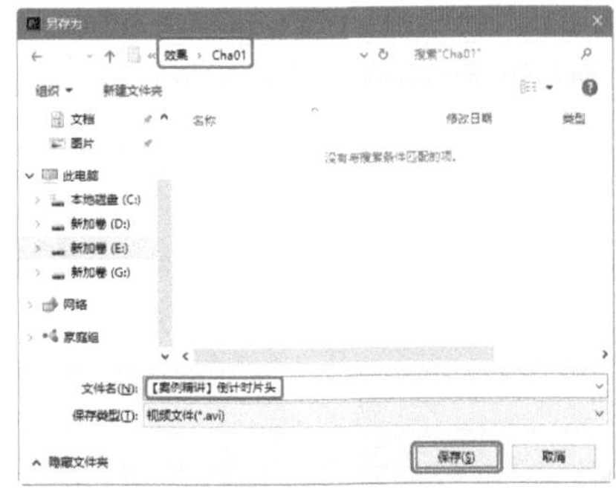

图 1-29

29 返回到【导出设置】对话框，单击【导出】按钮即可将影片导出。

1.1 Premiere Pro CC 的启动和退出

在计算机中安装 Premiere Pro CC 之后，就可以使用它来编辑、制作各种视频、音频作品。下面介绍 Premiere Pro CC 的启动和退出。

1.1.1 启动 Premiere Pro CC

Premiere Pro CC 安装完成后，可以使用以下任意一种方法启动 Premiere Pro CC。

◎ 单击【开始】按钮，在弹出的菜单中选择 Adobe Premiere Pro CC 选项，如图 1-30 所示。

◎ 在桌面上双击 Adobe Premiere Pro CC 图标。

◎ 在桌面上选择 Adobe Premiere Pro CC 图标，右击并在弹出的快捷菜单中选择【打开】命令，如图 1-31 所示。

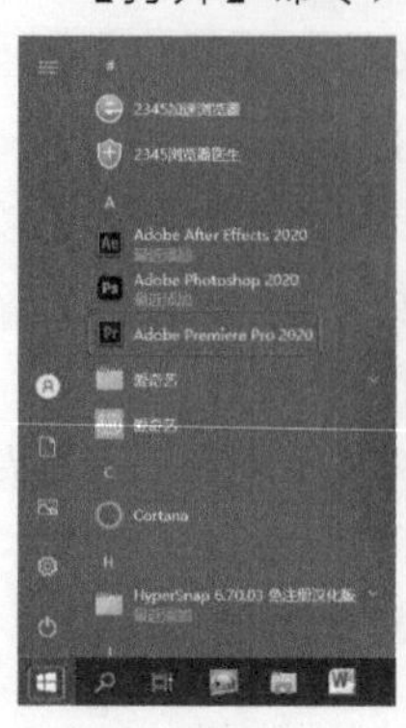

图 1-30

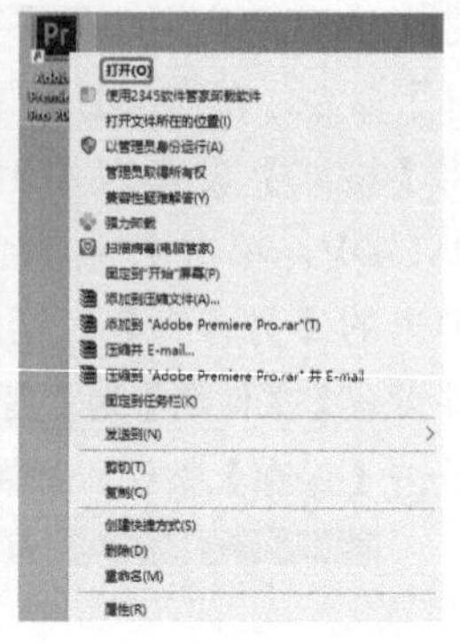

图 1-31

01 在桌面上双击图标，启动 Premiere Pro CC 软件，在启动过程中会弹出一个 Premiere Pro CC 初始化界面，如图 1-32 所示。

图 1-32

02 进入主页界面，如图 1-33 所示，单击面板上的【新建项目】按钮。

图 1-33

在欢迎界面中除了【新建项目】按钮外，还包括以下几个按钮。

◎ 【打开项目】：单击该按钮，在弹出的对话框中将打开一个已有的项目文件。

◎ 【新建团队项目】：单击该按钮，即可新建一个新的团队项目文件。

◎ 【打开团队项目】：单击该按钮，在弹出的对话框中将打开一个已有的团队项目文件。

◎ 【新建项目】：单击该按钮，在弹出的对话框中设置存储位置、名称、视频格式、音频格式等。

03 在欢迎界面中单击【新建项目】按钮，弹出【新建项目】对话框，如图 1-34 所示。在该对话框中可以设置项目文件的格式、编辑模式、帧尺寸，单击【位置】右侧的【浏览】按钮，可以选择文件的保存路径，在【名称】右侧的文本框中输入当前项目文件的名称，单击【确定】按钮。

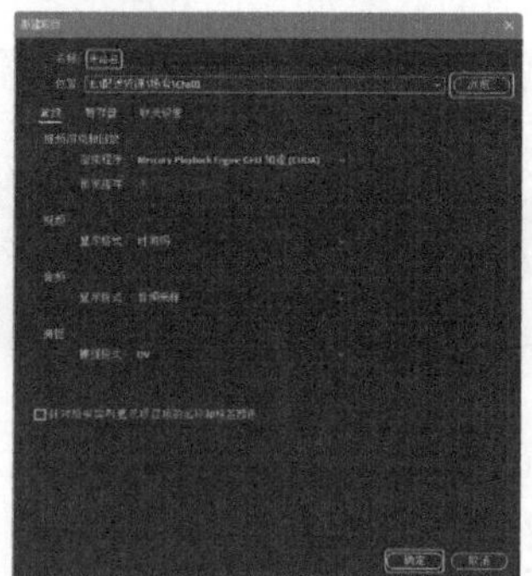
图 1-34

04 此时即可新建一个空白的项目文档，如图 1-35 所示。

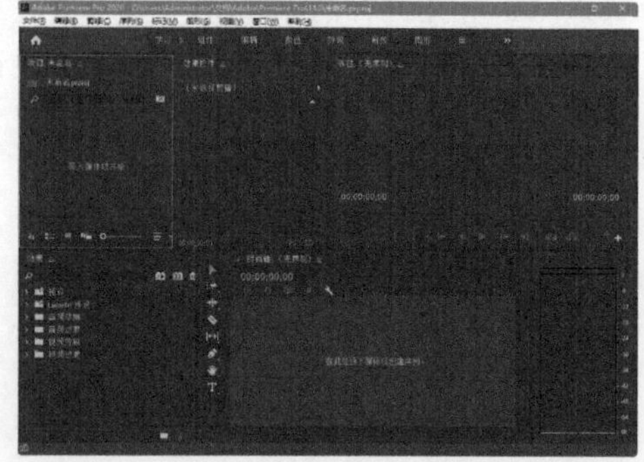
图 1-35

05 在 Premiere Pro CC 中需要单独建立【序列】文件，在菜单栏中选择【文件】|【新建】|【序列】命令，即可打开【新建序列】对话框，

如图 1-36 所示。

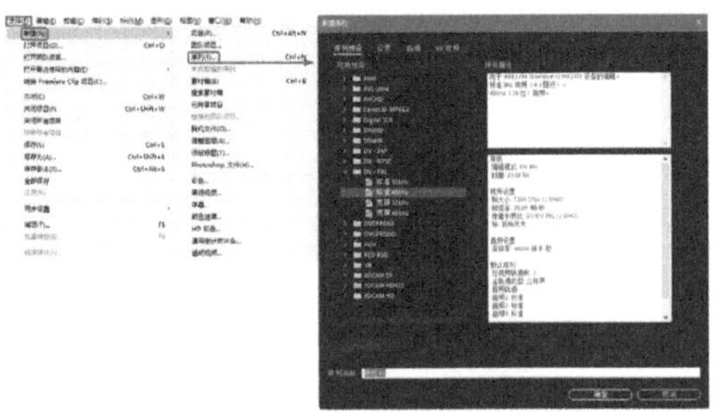

图 1-36

1.1.2 退出 Premiere Pro CC

在 Premiere Pro CC 软件中编辑完成后，可以进行关闭操作。退出 Premiere Pro CC 的方法有以下几种，使用任意一种方法都可以退出 Premiere Pro CC。

◎ 在菜单栏中选择【文件】|【退出】命令，如图 1-37 所示。

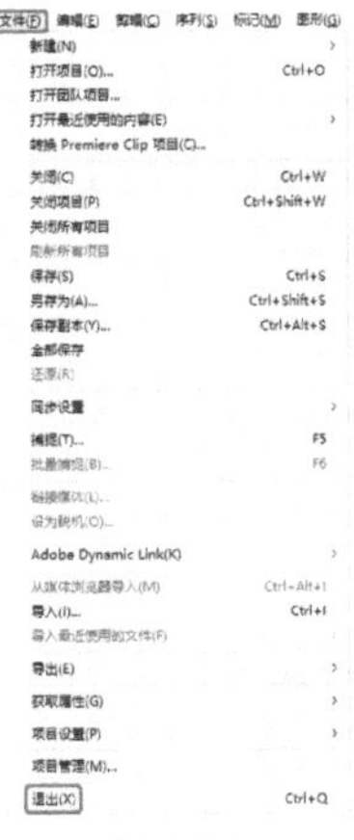

图 1-37

◎ 使用快捷键：Ctrl+Q 组合键。

◎ 在该软件的右上角单击退出按钮 × 。

如果在之前做的内容没有保存的情况下退出 Premiere Pro CC，系统会弹出一个提示对话框来提示用户是否对当前的项目文件进行保存，如图 1-38 所示。

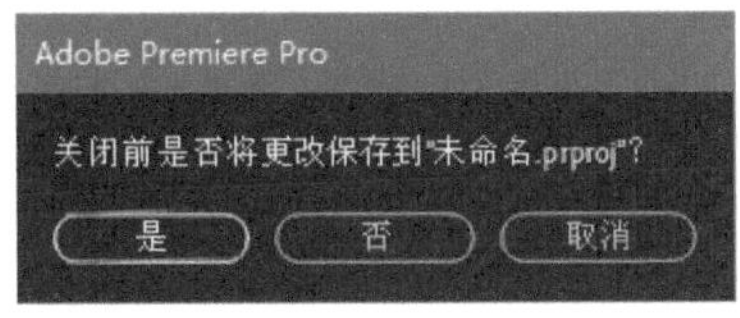

图 1-38

该对话框中各个按钮的作用如下。

【是】：可以对当前项目文件进行保存，然后关闭软件。

【否】：不保存，可以直接退出软件。

【取消】：回到编辑项目文件中，不退出软件。

1.2 工作界面和功能面板

通过前面的学习，我们对 Premiere Pro CC 的工作界面有了初步的认识。下面将对其工作界面及功能面板进行全面介绍。

1.2.1 【项目】面板

【项目】面板用来管理当前项目中用到的各种素材。

在【项目】面板的左上方有一个很小的预览窗口。选中某个素材后，都会在预览窗口中显示当前素材的画面，在预览窗口右侧会显示出当前选中素材的详细资料，包括文件名、文件类型、持续时间等，如图 1-39 所示。通过预览窗口，还可以播放视频或者音频素材。

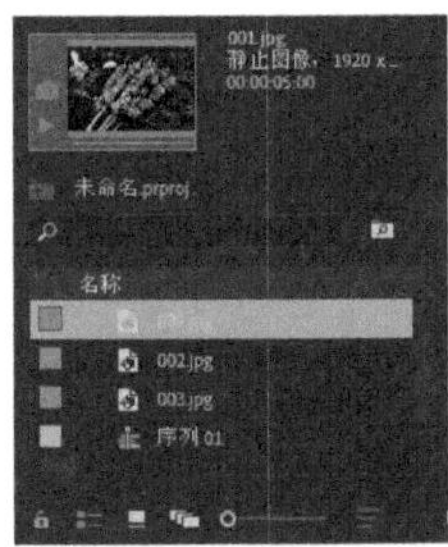

图 1-39

当选中多个素材片段并将其拖动到【序列】面板时，选择的素材会以相同的顺序在【序列】面板中并排排列，如图 1-40 所示。

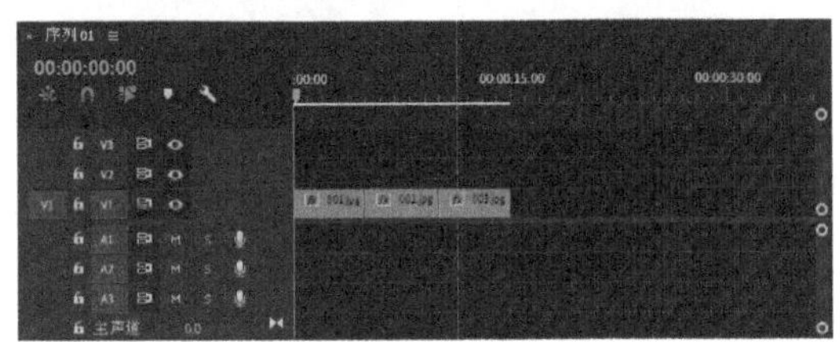

图 1-40

在【项目】面板中，素材片段分为【列表视图】、【图标视图】和【自由变换视图】三种不同的显示方式。

◎ 【列表视图】：单击面板下方的【列表视图】按钮，【项目】面板便会切换至【列表视图】显示模式。这种模式虽然不会显示视频或者图像的第一个画面，但是可以显示素材的类型、名称、帧速率、持续时间、文件名称、视频信息、音频信息和持续时间等，是素材信息提供最多的一个显示模式，同时也是默认的显示模式，如图 1-41 所示。

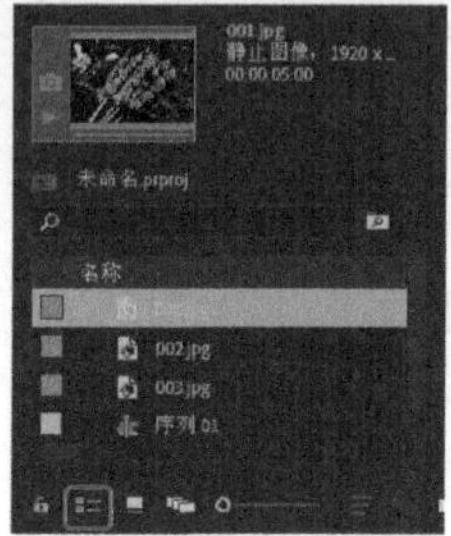

图 1-41

◎ 【图标视图】：单击面板下方的【图标视图】按钮,【项目】面板便会切换至【图标视图】显示模式。这种模式会在每个文件下面显示出文件名、持续时间，如图 1-42 所示。

◎ 【自由变换视图】：单击面板下方的【自由变换视图】按钮，【项目】面板便会切换至【自由变换视图】显示模式。这种模式只会在每个文件下显示文件名，如图 1-43 所示。

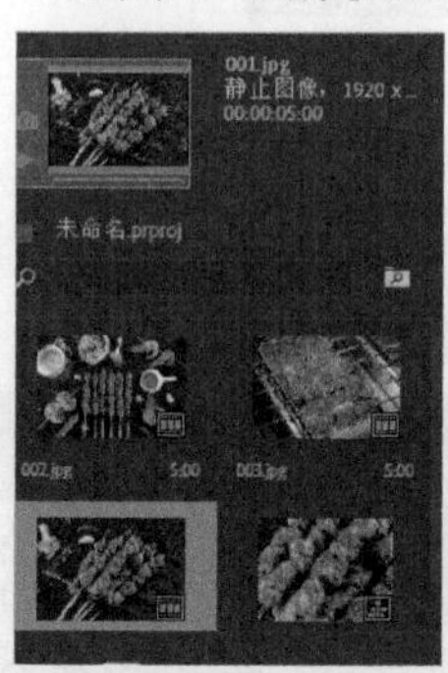

图 1-42

图 1-43

提示：除了使用按钮新建文件外，还可在【项目】面板中单击右侧的按钮，在弹出的下拉菜单中选择【列表】、【图标】或【自由变换】选项，如图 1-44 所示。

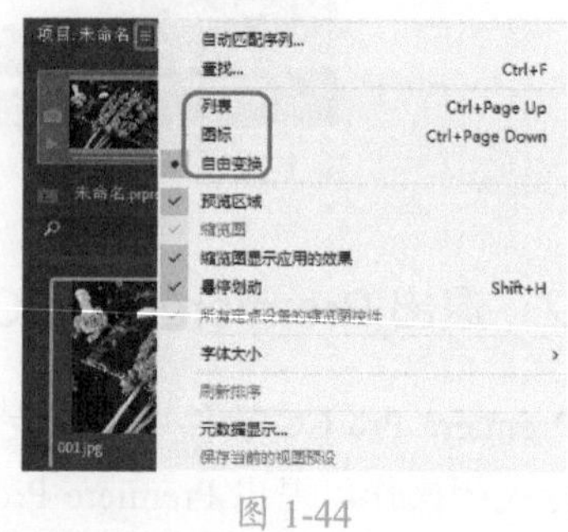

图 1-44

【项目】面板除了上面介绍的几种按钮外，还有以下按钮。

◎ 【自动匹配序列】：单击该按钮，可在弹出的【序列自动化】对话框中进行设置，然后单击【确定】按钮，将素材自动添加到【时间轴】面板中。

◎ 【查找…】：单击该按钮，打开【查找】对话框，在其中可输入相关信息查找素材。

◎ 【新建素材箱】：增加一个容器文件夹，便于对素材进行存放管理，它可以重命名，在【项目】面板中，可以直接将文件拖动至容器文件夹中。

◎ 【新建项】：单击该按钮，弹出下拉菜单，可以选择【序列】、【已共享项目】、【脱机文件】、【调整图层】、【彩条】、【黑场视频】、【字幕】、【颜色遮罩】、【HD 彩条】、【通用倒计时片头】和【透明视频】选项，如图 1-45 所示。

◎ 【清除】：删除所选择的素材或者文件夹。

提示：除了使用按钮新建文件外，还可以在【项目】面板中的名称下方空白处右击，在弹出的快捷菜单中进行选择。

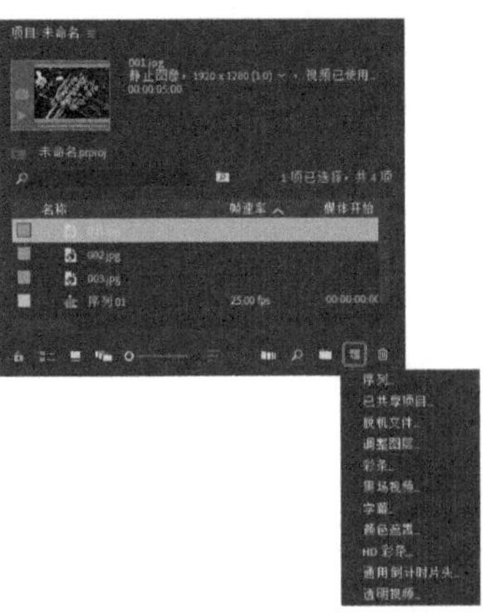
图 1-45

1.2.2 【节目】监视器

在【节目】监视器中显示的是视频、音频编辑合成后的效果，可以通过预览最终效果来估计编辑的质量，以便于进行必要的调整和修改。【节目】监视器如图 1-46 所示。

图 1-46

1.2.3 【素材源】监视器

【素材源】监视器主要用来播放、预览源素材，并可以对源素材进行初步的编辑操作。例如，设置素材的入点、出点，如图 1-47 所示。如果是音频素材，就会以波状方式显示，如图 1-48 所示。

图 1-47

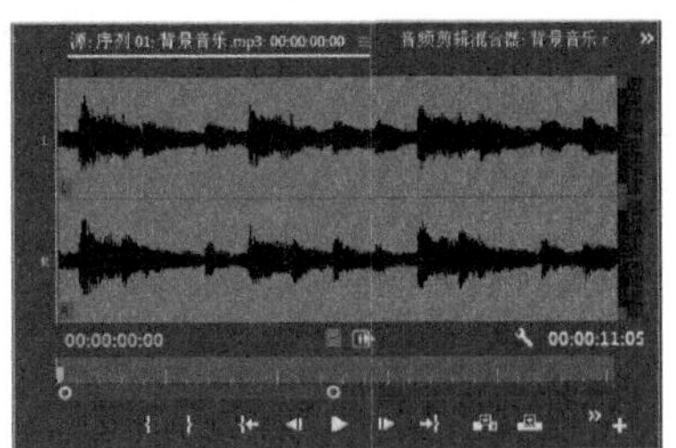
图 1-48

1.2.4 【时间轴】面板

【时间轴】面板是 Premiere Pro CC 软件中主要的编辑区域，如图 1-49 所示，可以按照时间顺序来排列和连接各种素材，也可以对视频进行剪辑、叠加、设置动画关键帧和合成效果。在【时间轴】面板中还可以使用多重嵌套，这对于制作影视长片或者复杂的特效来说是非常有效的。

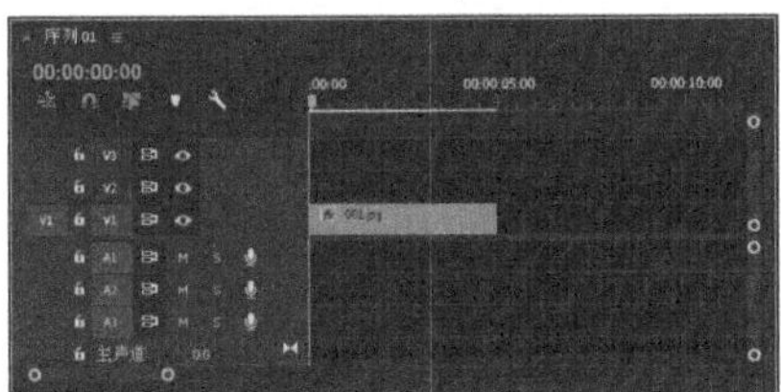
图 1-49

1.2.5 【工具】面板

【工具】面板含有影片编辑中常用的工具，如图 1-50 所示。

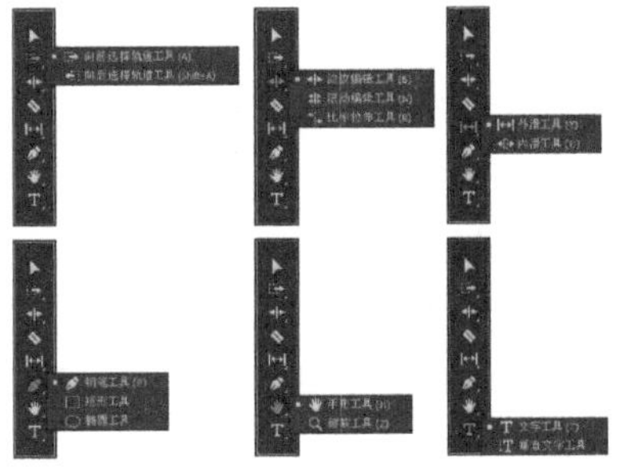
图 1-50

该面板中各个工具的名称及功能如下。

◎ 【选择工具】：用于选择一段素材或同时选择多段素材，并将素材在不同的轨道中进行移动；也可以用来调整素材上的关键帧。

◎ 【向前选择轨道工具】：用于选择轨道上的某个素材及位于此素材后的其他素材。按住 Shift 键，当鼠标指针变为双箭头时，则可以选择位于当前位置后面的所有轨道中的素材。

◎ 【波纹编辑工具】：使用此工具拖动素材的入点或出点，可以改变素材的持续时间，但相邻素材的持续时间保持不变。同时，被调整素材与相邻素材之间所相隔的时间保持不变。

◎ 【滚动编辑工具】：使用此工具调整素材的持续时间，可使整个影视节目的持续时间保持不变。当一个素材的时间长度变长或变短时，其相邻素材的时间长度也会相应地变短或变长。

◎ 【比率拉伸工具】：使用此工具在改变素材的持续时间时，素材的速度也会相应地改变，可用于制作快慢镜头。

提示：改变素材的速度也可以通过右击轨道上的素材，在弹出的快捷菜单中选择【速度 / 持续时间】命令，在打开的对话框中对素材的速度进行设置。

◎ 【剃刀工具】：此工具用于对素材进行分割，使用剃刀工具可将素材分为两段，并产生新的入点、出点。按住 Shift 键可将剃刀工具转换为多重剃刀工具，可以一次将多个轨道上的素材在同一时间位置进行分割。

◎ 【外滑工具】：改变一段素材的入点与出点，并保持其长度不变，而且不会影响相邻的素材。

◎ 【内滑工具】：使用滑动工具拖动素材时，素材的入点、出点及持续时间都不会改变，其相邻素材的长度却会改变。

◎ 【钢笔工具】：此工具用于框选、调节素材上的关键帧。按住 Shift 键可以同时选择多个关键帧；按住 Ctrl 键可以添加关键帧。

◎ 【矩形工具】：可在节目监视器中绘制矩形，通过【效果控件】面板设置矩形参数。

◎ 【椭圆工具】：可在节目监视器中绘制椭圆，通过【效果控件】面板设置椭圆参数。

◎ 【手形工具】：在对一些比较长的影视素材进行编辑时，可使用手形工具拖动轨道显示出原来看不到的部分。其作用与【序列】面板下方的滚动条相同，但在调整时要比滚动条更加容易调节并且比较准确。

◎ 【缩放工具】：使用此工具可将轨道上的素材放大显示，按住 Alt 键，滚动鼠标滚轮，则可缩小【序列】面板的范围。

◎ 【文字工具】：可在【节目】面板中单击鼠标输入文字，从而创建水平字幕文件。

◎ 【垂直文字工具】：可在【节目】面板中单击鼠标并输入文字，从而创建垂直字幕文件。

1.2.6 【效果】面板

【效果】面板中包含了【预设】、【Lumetri 预设】、【音频效果】、【音频过渡】、【视频效果】和【视频过渡】6 个文件夹，如图 1-51 所示。单击面板下方的【新建自定义素材箱】按钮，可以新建文件夹，用户可将常用的特效放置在新建文件夹中，以便于在制作中使用。直接在【效果】面板上方的输入框中输入特效名称，按 Enter 键，即可找到所需要的特效。

图 1-51

1.2.7 【效果控件】面板

【效果控件】面板用于对素材进行参数设置，如【运动】、【不透明度】及【时间重映射】等，如图 1-52 所示。

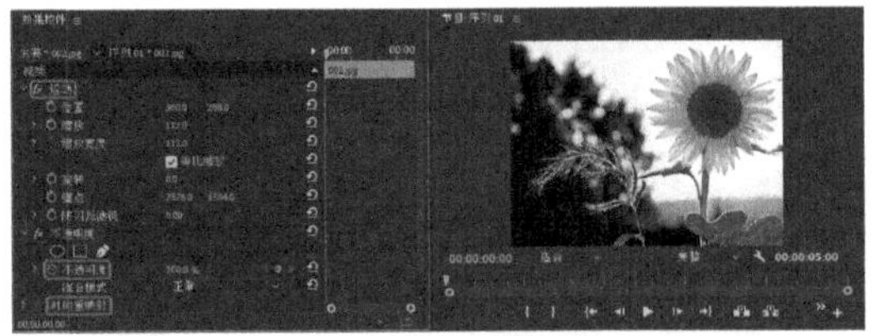

图 1-52

1.2.8 【字幕】面板

字幕经常作为重要的组成元素出现在影视节目中，字幕往往能将图片、声音所不能表达的意思恰到好处地表达出来，并给观众留下深刻印象。

新建字幕的步骤如下。

01 在菜单栏中选择【文件】|【新建】|【旧版标题】命令，弹出【新建字幕】对话框，在【名称】文本框中对字幕进行重命名，如图 1-53 所示。

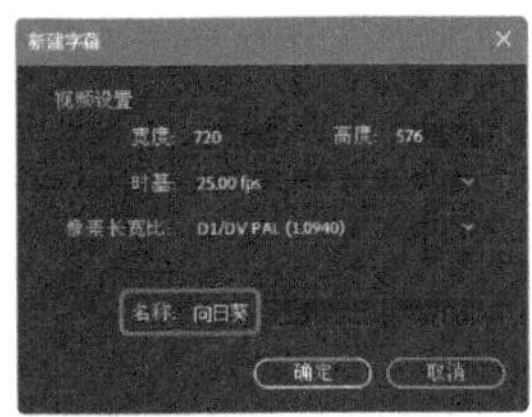

图 1-53

02 单击【确定】按钮，打开【字幕】面板，如图 1-54 所示，然后对字幕进行设置。【字幕】面板在后面会介绍到，此处就不再赘述。

图 1-54

1.2.9 【音轨混合器】窗口

【音轨混合器】窗口如图 1-55 所示，用来实现音频的混音效果。【音轨混合器】窗口的具体用法及作用会在后面章节中专门做介绍。

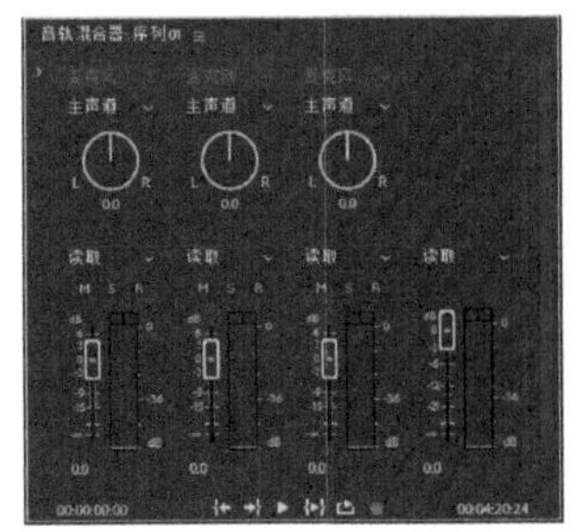

图 1-55

1.2.10 【历史记录】面板

相信使用过 Photoshop 软件的人都不会忘记【历史记录】面板的强大功能。在默认的 Premiere Pro CC 界面的左下方也有【历史记录】面板，如图 1-56 所示。

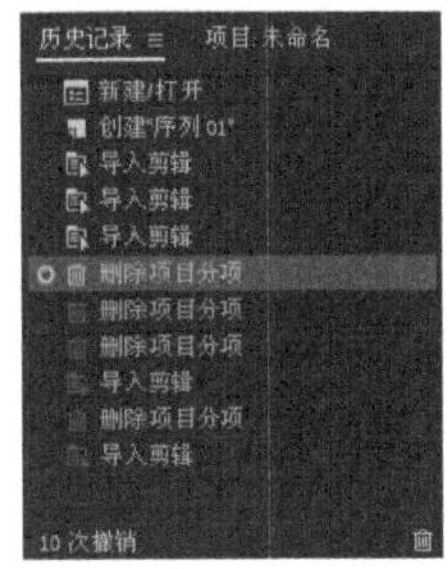

图 1-56

在【历史记录】面板中记录了每一步操作，单击前面已经操作了的条目，就可以恢复到该步操作之前的状态，同时下面的操作条目用灰度表示这些操作已经被撤销。在进行新的操作之前，还有机会回到之前任何一步操作，其方法就是直接单击相应的条目。

1.2.11 【信息】面板

【信息】面板用来显示当前选取片段或者切换效果的相关信息。在【时间轴】面板中选取了某个视频片段后，在【信息】面板中就会显示该视频片段的详细信息。在【信息】面板中显示了剪辑的开始、结束位置和持续时间，以及当前光标所在位置等信息。

1.3 文件操作

在学习 Premiere Pro CC 时，首先必须掌握文件的基础操作，只有了解文件的基础操作，才可以更好地学习 Premiere Pro CC 软件。

1.3.1 新建项目

在启动 Premiere Pro CC 应用程序时，都会有一个【主页】对话框出现在我们面前，而不是直接创建一个 Premiere 项目。下面介绍怎样在 Premiere CC 中通过命令来新建项目。

01 在启动 Premiere Pro CC 应用程序时，在弹出的【主页】对话框中单击【新建项目】按钮，如图 1-57 所示。

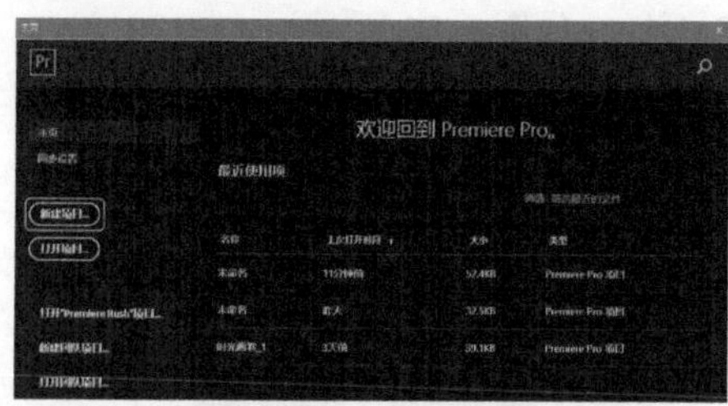

图 1-57

02 在弹出的【新建项目】对话框中，单击【浏览】按钮，设置要保存的路径位置，并为其命名，如图 1-58 所示。

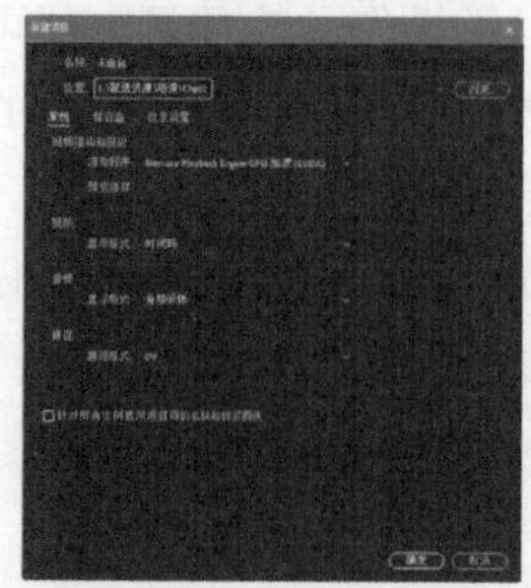

图 1-58

1.3.2 新建序列

下面介绍如何新建序列。

01 继续上面的操作，单击【确定】按钮后，按 Ctrl+N 组合键切换至【新建序列】对话框，选择 DV-PAL 下的【标准 48kHz】预设格式作为项目文件的格式，并为其命名，如图 1-59 所示。

图 1-59

02 单击【确定】按钮，即可进入工作界面，如图 1-60 所示。

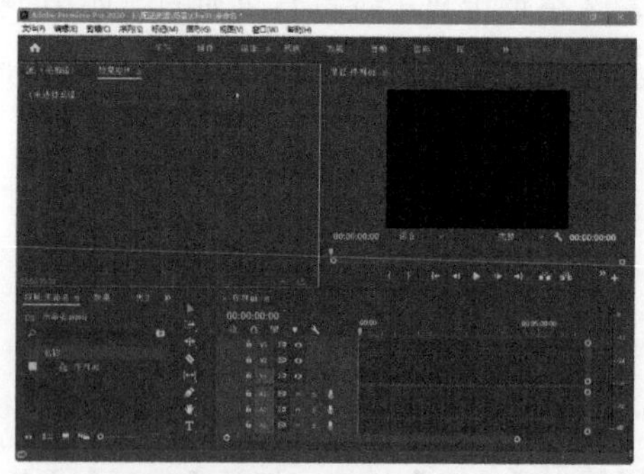

图 1-60

1.3.3 新建素材箱

下面将介绍如何新建素材箱。

01 继续上面的操作，在【项目】面板中的空白处右击，在弹出的快捷菜单中选择【新建素材箱】命令，如图 1-61 所示。

02 这时，即可新建一个新的文件夹，并为其命名，如图 1-62 所示。

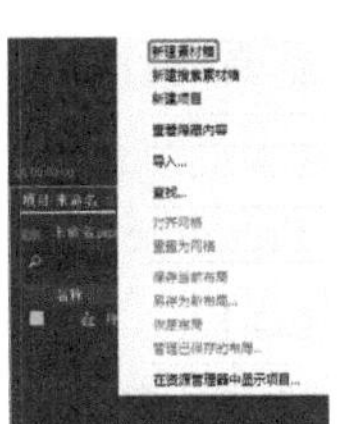
图 1-61

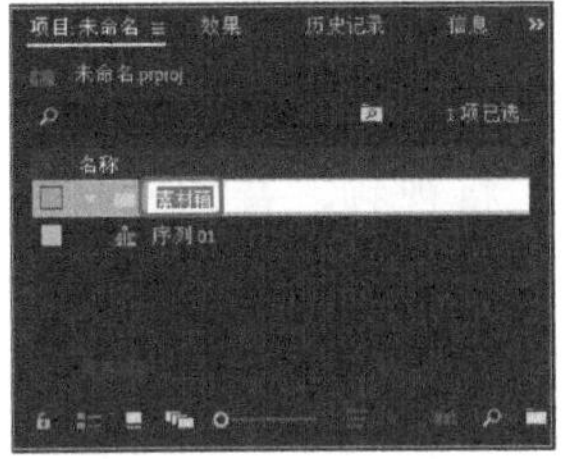
图 1-62

1.3.4 打开项目

下面来介绍如何在 Premiere Pro CC 中打开项目文件。

01 在启动 Premiere Pro CC 应用程序时，在弹出的【主页】对话框中，单击【打开项目】按钮，如图 1-63 所示。

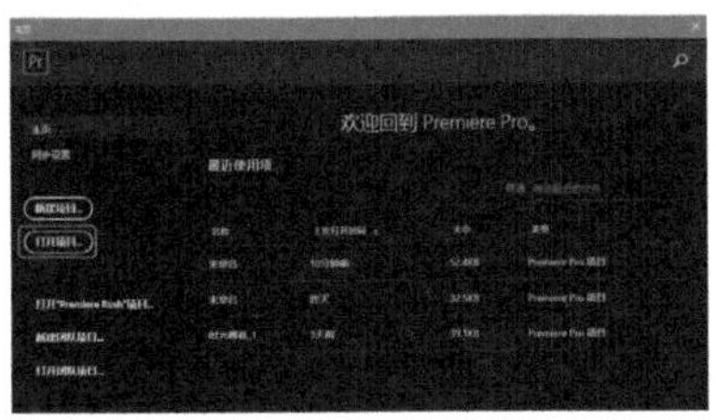
图 1-63

02 单击【打开项目】按钮后，即可在弹出的【打开项目】对话框中，选择“素材\Cha01\打开项目 .prproj”素材文件，单击【打开】按钮即可，如图 1-64 所示。

图 1-64

1.3.5 关闭项目

下面来介绍如何在 Premiere Pro CC 中关闭项目文件。

01 在打开的项目文件中，选择菜单栏中的【文件】|【关闭项目】命令，如图 1-65 所示。

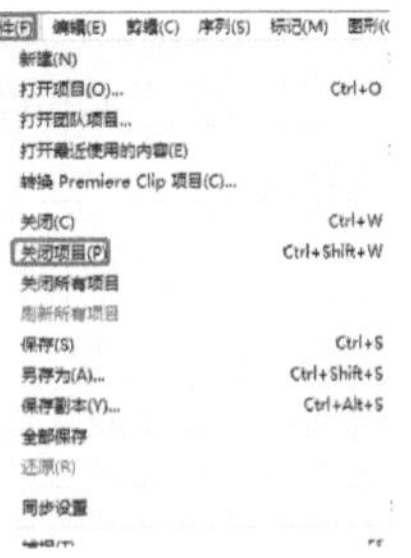
图 1-65

02 其关闭项目后的界面如图 1-66 所示。

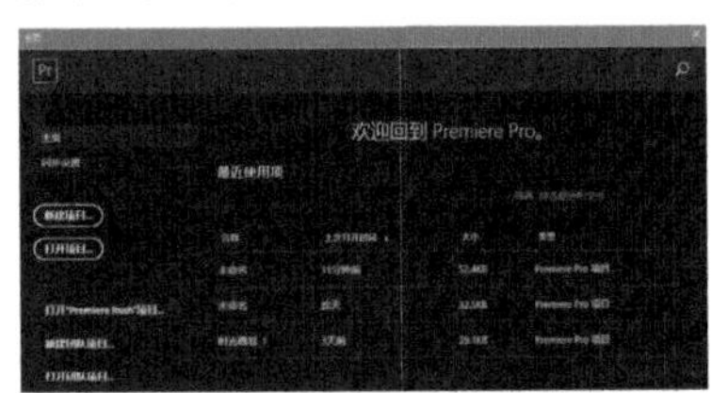
图 1-66

1.3.6 将项目文件另存为

下面来介绍如何在 Premiere Pro CC 中将项目文件另存为。

01 在打开的项目文件中，选择菜单栏中的【文件】|【另存为】命令，如图 1-67 所示。

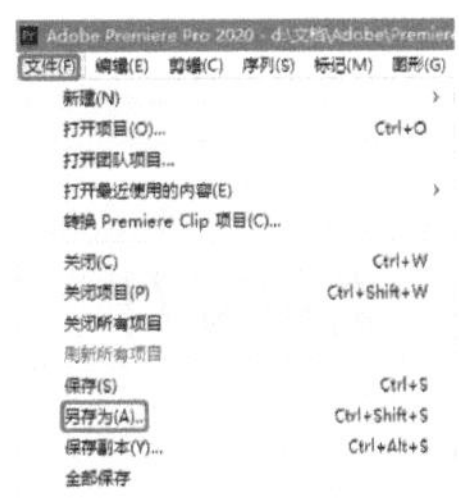
图 1-67

02 在弹出的【保存项目】对话框中选择需要保存的路径，并为其命名，单击【保存】按钮即可，如图 1-68 所示。

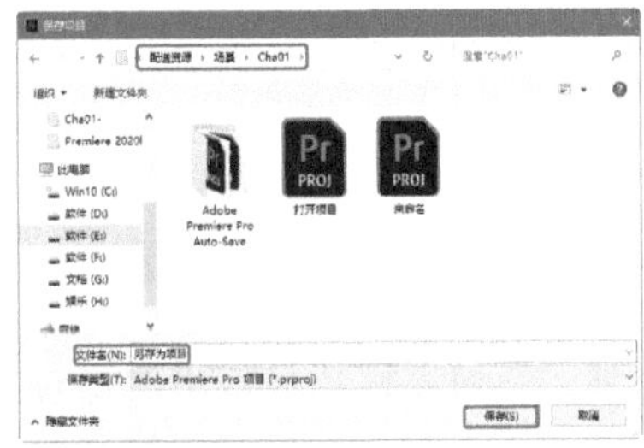
图 1-68

1.3.7 将项目文件保存为副本

下面来介绍如何在 Premiere Pro CC 中将项目文件保存为副本。

01 打开项目文件后，选择菜单栏中的【文件】|【保存副本】命令，如图 1-69 所示。

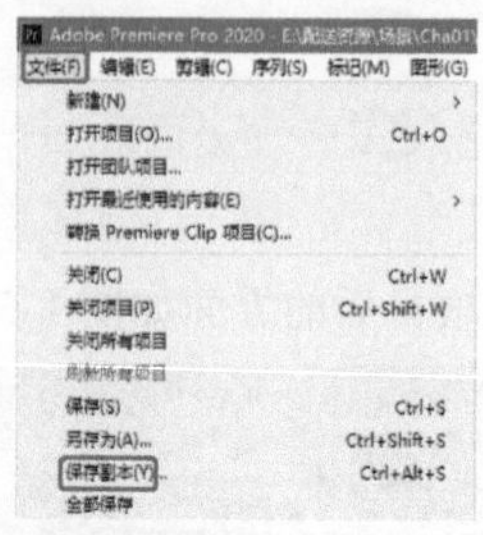

图 1-69

02 在弹出的【保存项目】对话框中选择将要保存的路径，并单击【保存】按钮，如图 1-70 所示。

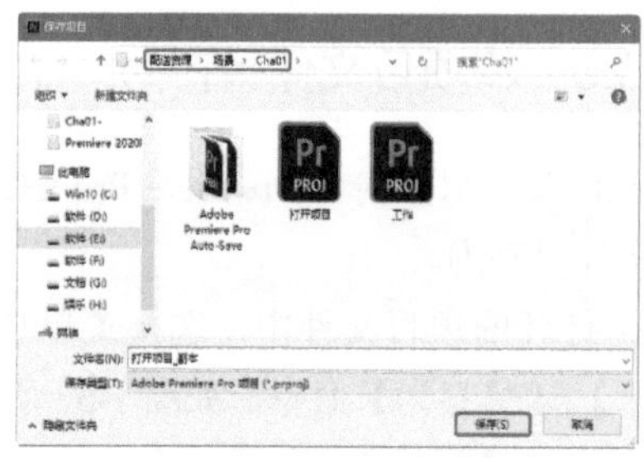

图 1-70

1.4 导入素材文件

Premiere Pro CC 支持处理多种格式的素材文件，这大大丰富了素材来源，为制作精彩的影视作品提供了有利条件。要制作视频、音频效果，应该首先将准备好的素材文件导入 Premiere Pro CC 的编辑项目中。由于素材文件的种类不同，因此导入素材文件的方法也不相同。

1.4.1 导入视频、音频素材

视频、音频素材是最常用的素材文件，导入的方法也很简单，只要计算机安装了相应的视频和音频解码器，不需要进行其他设置就可以直接将其导入。

将视频、音频素材导入 Premiere Pro CC 的编辑项目中的具体操作步骤如下。

01 启动 Premiere Pro CC 软件，为新建项目文件命名，并选择保存路径，然后单击【确定】按钮创建一个空白项目文档。

02 在菜单栏中选择【文件】|【新建】|【序列】命令，在弹出的【新建序列】对话框中保持默认设置，如图 1-71 所示。

图 1-71

03 单击【确定】按钮，进入 Premiere Pro CC 的工作界面，在【项目】面板的空白处右击，在弹出的快捷菜单中选择【导入】命令，如图 1-72 所示。

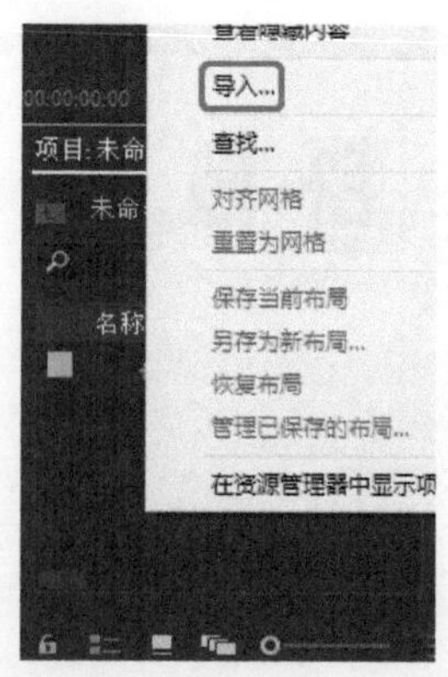

图 1-72

04 打开【导入】对话框，在该对话框中选择需要导入的视频、音频素材，如图 1-73 所示。然后单击【打开】按钮，这样就会将选择的素材文件导入【项目】面板中，如图 1-74 所示。

图 1-73

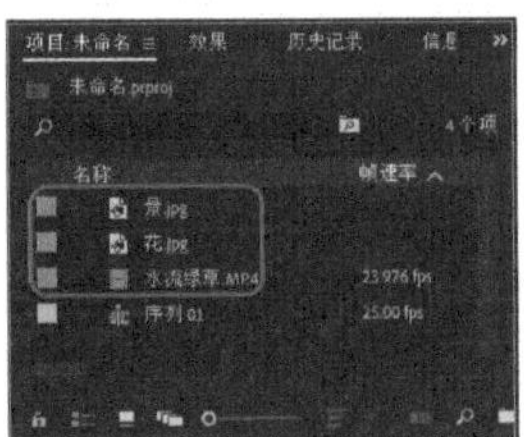

图 1-74

1.4.2 导入图像素材

图像素材是静帧文件，可以在 Premiere Pro CC 中被当作视频文件来使用。导入图像素材的具体操作步骤如下。

01 按 Ctrl+I 组合键，在弹出的【导入】对话框中选择所需要的素材文件，然后单击【打开】按钮，如图 1-75 所示。

图 1-75

02 将选择的素材文件导入【项目】面板中，效果如图 1-76 所示。

图 1-76

【实战】导入图层文件

图层文件也是静帧图像文件，与一般的图像文件不同的是，图层文件包含了多个相互独立的图像图层。在 Premiere Pro CC 中，可以将图层文件的所有图层作为一个整体导入，也可以单独导入其中一个图层。要把图层文件导入 Premiere Pro CC 的项目中并保持图层信息不变的具体操作步骤如下。

素材	素材 \Cha01\ 图层文件 .psd
场景	场景 \Cha01【实战】导入图层文件 .prproj
视频	视频教学 \Cha01\【实战】导入图层文件 .mp4

01 按 Ctrl+I 组合键，打开【导入】对话框，选择“素材 \Cha01\ 图层文件 .psd”素材文件，单击【打开】按钮，如图 1-77 所示。

图 1-77

02 弹出【导入分层文件：图层文件】对话框，在默认的情况下，设置【导入为】选项为【序列】，这样就可以将所有的图层全部导入并保持各个图层的相互独立，如图 1-78 所示。

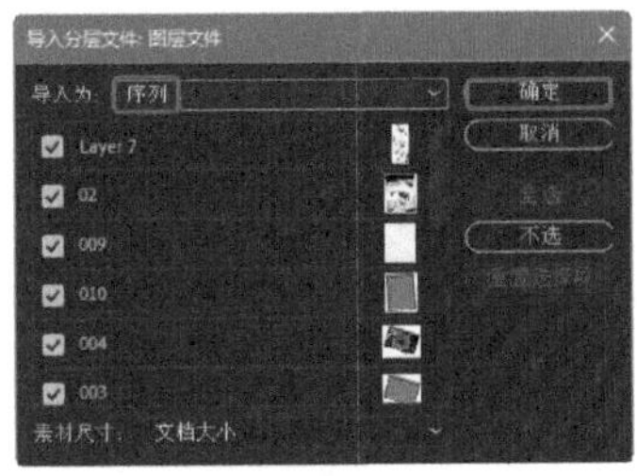

图 1-78

03 单击【确定】按钮，即可导入【项目】面板中。展开前面导入的文件夹，可以看到文件夹下面包括多个独立的图层文件，如图 1-79 所示。

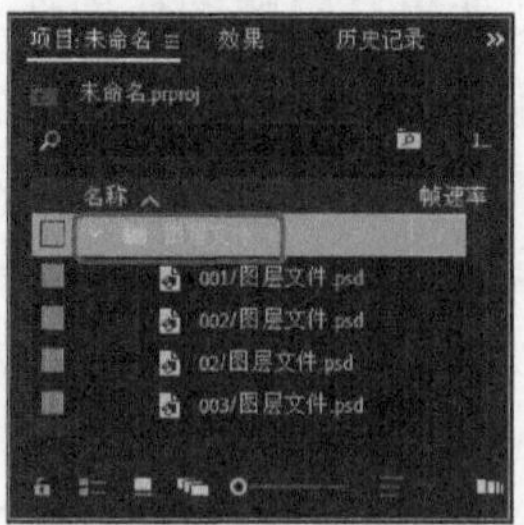

图 1-79

04 在【项目】面板中，双击“图层文件”文件夹，弹出【素材箱】面板，在该面板中显示了文件夹下的所有独立图层，如图 1-80 所示。

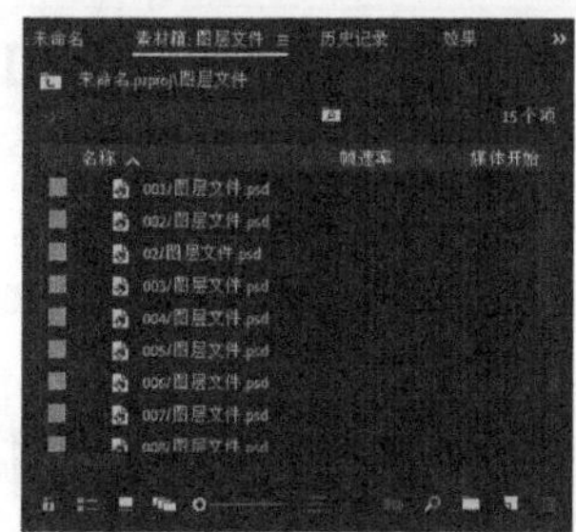

图 1-80

【实战】导入序列图像

下面讲解如何导入序列图像，效果如图 1-81 所示。

图 1-81

素材	素材 \Cha01\ 序列图像文件夹
场景	场景 \Cha01\【实战】导入序列图像 .prproj
视频	视频教学 \Cha01\【实战】导入序列图像 .mp4

01 新建项目文件和 DV-PAL 选项组中的“标准 48kHz”序列文件，在【项目】面板的空白处双击，如图 1-82 所示，打开【导入】对话框。

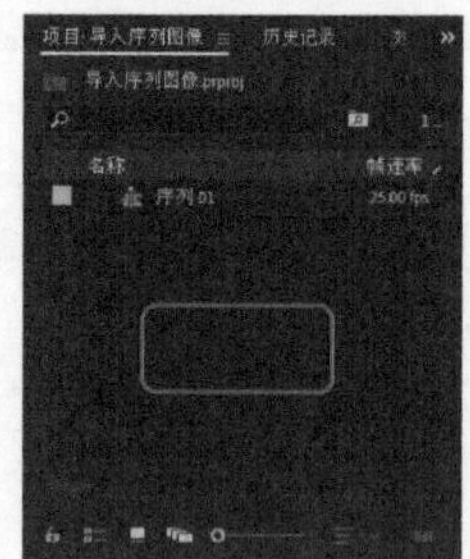

图 1-82

02 在“素材 \Cha01\ 序列图像文件夹”素材文件中，选择第一张图片，选中【图像序列】复选框，单击【打开】按钮，如图 1-83 所示。

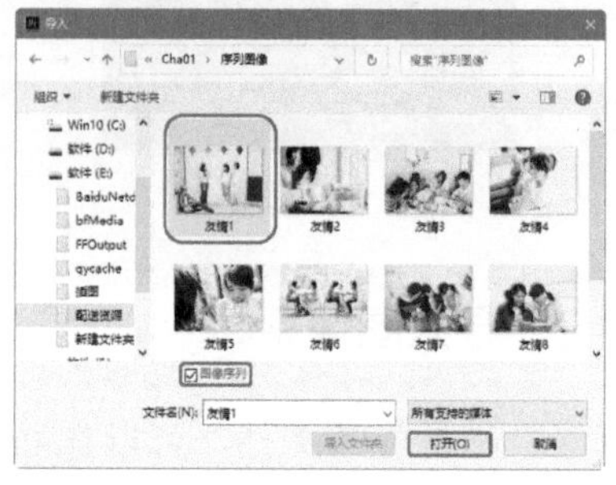

图 1-83

03 将素材文件导入，然后选中素材文件，将其拖曳至【时间轴】面板 V1 轨道中，在弹出的【剪辑不匹配警告】对话框中，单击【更改序列设置】按钮，如图 1-84 所示。添加完成后，单击【播放】按钮查看效果即可。

图 1-84

课后项目练习

美图欣赏

本案例选用多幅风景素材图片，通过为素材图片添加特效，将风景图片以立方体旋转的形式进行浏览，效果如图 1-85 所示。

课后项目练习效果展示

图 1-85

课后项目练习过程概要

（1）新建项目和序列文件，导入素材文件并拖曳至【时间轴】面板，分别设置持续时间。

（2）为素材图片之间添加过渡特效。

（3）新建字幕设置填充渐变，拖曳至【时间轴】面板，设置【翻页】特效。

素材	素材 \Cha01\ 花 .jpg、景 .jpg、景02.jpg、景 03.jpg
场景	场景 \Cha01\ 美图欣赏 .prproj
视频	视频教学 \ Cha01\ 美图欣赏 .mp4

01 启动 Premiere Pro CC 软件后，在【项目】面板中右击，在弹出的快捷菜单中选择【新建项目】|【序列】命令，在弹出的对话框中使用默认设置，单击【确定】按钮。右击并在弹出的快捷菜单中选择【导入】命令，在弹出的【导入】对话框中选择如图 1-86 所示的素材图片。

图 1-86

02 单击【打开】按钮，将素材图片导入【项目】面板中。选择“花 .jpg”素材图片将其拖曳至 V1 轨道中，右击并在弹出的快捷菜单中选择【速度 / 持续时间】命令，在弹出的【剪辑速度 / 持续时间】对话框中将持续时间设置为 00:00:03:00，如图 1-87 所示。

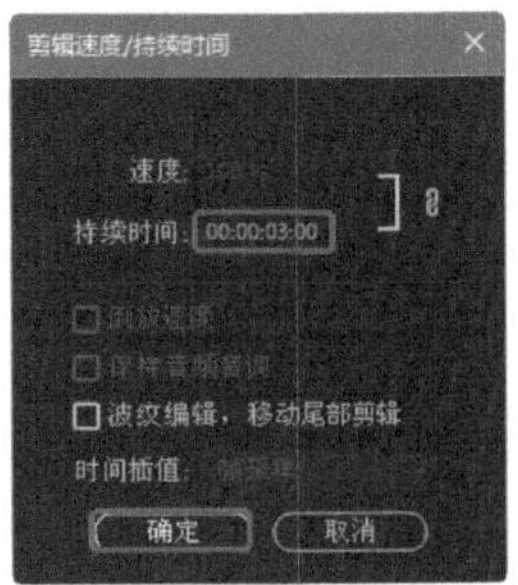

图 1-87

03 单击【确定】按钮，使用与之前相同的方法将其他素材拖曳至 V1 轨道中，将其开头处与之前素材的结尾处对齐，并设置持续时间为 00:00:03:00，如图 1-88 所示。

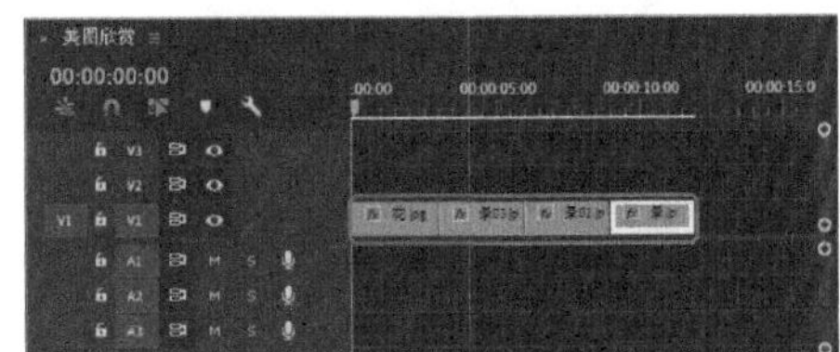

图 1-88

04 切换至【效果】面板，展开【视频过渡】选项组。在【视频过渡】选项组中，选择【立方体旋转】特效，如图 1-89 所示。

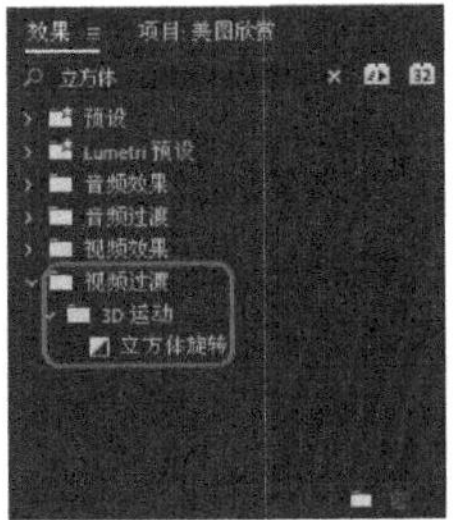

图 1-89

05 将该特效拖曳至素材图片相交的位置，如图 1-90 所示。

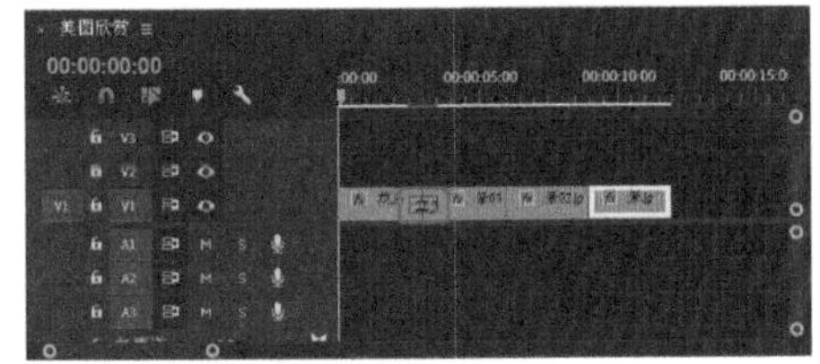

图 1-90

06 使用同样的方法，为其他素材图片添加过渡特效，完成后的效果如图 1-91 所示。

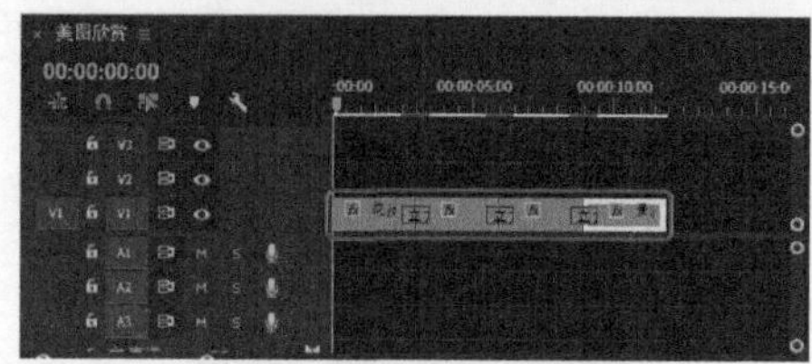

图 1-91

07 选择【文件】|【新建】|【旧版标题】命令，在弹出的【新建字幕】对话框中保持默认设置，单击【确定】按钮。新建【字幕 01】，如图 1-92 所示。

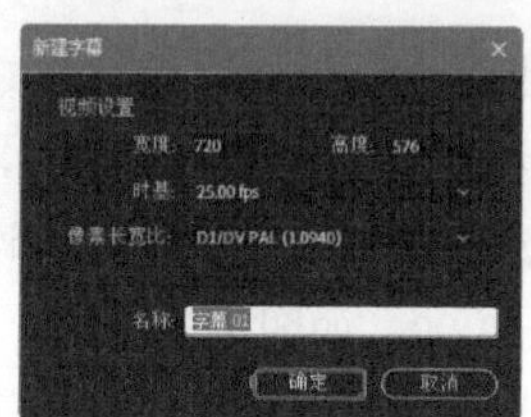

图 1-92

08 单击【确定】按钮，然后选择【字幕工具】选项组中的【文字工具】并输入文字“谢谢观看”，然后选择【字幕属性】中的【变换】选项组，将【X 位置】、【Y 位置】分别设置为 400、290，在【属性】选项组中将【字体系列】设置为【华文中宋】，然后将【填充】选项组中的【填充类型】设置为【线性渐变】，将下方左侧色块的 RGB 值设置为 250、0、0，将右侧色块的 RGB 值设置为 180、180、30，适当地调整左侧色块，单击【关闭】按钮，如图 1-93 所示。

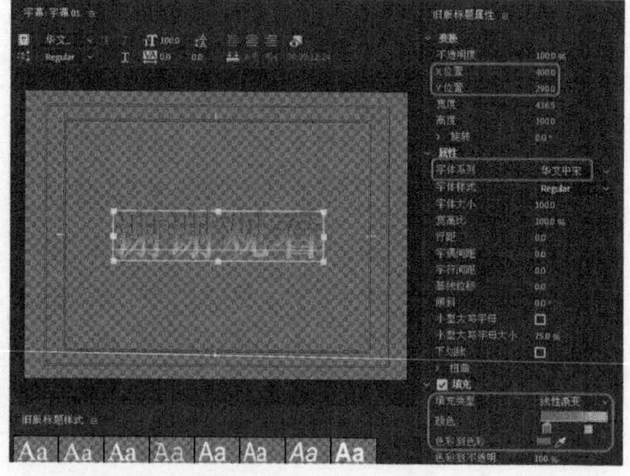

图 1-93

09 将【字幕 01】拖曳至 V1 轨道中与“景 .jpg”素材文件的尾部相交，设置持续时间为 00:00:01:00，使用相同的方法，将【翻页】特效拖曳至“景 .jpg”素材文件与【字幕 01】相交的位置，如图 1-94 所示。

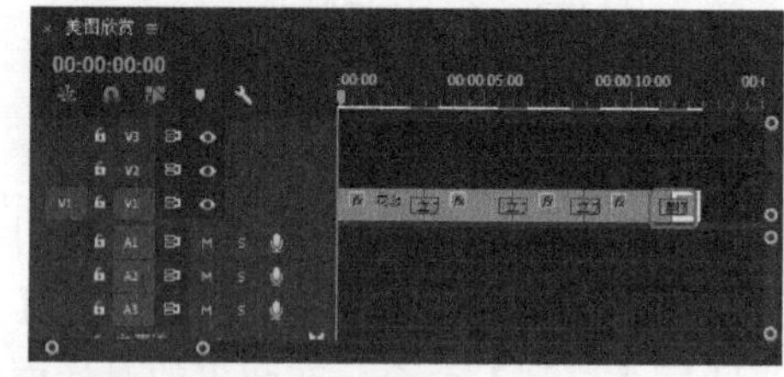

图 1-94

10 制作完成后将视频导出即可。

第 2 章

镜头的快播和慢播效果——视频剪辑操作

本章导读：

本章将对影视剪辑的一些必备理论和剪辑语言进行介绍，一名剪辑人员掌握有关剪辑的相关知识是非常有必要的。

剪辑即通过为素材添加入点和出点，从而截取其中好的视频片段，将它与其他视频进行结合形成一个新的视频片段。

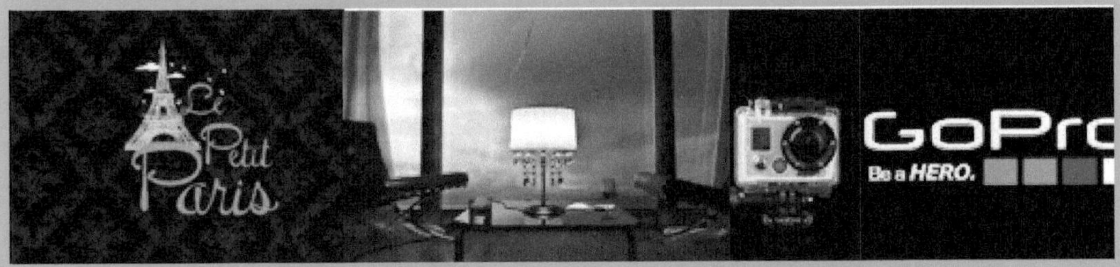

【案例精讲】镜头的快播和慢播效果

为了更好地完成本设计案例，现对制作要求及设计内容做如下规划，如图 2-1 所示。

作品名称	镜头的快播和慢播效果
设计创意	通过对视频素材进行剪辑，设置【速度 / 持续时间】实现镜头的快慢播放效果
主要元素	视频素材
应用软件	Adobe Premiere Pro CC
素材	素材 \Cha02\ 视频 .mp4
场景	场景 \Cha02\【案例精讲】镜头的快播和慢播效果 .prproj
视频	视频教学 \Cha02\【案例精讲】镜头的快播和慢播效果 .mp4
镜头的快播和慢播效果欣赏	正如地球上所有生命都会面临的挑战 reflect the challenges faced by all life on Earth. 巴拿马海岸线边的埃斯库多岛 The tiny island of Escudo off the coast of Panama. 图 2-1
备注	

01 新建项目文档，新建 DV-PAL| 标准 48kHz 序列文件，导入“素材 \Cha02\ 视频 .mp4”素材文件，将素材文件拖曳至【时间线】面板 V1 轨道中，弹出【剪辑不匹配警告】对话框，单击【保持现有设置】按钮，选中“视频 .mp4”素材文件，如图 2-2 所示。

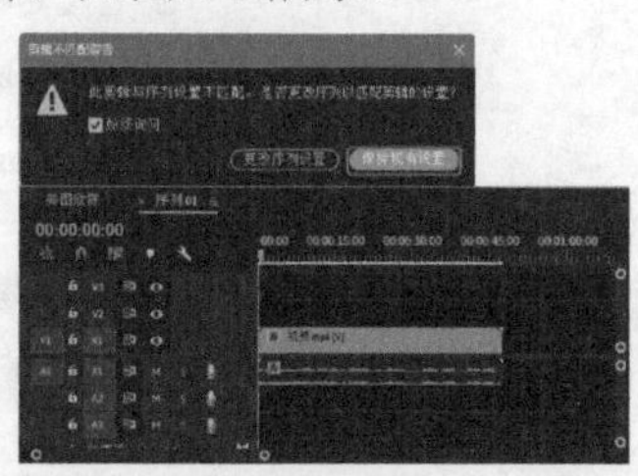

图 2-2

02 在【效果控件】面板中将【缩放】设置为 80，如图 2-3 所示。

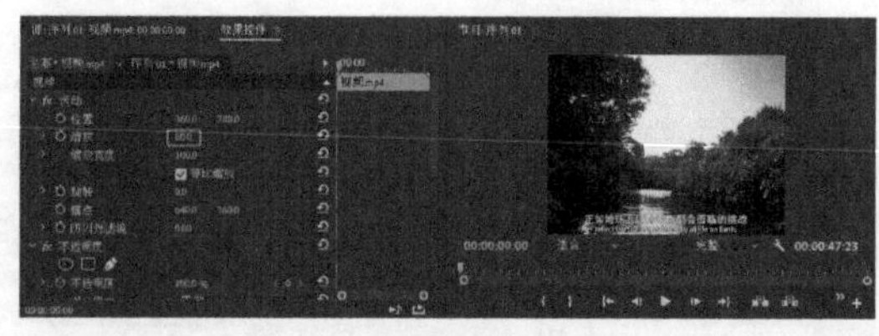

图 2-3

03 将当前时间设置为 00:00:16:10，在【工具】面板中单击【剃刀工具】，在编辑标识线处对素材文件进行切割，切割后的效果如图 2-4 所示。

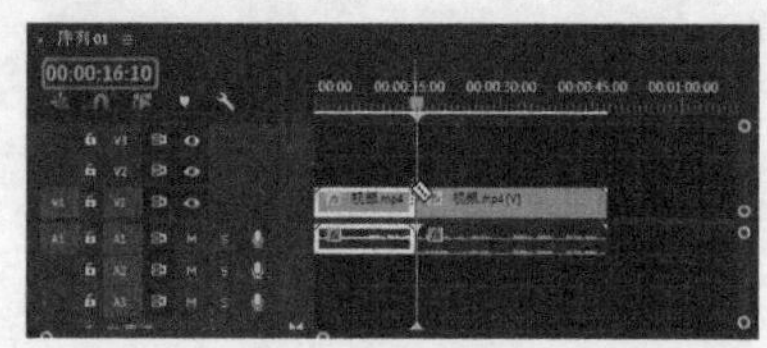

图 2-4

04 选择【选择工具】，确认该轨道中的第一个对象处于选中状态，右击，在弹出的快捷菜单中选择【速度 / 持续时间】命令，在弹出的对话框中将【速度】设置为 200，如图 2-5 所示。

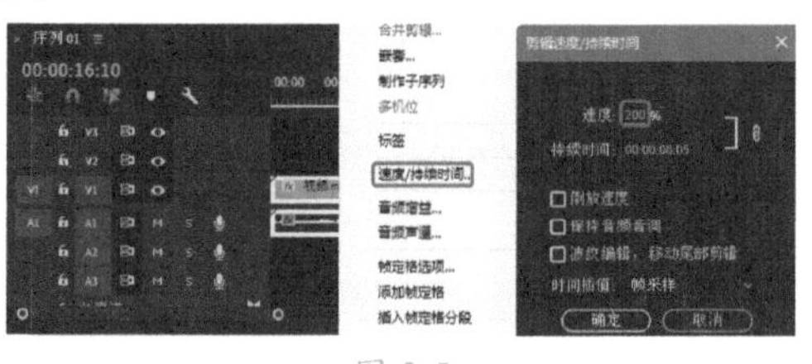

图 2-5

05 设置完成后，单击【确定】按钮，选择该轨道中的第二个对象，按住鼠标左键将其拖曳至第一个对象的结尾处，并在该对象上右击，在弹出的快捷菜单中选择【速度 / 持续时间】命令，在弹出的对话框中将【速度】设置为 30，如图 2-6 所示。

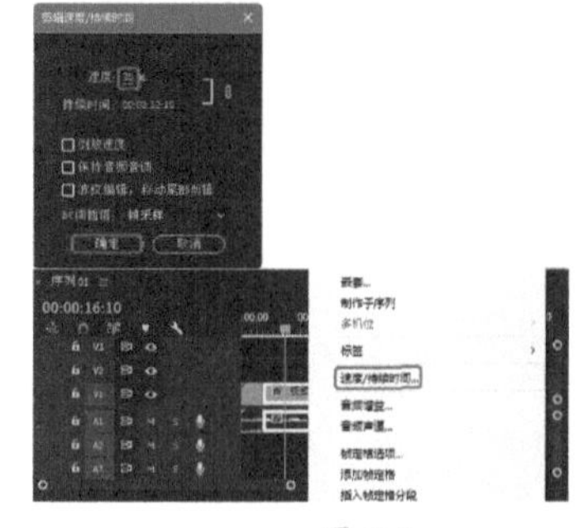

图 2-6

06 设置完成后，单击【确定】按钮，即可完成对选中对象的更改，效果如图 2-7 所示。

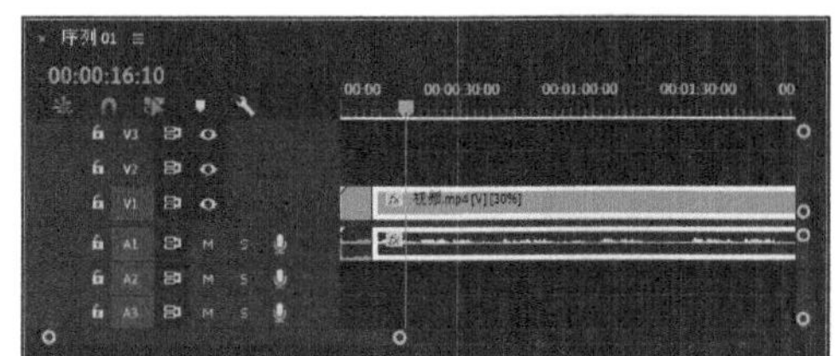

图 2-7

2.1 素材的基本操作

用户可以在 Premiere Pro CC 中使用监视器窗口和节目监视器窗口编辑素材。监视器窗口用于观看素材和影片，本节将对其进行简单介绍。

2.1.1 在【项目】面板中为素材重命名

下面介绍如何在【项目】面板中为素材重命名，具体的操作步骤如下。

01 在【项目】面板的空白处双击，在弹出的【导入】对话框中选择“素材 \Cha02\001.MOV”素材文件，单击【打开】按钮，如图 2-8 所示。

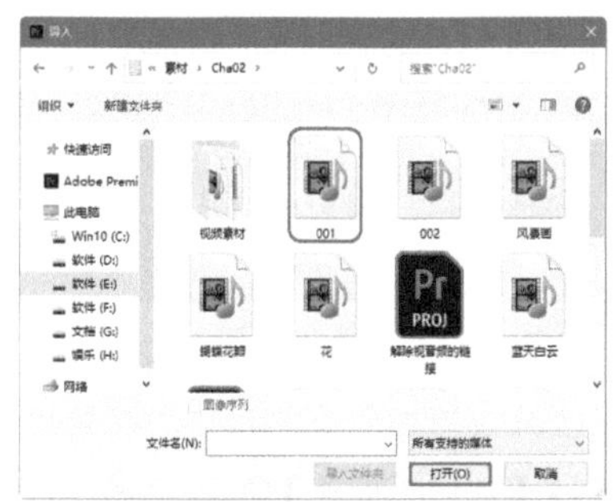

图 2-8

02 即可将选中的素材添加到【项目】面板中，如图 2-9 所示。

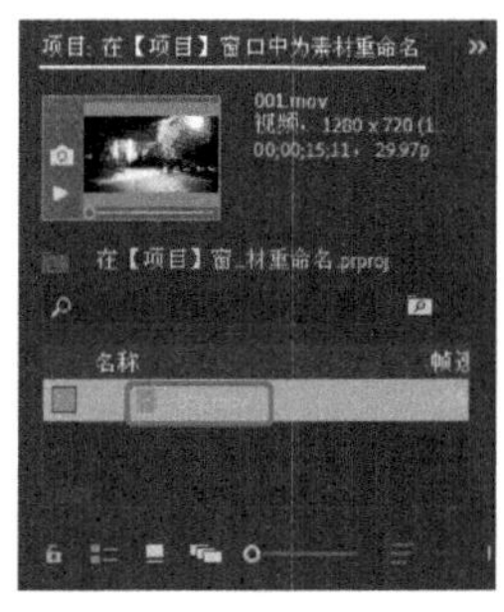

图 2-9

03 确认该素材处于选中状态，在菜单栏中选择【剪辑】|【重命名】命令，如图 2-10 所示。

04 执行该操作后，即可在【项目】面板中为该素材文件进行重命名，重命名后的效果如图 2-11 所示。

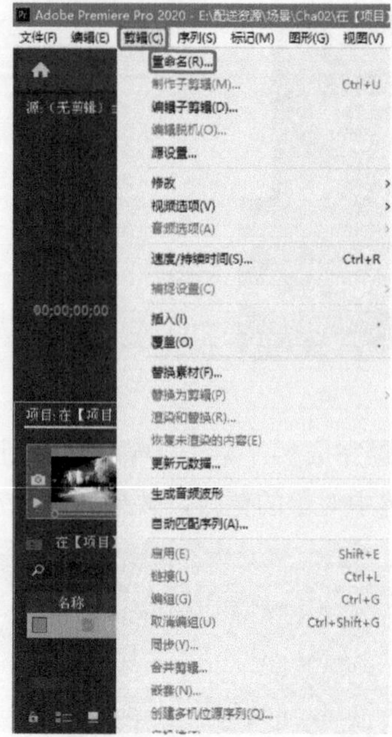

图 2-10

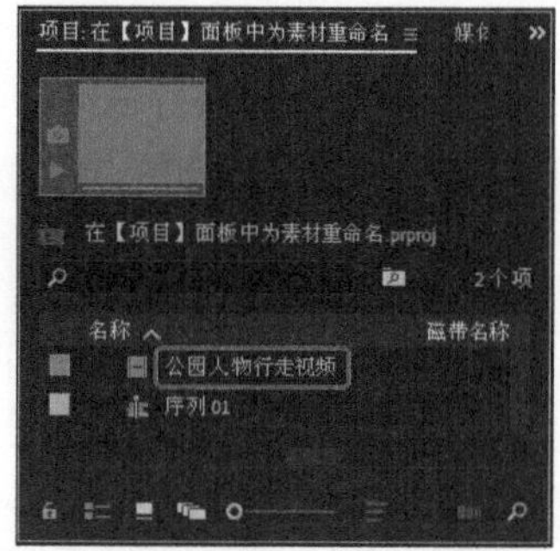

图 2-11

2.1.2 在【序列】面板中为素材重命名

下面介绍如何在【序列】面板中为素材重命名，具体的操作步骤如下。

01 继续上面的操作，在【项目】面板中选择添加的视频文件，按住鼠标左键将其拖曳至【序列】面板中。在弹出的【剪辑不匹配警告】对话框中单击【保持现有设置】按钮，如图 2-12 所示。

图 2-12

02 确认该对象处于选中状态，在菜单栏中选择【剪辑】|【重命名】命令，如图 2-13 所示。

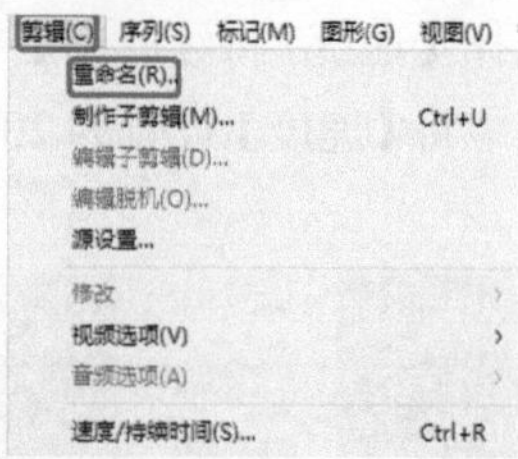

图 2-13

03 在弹出的【重命名剪辑】对话框中将【剪辑名称】设置为【视频】，设置完成后，单击【确定】按钮，如图 2-14 所示。

图 2-14

04 执行该操作后，即可为其重命名，效果如图 2-15 所示。

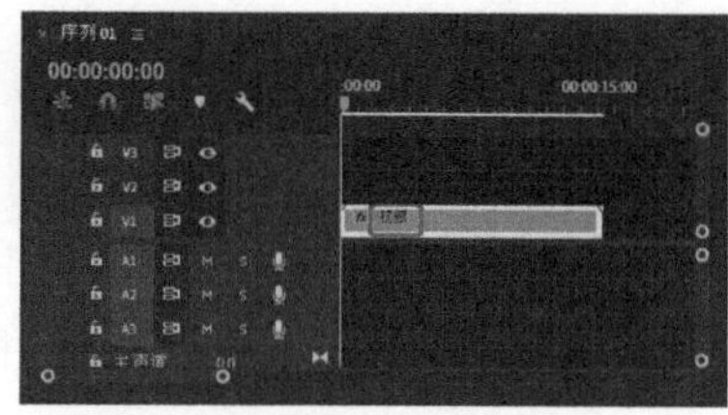

图 2-15

2.1.3 制作子剪辑

下面介绍如何在 Premiere Pro CC 中制作子剪辑，具体操作步骤如下。

01 继续上面的操作，在【序列】面板中选中该素材文件，如图 2-16 所示。

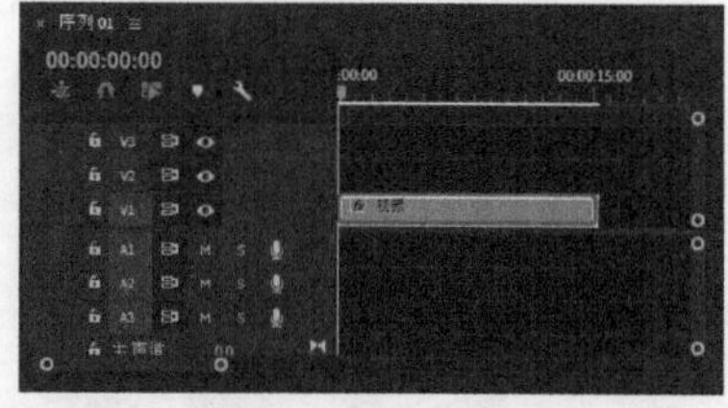

图 2-16

02 确认该对象处于选中状态，在菜单栏中选择【剪辑】|【制作子剪辑】命令，如图 2-17 所示。

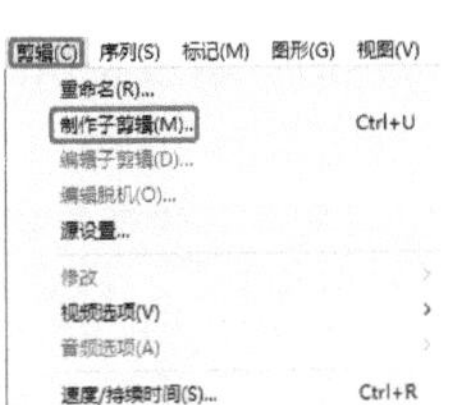

图 2-17

03 在弹出的【制作子剪辑】对话框中使用其默认的设置，设置完成后，单击【确定】按钮，如图 2-18 所示。

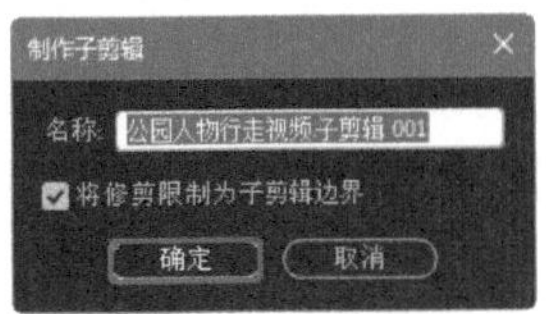

图 2-18

04 执行该操作后，即可制作一个子剪辑，如图 2-19 所示。

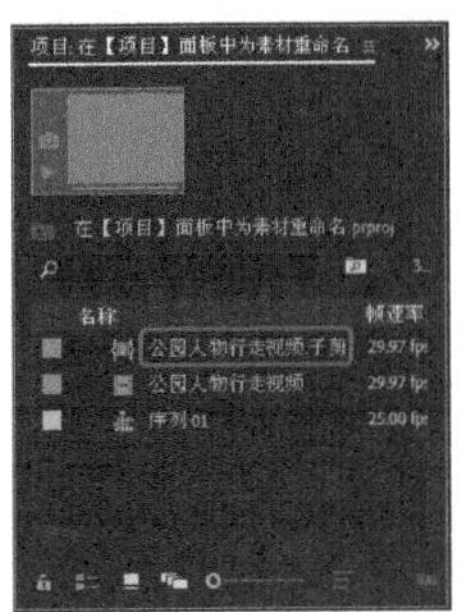

图 2-19

2.1.4 编辑子剪辑

制作完子剪辑后，用户可以根据需要对其进行编辑，从而达到所需的效果。下面介绍如何编辑子剪辑，具体操作步骤如下。

01 继续上面的操作，在【项目】面板中选中制作的子剪辑，如图 2-20 所示。

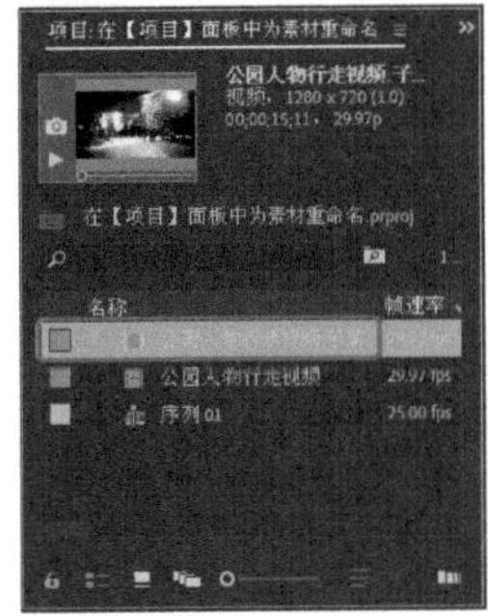

图 2-20

02 确认该对象处于选中状态，在菜单栏中选择【剪辑】|【编辑子剪辑】命令，如图 2-21 所示。

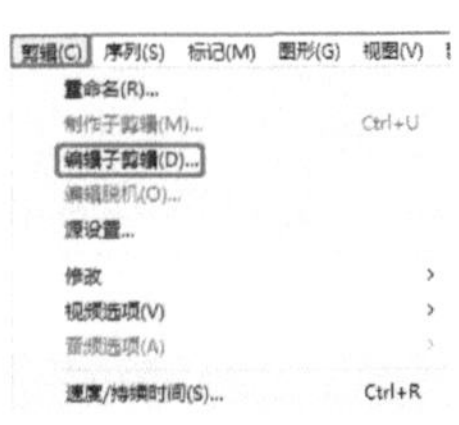

图 2-21

03 在弹出的【编辑子剪辑】对话框中将【子剪辑】选项组中的【开始】设置为 00:00:05:02，设置完成后，单击【确定】按钮，如图 2-22 所示。

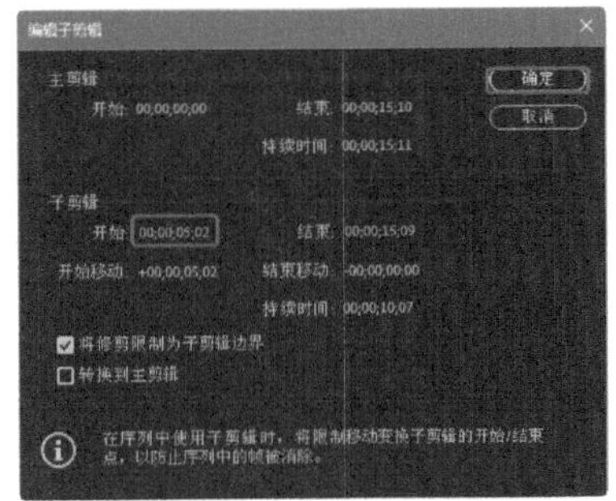

图 2-22

04 执行该操作后，即可改变该素材的开始时间，将当前时间设置为 00:00:15:10，按住鼠标左键将其拖曳到【序列】面板中，并与编辑标识线对齐，如图 2-23 所示。

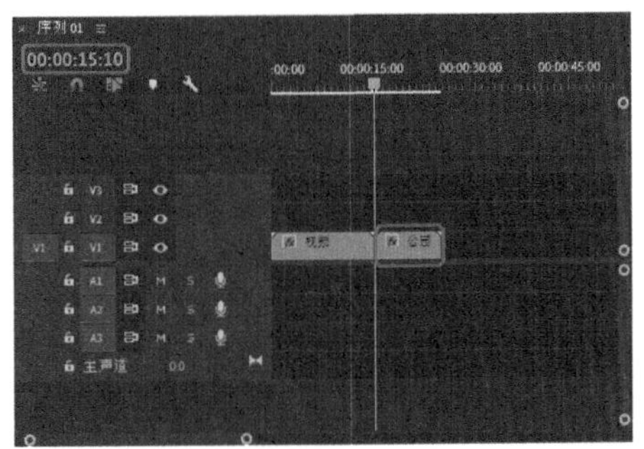

图 2-23

05 继续选中该对象，在【效果控件】面板中将【缩放】设置为 110，如图 2-24 所示。

06 设置完成后，按空格键预览效果，即可发现子剪辑的开始时间发生了变化，如图 2-25 所示。

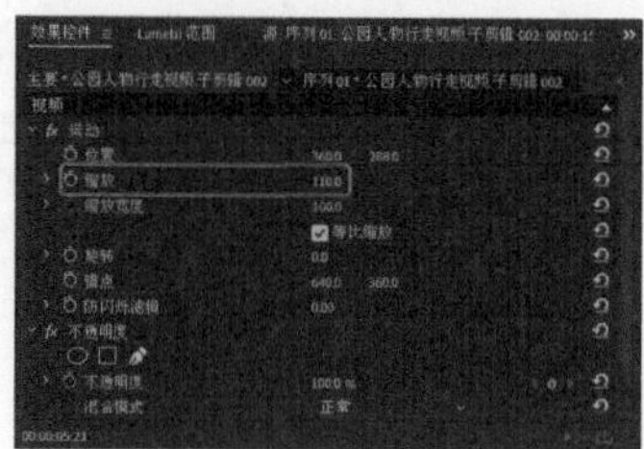

图 2-24

图 2-25

2.1.5 禁用素材

在 Premiere Pro CC 中，为了更好地观察不同的视频效果，用户可以根据需要禁用不必要的视频文件。具体操作步骤如下。

01 继续上面的操作，选择 V1 轨道中的子剪辑对象，如图 2-26 所示。

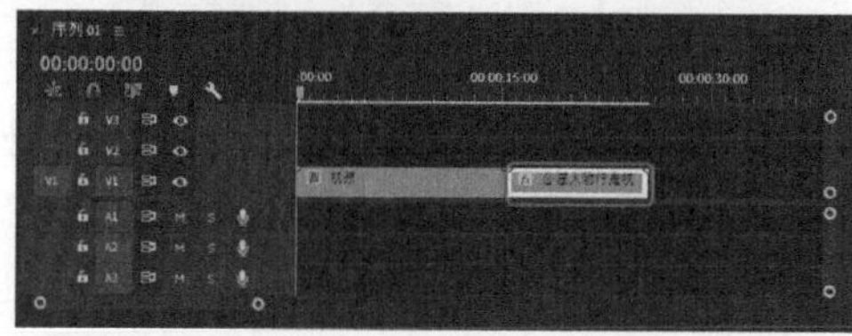

图 2-26

02 在菜单栏中选择【剪辑】|【启用】命令，如图 2-27 所示。

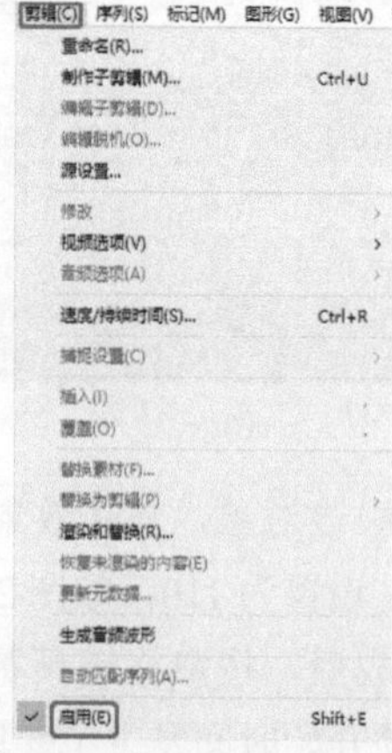

图 2-27

03 执行该操作后，即可将所选中的视频禁用，如图 2-28 所示。

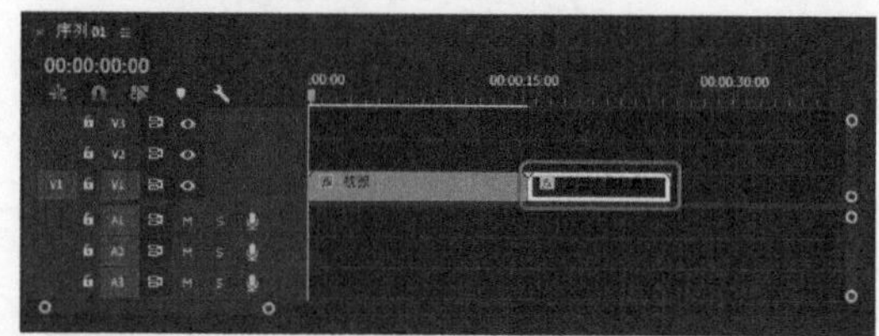

图 2-28

04 当用户按空格键进行播放时，即可发现 V1 轨道中的视频将不再播放，调整后的效果如图 2-29 所示。

图 2-29

2.1.6 设置素材速度 / 持续时间

素材的持续时间严格来说是素材播放的时长。在 Premiere Pro CC 中，用户可以根据需要设置材质的速度 / 持续时间。具体操作步骤如下。

01 在【项目】面板的空白处双击，在弹出的【导入】对话框中选择“素材 \Cha02\002.MP4”素材文件，单击【打开】按钮，如图 2-30 所示。

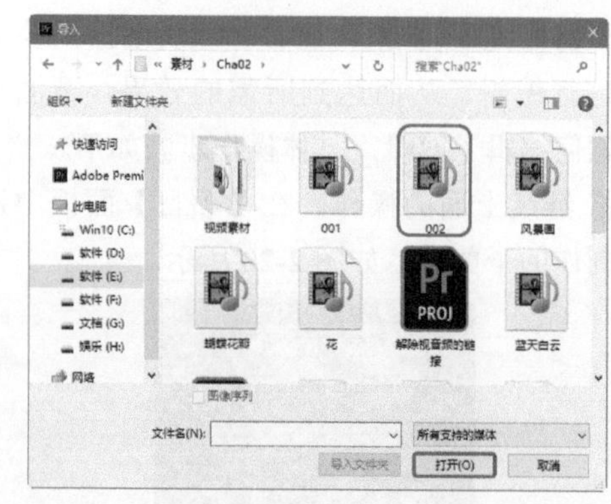

图 2-30

02 即可将选中的素材添加到【项目】面板中，如图 2-31 所示。

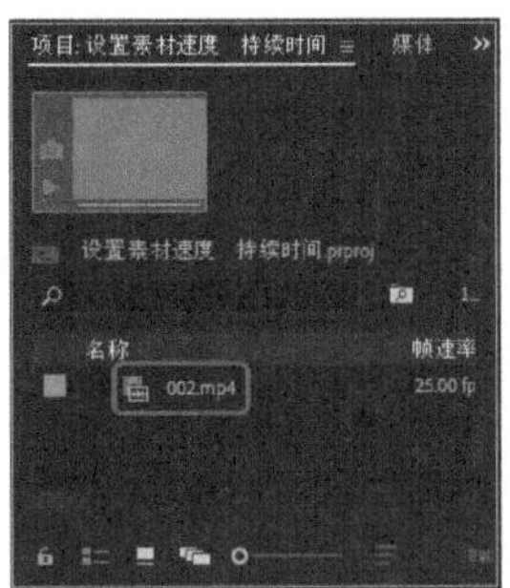
图 2-31

03 按住鼠标左键将其拖曳到【时间轴】面板中，如图 2-32 所示。

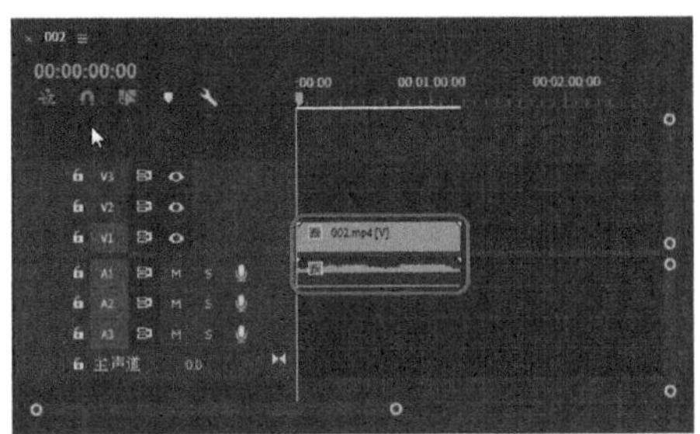
图 2-32

04 即可在【节目】面板中显示效果，如图2-33所示。

图 2-33

05 确认该对象处于选中状态，右击，在弹出的快捷菜单中选择【速度 / 持续时间】命令，如图 2-34 所示。

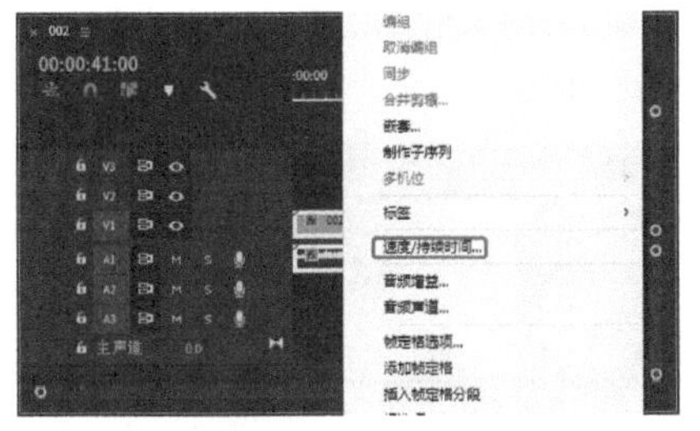
图 2-34

06 执行该操作后，即可打开【剪辑速度 / 持续时间】对话框，在该对话框中将【持续时间】设置为 00:01:10:06，如图 2-35 所示。设置完成后，单击【确定】按钮。

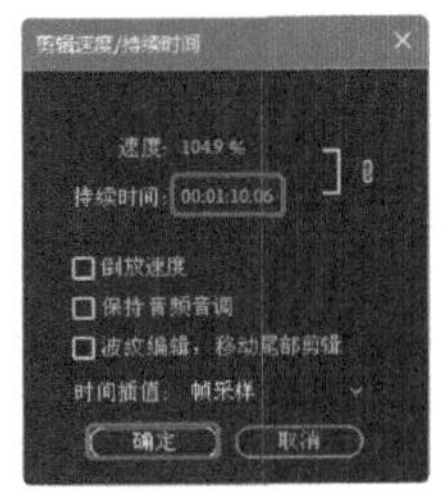
图 2-35

2.2 添加与设置标记

本节主要介绍 Premiere Pro CC 软件中的添加与设置标记的使用，添加与设置标记可以帮助用户在序列中对齐素材或切换，还可以快速寻找目标。

2.2.1 标记出入点

在【源监视器】面板中，标记出入点，就定义了操作的区域，将【项目】面板中的素材文件拖曳到视频轨道中，此时单击【播放】按钮▶即可播放标记区域内的视频内容。具体的操作步骤如下。

01 新建项目，将【序列】设置为 DV-PAL|【标准 48kHz】选项，将【序列名称】设置为“雪山自然风景”。在【项目】面板的空白处双击，在弹出的【导入】对话框中选择“素材\Cha02\雪山自然风景 .mp4”素材文件，单击【打开】按钮即可导入素材文件，如图 2-36 所示。

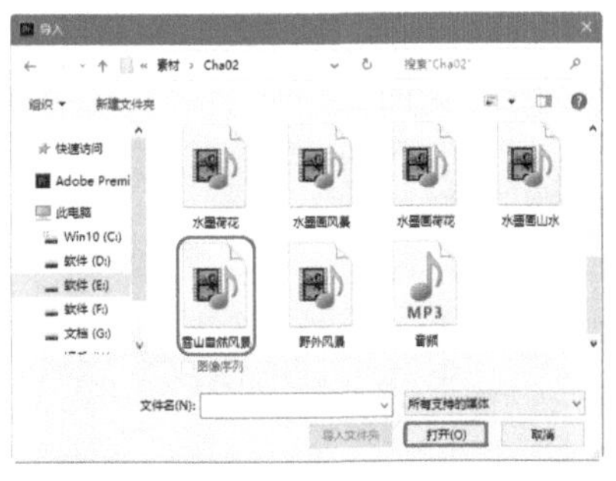
图 2-36

02 在【项目】面板中双击“雪山自然风景 .mp4”素材文件，将其在【源监视器】面板中打开，如图 2-37 所示。

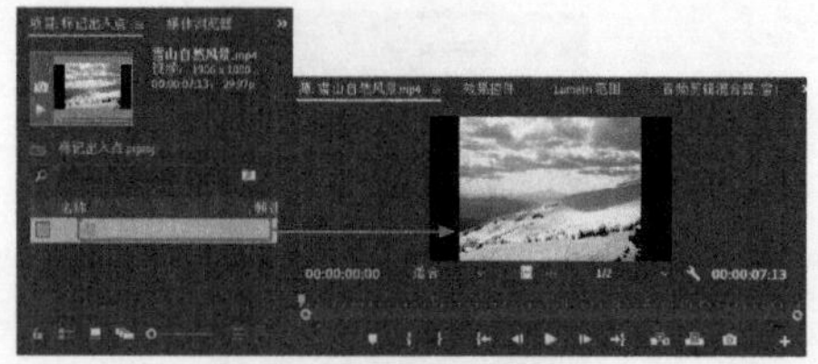

图 2-37

03 将当前时间设置为 00:00:01:18，单击【标记入点】按钮，再将当前时间设置为 00:00:04:13，然后再单击【标记出点】按钮，如图 2-38 所示。

图 2-38

04 将【项目】面板中的“雪山自然风景 .mp4”素材文件拖曳到视频轨道 V1 中，在弹出的对话框中单击【保持现有设置】按钮，如图 2-39 所示。

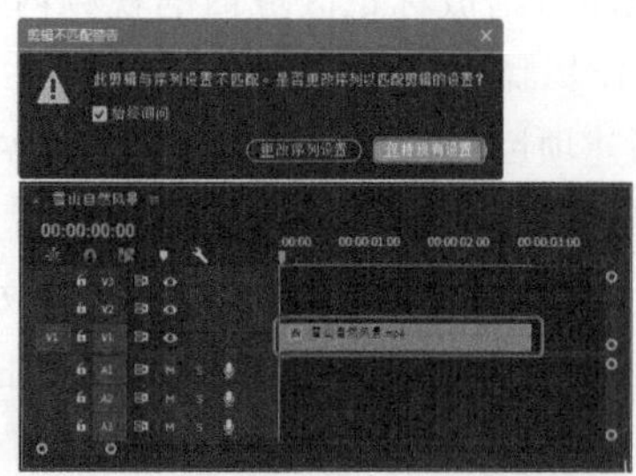

图 2-39

05 按空格键，即可在【节目监视器】面板中预览效果，如图 2-40 所示。

图 2-40

2.2.2 转到入点

查找目标标记入点的方法如下：在【源监视器】面板中单击【转到入点】按钮，可以找到入点。具体的操作步骤如下。

01 新建项目，将【序列】设置为 DV-PAL|【标准 48kHz】选项，将【序列名称】设置为“水墨画山水”。在【项目】面板的空白处双击，在弹出的【导入】对话框中选择“素材\Cha02\水墨画山水 .mov”素材文件，单击【打开】按钮即可导入素材文件，如图 2-41 所示。

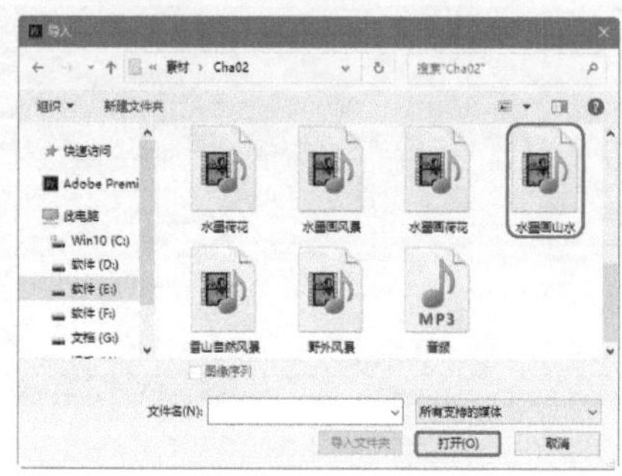

图 2-41

02 在【项目】面板中双击“水墨画山水 .mov”素材文件，将其在【源监视器】面板中打开，如图 2-42 所示。

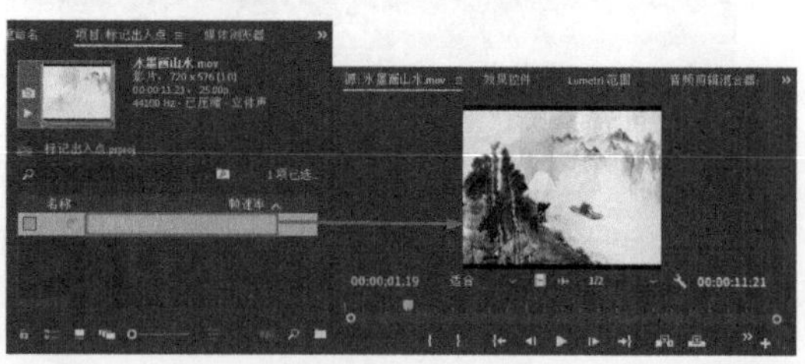

图 2-42

03 将当前时间设置为 00:00:01:19，单击【标记入点】按钮，再将当前时间设置为 00:00:10:09，然后单击【标记出点】按钮，如图 2-43 所示。

图 2-43

04 在菜单栏中选择【标记】|【转到入点】命令，如图 2-44 所示。

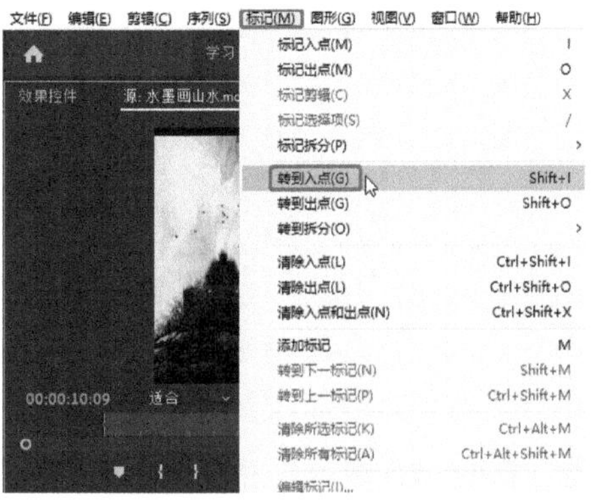

图 2-44

05 执行该命令后就可以看到按钮跳转到了入点位置，如图 2-45 所示。

图 2-45

2.2.3 转到出点

查找目标标记出点的方法如下：在【源监视器】面板中单击【转到出点】按钮，可以找到出点。具体的操作步骤如下。

01 继续上面的操作，在菜单栏中选择【标记】|【转到出点】命令，如图 2-46 所示。

图 2-46

02 执行该命令后就可以看到按钮跳转到了出点位置，如图 2-47 所示。

图 2-47

2.2.4 清除出点和入点

如果要清除出入点，直接在【时间轴】面板上右击，在弹出的快捷菜单中选择【清除入点和出点】命令。具体的操作步骤如下。

01 新建项目，将【序列】设置为 DV-PAL|【标准 48kHz】选项，在【项目】面板的空白处双击，在弹出的【导入】对话框中选择“素材\Cha02\野外风景.mp4”素材文件，单击【打开】按钮即可导入素材文件，如图 2-48 所示。

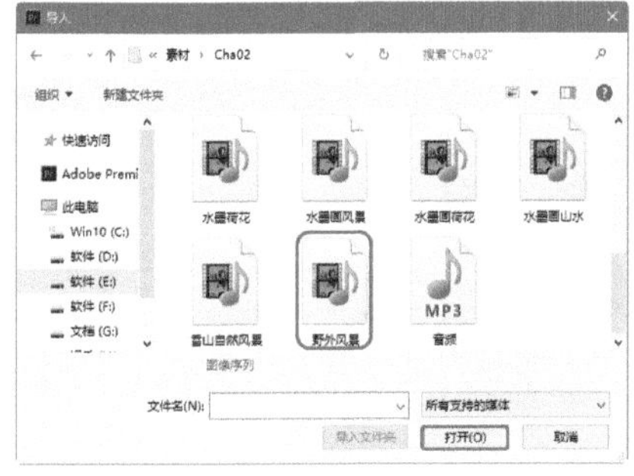

图 2-48

02 在【项目】面板中双击“野外风景.mp4”素材文件，将其在【源监视器】面板中打开，如图 2-49 所示。

图 2-49

03 将当前时间设置为 00:00:03:15，单击【标记入点】按钮，再将当前时间设置为 00:00:16:22，然后单击【标记出点】按钮，如图 2-50 所示。

图 2-50

04 在菜单栏中选择【标记】|【清除入点和出点】命令，如图 2-51 所示。

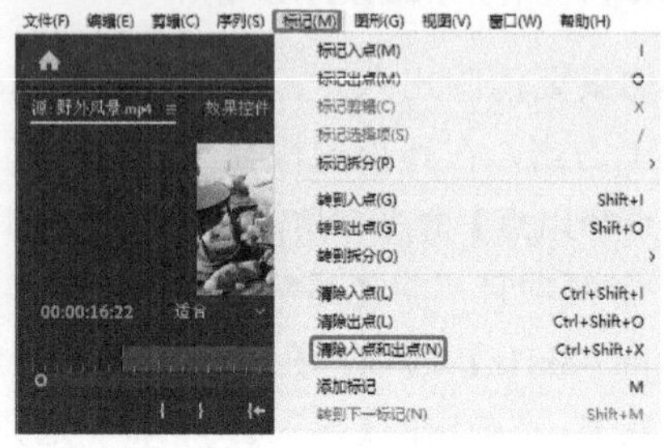
图 2-51

05 执行该命令后将出入点清除，如图 2-52 所示。

图 2-52

【实战】清除所选的标记

如果要清除所选的标记，直接在【时间轴】面板上右击，在弹出的快捷菜单中选择【清除所选的标记】命令。具体的操作步骤如下。

素材	素材 \Cha02\ 水墨画荷花 .mov
场景	场景 \Cha02\【实战】清除所选的标记 .prproj
视频	视频教学 \Cha02\【实战】清除所选的标记 .mp4

01 新建项目，将【序列】设置为 DV-PAL|【标准 48kHz】选项，在【项目】面板的空白处双击，在弹出的【导入】对话框中选择“素材 \Cha02\ 水墨画荷花 .mov”素材文件，单击【打开】按钮即可导入素材文件，如图 2-53 所示。

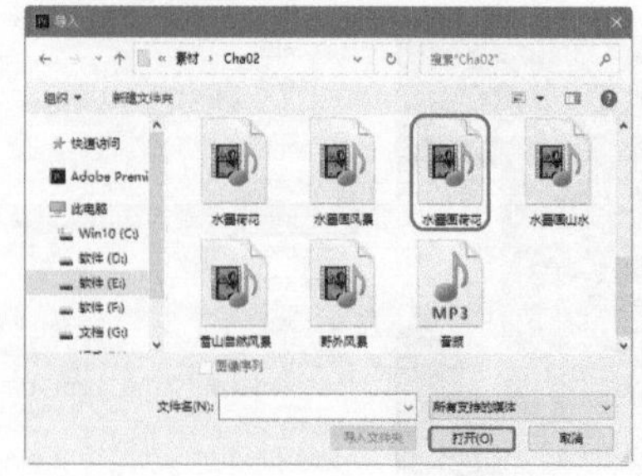
图 2-53

02 在【项目】面板中双击“水墨画荷花 .mov”素材文件，将其在【源监视器】面板中打开，如图 2-54 所示。

图 2-54

03 将当前时间设置为 00:00:02:16，单击【标记入点】按钮，再将当前时间设置为 00:00:06:12，然后单击【标记出点】按钮，如图 2-55 所示。

图 2-55

04 将当前时间设置为 00:00:03:10，在菜单栏中选择【标记】|【添加标记】命令，如图 2-56 所示。

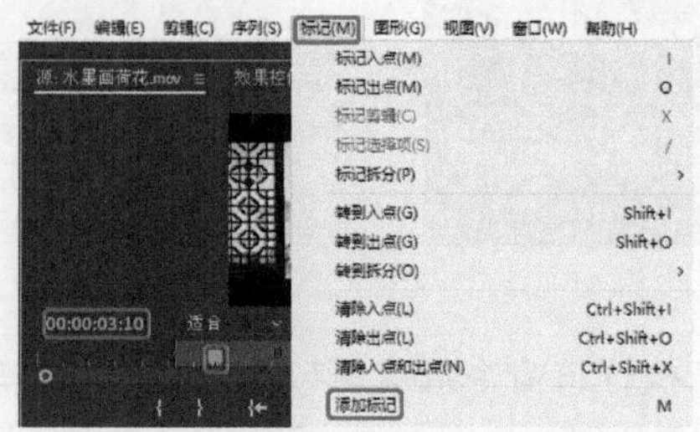
图 2-56

05 执行命令后的效果如图 2-57 所示。

图 2-57

06 再次在时间分别为 00:00:03:22、00:00:04:22、00:00:05:21 处添加标记，效果如图 2-58 所示。

图 2-58

07 选择当前时间为 00:00:03:10 处的标记，在菜单栏中选择【标记】|【清除所选标记】命令，如图 2-59 所示。

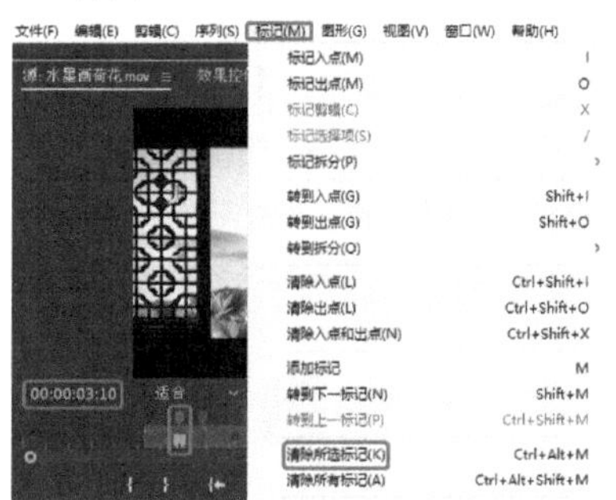

图 2-59

08 即可在【源监视器】面板中看到清除后的效果，如图 2-60 所示。

图 2-60

2.2.5 清除所有标记

如果要清除所有标记，直接在【时间轴】面板上右击，在弹出的快捷菜单中选择【清除所有标记】命令。具体的操作步骤如下。

01 打开“素材\Cha02\清除所有标记.prproj”素材文件，双击“水墨画荷花.mov”素材文件，将其在【源监视器】面板中打开，如图 2-61 所示。

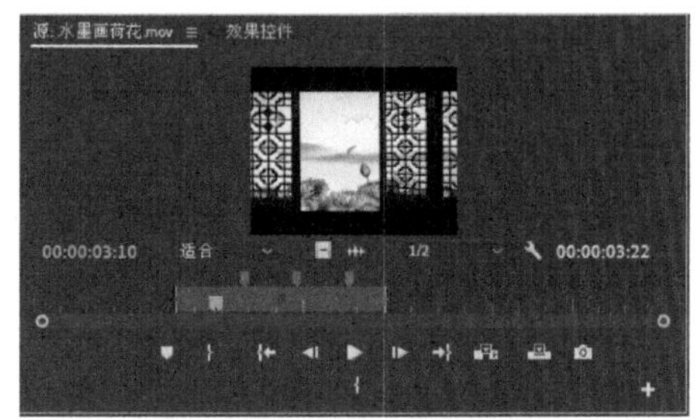

图 2-61

02 在菜单栏中选择【标记】|【清除所有标记】命令，如图 2-62 所示。

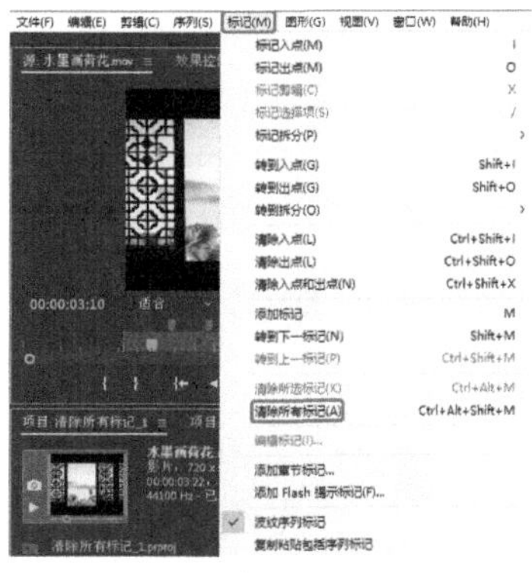

图 2-62

03 即可在【源监视器】面板中看到清除后的效果，如图 2-63 所示。

图 2-63

2.3 裁剪素材

本节介绍如何使用【选择工具】、【波纹编辑工具】、【滚动编辑工具】、【剃刀工具】裁剪素材，使素材达到更完美的效果。

2.3.1 使用选择工具裁剪素材

下面介绍如何使用选择工具裁剪素材，具体操作步骤如下。

01 新建项目，然后在【项目】面板中的空白处双击，弹出【导入】对话框，选择“素材\Cha02\水墨画山水.mov”素材文件，单击【打开】按钮，如图 2-64 所示。

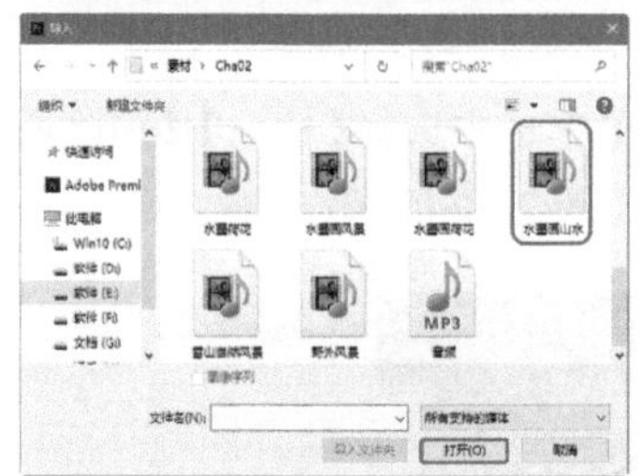

图 2-64

02 即可将选中的素材添加到【项目】面板中，如图 2-65 所示。

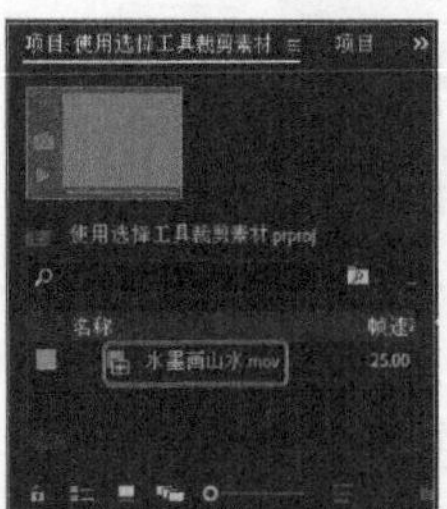

图 2-65

03 按住鼠标左键将其拖曳到【序列】面板中并选中该对象，如图 2-66 所示。

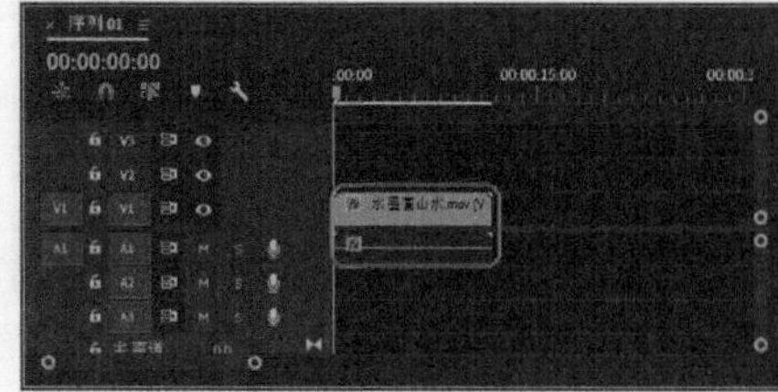

图 2-66

04 将选择工具放在要缩短或拉长的素材边缘上，选择工具变成了缩短光标，拖动鼠标以缩短或拉长该素材，如图 2-67 所示。

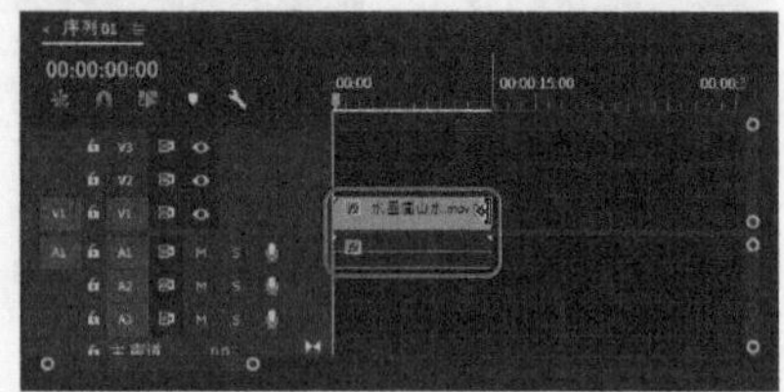

图 2-67

【实战】 使用波纹编辑工具

使用【波纹编辑工具】拖动对象的出点可改变对象长度。下面介绍如何使用【波纹编辑工具】来调整对象，具体的操作步骤如下。

素材	素材\Cha02\山水画.mov
场景	场景\Cha02\【实战】使用波纹编辑工具.prproj
视频	视频教学\Cha02\【实战】使用波纹编辑工具.mp4

01 新建项目，将【序列】设置为DV-PAL|【标准 48kHz】选项，将【名称】设置为【使用波纹编辑工具】，在【项目】面板的空白处双击，在弹出的【导入】对话框中选择“素材\Cha02\山水画.mov”素材文件，如图 2-68 所示。

图 2-68

02 即可在【项目】面板中显示，然后按住鼠标左键将其拖曳到【序列】面板中，在弹出的【剪辑不匹配警告】对话框中单击【保持现有设置】按钮，如图 2-69 所示。

图 2-69

03 选择【波纹编辑工具】，在【序列】面板中选择添加的对象，如图 2-70 所示。

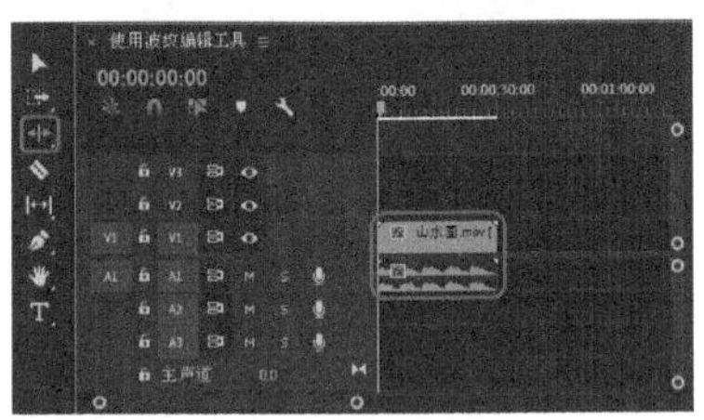

图 2-70

04 将鼠标指针移至素材的结尾处，当鼠标指针变为时，按住鼠标左键进行拖动，如图 2-71 所示。释放鼠标后，就完成了对素材的调整。

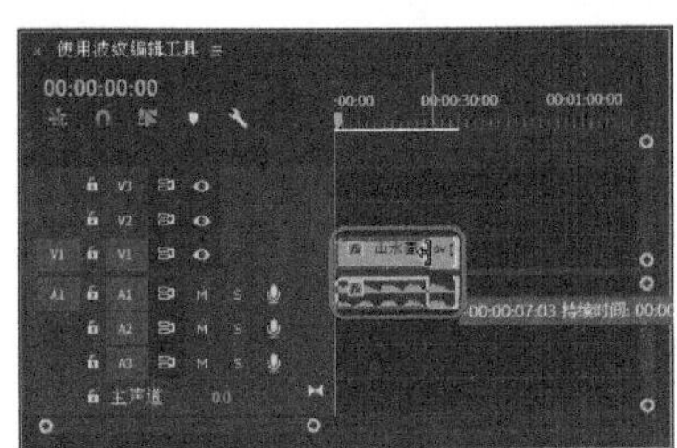

图 2-71

2.3.2 使用【滚动编辑工具】

下面介绍如何使用【滚动编辑工具】来调整对象，具体操作步骤如下。

01 新建项目，将【序列】设置为 DV-PAL|【标准 48kHz】选项，在【项目】面板的空白处双击，在弹出的【导入】对话框中选择“素材\Cha02\蝴蝶花瓣.mov”素材文件，并将其拖曳到【序列】面板中，在弹出的【剪辑不匹配警告】对话框中单击【保持现有设置】按钮。选择【滚动编辑工具】，在【序列】面板中选择添加的对象，如图 2-72 所示。

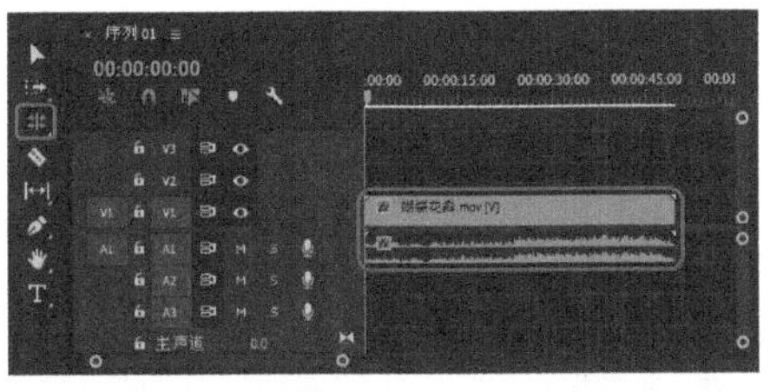

图 2-72

02 将鼠标指针移至素材的结尾处，当鼠标指针变为时，按住鼠标左键进行拖动，如图 2-73 所示。释放鼠标后，就完成了对素材的调整。

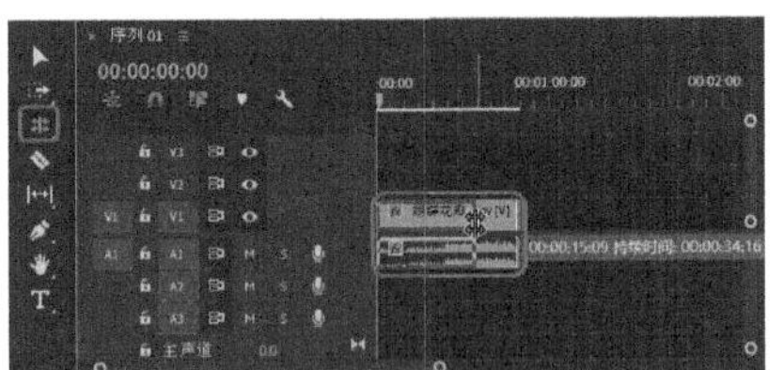

图 2-73

2.3.3 使用【剃刀工具】

当用户使用【剃刀工具】切割一个素材时，实际上是建立了该素材的两个副本。用户可以在编辑标识线中锁定轨道，保证在一个轨道上进行编辑时，其他轨道上的素材不受影响。下面介绍如何应用【剃刀工具】切割素材，具体的操作步骤如下。

01 新建项目和序列，然后导入“素材\Cha02\桃林.mp4”素材文件，并将其拖曳到【序列】面板中，选择【剃刀工具】，将鼠标指针移至如图 2-74 所示的位置。

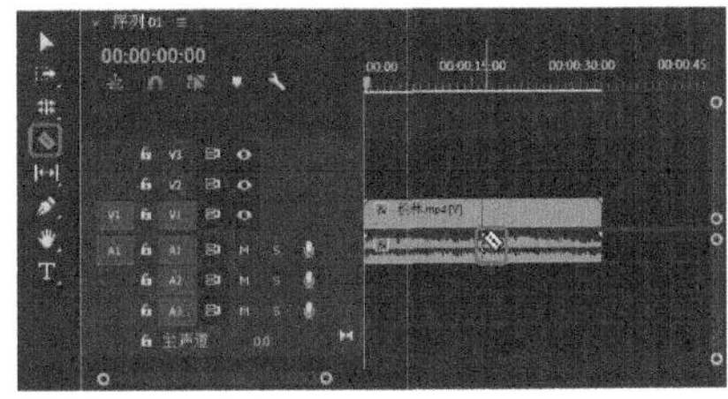

图 2-74

02 单击即可完成对素材的切割，效果如图 2-75 所示。

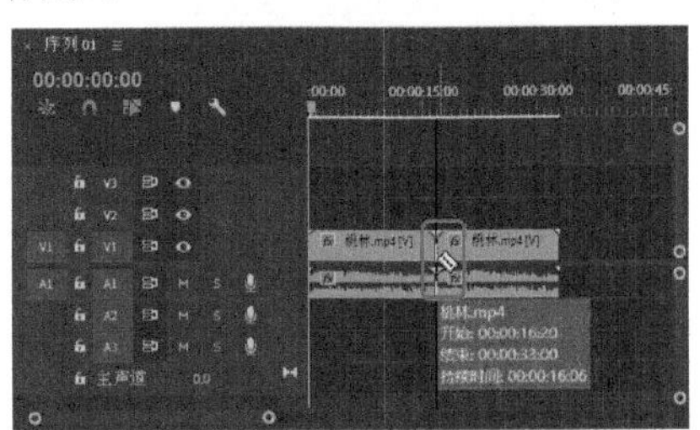

图 2-75

2.4 编辑素材

在 Premiere Pro CC 中，可以将一个素材文件插入另一个素材文件中，也可以将视频和音频文件链接到一起。

2.4.1 添加安全框

安全区域的产生是由于电视机在播放视频图像时，屏幕的边会切除部分图像。下面介绍如何添加安全框，具体操作步骤如下。

01 新建项目和序列，在【项目】面板的空白处双击，在弹出的【导入】对话框中选择“素材\Cha02\花.mp4”素材文件，单击【打开】按钮，如图 2-76 所示。

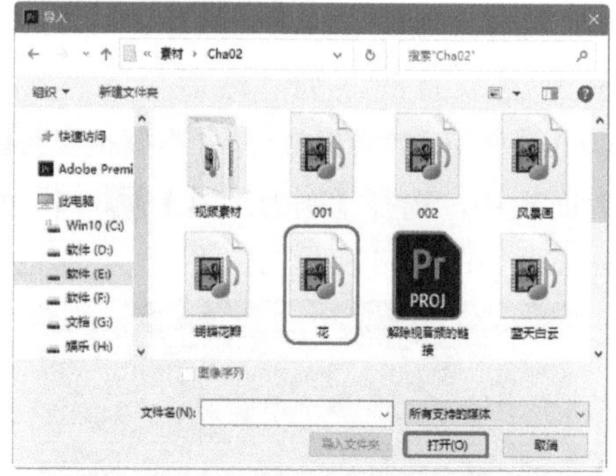

图 2-76

02 即可将选中的素材添加到【项目】面板中，如图 2-77 所示。

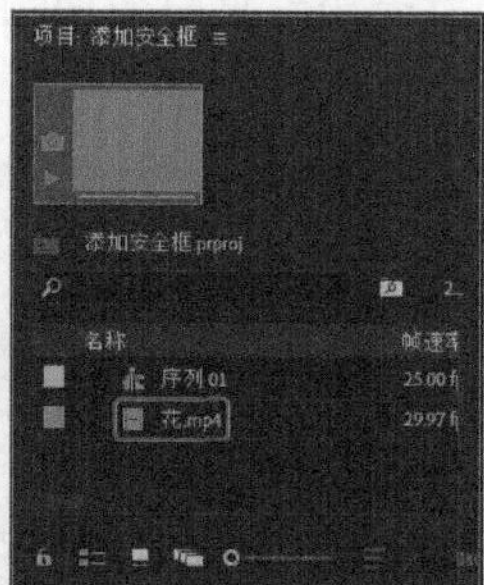

图 2-77

03 按住鼠标左键将其拖曳到【序列】面板中，在弹出的【剪辑不匹配警告】对话框中单击【保持现有设置】按钮即可，如图 2-78 所示。

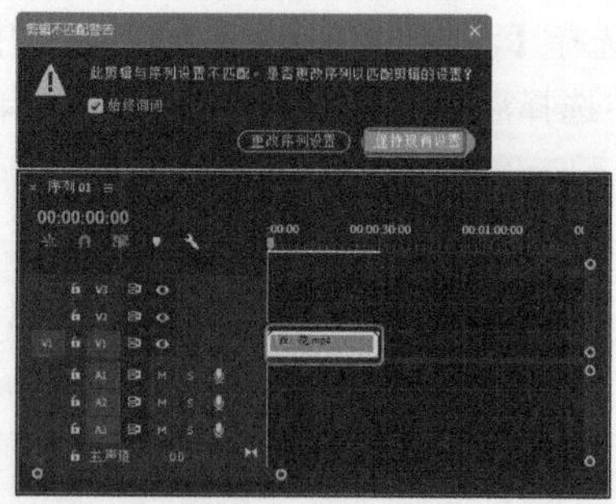

图 2-78

04 【节目监视器】面板中的效果如图 2-79 所示。

图 2-79

05 在【节目监视器】面板中单击【按钮编辑器】按钮，如图 2-80 所示。

图 2-80

06 在弹出的界面中单击【安全边框】按钮，按住鼠标左键将其拖曳到如图 2-81 所示的位置。

图 2-81

07 释放鼠标后，单击【确定】按钮，即可添加该按钮，添加后的效果，如图 2-82 所示。

图 2-82

08 单击【安全边框】按钮，即可应用安全框，如图 2-83 所示。

图 2-83

2.4.2 插入编辑

使用【插入】按钮对影片进行修改插入时，只会插入目标轨道中选定范围内的素材片段，对其前、后的素材以及其他轨道上素材的位置都不会产生影响。下面介绍如何进行插入编辑，具体操作步骤如下。

01 新建项目和序列，在【项目】面板的空白处双击，导入“素材\Cha02\蓝天白云.mp4”素材文件。在【项目】面板中双击“蓝天白云.mp4”视频文件，将其在【源监视器】面板中打开，然后将“蓝天白云.mp4”视频文件拖曳到【项目】面板中，如图 2-84 所示。

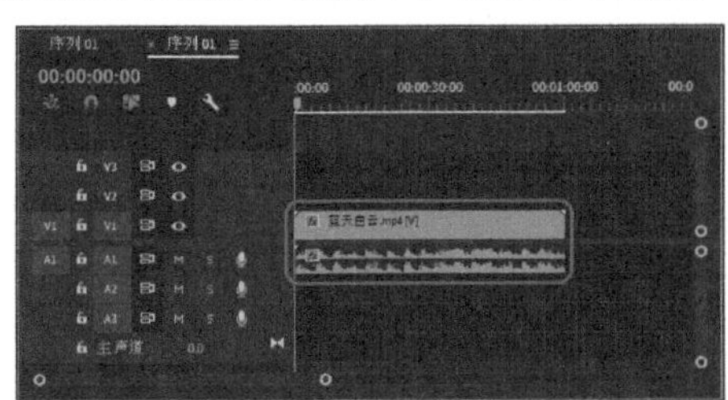
图 2-84

02 将当前时间设置为 00:00:15:00，在【源监视器】面板中单击【标记入点】按钮，为其添加入点，如图 2-85 所示。

图 2-85

03 再将当前时间设置为 00:00:50:01，如图 2-86 所示。

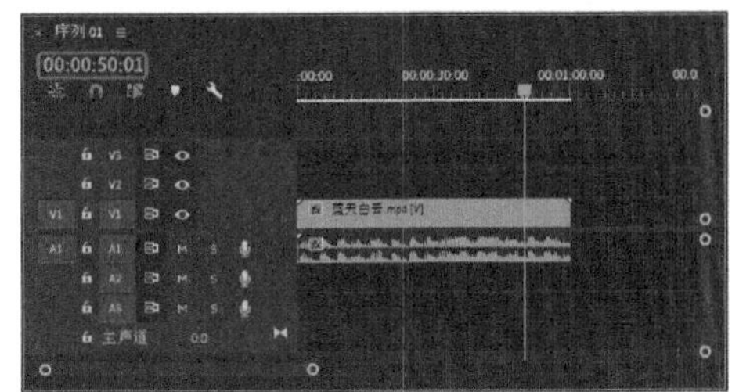
图 2-86

04 在【源监视器】面板中单击【标记出点】按钮，为其标记出点，如图 2-87 所示。

图 2-87

05 在【源监视器】面板中单击【插入】按钮，如图 2-88 所示。

图 2-88

06 执行该操作后，即可在标记的位置继续插入相同的内容，如图 2-89 所示。

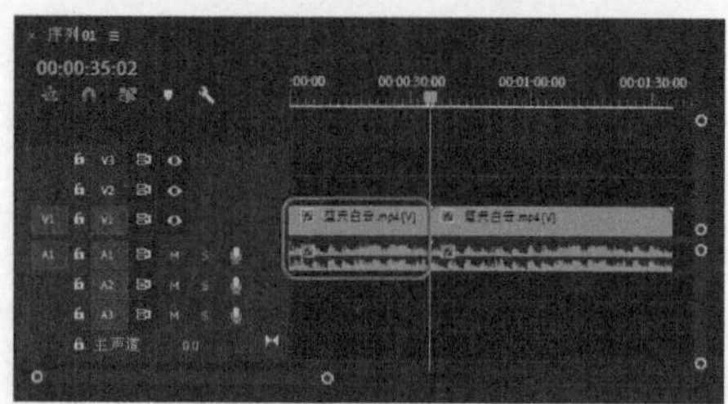

图 2-89

2.4.3 覆盖编辑

下面介绍如何进行覆盖编辑，具体操作步骤如下。

01 继续上面的操作，将当前时间设置为 00:00:45:00，如图 2-90 所示。

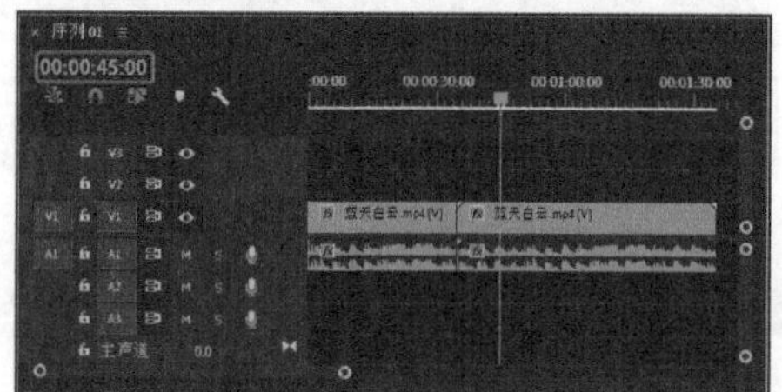

图 2-90

02 按 Ctrl+I 组合键，导入“素材 \Cha02\ 水墨荷花.mov”素材文件，在【项目】面板中双击“水墨荷花.mov”素材文件，在【源监视器】面板中将当前时间设置为 00:00:08:20，如图 2-91 所示。

图 2-91

03 在【源监视器】面板中单击【标记出点】按钮，为其标记出点，如图 2-92 所示。

04 在【源监视器】面板中单击【覆盖】按钮，如图 2-93 所示。

图 2-92

图 2-93

05 即可将其覆盖到【序列】面板中，如图 2-94 所示。

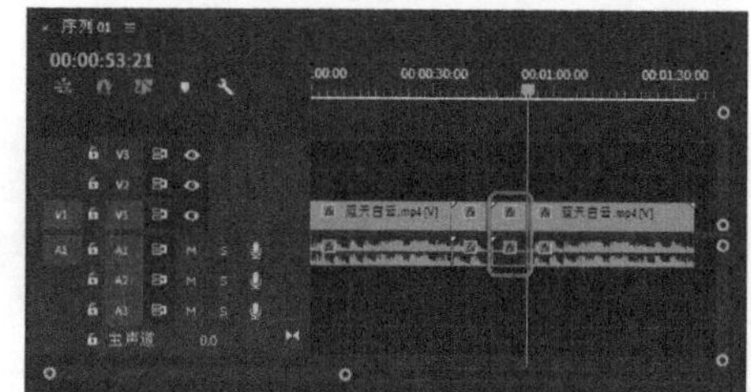

图 2-94

2.4.4 解除视频、音频的链接

在编辑工作中，经常需要将【编辑标识线】面板中的视频、音频链接素材的视频和音频部分分离。下面介绍解除视频、音频的链接，具体操作步骤如下。

01 启动软件后，打开“素材 \Cha02\ 解除视音频的链接.prproj”素材文件，在【序列】面板中选择如图 2-95 所示的对象。

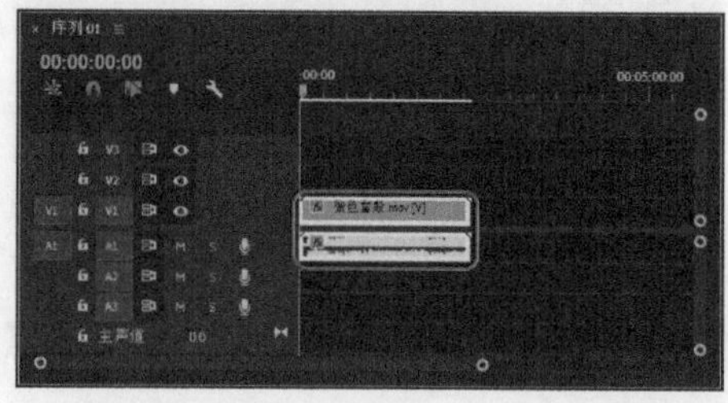

图 2-95

02 在该对象上右击，在弹出的快捷菜单中选择【取消链接】命令，如图 2-96 所示。

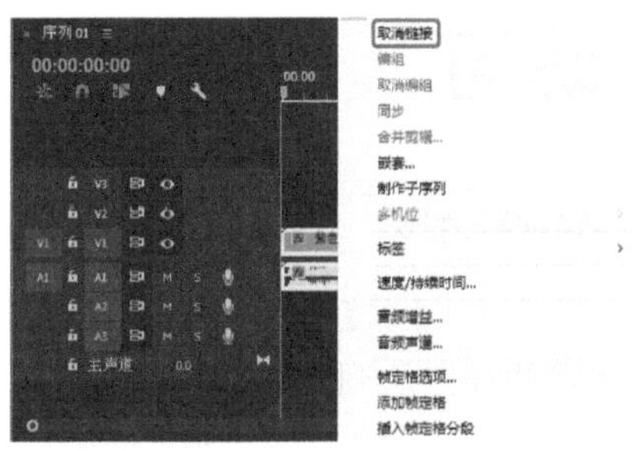

图 2-96

03 执行该操作后，即可将选中的对象取消视频、音频的链接，效果如图 2-97 所示。

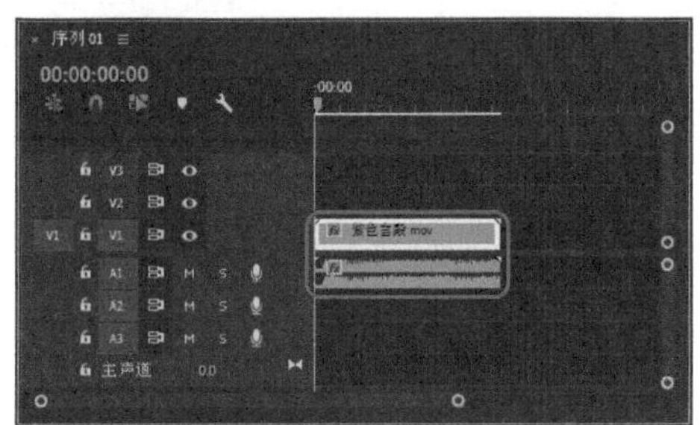

图 2-97

2.5 Premiere Pro CC 中的群组和嵌套

在编辑工作中，经常需要对多个素材整体进行操作。这时使用群组命令，可以将多个片段组合为一个整体进行移动、复制等操作。

2.5.1 编组素材

下面介绍如何对素材进行编组，具体操作步骤如下。

01 新建项目，按 Ctrl+N 组合键，新建 DV-PAL| 标准 48kHz 序列文件，在【项目】面板的空白处双击，在弹出的【导入】对话框中选择“素材\Cha02\ 山水 .mov、风景画 .mov”素材文件，单击【打开】按钮，如图 2-98 所示。

02 即可将选中的素材添加到【项目】面板中，如图 2-99 所示。

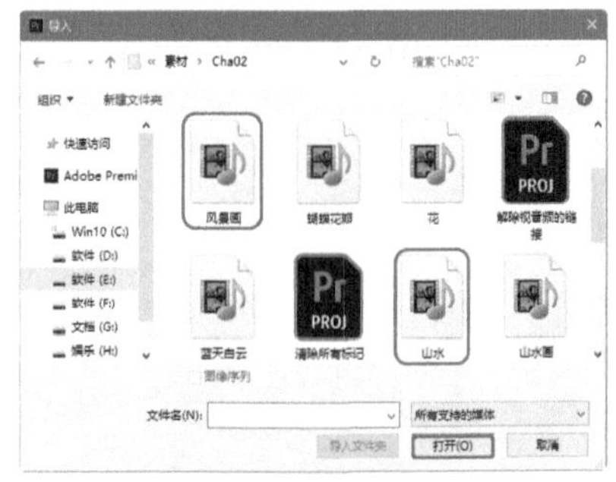

图 2-98

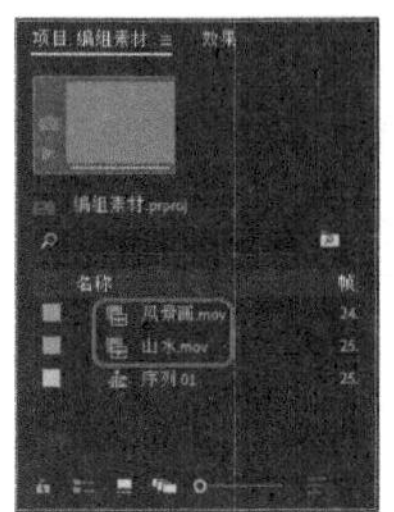

图 2-99

03 选择“山水 .mov”素材文件，按住鼠标左键将其拖曳至【序列】面板中，在弹出的【剪辑不匹配警告】对话框中单击【保持现有设置】按钮，在【效果控件】面板中将【缩放】设置为 135，如图 2-100 所示。

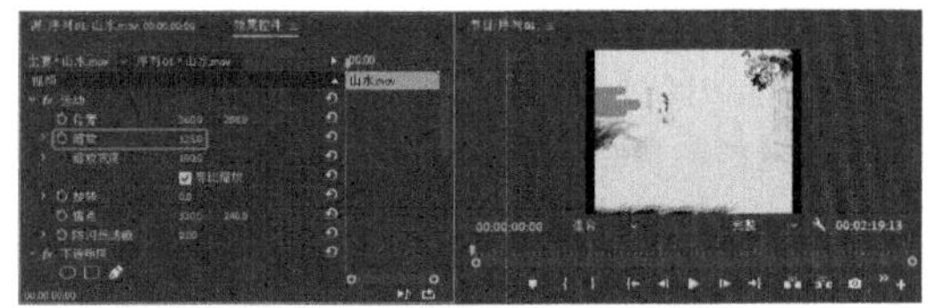

图 2-100

04 选择“风景画 .mov”素材文件，将其与“山水 .mov”素材文件首尾相连，在【效果控件】面板中将【缩放】设置为 62，如图 2-101 所示。

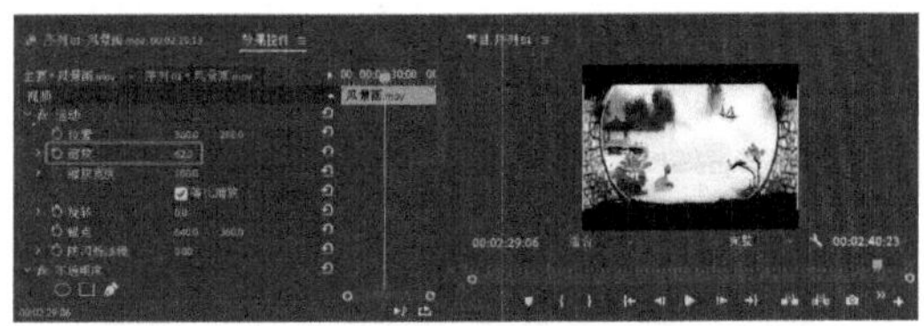

图 2-101

05 在【序列】面板中按住 Shift 键选中置入的两个对象，如图 2-102 所示。

06 在选中的对象上右击，在弹出的快捷菜单中选择【编组】命令，如图 2-103 所示。

执行该操作后，即可将选中的两个对象进行编组。

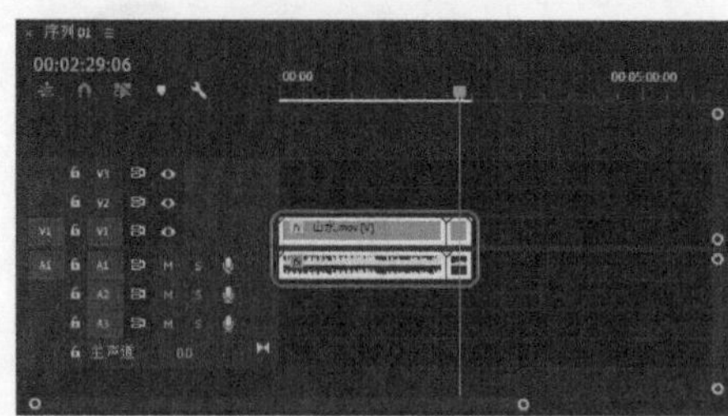

图 2-102

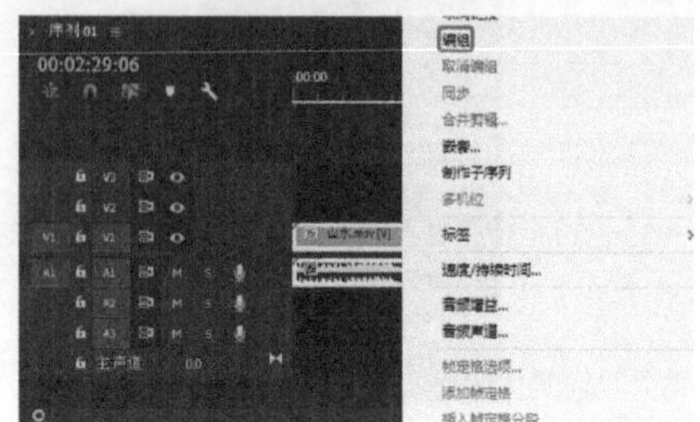

图 2-103

2.5.2 取消编组

下面介绍如何对素材取消编组，具体操作步骤如下。

01 继续上面的操作，在【序列】面板中选择如图 2-104 所示的对象。

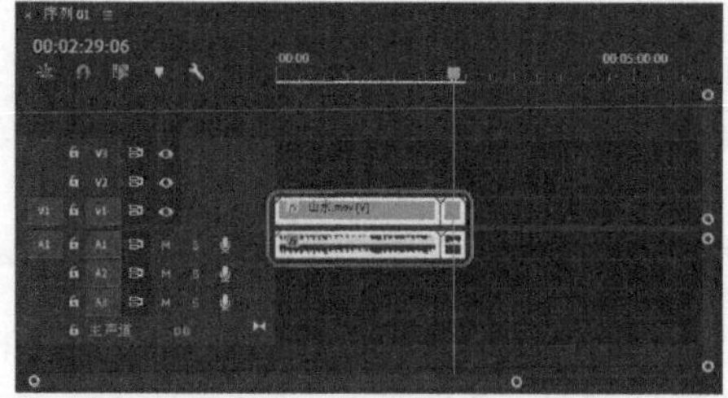

图 2-104

02 在选中的对象上右击，在弹出的快捷菜单中选择【取消编组】命令，如图 2-105 所示。执行该操作后，即可将选中的对象取消编组。

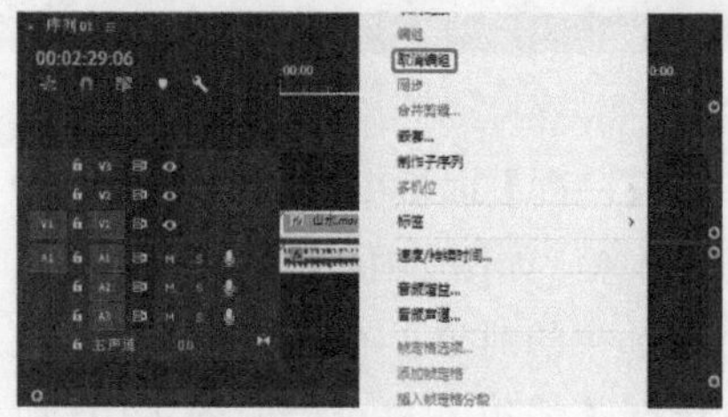

图 2-105

课后项目练习

剪辑视频片段

本例通过在【源】面板中来剪辑视频片段，并将剪辑的片段放到【序列】面板的视频轨道中，进行组合、调整以获得想要的影片效果，如图 2-106 所示。

课后项目练习效果展示

图 2-106

课后项目练习过程概要

（1）新建项目和序列，导入视频素材文件夹。

（2）设置【标记入点】和【标记出点】，给视频添加【白场过渡】效果。

素材	素材 \Cha02\ 视频素材文件夹
场景	场景 \Cha02\ 剪辑视频片段 .prproj
视频	视频教学 \Cha02\ 剪辑视频片段 .mp4

01 启动软件后在欢迎界面中单击【新建项目】按钮，在弹出的【新建项目】对话框中输入项目文件名称，然后单击【确定】按钮，如图 2-107 所示。

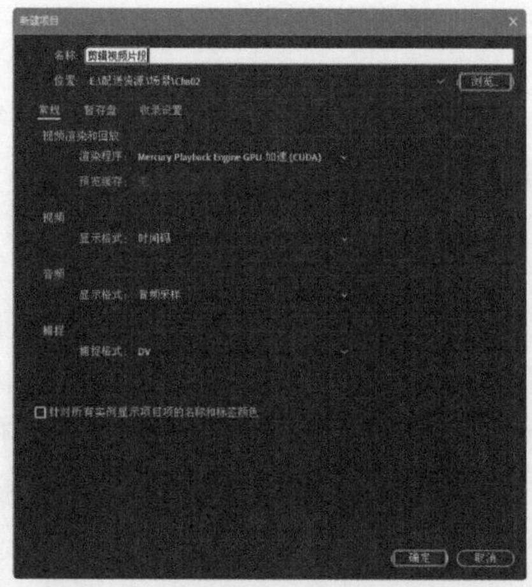

图 2-107

02 进入工作界面后按 Ctrl+N 组合键打开【新建序列】对话框，在该对话框中使用默认设置，单击【确定】按钮，如图 2-108 所示。

图 2-108

03 在【项目】面板中双击，在弹出的【导入】对话框中选择“素材 \Cha02\ 视频素材文件夹”，单击【导入文件夹】按钮，如图 2-109 所示。

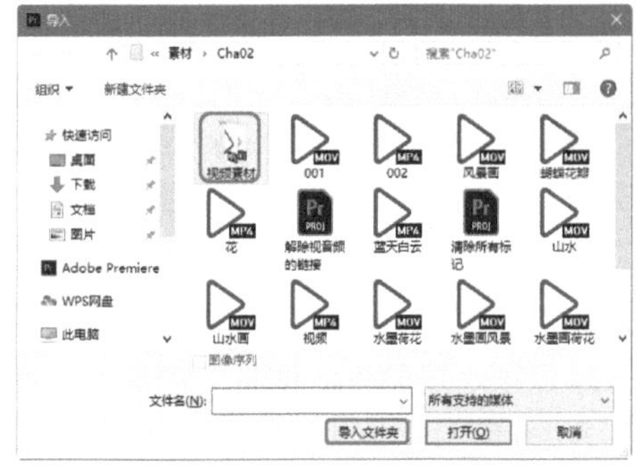

图 2-109

04 将素材打开后，在【项目】面板中双击【视频素材】文件夹下方的“01.avi”素材文件即可将其添加到【源】面板中，如图 2-110 所示。

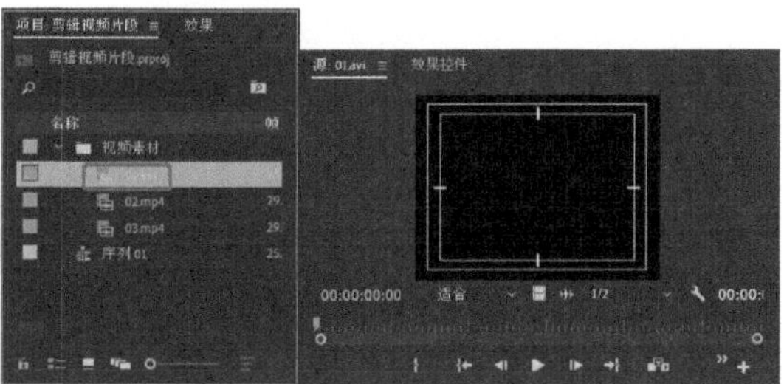

图 2-110

05 将当前时间设置为 00:00:00:00，然后单击【标记入点】按钮，即可为视频添加入点，如图 2-111 所示。

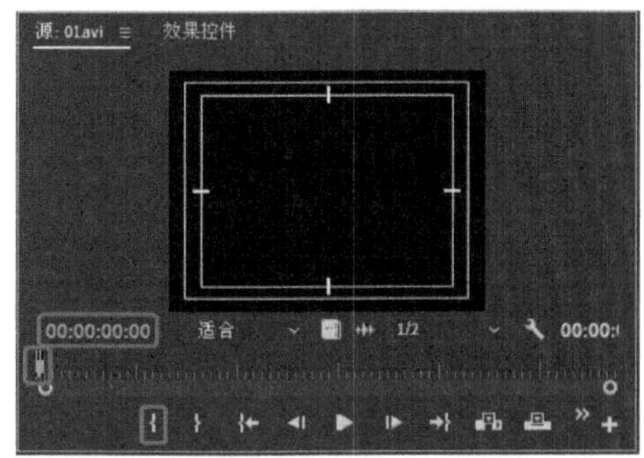

图 2-111

06 设置完成后将当前时间设置为 00:00:02:15，在【源】面板中单击【标记出点】按钮，即可为视频添加出点，如图 2-112 所示。

图 2-112

07 将入点和出点设置完成后单击【插入】按钮，即可将设置完成后的视频插入【序列】面板下的视频轨道中，如图 2-113 所示。

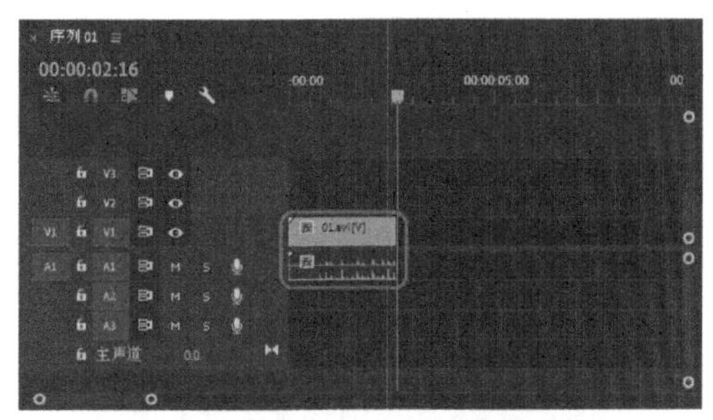

图 2-113

08 在【序列】面板中选中插入的素材并右击，在弹出的快捷菜单中选择【取消链接】命令，如图 2-114 所示。

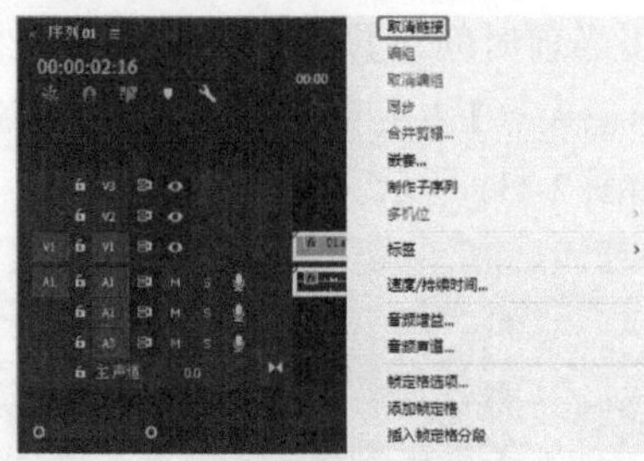

图 2-114

09 将视频与音频的链接取消后，在音频轨道中选择音频，按 Delete 键将音频删除，如图 2-115 所示。

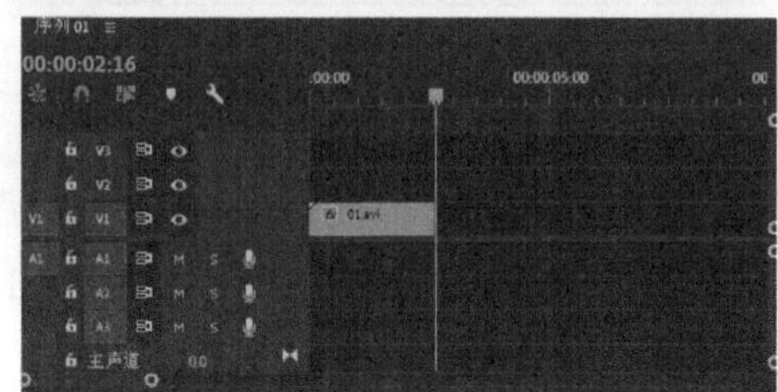

图 2-115

10 将音频删除后选择视频轨道中的视频素材，切换至【效果控件】面板中，将【缩放】设置为 120，如图 2-116 所示。

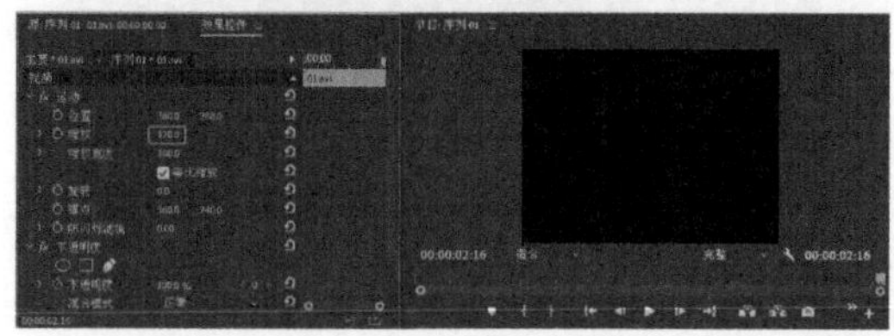

图 2-116

11 在【素材箱】中双击“02.mp4”素材文件，将其添加到【源】面板中。使用同样的方法在 00:00:02:10 时间处添加入点，然后在 00:00:52:04 时间处添加出点，效果如图 2-117 所示。

图 2-117

12 设置完成后，在【序列】面板中将当前时间设置为 00:00:52:12，在【源】面板中单击【插入】按钮，将【源】面板中的视频插入 V1 轨道中，效果如图 2-118 所示。

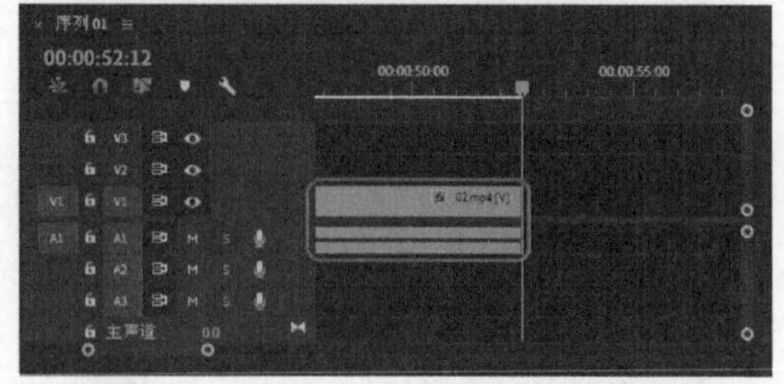

图 2-118

13 在视频轨道中选择刚插入的素材并右击，在弹出的快捷菜单中选择【取消链接】命令，如图 2-119 所示。

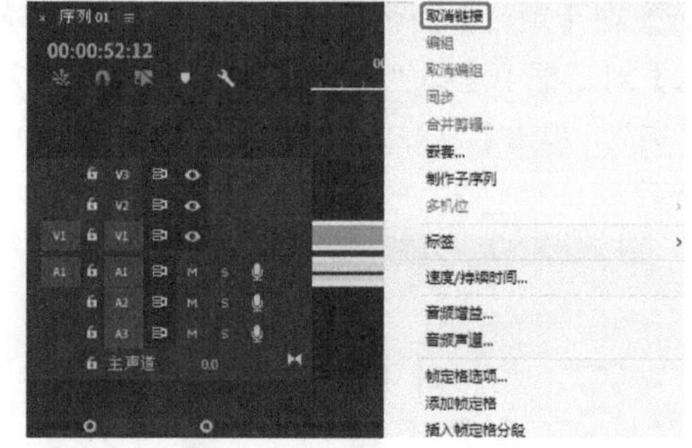

图 2-119

14 取消视频和音频的链接后，在音频轨道中选择音频，按 Delete 键将音频删除，效果如图 2-120 所示。

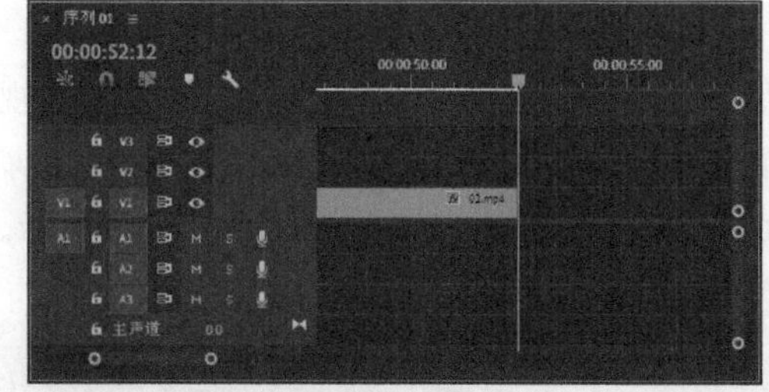

图 2-120

15 将当前时间设置为 00:00:02:00，选择刚插入的视频素材，将其拖动至 V2 轨道中并使其起始端与时间线对齐，效果如图 2-121 所示。

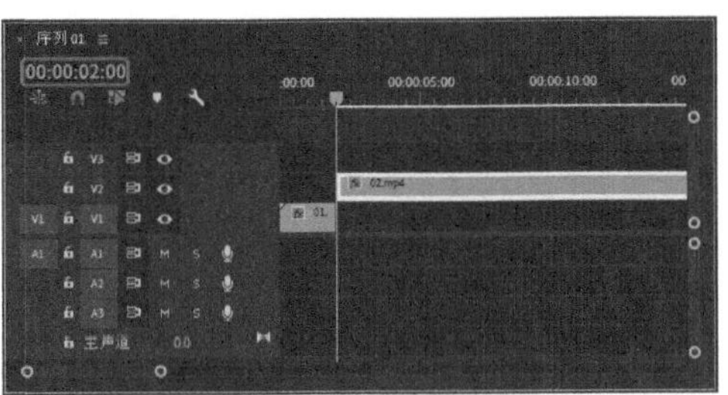

图 2-121

16 切换至【效果】面板中，打开【视频过渡】文件夹，选择【溶解】下的【白场过渡】特效，如图 2-122 所示。

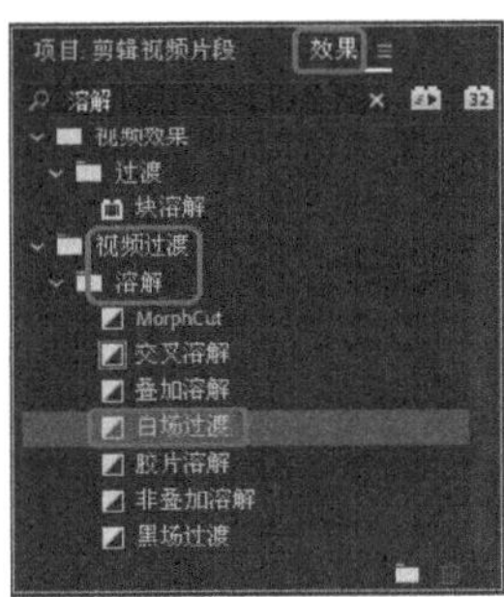

图 2-122

17 选择特效后，将其拖动至【序列】面板下的 V2 轨道中素材的起始处，效果如图 2-123 所示。

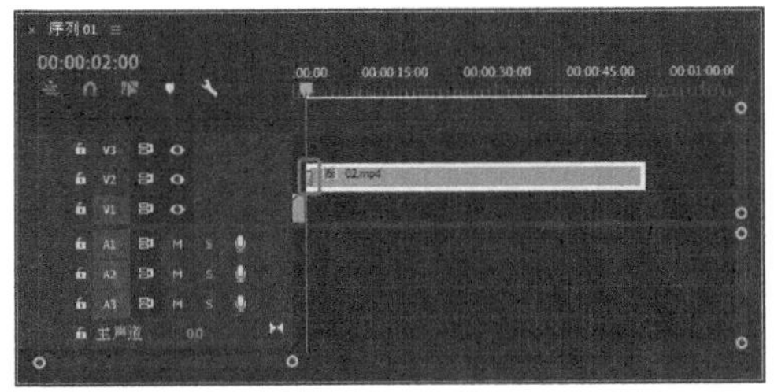

图 2-123

18 使用同样的方法将【素材箱】中的“03 .mp4”素材文件添加到【源】面板中，并在 00:00:00:00 时间处添加入点，在 00:00:11:00 时间处添加出点。在【序列】面板中将当前时间设置为 00:00:50:21，然后在【源】面板中单击【插入】按钮，将素材插入视频轨道中。将素材取消链接，将音频删除，将当前时间设置为 00:00:50:21，将视频调整至 V3 轨道中，与时间线对齐，为其添加【棋盘擦除】特效，执行以上操作后的效果如图 2-124 所示。

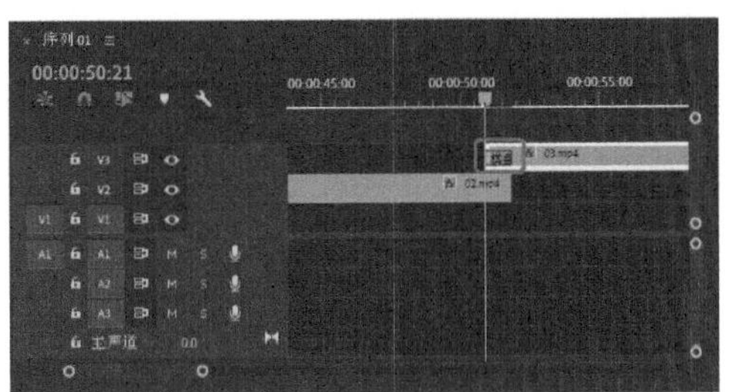

图 2-124

19 切换至【项目】面板，双击即可打开【导入】对话框，选择“素材 \Cha02\ 音频 .mp3”素材文件，单击【打开】按钮，如图 2-125 所示。

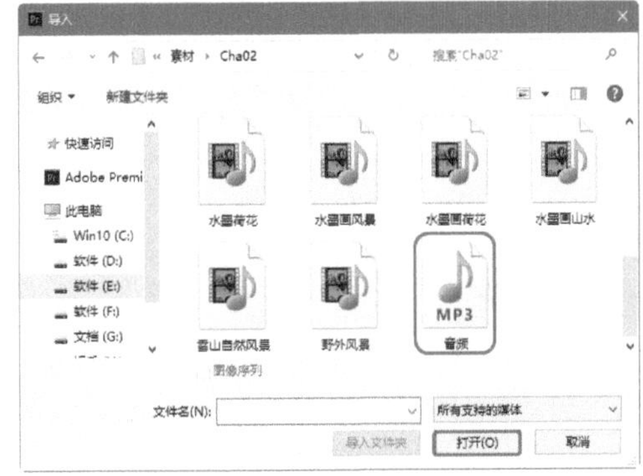

图 2-125

20 将素材打开之后，在【项目】面板中双击打开的“音频 .mp3”文件，即可将其添加至【源】面板中。在【源】面板中将时间设置为 00:00:00:00，然后单击【标记入点】按钮，将时间设置为 00:01:01:21，再单击【标记出点】按钮，效果如图 2-126 所示。

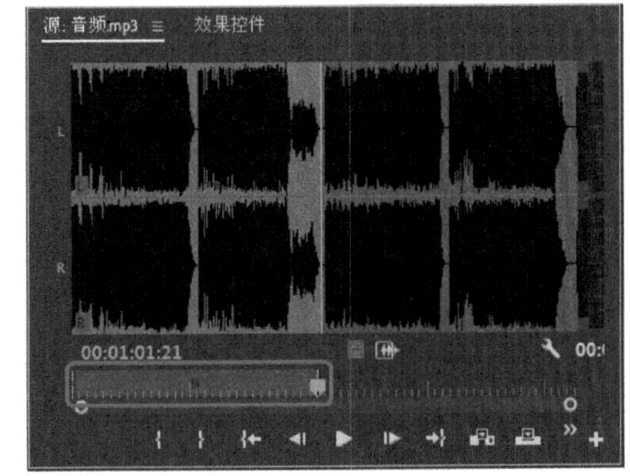

图 2-126

21 添加完成后，在【序列】面板中将当前时间设置为00:01:01:21，然后切换至【源】面板中单击【插入】按钮，将音频文件插入音频轨道中，再将音频轨道中的音频文件拖曳到00:00:00:00 时间处，效果如图 2-127 所示。

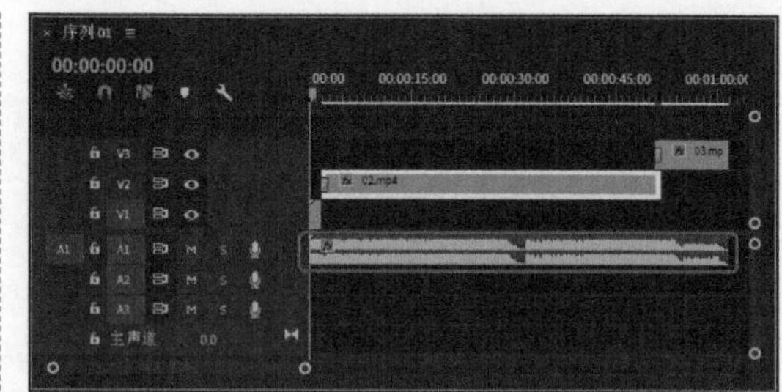

图 2-127

第 3 章

文字雨效果——字幕设计

本章导读：

在各种影视节目中，字幕是不可缺少的，字幕起到解释画面、补充内容等作用。对于专业处理影视节目的 Premiere Pro CC 来说，也必然包括字幕的制作和处理。这里所讲的字幕，包括文字、图形等内容。字幕本身是静止的，但是利用 Premiere Pro CC 可以制作出各种各样的动画效果。

【案例精讲】文字雨效果

为了更好地完成本设计案例，现对制作要求及设计内容做如下规划，如图 3-1 所示。

作品名称	文字雨效果
设计创意	文字雨效果是一种带有神秘科技感的字幕效果，在一些影视作品中会用到
主要元素	（1）数字背景 .jpg （2）字幕
应用软件	Adobe Premiere Pro CC
素材	素材 \Cha03\ 数字背景 .jpg
场景	场景 \Cha03\【案例精讲】文字雨效果 .prproj
视频	视频教学 \Cha03\【案例精讲】文字雨效果 .mp4
文字雨效果欣赏	图 3-1
备注	

01 新建项目和序列，将序列设置为 DV-PAL|【标准 48kHz】选项。在【项目】面板的空白处双击，在弹出的对话框中选择“数字背景 .jpg”素材文件，单击【打开】按钮。选择【文件】|【新建】|【旧版标题】命令，在打开的对话框中保持默认设置，单击【确定】按钮，在弹出的字幕编辑器中，使用【垂直文字工具】输入垂直文本，在【属性】选项组中将【字体系列】设置为 Adobe Caslon Pro，将【字体大小】设置为 100，在【填充】选项组中，将【颜色】设置为黑色，将【X 位置】、【Y 位置】分别设置为 52.6、356.9，如图 3-2 所示。

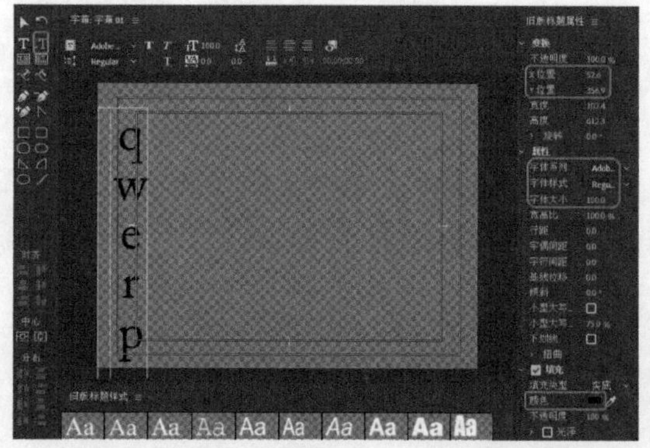

图 3-2

02 使用同样的方法输入其他文字，并进行相应的设置，完成后的效果如图 3-3 所示。

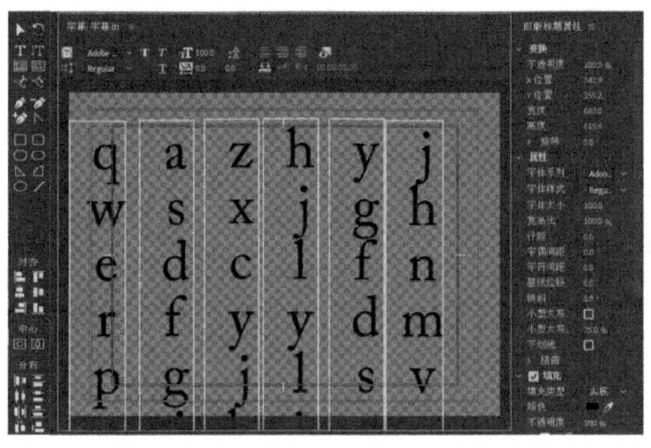

图 3-3

03 选择所有的文字，单击【滚动 / 游动选项】按钮，在弹出的对话框中选中【滚动】单选按钮，勾选【开始于屏幕外】和【结束于屏幕外】复选框，单击【确定】按钮，如图 3-4 所示。

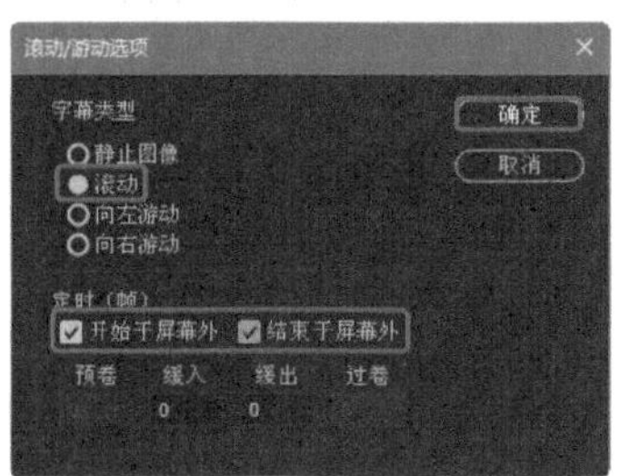

图 3-4

04 将字幕编辑器关闭，将【字幕 01】拖曳到 V1 轨道中。按 Ctrl+N 组合键打开【新建序列】对话框，在该对话框中切换到【序列预设】选项卡，选择 DV-PAL 文件夹选项组下的【标准 48kHz】选项，单击【确定】按钮，将 【数字背景 .jpg】拖曳到【序列 02】面板中的 V1 轨道中。选中该素材，在【效果控件】面板中将【缩放】设置为 30，如图 3-5 所示。

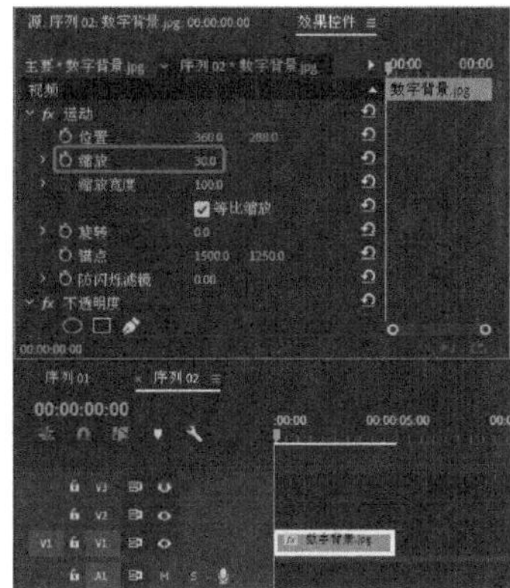

图 3-5

05 将【序列 01】拖曳至【序列 02】中的 V2 轨道中，在【效果】面板中，将【残影】视频特效添加至 V2 轨道中的素材文件上，如图 3-6 所示。

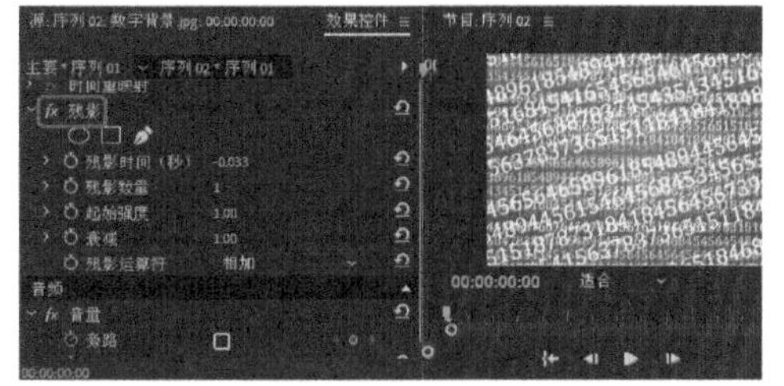

图 3-6

06 在 V2 轨道中的素材上右击，在弹出的快捷菜单中选择【速度 \ 持续时间】命令，在弹出的对话框中勾选【倒放速度】复选框，单击【确定】按钮，如图 3-7 所示。

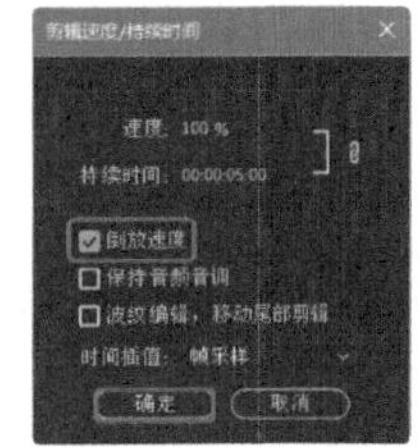

图 3-7

07 将【项目】面板中的【字幕 01】拖曳至 V3 轨道中，如图 3-8 所示。至此文字雨效果就制作完成了，效果导出后将场景进行保存即可。

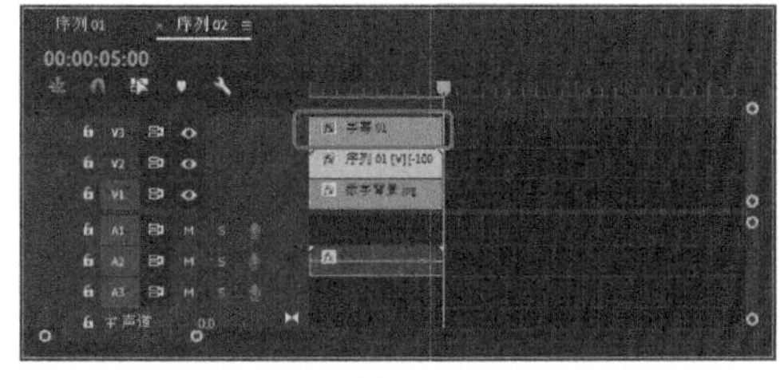

图 3-8

3.1 Premiere Pro CC 中的字幕窗口工具简介

对于 Premiere Pro CC 来说，字幕是一个独立的文件，如同【项目】面板中的其他片段一样，只有把字幕文件加入【序列】面板视频轨道中，才能真正地成为影视节目的一部分。

字幕的制作主要是在字幕窗口中进行的。创建字幕的具体操作步骤如下。

01 在菜单栏中选择【文件】|【新建】|【旧版标题】命令，如图 3-9 所示。

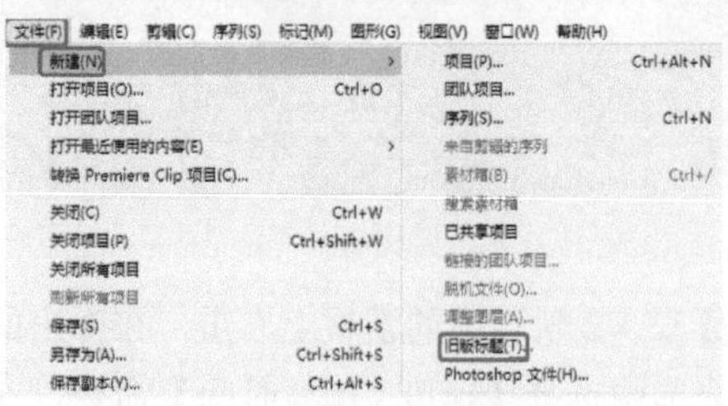

图 3-9

02 执行完该操作后即可打开【新建字幕】对话框，用户可在弹出的对话框中为其字幕重新命名，也可以使用其默认名称，设置完成后单击【确定】按钮，如图 3-10 所示。

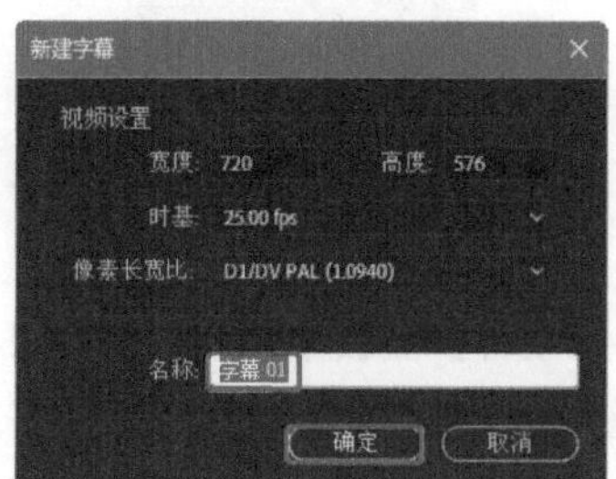

图 3-10

03 单击【确定】按钮后即可打开字幕编辑器，如图 3-11 所示，用户可在该对话框中进行操作，以便制作出更好的效果。

图 3-11

我们还可以在【序列】面板中使用文字工具，在【节目】面板中直接创建文字，如图 3-12 所示。

图 3-13 所示为字幕工具箱，字幕设计对话框左侧工具箱中包括生成、编辑文字与物体的工具。要使用工具进行单个操作，在工具箱中单击该工具，然后在字幕显示区域拖曳出文本框就可以输入文字了。

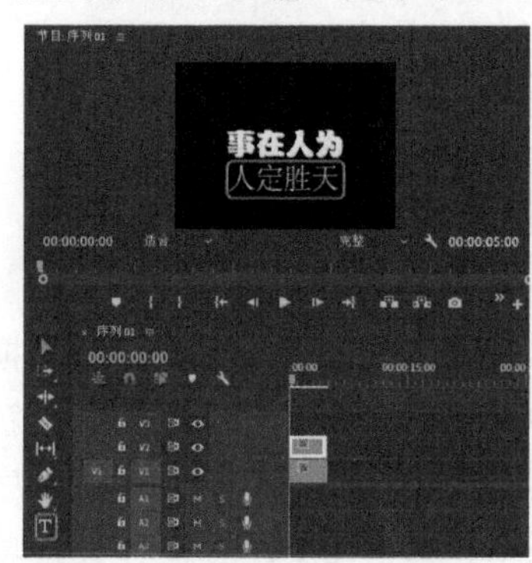

图 3-12　图 3-13

知识链接：字幕工具箱中各工具的具体讲解

◎ 【选择工具】：使用该工具可用于选择一个物体或文字。按住 Shift 键的同时使用选择工具可选择多个物体，直接拖动对象控制手柄改变对象区域和大小。对于 Bezier 曲线物体来说，还可以使用选择工具编辑节点。

◎ 【旋转工具】：使用该工具可以旋转对象。

◎ 【文字工具】：使用该工具可以建立并编辑文字，如图 3-14 所示。

◎ 【垂直文字工具】：该工具用于建立竖排文本。

◎ 【区域文字工具】：使用该工具可以建立段落文本。段落文本工具与普通文字工具的不同之处在于，它建立文本的时候，首先要限定一个范围框，调整文本属性，范围框不会受到影响。

◎ 【垂直文字工具】：使用该工具可以建立竖排段落文本。

◎ 【路径文字工具】：使用该工具可以建立一段沿路径排列的文本。

图 3-14

◎ 【垂直路径文字工具】：该工具的功能与路径文字工具相同。不同之处在于，创建垂直于路径的文本，创建平行于路径的文本。

◎ 【钢笔工具】：使用该工具可以创建复杂的曲线。

◎ 【添加锚点工具】：使用该工具可以在线段上增加控制点。

◎ 【删除锚点工具】：使用该工具可以在线段上减少控制点。

◎ 【转换锚点工具】：使用该工具可以产生一个尖角或用来调整曲线的圆滑程度。

◎ 【矩形工具】：使用该工具可用来绘制矩形。

◎ 【切角矩形工具】：使用该工具可以绘制一个矩形，并且对使用矩形的边界进行剪裁控制。

◎ 【圆角矩形工具】：使用该工具可以绘制一个带有圆角的矩形。

◎ 【圆矩形工具】：使用该工具可以绘制一个偏圆的矩形。

◎ 【三角形工具】：使用该工具可以绘制一个三角形。

◎ 【圆弧工具】：使用该工具可绘制一个圆弧。

◎ 【椭圆工具】：使用该工具可用来绘制椭圆。在拖动鼠标绘制图形的同时按住 Shift 键可绘制一个正圆。

◎ 【直线工具】：使用该工具可以绘制一条直线。

3.2 建立字幕素材

在 Premiere Pro CC 中，可以通过字幕编辑器创建丰富的文字和图形字幕，字幕编辑器可以识别每一个对象所创建的文字和图形。

3.2.1 字幕窗口主要设置

下面对字幕窗口的各个功能属性参数进行讲解。

1. 字幕属性

字幕属性的设置是使用【字幕属性】参数栏对文本或者图形对象进行相应的参数设置。使用不同的工具创建不同的对象时，【字幕属性】参数栏也略有不同。图 3-15 所示为使用【文字工具】创建文字对象时的属性栏。

图 3-16 所示为使用【矩形工具】创建形状对象时的属性栏。两者比较，不同对象有着不一样的属性设置。

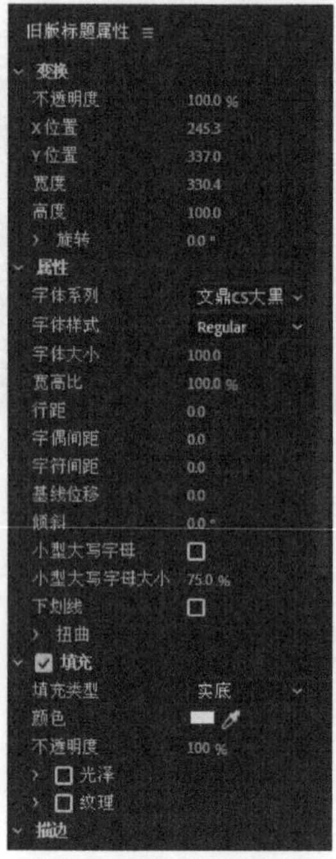

图 3-15

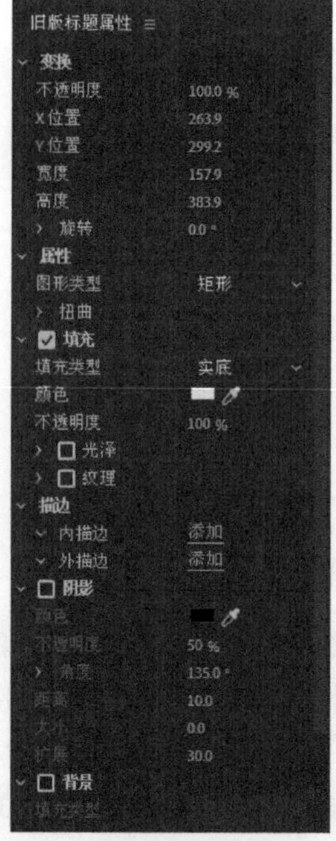

图 3-16

在【属性】区域中可以对字幕的属性进行设置。针对不同的对象，可调整的属性也有所不同。下面以文本为例，讲解有关字体的设置。

◎ 【字体系列】：在该下拉列表中，显示系统中所有安装的字体，可以在其中选择需要的字体。

◎ 【字体样式】：Bold(粗体)、Bold Italic(粗体 倾斜)、Italic(倾斜)、Regular(常规)、Semibold(半粗体)、Semibold Italic(半粗体 倾斜)。

◎ 【字体大小】：设置字体的大小。

◎ 【宽高比】：设置字体的长宽比。

◎ 【行距】：设置行与行之间的行间距。

◎ 【字偶间距】：设置光标位置处前后字符之间的距离，可在光标位置处形成两段有一定距离的字符。

◎ 【跟踪】：设置所有字符或者所选字符的间距，调整的是单个字符间的距离。

◎ 【基线位移】：设置所有字符基线的位置。通过改变该选项的值，可以方便地设置上标和下标。

◎ 【倾斜】：设置字符倾斜。

◎ 【小型大写字母】：选中该复选框，可以输入大写字母，或者将已有的小写字母改成大写字母，如图 3-17 所示。

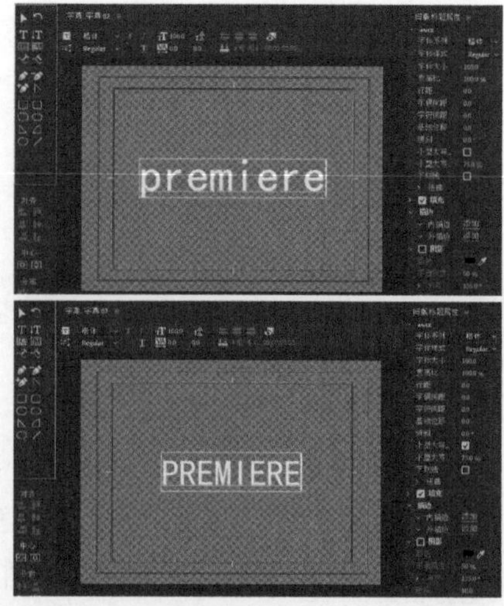

图 3-17

◎ 【小型大写字母大小】：小写字母改成大写字母后，可以利用该选项来调整大小。

◎ 【下划线】：选中该复选框，可以在文本下方添加下划线，如图 3-18 所示。

图 3-18

◎ 【扭曲】：在该参数栏中可以对文本进行扭曲设定。调节【扭曲】参数栏下的 X 轴和 Y 轴向扭曲度，可以产生变化多端的文本形状，如图 3-19 所示。

图 3-19

对于图形对象来说，【属性】设置栏中又有不同的参数设置，在后面的章节中将结合不同的图形对象进行具体的学习。

2. 填充设置

在【填充】区域中，可以指定文本或者图形的填充状态，即使用颜色或者纹理来填充对象。

◎ 【填充类型】

单击【填充类型】右侧的下拉按钮，在弹出的下拉列表中选择一个选项，可以决定使用何种方式填充对象，如图 3-20 所示。在默认情况下，是以【实底】为其填充颜色，可单击【颜色】右侧的颜色缩略图，在弹出的【颜色拾取】对话框中为其选择一种颜色。

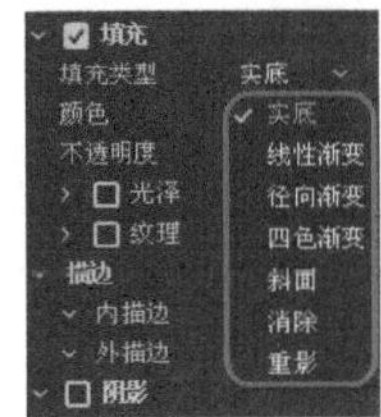

图 3-20

下面介绍各种填充类型的使用方法。

◎ 【实底】：该选项为默认选项。

◎ 【线性渐变】：当选择【线性渐变】选项进行填充时，【颜色】渐变为如图 3-21 所示的渐变颜色条。可以分别单击两个颜色滑块，在弹出的对话框中选择渐变开始和渐变结束的颜色。选择颜色滑块后，按住鼠标左键可以拖动滑块改变位置，以决定该颜色在整个渐变色中所占的比例，效果如图 3-22 所示。

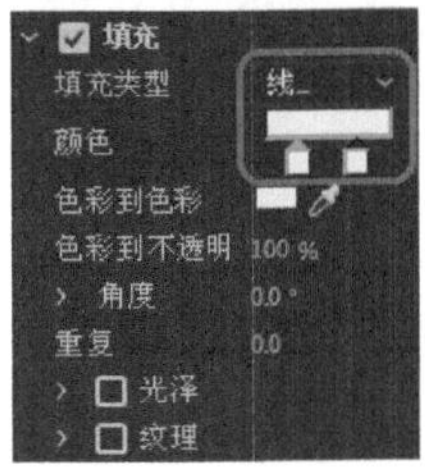

图 3-21

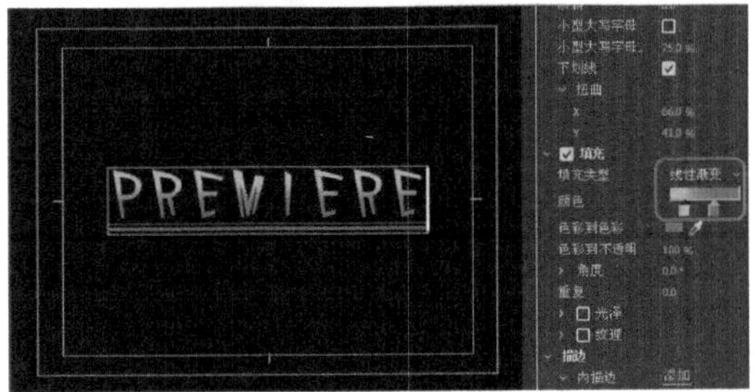

图 3-22

◎ 【色彩到不透明】：设置该参数可以控制该点颜色的不透明度，这样就可以产生一个有透明的渐变过程。通过调整【转角】数值，可以控制渐变的角度。

◎ 【重复】：这项参数可以为渐变设置一个重复值，效果如图 3-23 所示。

图 3-23

◎ 【径向渐变】：【径向渐变】同【线性渐变】相似，唯一不同之处是，【线性渐变】是由一条直线发射出去，而【径向渐变】是由一个点向周围渐变，呈放射状，如图 3-24 所示。

图 3-24

◎ 【四色渐变】：与上面两种渐变类似，但是四角上的颜色滑块允许重新定义，如图 3-25 所示。

图 3-25

◎ 【斜面】：可以为对象产生一个立体的浮雕效果。选择【斜面】后，首先需要在【高光颜色】中指定立体字的受光面颜色，然后在【阴影颜色】中指定立体字的背光面颜色；还可以分别在各自的【不透明度】数值框中指定不透明度；【平衡】参数用于调整明暗对比度，数值越高，明暗对比越强；【大小】参数可以调整浮雕的高度尺寸；勾选【变亮】复选框，可以在【光照角度】选项中调整数值，让浮雕对象产生光线照射效果；【光照强度】选项可以调整灯光强度；勾选【管状】复选框，可在明暗交接线上勾边，产生管状效果。使用【斜面】的效果如图 3-26 所示。

图 3-26

◎ 【消除】：在【消除】模式下，无法看到对象。如果为对象设置了阴影或者描边，就可以清楚地看到效果。对象被阴影减去部分镂空，而其他部分的阴影则保留了下来，如图 3-27 所示。需要注意的是，在【消除】模式下，阴影的尺寸必须大于对象，如果相同的话，同尺寸相减后是不会出现镂空效果的。

图 3-27

◎ 【重影】：在克隆模式下，隐藏了对象，却保留了阴影。这与【消除】模式类似，但是对象和阴影没有发生相减的关系，而是完整地显现了阴影，如图 3-28 所示。

图 3-28

◎　【光泽】和【纹理】

在【光泽】选项中，可以为对象添加光晕，产生金属光泽等一些迷人的光泽效果。【颜色】一般用于指定光泽的颜色，【不透明度】参数用于控制光泽的不透明度；【大小】用来控制光泽的扩散范围；【角度】参数用于调整光泽的方向；【偏移】参数用于对光泽位置产生偏移，如图 3-29 所示。

图 3-29

除了指定不同的填充模式外，还可以为对象填充一个纹理。为对象应用纹理的前提是，此时颜色填充的类型不应是【消除】和【重影】。

为对象填充【纹理】的具体操作步骤如下。

01 在【字幕】面板中创建一个矩形，展开【填充】选项，在该选项下勾选【纹理】复选框，单击该选项下材质右侧的纹理缩略图，如图 3-30 所示。

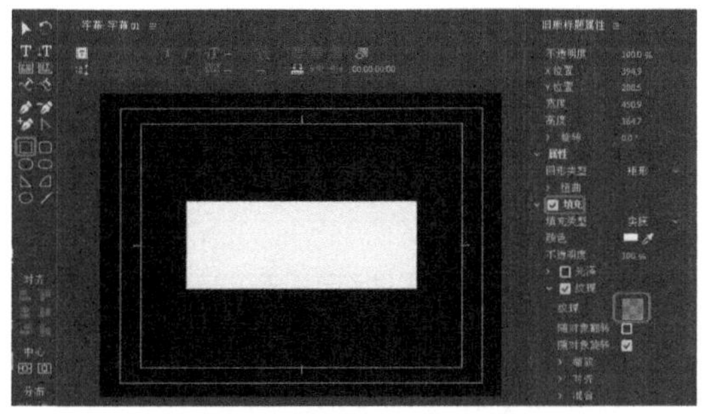

图 3-30

02 在弹出的【选择纹理图像】对话框中选择“素材 \ Cha03\001.jpg”素材文件，单击【打开】按钮，如图 3-31 所示。

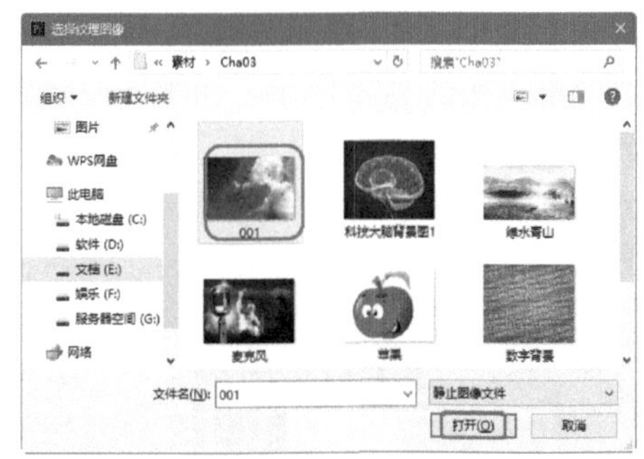

图 3-31

03 即可将选择的图像填充到矩形框中，如图 3-32 所示。

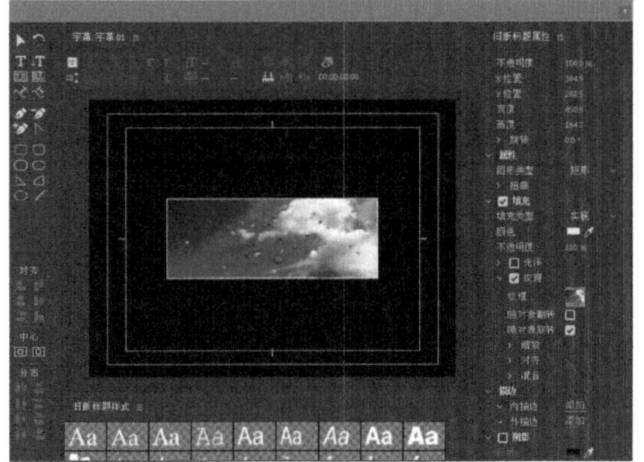

图 3-32

勾选【随对象翻转】和【随对象旋转】复选框后，当对象移动旋转时，纹理也会跟着一起动。在【缩放】参数框中可以对纹理进行缩放，可以在【水平】和【垂直】参数框中水平或垂直缩放纹理图的大小。

◎　【平铺】参数被选择的话，如果纹理小于对象，则会平铺填满对象。【校准】参数框主要用于对齐纹理，调整纹理的位置。【融合】参数框用于调整纹理和原始填充效果的混合程度。

3. 描边设置

在【描边】参数框中为对象设置一个描边效果。Premiere Pro CC 提供了两种形式的描边，用户可以选择使用【内描边】或【外描边】，或者两者一起使用。要应用描边效果首先必须单击【添加】按钮，添加需要的描边效果，如图 3-33 所示。两种描边效果的参数设置基本相同。

图 3-33

应用描边效果后，可以在描边类型下拉列表框中分别选择【边缘】、【深度】、【凹进】三种描边模式。

◎ 【边缘】：可以在【大小】参数栏中设置边缘宽度，在【颜色】栏中指定边缘颜色，在【不透明度】栏中控制描边的不透明度，在【填充类型】栏中控制描边的填充方式，效果如图 3-34 所示。

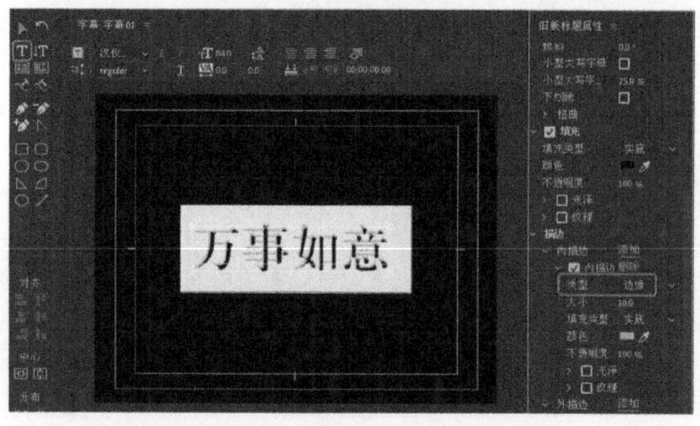

图 3-34

◎ 【深度】：使对象产生一个厚度，呈现立体字的效果，如图 3-35 所示。

◎ 【凹进】：在【凹进】模式下，对象产生一个分离的面，类似于产生透视的投影，效果如图 3-36 所示。可以在【角度】栏中调整分离面的角度。

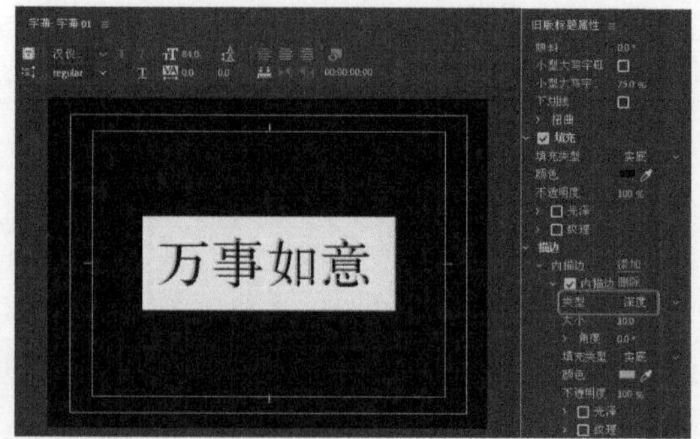

图 3-35

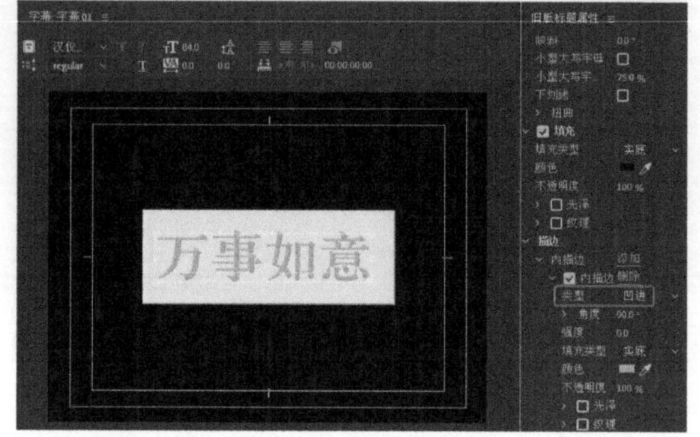

图 3-36

4. 阴影设置

勾选【阴影】复选框，可以为字幕设置一个投影，如图 3-37 所示。【字幕属性】面板的【阴影】选项组中各参数的讲解如下。

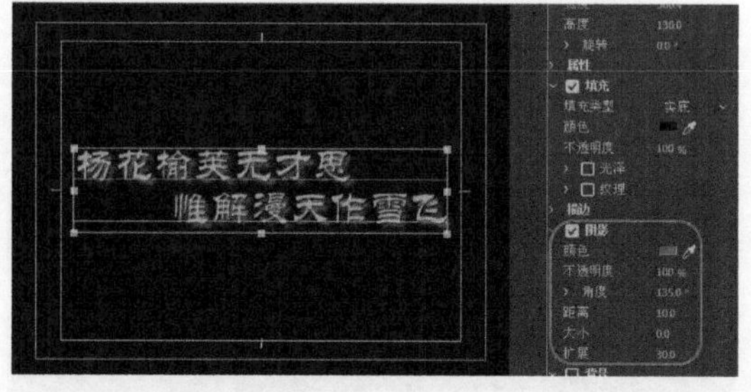

图 3-37

◎ 【颜色】：可以指定投影的颜色。

◎ 【不透明度】：控制投影的不透明度。

◎ 【角度】：控制投影的角度。

◎ 【距离】：控制投影距离对象的远近。

◎ 【大小】：控制投影的大小。

◎ 【扩展】：制作投影的柔度，较高的参数产生柔和的投影。

5. 背景设置

勾选【背景】复选框，可以为对象设置一个背景，【背景】区域中的所有选项与【填充】区域中的选项的用法一样。

■ 3.2.2 建立文字对象

在 Premiere Pro CC 中可以使用字幕编辑器对影片或图形添加文字，即创建字幕。使用字幕编辑器可以创建具有多种特性的文字和图形的字幕。可以使用系统中的任何矢量字体，包括 PostScript、Open Type 以及 TrueType 字体。

字幕编辑器能识别每一个对象所创建的文字和图形，可以对这些对象应用各种各样的样式，从而提高字幕的可欣赏性。

1. 使用文字工具创建文字对象

字幕编辑器中包括几个创建文字对象的工具，使用这些工具，可以创建出水平或垂直排列的文字，或沿路径行走的文字，以及水平或垂直范围的文字 (段落文字)。

◎ 创建水平或垂直排列的文字

创建水平或垂直排列的文字的具体操作步骤如下。

01 新建一个字幕，在工具箱中选择【文字工具】T或【垂直文字工具】IT。

02 将鼠标指针放置在字幕编辑窗口并单击，激活文本框后，输入文字即可，如图 3-38 所示。

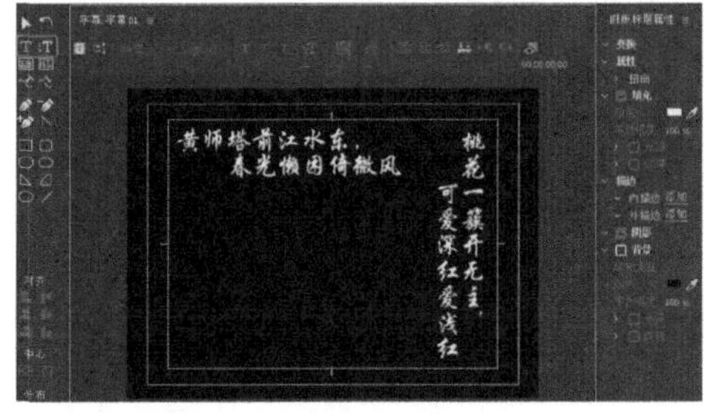

图 3-38

◎ 创建范围文字

创建范围文字的具体操作步骤如下。

01 在工具箱中选择【区域文字工具】或【垂直区域文字工具】。

02 将鼠标指针放置在字幕编辑窗口单击并将其拖曳出文本区域，然后输入文字即可，如图 3-39 所示。

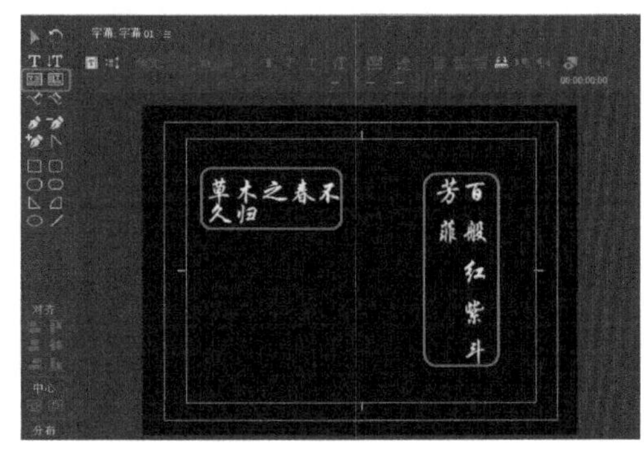

图 3-39

◎ 创建路径文字

创建路径文字的具体操作步骤如下。

01 在工具箱中选择【路径文字工具】或【垂直路径文字工具】。

02 将鼠标指针移动至字幕编辑窗口中，此时鼠标指针将会处于钢笔状态，在该窗口中文字的开始位置处单击，然后在另一个位置处单击，创建一个路径，如图 3-40 所示。

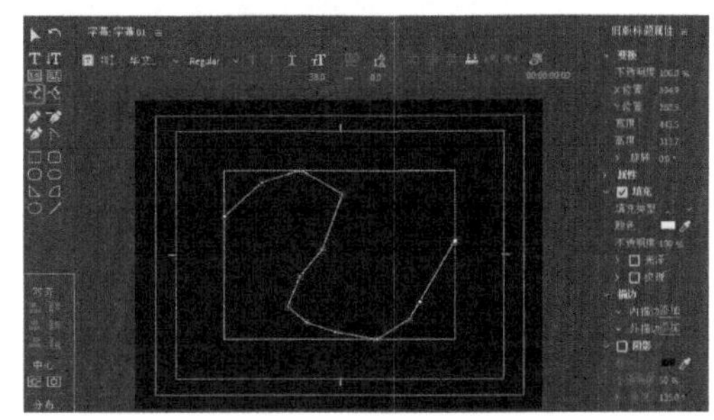

图 3-40

03 创建完路径后，输入文本内容，如图 3-41 所示。

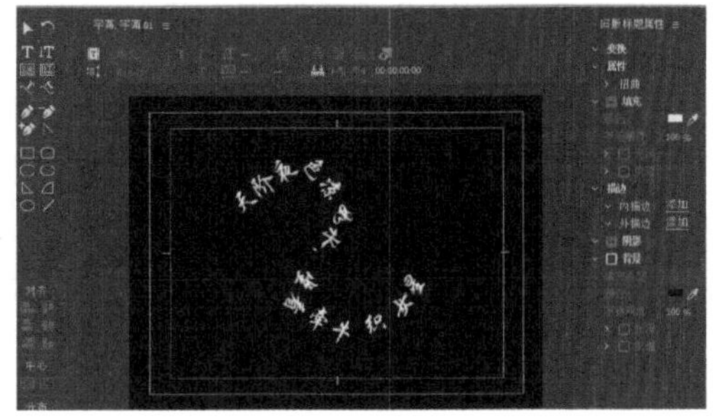

图 3-41

2. 文字对象的编辑

◎ 文字对象的选择与移动

文字对象的选择与移动的操作步骤如下。

01 在工具箱中选择【选择工具】，单击文本对象即可将其选中。

02 在文字对象处于被选中的状态下，单击并移动鼠标即可实现对文字对象的移动操作，也可以使用键盘上的方向键对其进行移动操作。

◎ 文字对象的缩放与旋转

文字对象的缩放与旋转的具体操作步骤如下。

01 在工具箱中选择【选择工具】，在字幕窗口中选择【文字工具】或【垂直文字工具】创建文字对象。

02 被选择的文字对象周围会出现八个控制点，将鼠标指针放置在其中一个控制点上，在鼠标指针处于双向箭头的状态下，按住鼠标左键并拖动，即可实现缩放操作，如图 3-42 所示。

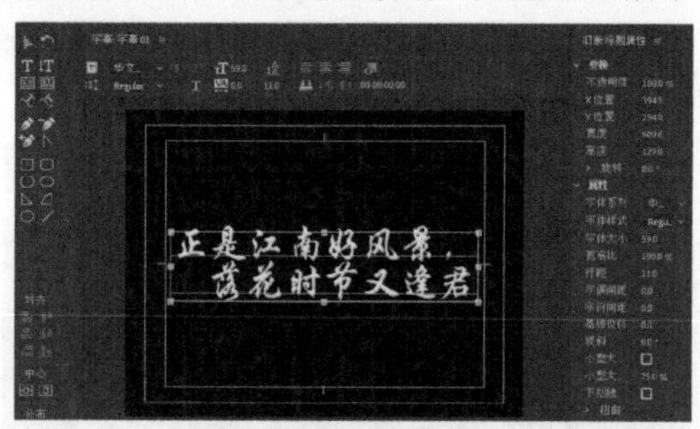

图 3-42

03 在文字对象被选中的状态下，在工具箱中选择【旋转工具】，将鼠标指针移动到编辑窗口，按住鼠标左键并拖动，即可实现旋转操作，如图 3-43 所示。

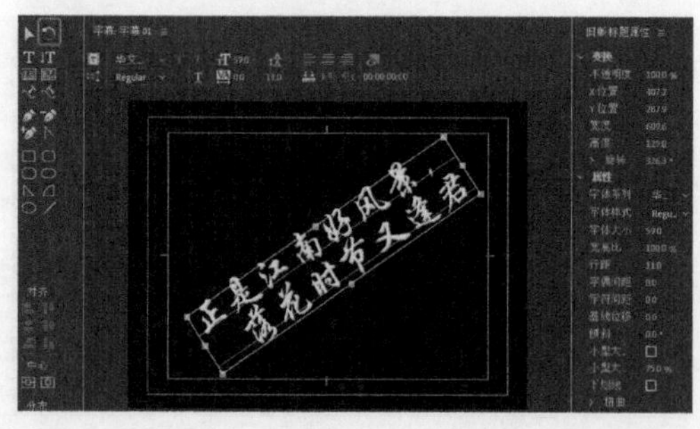

图 3-43

改变文字对象位置的具体操作步骤如下。

01 在工具箱中选择【选择工具】，在字幕编辑窗口单击文字对象即可将其选中。

02 在文字对象被选中的情况下，右击，在弹出的快捷菜单中选择【位置】|【水平居中对齐】或【垂直居中对齐】命令，如图 3-44 所示。

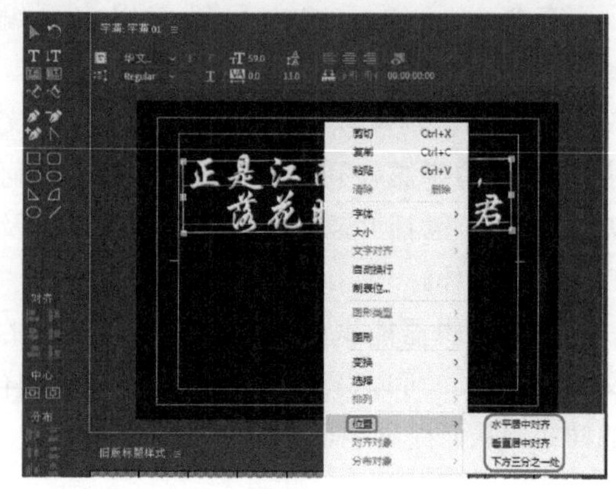

图 3-44

范围文本框的缩放与旋转的具体操作步骤如下。

01 在工具箱中选择【选择工具】，在字幕编辑窗口中将其选择。

02 将鼠标指针移动至范围文本框四周的控制点上，当鼠标指针变为双向箭头时，此时拖动这个控制点，就可以缩放范围文本框。

03 如果想要旋转范围文本框，可以使用旋转工具，或者将鼠标指针移动到范围文本框的控制点上，当鼠标指针变为可旋转的双向箭头时，就可以对其进行旋转操作。

◎ 设置文字对象的字体与大小

设置文字对象的字体与大小的具体操作步骤如下。

01 使用【选择工具】，在字幕编辑窗口中将文字选中。

02 在文本对象被选中的状态下，在文字对象上右击，在弹出的快捷菜单中选择【字体】或者【大小】命令，在弹出的子菜单中选择一个选项，如图 3-45 所示。

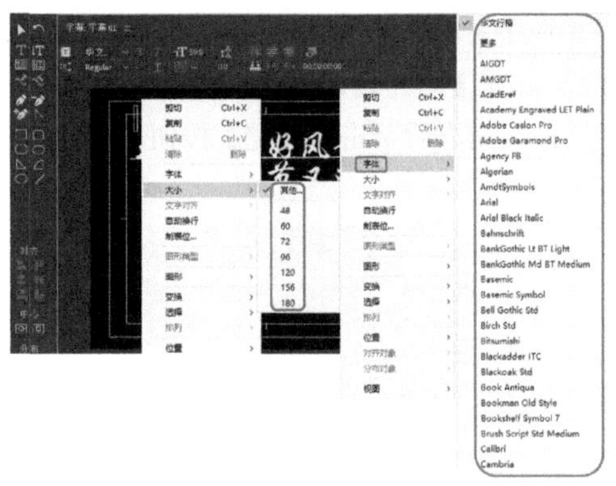

图 3-45

◎ 设置文字的对齐方式

设置文字的对齐方式的具体操作步骤如下。

01 使用【选择工具】，在字幕编辑器窗口中将多个文本对象框选。

02 选择字幕编辑器左侧的对齐命令即可，如图 3-46 所示。

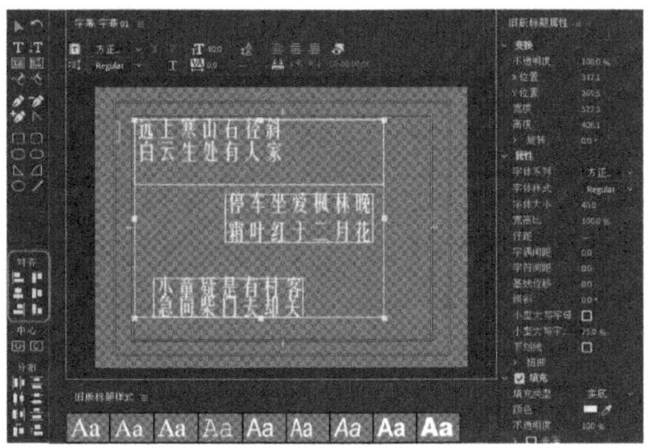

图 3-46

03 编辑文本对象时在字幕编辑器窗口上方单击【左对齐】、【居中】、【右对齐】按钮，如图 3-47 所示。

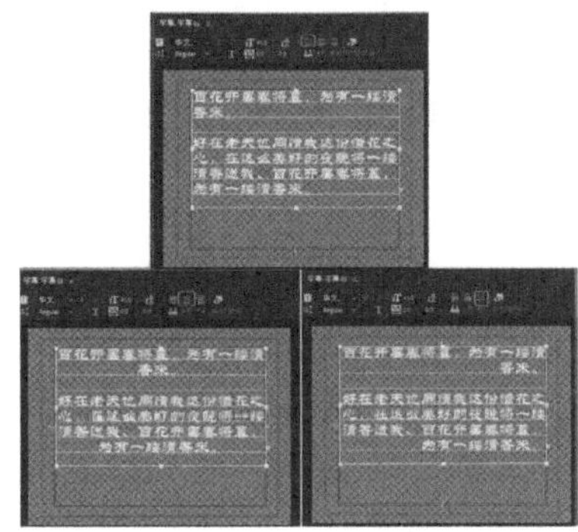

图 3-47

【实战】水平滚动字幕

本案例设计水面滚动字幕，从美观且与背景融合的角度思考，注重体现主题字幕的效果，如图 3-48 所示。

图 3-48

素材	素材 \ Cha03\ 绿水青山 .jpg
场景	场景 \Cha03\【实战】水平滚动字幕 .prproj
视频	视频教学 \Cha03\【实战】水平滚动字幕 .mp4

01 新建项目文件和 DV-PAL 选项组下的“标准 48kHz”序列文件，在【项目】面板中导入“素材 \ Cha03\ 绿水青山 .jpg”素材文件，单击【打开】按钮。选择【项目】面板中的“绿水青山 .jpg”素材文件，将其拖曳至 V1 轨道中，如图 3-49 所示。

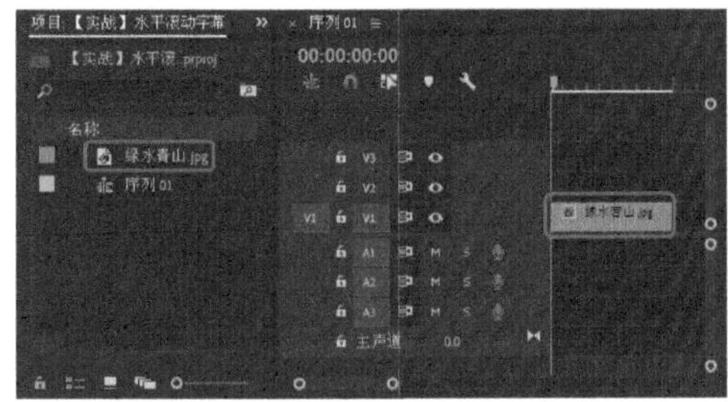

图 3-49

02 右击，将其持续时间设置为 00:00:15:00，单击【确定】按钮，如图 3-50 所示。

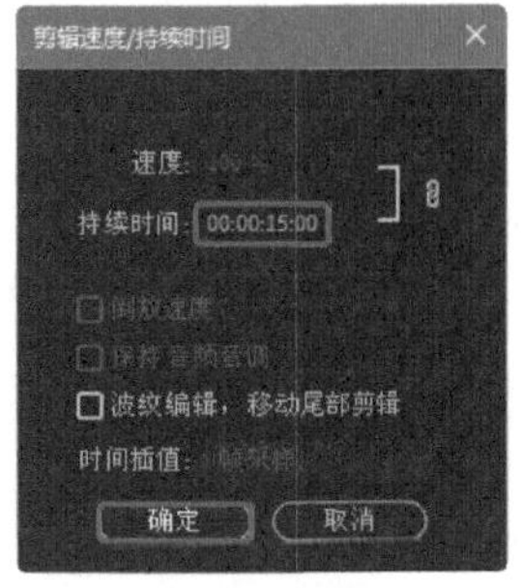

图 3-50

03 在【序列】面板中选定 V1 轨道上的“绿水青山 .jpg”素材文件，打开【效果控件】面板，将当前时间设置为00:00:00:00，单击【缩放】左侧的动画缩放按钮，将当前时间设置为00:00:05:00，将缩放设置为53.5，如图3-51所示。

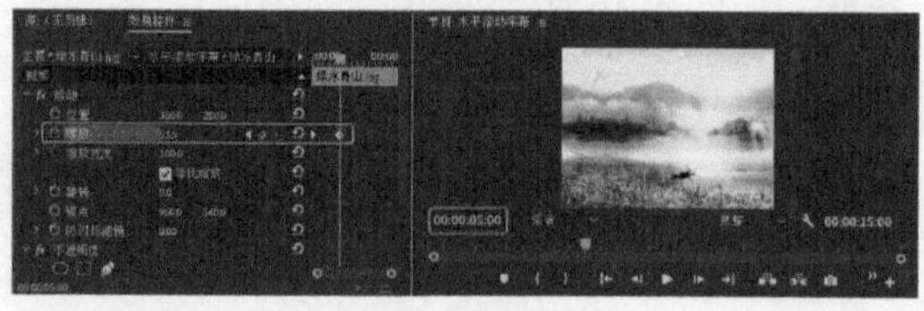

图 3-51

04 选择【文件】|【新建】|【旧版标题】命令，在弹出的对话框中保持默认设置，单击【确定】按钮。在字幕编辑器中使用文字工具输入文本，如图3-52所示。

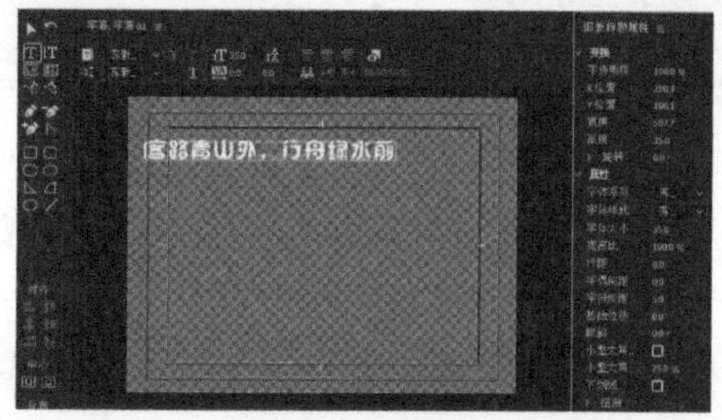

图 3-52

05 将字幕编辑器中【旧版标题属性】下的【属性】选项组中的【字体系列】设置为【苏新诗卵石体】，【字体大小】设置为35，【字符间距】设置为5。将【变换】选项组中的【宽度】设置为507.7，【高度】设置为35，【X位置】设置为290.3，【Y位置】设置为106.1。将【填充】选项组中的【填充类型】设置为【实底】，【颜色】RGB值设置为5、99、58。展开【描边】选项组，单击【外描边】的【添加】按钮，将【类型】设置为【深度】，【填充类型】设置为【实底】，【颜色】设置为黑色，如图3-53所示。

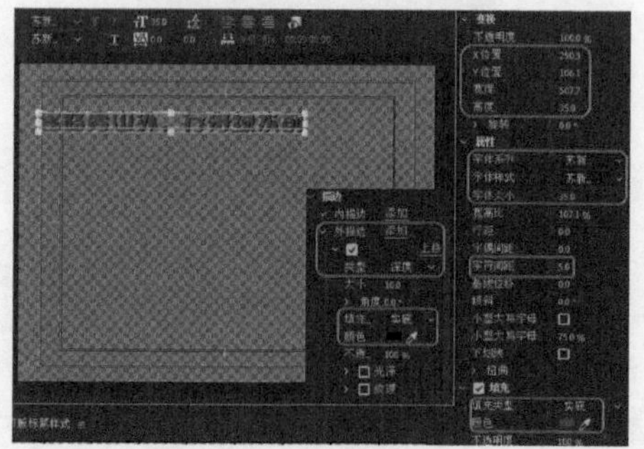

图 3-53

06 在字幕编辑器中选择【游动\滚动按钮】，勾选【向左游动】和【开始于屏幕外】复选框，完成后单击【确定】按钮，如图3-54所示。

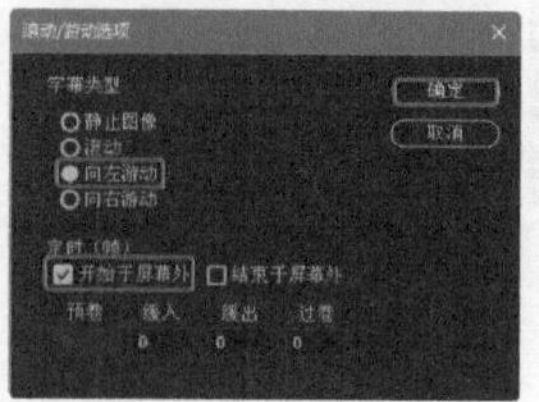

图 3-54

07 关闭字幕编辑器，将字幕01拖曳至V2轨道中，将持续时间设置为00:00:15:00，如图3-55所示。

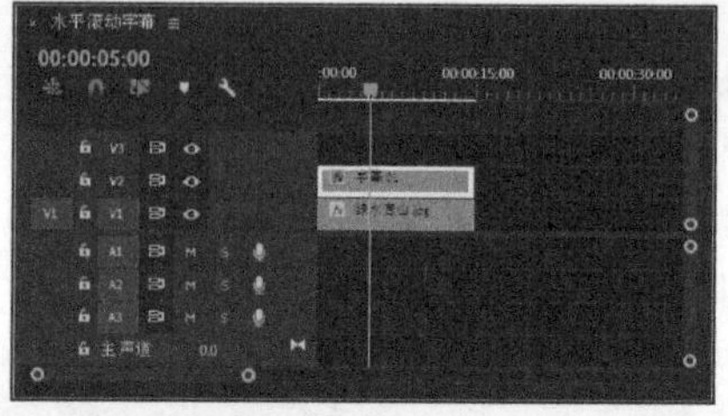

图 3-55

08 在【效果】面板中选择【视频效果】|【扭曲】|【球面化】命令，双击【球面化】在【效果控件】面板中将球面化展开，将【半径】设置为47，【球面中心】设置为577.5、103.4，如图3-56所示。将时间设置为00:00:00:00，在【节目】面板中播放效果，导出保存即可。

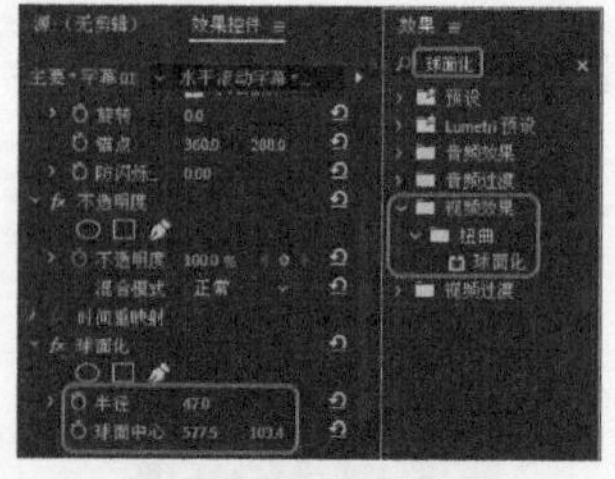

图 3-56

【实战】垂直滚动字幕

本案例主要通过新建字幕并设置文字参数，为文字添加滚动选项，实现文字的滚动，为背景添加模糊效果，凸显滚动字幕主题，效果如图3-57所示。

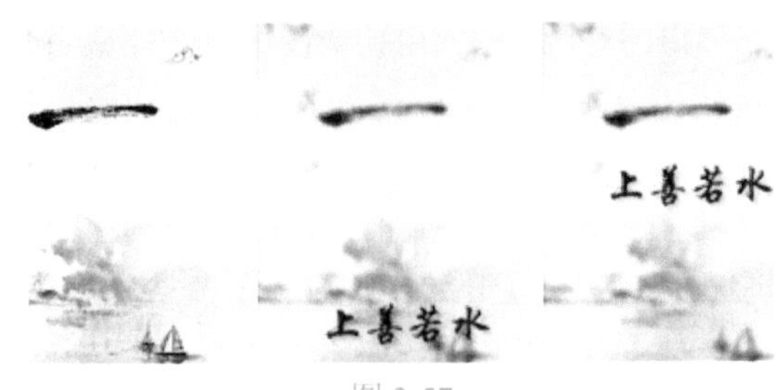

图 3-57

素材	素材 \Cha03\ 水墨画 .jpg
场景	场景 \Cha03\【实战】垂直滚动文字 .prproj
视频	视频教学 \Cha03\【实战】垂直滚动文字 .mp4

01 新建项目文件和新建序列，将【编辑模式】设置为【自定义】，【帧大小】设置为 400，【水平】设置为 576，将【序列名称】设置为【垂直滚动字幕】，单击【确定】按钮，如图 3-58 所示。

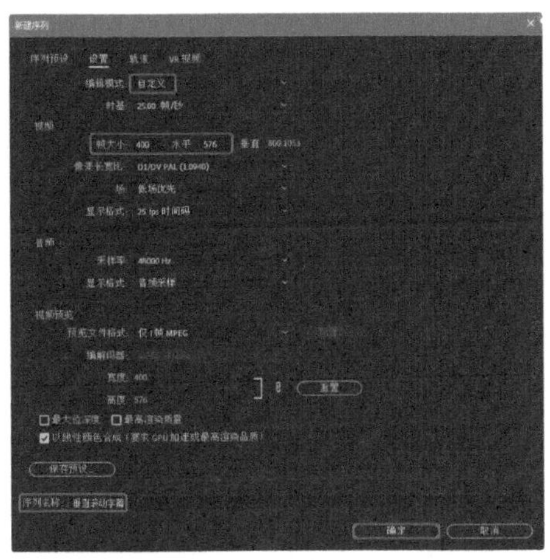
图 3-58

02 在【项目】面板中导入“素材 \Cha03\ 水墨画 .jpg”素材文件，选择【项目】面板中的“水墨画 .jpg”素材文件，将其拖曳到 V1 轨道中，将其持续时间设置为 00:00:09:12，单击【确定】按钮，并选择添加的素材文件，确认当前时间为 00:00:00:00。切换至【效果控件】面板，将【运动】选项组下的【缩放】设置为 200，并单击左侧的【切换动画】按钮，将【不透明度】选项组下的【不透明度】设置为 0%，如图 3-59 所示。

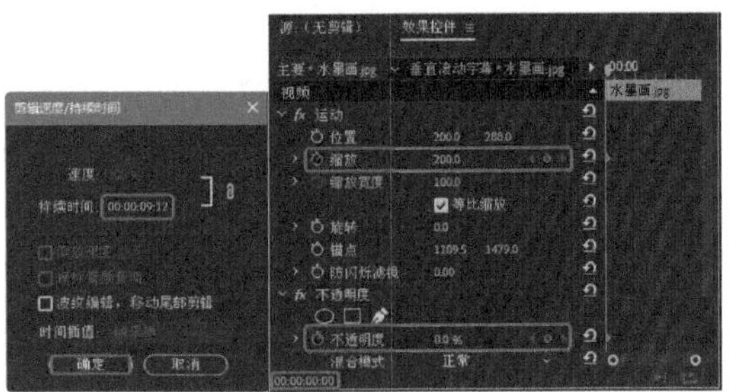
图 3-59

03 将当前时间设置为 00:00:02:24，在【效果控件】面板中将【缩放】设置为 20，【不透明度】设置为 100%，如图 3-60 所示。

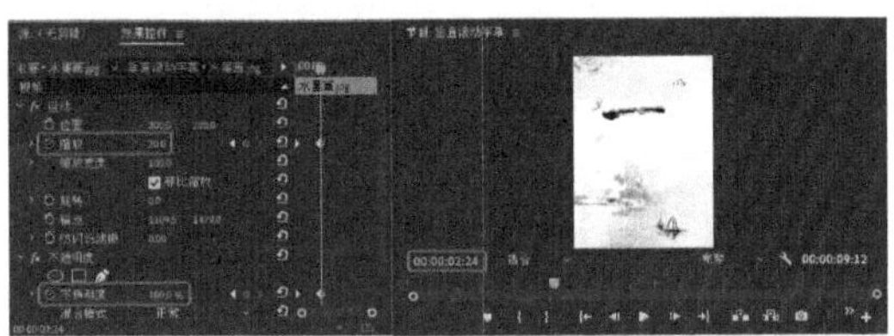
图 3-60

04 将当前时间设置为 00:00:03:11，切换至【效果】面板，选择【视频效果】|Obsolete|【快速模糊】效果，将其拖曳至 V1 轨道中的素材上，即可添加视频效果。选中 V1 轨道中的素材，在【效果控件】面板中单击【快速模糊】下的【模糊度】左侧的【切换动画】按钮，如图 3-61 所示。

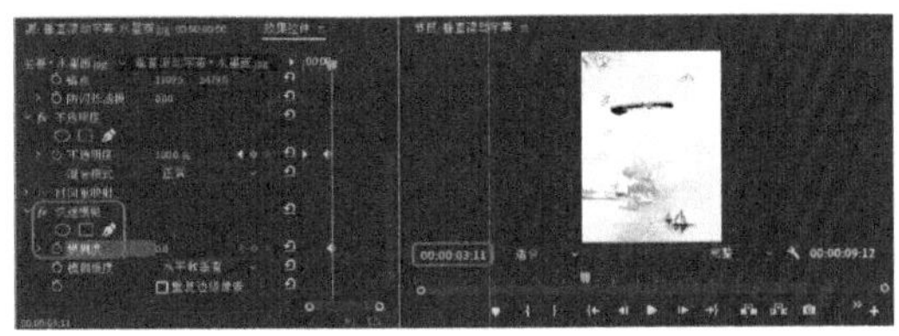
图 3-61

05 将当前时间设置为 00:00:04:06，在【效果控件】面板中将【快速模糊】下的【模糊度】设置为 40，如图 3-62 所示。

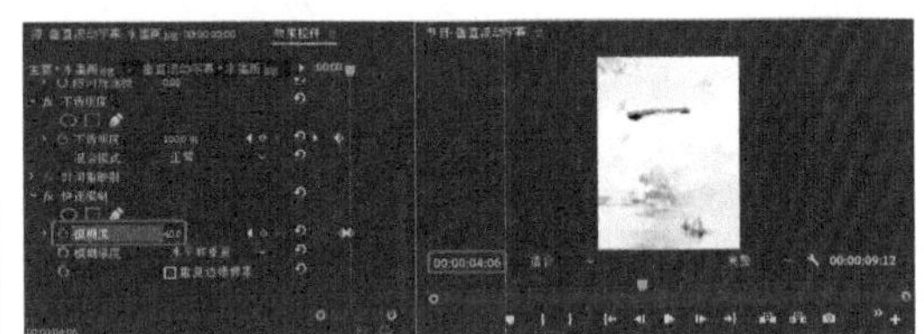
图 3-62

06 选择【文件】|【新建】|【旧版标题】命令，

使用默认设置，单击【确定】按钮，进入字幕编辑器中。使用【文字工具】输入文字，并选中文字，在右侧将【字体系列】设置为【华文行楷】，【字体大小】设置为50，将【填充】选项组中的【颜色】设置为黑色，如图3-63所示。

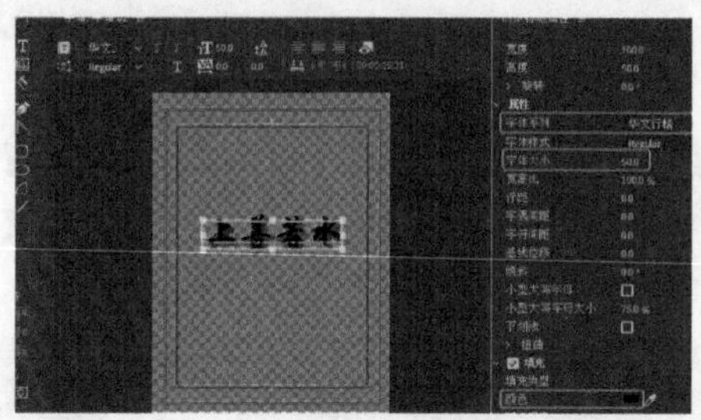

图 3-63

07 在【描边】下添加外描边，将第一个外描边的【类型】设置为【深度】，【颜色】设置为黑色，勾选【阴影】复选框，添加阴影，如图3-64所示。

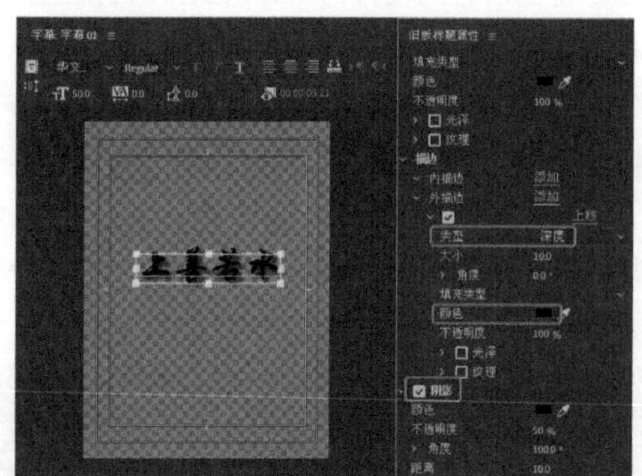

图 3-64

08 设置完成后在【变换】选项组中将【X位置】和【Y位置】分别设置为221.8、252.8，如图3-65所示。

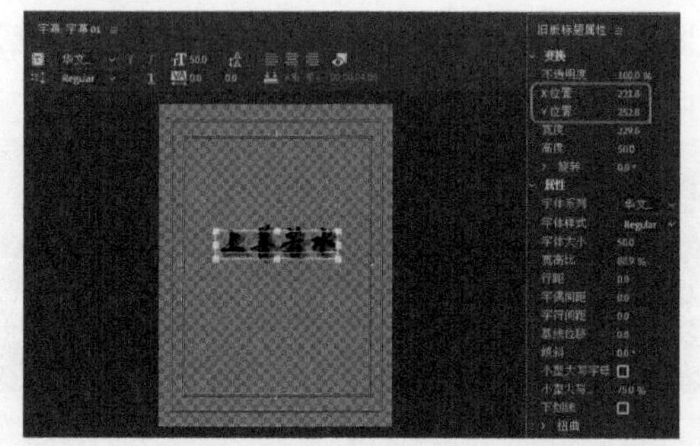

图 3-65

09 单击【基于当前字幕新建字幕】按钮，在弹出的对话框中使用默认设置，单击【确定】按钮。单击【滚动/游动选项】按钮，在打开的对话框中选中【字幕类型】选项组下的【滚动】单选按钮，在【定时（帧）】选项组中勾选【开始于屏幕外】复选框，然后单击【确定】按钮，如图3-66所示。

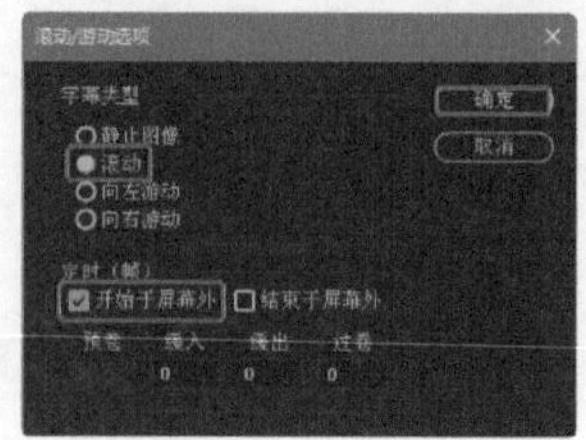

图 3-66

10 关闭字幕编辑器，将当前时间设置为00:00:02:24，将【字幕02】拖曳至V2轨道中，使开始处与时间线对齐，并将持续时间设置为00:00:03:01，单击【确定】按钮，如图3-67所示。

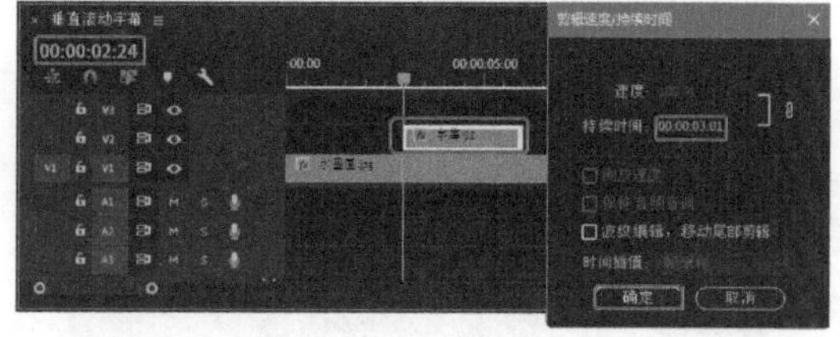

图 3-67

11 将【字幕01】拖曳至V2轨道中，使开始处与【字幕02】的结尾处对齐，其结尾处与V1轨道中素材的结尾处对齐，如图3-68所示。

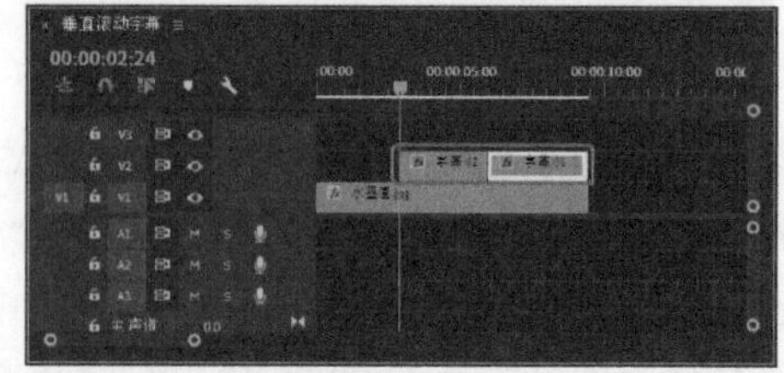

图 3-68

3.2.3 创建图形物体

字幕窗口的工具箱中除了文本创建工具外，还包括各种图形创建工具，能够绘制直线、矩形、椭圆、多边形等。各种线和形体对象一开始都使用默认的线条、颜色和阴影属性，也可以随时更改这些属性。有了这些工具，在影视节目的编辑过程中就可以方便地绘制一些简单的图形。

下面通过一个具体的实例来介绍这些常用工具的使用方法。

1. 使用形状工具绘制图形

01 在工具箱中选择任意一个绘图工具，在此选择的是【矩形工具】。

02 将鼠标指针移动至字幕编辑器窗口，单击并拖曳鼠标，即可在字幕窗口中创建一个矩形。

2. 改变图形的形状

在字幕编辑器窗口中绘制的形状图形，相互之间可以转换。

改变图形形状的具体操作步骤如下。

01 在字幕编辑器中选择一个绘制的图形。

02 在【字幕属性】面板中单击【属性】左侧的三角按钮，将其展开。

03 单击【图形类型】右侧的下拉按钮，即可弹出一个下拉列表，如图 3-69 所示。

图 3-69

04 在该列表中选择一种绘图类型，所选择的图像即可转换为所选绘图类型的形状，如图 3-70 所示。

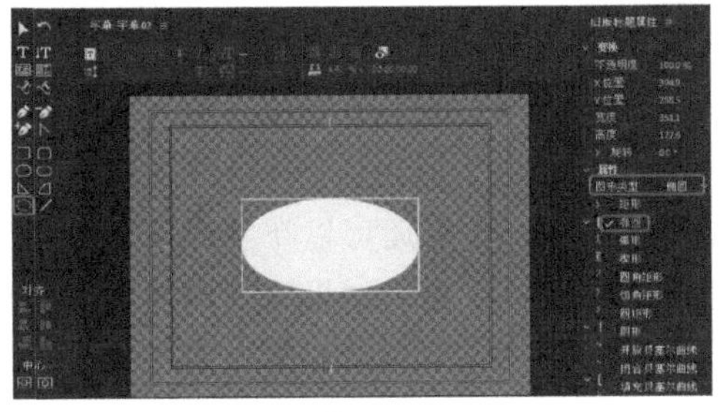

图 3-70

3. 使用钢笔工具创建自由图形

钢笔工具是 Premiere Pro CC 中最有效的图形创建工具，可以用它绘制任何形状的图形。

钢笔工具通过使用【贝塞尔】曲线创建图形，通过调整曲线路径控制点可以修改路径形状。

通过路径创建图形时，路径上的控制点越多，图形形状越精细，但过多的控制点不利于后边的修改。建议使路径上的控制点在不影响效果的情况下，尽量减少。下面利用钢笔工具来绘制一个简单的图形。

01 在菜单栏中选择【文件】|【新建】|【旧版标题】命令，如图 3-71 所示。

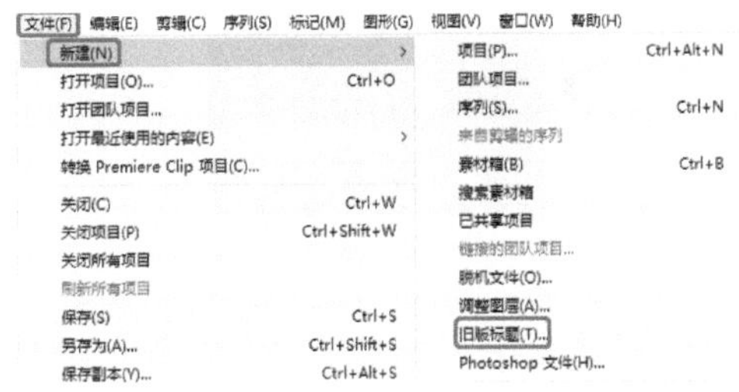

图 3-71

02 打开字幕编辑器，在工具箱中选择【钢笔工具】，在字幕编辑窗口绘制一个常见的闭合图形，如图 3-72 所示。

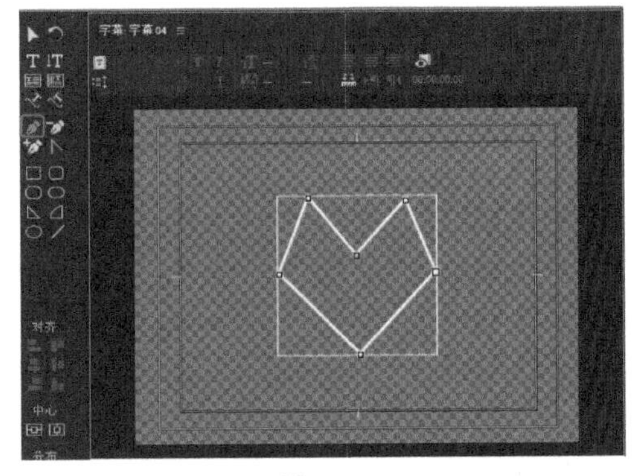

图 3-72

03 绘制完成后，在工具箱中选择【转换锚点工具】，调整曲线上的每一个控制点，使曲线变得圆滑，如图 3-73 所示。

图 3-73

04 确认曲线处于编辑状态，在【属性】选项组中将其【图形类型】设置为【填充贝塞尔曲线】选项，如图 3-74 所示。

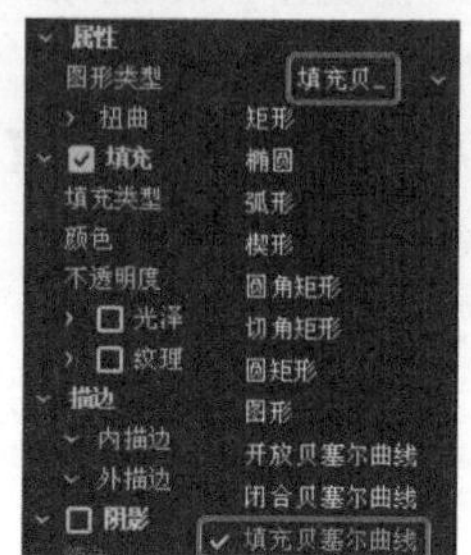

图 3-74

05 将【填充类型】设置为【实底】，将填充颜色设置为白色，如图 3-75 所示。

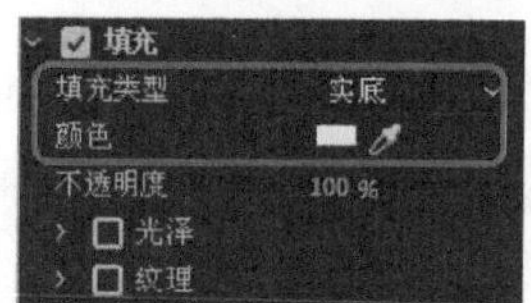

图 3-75

至此，创建的心形就制作完成了，用户可使用类似的方法制作其他图形。

Premiere Pro CC 可以通过移动、增加或减少遮罩路径上的控制点，以及对线段的曲率进行调整来改变遮罩的形状。

◎ 【添加锚点工具】：在图形上需要增加控制点的位置，单击即可增加新的控制点。

◎ 【删除锚点工具】：在图形上单击控制点即可删除该点。

◎ 【转换锚点工具】：单击控制点，可以在尖角和圆角间进行转换，也可以拖动控制手柄对曲线进行调节。

更多的时候，可能需要创建一些规则的图形，这时使用钢笔工具来创建非常方便。

4. 改变对象排列顺序

在默认情况下，字幕编辑窗口中的多个物体是按创建的顺序分层放置的，新创建的对象总是处于上方，挡住下面的对象。为了方便编辑，也可以改变对象在窗口中的排列顺序。

改变对象排列顺序的具体操作步骤如下。

01 在字幕编辑窗口中选择需要改变顺序的对象。

02 右击，在弹出的快捷菜单中选择【排列】|【前移】命令，如图 3-76 所示。

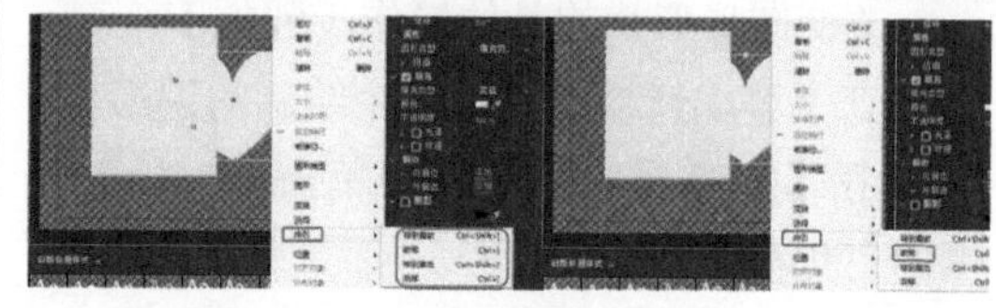

图 3-76

◎ 【移到最前】：顺序置顶。该命令将选择的对象置于所有对象的最顶层。

◎ 【前移】：顺序提前。该命令改变当前对象在字幕中的排列顺序，使它的排列顺序提前。

◎ 【移到最底】：顺序置底。该命令将选择的对象置于所有对象的最底层。

◎ 【后移】：顺序置后。该命令改变当前对象在字幕中的排列顺序，使它的排列顺序置后一层。

3.3 应用与创建字幕样式效果

通常，我们编辑完字幕后总觉得效果不是特别理想，这时还可以在字幕样式中应用预设的风格化效果。如果我们对应用的风格化效果很满意，就可以将创建的样式效果进行保存。

3.3.1 应用风格化效果

如果要为一个对象应用预设的风格化效果，只需要选择该对象，然后在字幕编辑器窗口下方单击【旧版标题样式】栏中的样式效果即可，如图 3-77 所示。

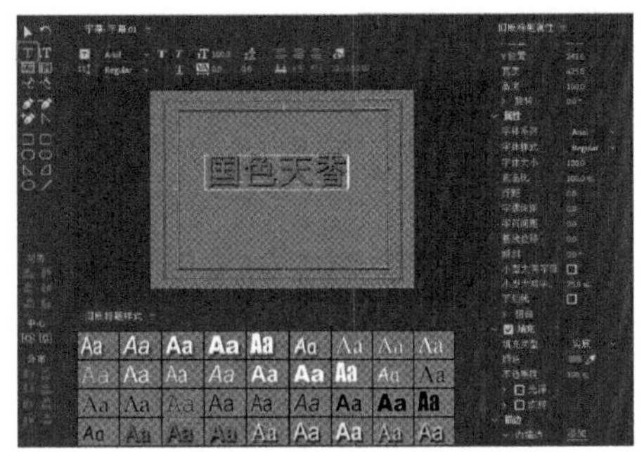

图 3-77

知识链接：标题样式

选择一个样式效果后，单击【旧版字幕样式】右侧的下拉按钮，弹出下拉列表菜单，如图 3-78 所示，该列表中各选项的主要功能如下。

- ◎ 【新建样式】：新建一个风格化效果。
- ◎ 【应用样式】：使用当前所显示的样式。
- ◎ 【应用带字体大小的样式】：在使用该样式时，只应用样式的字号。
- ◎ 【仅应用样式颜色】：在使用该样式时，只应用样式的当前色彩。
- ◎ 【复制样式】：复制一个风格化效果。
- ◎ 【删除样式】：删除选定的风格化效果。
- ◎ 【重命名样式】：给选定的风格化效果另设一个名称。
- ◎ 【重置样式库】：用默认样式替换当前样式。
- ◎ 【追加样式库】：读取风格化效果库。
- ◎ 【保存样式库】：可以把定制的风格化效果存储到硬盘上，产生一个 prsl 文件，以供随时调用。
- ◎ 【替换样式库】：替换当前风格化效果库。
- ◎ 【仅文本】：在风格化效果库中仅显示名称。
- ◎ 【小缩览图】：小图标显示风格化效果。
- ◎ 【大缩览图】：大图标显示风格化效果。

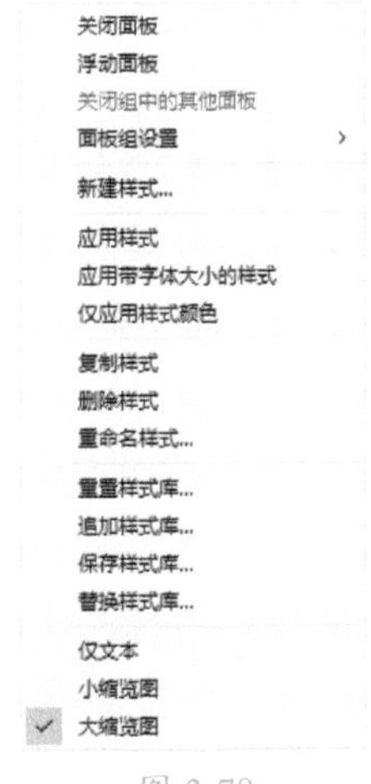

图 3-78

3.3.2 创建样式效果

当我们绞尽脑汁地为一个对象指定了满意的效果后，一定希望可以把这个效果保存下来，以便随时使用。为此，Premiere Pro CC 提供了定制风格化效果的功能。

定制风格化效果的方法如下。

01 选择完成风格化设置的对象。

02 单击【旧版标题样式】栏右侧的菜单按钮，在弹出的菜单中选择【新建样式】命令，如图 3-79 所示。

03 执行完该命令后，即可在弹出的【新建样式】对话框中输入新样式效果的名称，单击【确定】按钮，如图 3-80 所示。至此，新建的样式就会出现在【旧版标题样式】选项列表中。

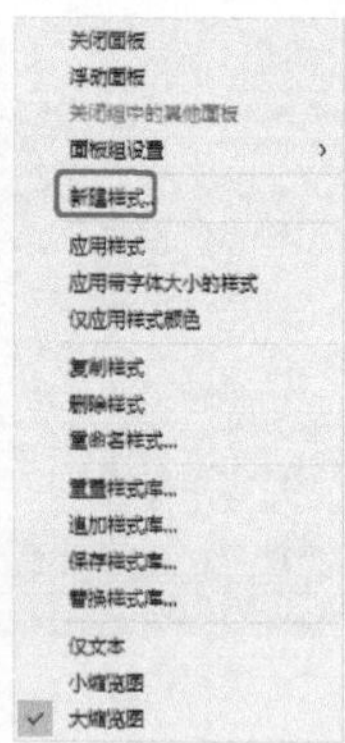

图 3-79

图 3-80

【实战】可爱卡通文字

本案例中设计的可爱卡通文字主要通过字体来体现文字的可爱之处。通过新建字幕，使用文字工具输入文字，并选择一个合适的字体，为可爱卡通文字添加合适的装饰图片，效果如图 3-81 所示。

图 3-81

素材	素材 \ Cha03\ 星星女孩 .jpg、苹果 .png
场景	场景 \Cha03\【实战】可爱卡通文字 .prproj
视频	视频教学 \Cha03\【实战】可爱卡通文字 .mp4

01 新建项目文件和序列，将序列的【编辑模式】改为【自定义】，视频下的【帧大小】水平设置为 380，【水平】设置为 630，【序列名称】更改为【可爱卡通文字】，单击【确定】按钮，如图 3-82 所示。

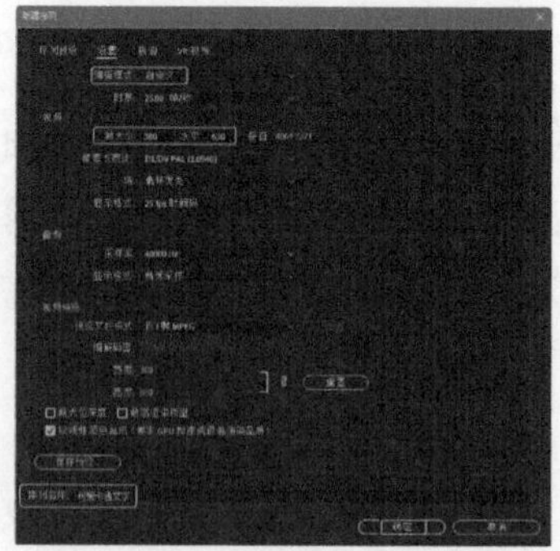

图 3-82

02 在【项目】面板中导入“素材\Cha03\ 星星女孩 .jpg、苹果 .png”素材文件，单击【打开】按钮。选择【项目】面板中的“星星女孩 .jpg”素材文件，将其拖曳到 V1 轨道中，切换到【效果控件】面板，将【运动】选项组下的【缩放】设置为 12，【位置】设置为 190、315，如图 3-83 所示。

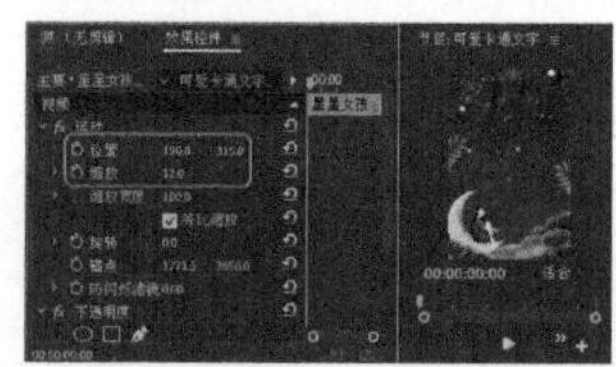

图 3-83

03 选择【文件】|【新建】|【旧版标题】命令，在弹出的对话框中保持默认设置，单击【确定】按钮。进入字幕编辑器面板中，使用【文字工具】输入文字，并选中文字，将【字体系列】设置为【腾祥孔淼卡通繁】，【字体大小】设置为 90，【填充类型】设置为【实底】，【颜色】设置为白色，添加【外描边】和【阴影】并使用其默认值，如图 3-84 所示。

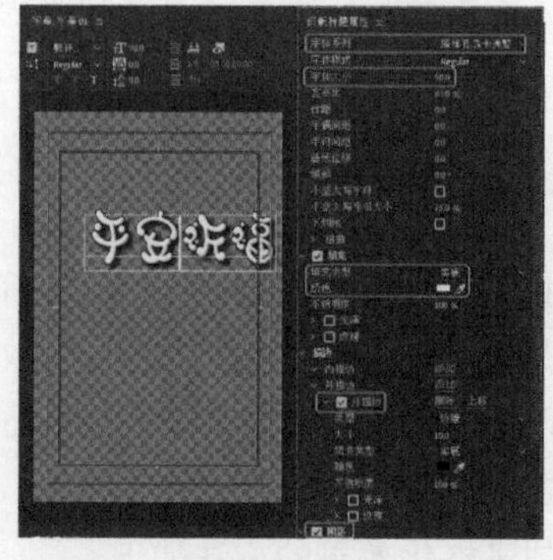

图 3-84

04 将【变换】选项组下的【宽度】设置为

320.4，【高度】设置为 90，【X 位置】设置为 209.8，【Y 位置】设置为 267.9，如图 3-85 所示。

图 3-85

05 关闭字幕编辑器，选择【文件】|【新建】|【旧版标题】命令，使用默认设置，单击【确定】按钮。进入字幕编辑器中，使用文字工具输入文字并选中输入的文字，在右侧将【字体系列】设置为【腾祥孔淼卡通繁】，将【字体大小】设置为 90，【填充类型】设置为【实底】，【颜色】设置为白色，添加【外描边】和【阴影】并使用其默认值，如图 3-86 所示。

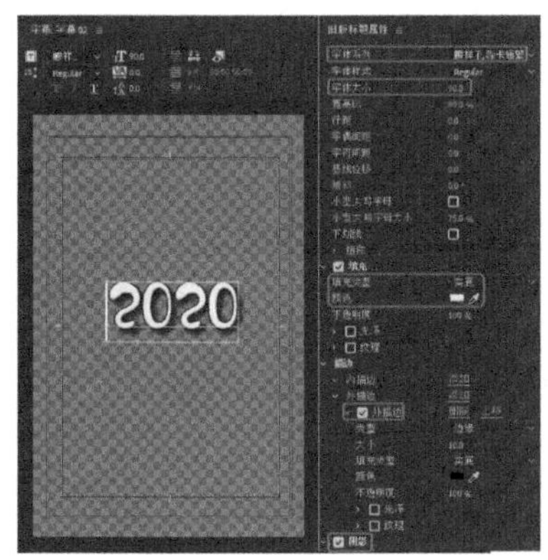

图 3-86

06 将【变换】选项组下【宽度】设置为 203.7，【高度】设置为 90，【X 位置】与【Y 位置】分别设置为 195.2、155.7，如图 3-87 所示。

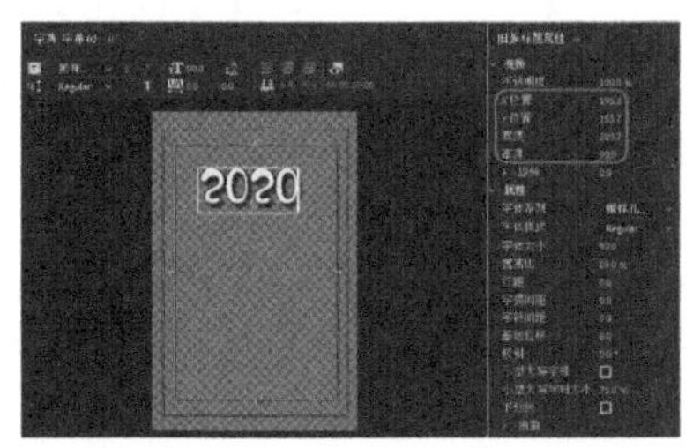

图 3-87

07 关闭字幕编辑器，选择【文件】|【新建】|【旧版标题】命令，使用默认设置，单击【确定】按钮。进入字幕编辑器中，使用【矩形工具】绘制一个矩形，选中该矩形，将【属性】选项组下的【图形类型】设置为【圆矩形】，勾选【阴影】复选框，如图 3-88 所示。将【填充】选项组下的【填充类型】设置为【径向渐变】，调整颜色滑块，单击右侧滑块将【色彩到不透明】设置为 42，如图 3-89 所示。

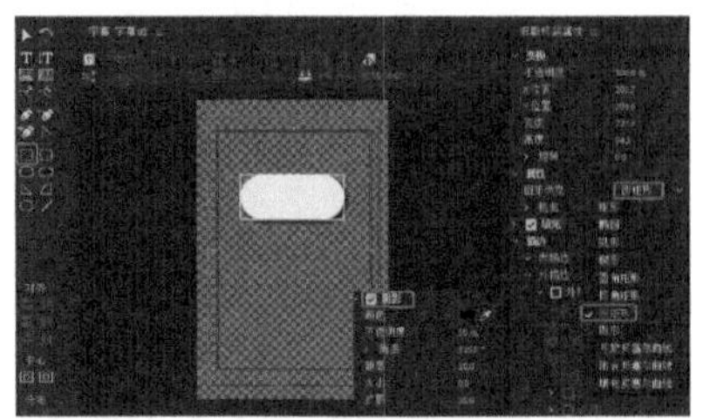

图 3-88

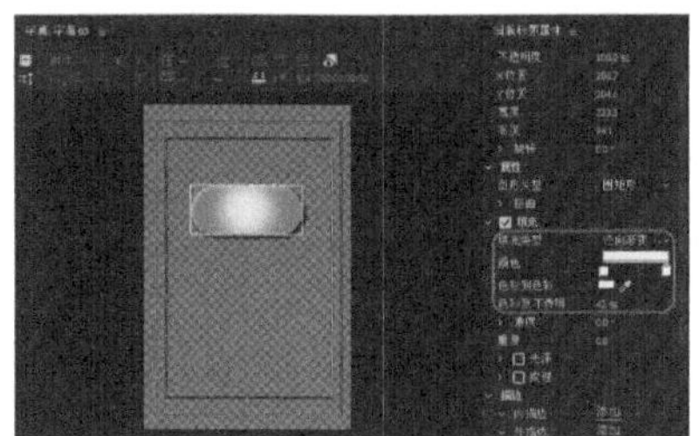

图 3-89

08 将【变换】选项组下的【宽度】设置为 218.1，【高度】设置为 99，【X 位置】设置为 197，【Y 位置】设置为 145.6，如图 3-90 所示。关闭该窗口，在【项目】面板中，将【字幕 01】文件拖曳到 V2 轨道中，将【字幕 03】拖曳到 V3 轨道中，将【字幕 02】拖曳到 V4 轨道中，将“苹果 .png”素材文件拖曳到 V5 轨道中，并选中该轨道中的素材，切换到【效果控件】面板，将【运动】选项组下的【缩放】设置为 8，【位置】设置为 337、138.1，如图 3-91 所示。

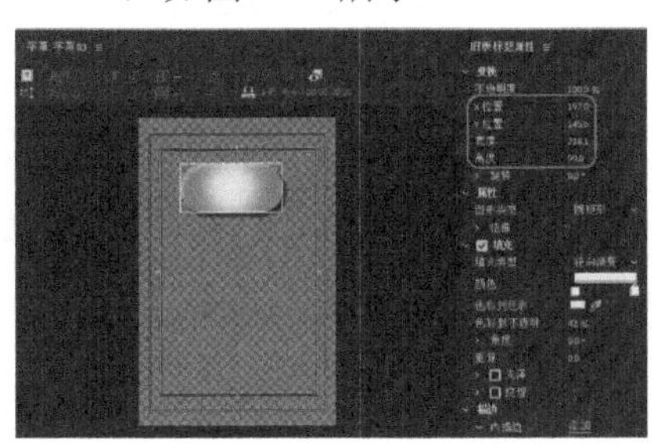

图 3-90

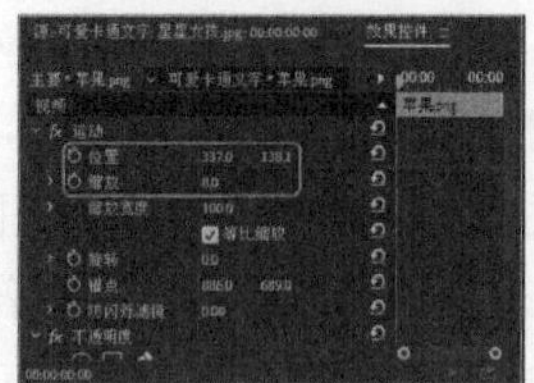
图 3-91

【实战】纹理效果字幕

本案例介绍纹理效果字幕的制作，在制作过程中主要通过新建字幕，在字幕编辑器中使用文字工具输入文字，设置文字的【位置】，并为文字添加材质纹理制作出最终效果。本案例制作的纹理效果字幕部分效果如图 3-92 所示。

图 3-92

素材	素材 \Cha03\ 麦克风 .jpg、炫彩背景 .jpg
场景	场景 \Cha03\【实战】纹理效果字幕 .prproj
视频	视频教学 \Cha03\【实战】纹理效果字幕 .mp4

01 新建项目文件和 DV-PAL 选项组下的“标准 48kHz”序列文件，在【项目】面板中导入“素材 \Cha03\ 麦克风 .jpg”素材文件，单击【打开】按钮。将【项目】面板中的“麦克风 .jpg”素材文件拖曳至 V1 轨道中并选中该文件，打开【效果控件】面板，将【运动】选项组中的【缩放】设置为 10.5，如图 3-93 所示。

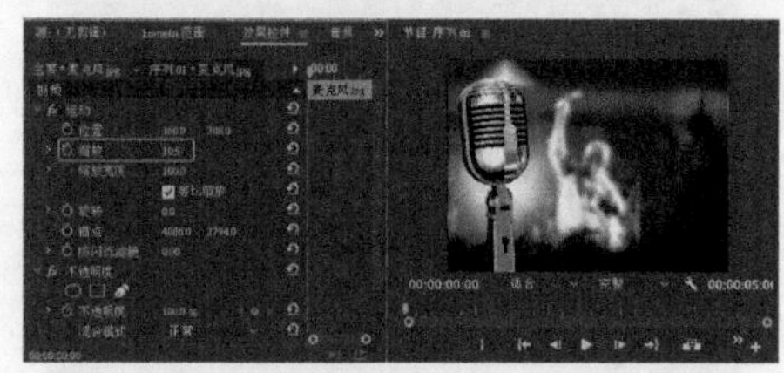
图 3-93

02 选择【文件】|【新建】|【旧版标题】命令，使用文字工具输入文本并选中该文本。在【属性】选项组中将【字体系列】设置为【隶书】，【字体大小】设置为 167，【宽高比】设置为 115.4。在【变换】选项组中将【宽度】设置为 456.1，【高度】设置为 167，【X 位置】设置为 513.6，【Y 位置】设置为 178.7，如图 3-94 所示。

图 3-94

03 将【填充类型】设置为【实底】，颜色设置为白色，勾选【纹理】复选框，单击【纹理】右侧的按钮，在弹出的【选择纹理图像】对话框中选择“炫彩背景 .jpg”素材文件，单击【打开】按钮，如图 3-95 所示。添加【外描边】将【颜色】的 RGB 值设置为 215、220、131，勾选【阴影】复选框。

图 3-95

04 使用【文字工具】输入英文字母，在【属性】选项组中将【字体系列】设置为【楷体】，【字体大小】设置为 162，【宽高比】设置为 100，【字偶间距】设置为 46。在【变换】选项组中将【X 位置】设置为 509，【Y 位置】设置为 402.5，如图 3-96 所示。

图 3-96

05 选择文本将【填充类型】设置为【实底】，【颜色】设置为白色，勾选【纹理】复选框，单击【纹理】右侧按钮，在【选择纹理图像】对话框中选择“炫彩背景.jpg”素材文件，如图 3-97 所示。

图 3-97

06 选择【描边】选项组中的【外描边】，将【类型】设置为【边缘】，【大小】设置为 10，【填充类型】设置为【实底】，【颜色】设置为 215、220、131。勾选【阴影】复选框，将【颜色】设置为 192、9、238，【不透明度】设置为 50，【角度】设置为 100，【距离】设置为 20，【大小】设置为 0，【扩展】设置为 0，如图 3-98 所示。

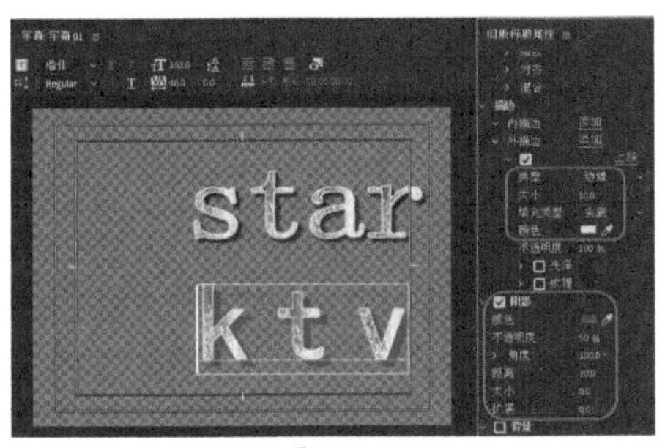

图 3-98

07 关闭字幕编辑器，将【字幕 01】拖曳到 V2 轨道中，在【节目】面板中观看效果，如图 3-99 所示，视频即可导出。

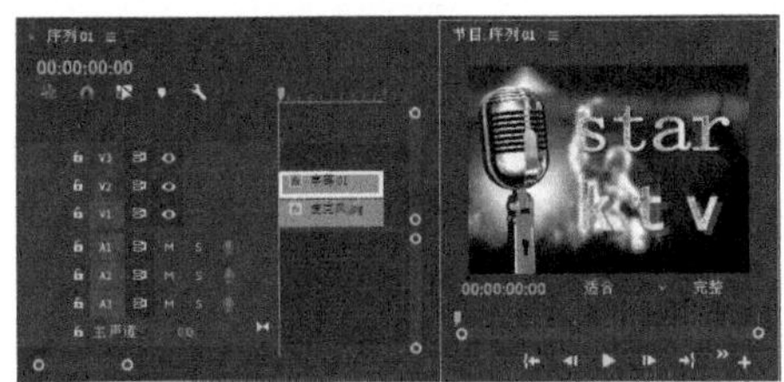

图 3-99

课后项目练习

数字化字幕

本案例制作数字化字幕。在制作的过程中，主要通过新建字幕，在字幕编辑器中使用输入工具输入文字，其中文字字幕需要创建多个，制作出的最终效果如图 3-100 所示。

课后项目练习效果展示

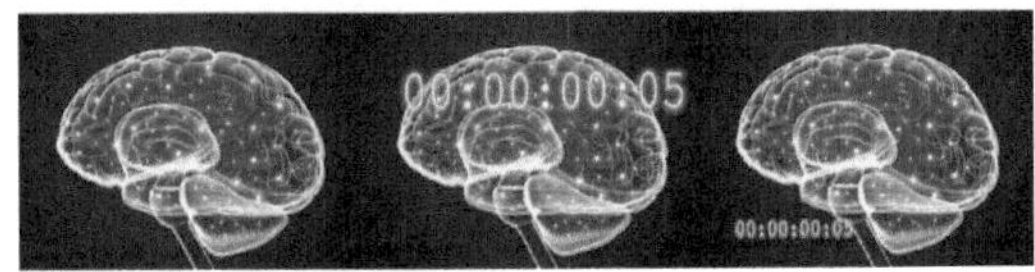

图 3-100

课后项目练习过程概要

01 新建项目和序列，导入科技大脑背景图素材文件。

02 新建字幕，编辑数字化字幕。

素材	素材\Cha03\科技大脑背景图 1.jpg
场景	场景\Cha03\数字化字幕.prproj
视频	视频教学\Cha03\数字化字幕.mp4

01 新建项目文件和 DV-PAL 选项组下的【标准 48kHz】序列文件，在【项目】面板中导入“素材\Cha03\科技大脑背景图 1.jpg”素材文件。选择【项目】面板中的“科技大脑背景图 1.jpg”素材文件，将其拖曳到 V1 轨道中，将【持续时间】设置为 00:00:06:03，并选择添加的素材文件，切换到【效果控件】面板，将【运动】选项组中的【缩放】设置为 16，如图 3-101 所示。

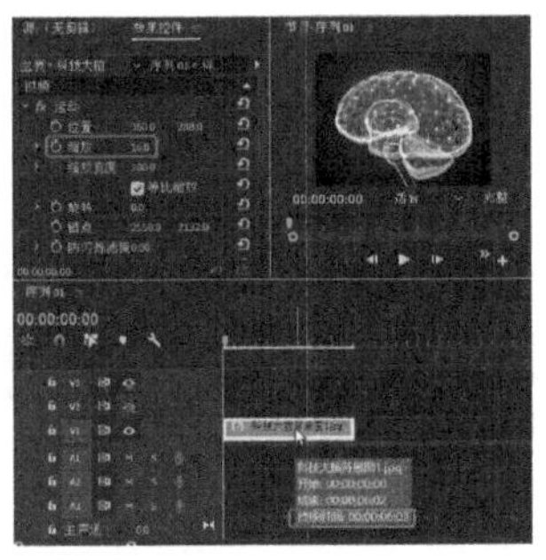

图 3-101

02 选择【文件】|【新建】|【旧版标题】命令，保持默认设置，然后单击【确定】按钮。进入字幕编辑器面板，使用【文字工具】输入文本，将【属性】选项组中的【字体系列】设置为 Courier New，【字体大小】设置为 100，【宽高比】设置为 79.8。将【填充】选项组下的【填充类型】设置为【实底】，【颜色】设置为白色，如图 3-102 所示。

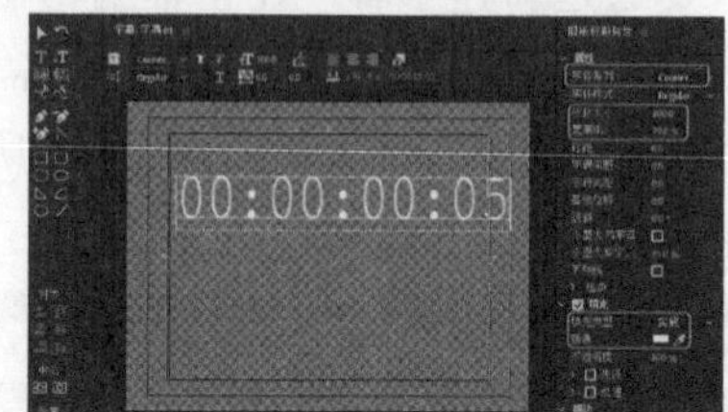

图 3-102

03 勾选【描边】选项组中的【外描边】复选框，将【类型】设置为【边缘】，【大小】设置为 10，【填充类型】设置为【实底】，【颜色】设置为 0、178、255 。勾选【阴影】复选框，设置【颜色】为 0、178、255，【不透明度】设置为 50，【角度】设置为 45，【距离】设置为 0，【大小】设置为 40，【扩展】设置为 50，如图 3-103 所示。

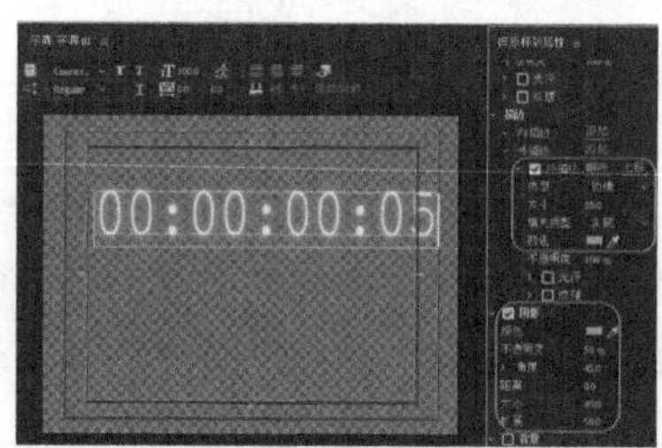

图 3-103

04 关闭字幕编辑器，将【字幕 01】拖曳到 V2 轨道中，选中该字幕，设置持续时间为 00:00:06:03，打开【效果控件】面板，确认时间在 00:00:00:00 处，单击【缩放】和【旋转】左侧的【切换动画】按钮，添加关键帧，将【缩放】设置为 0，如图 3-104 所示。

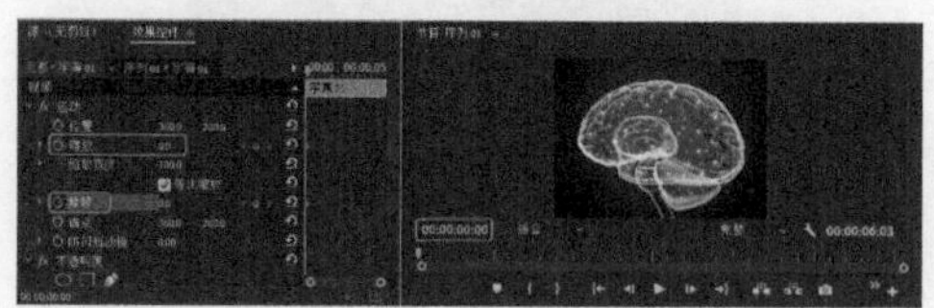
图 3-104

05 将当前时间设置为 00:00:02:00，将【缩放】设置为 100，【旋转】设置为 3x0.0，如图 3-105 所示。

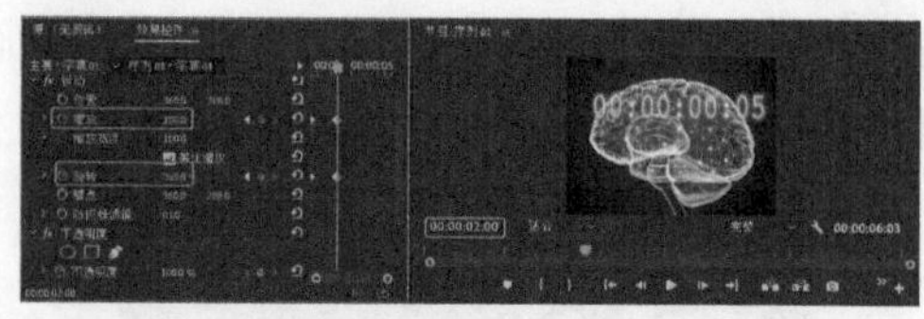

图 3-105

06 将当前时间设置为 00:00:03:00，将【缩放】设置为 230，【不透明度】设置为 0，如图 3-106 所示。

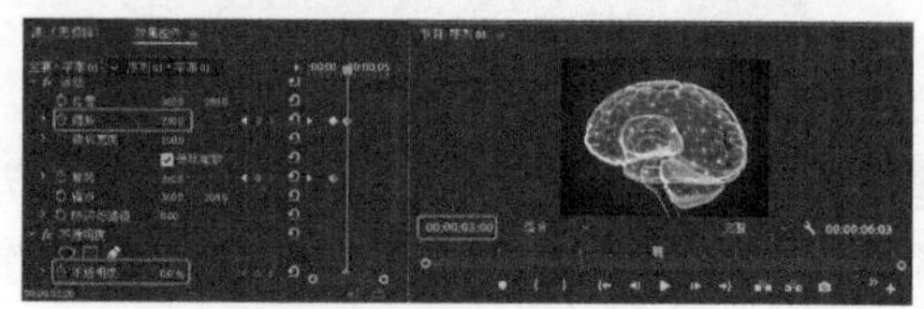
图 3-106

07 将当前时间设置为 00:00:04:00，将【缩放】设置为 100，【不透明度】设置为 100，如图 3-107 所示。

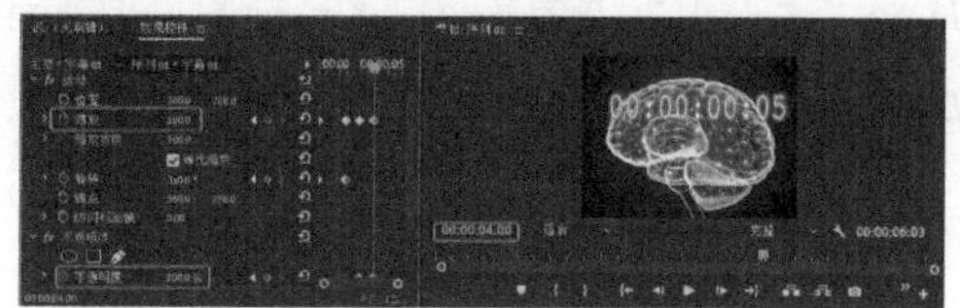

图 3-107

08 将当前时间设置为 00:00:05:00，单击【位置】左侧的【切换动画】按钮，单击【缩放】右侧的【添加\移除关键帧】按钮，如图 3-108 所示。

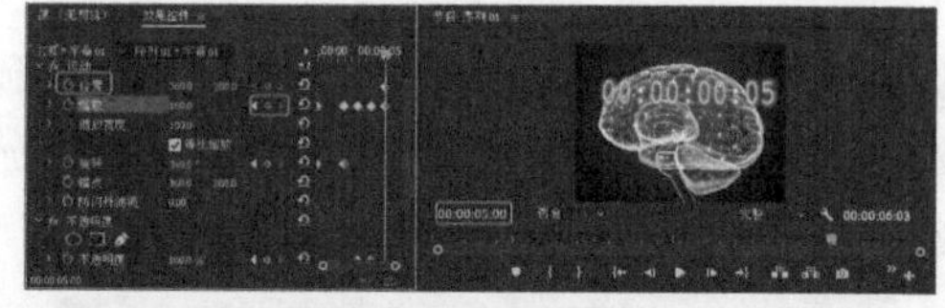

图 3-108

09 将当前时间设置为 00:00:06:00，将【位置】设置为 185.2、547.2，【缩放】设置为 40，如图 3-109 所示。

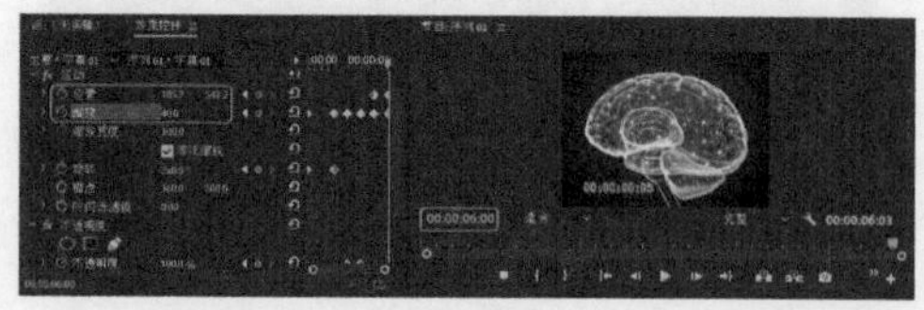
图 3-109

第 4 章

家居短片动画——视频切换效果

本章导读：

本章详细介绍在视频动画中，运用【效果】面板中常用的视频过渡效果，在制作过程中添加各种转场特效，这些设置可使我们制作出更高级的动画效果。

家居短片动画

为了更好地完成本设计案例，现对制作要求及设计内容做如下规划，如图 4-1 所示。

作品名称	家居短片动画
设计创意	家居短片重在体现家居装饰的效果。本案例中设计的家居短片，通过新建字幕输入文字并进行设置，制作出主题名称，最后通过效果图展示作品
主要元素	(1) 树 (2) 家居图片 (3) 家居字幕
应用软件	Adobe Premiere Pro CC
素材	素材 \Cha04\ 家居 (1).jpg、家居 (2).jpg、家居 (3).jpg、家居 (4).jpg、树 .png
场景	场景 \Cha04\【案例精讲】家居短片动画 .prproj
视频	视频教学 \Cha04\【案例精讲】家居短片动画 .mp4
家居短片动画效果欣赏	美宜家居 MEI YI JIA JU 美宜家居 MEI YI JIA JU 家居资讯全方位 创导品质生活 图 4-1
备注	

01 新建项目文件和 DV-PAL 选项组中的【标准 48kHz】序列文件，在【项目】面板中导入“素材 \Cha04\ 家居 (1).jpg、家居 (2).jpg、家居 (3).jpg、家居 (4).jpg、树 .png”素材文件，如图 4-2 所示。

02 在【项目】面板中右击，在弹出的快捷菜单中选择【新建项目】|【颜色遮罩】命令，如图 4-3 所示。

03 在打开的对话框中使用默认设置，单击【确定】按钮，在打开的【拾色器】对话框中，将 RGB 值设置为 255、255、255，单击【确定】按钮，如图 4-4 所示，并在再次弹出的对话框中，单击【确定】按钮即可。

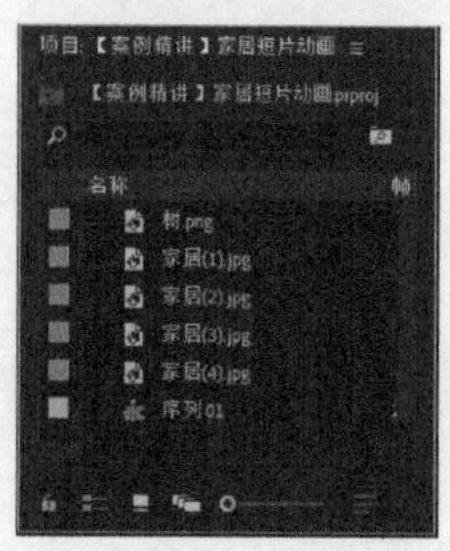

图 4-2

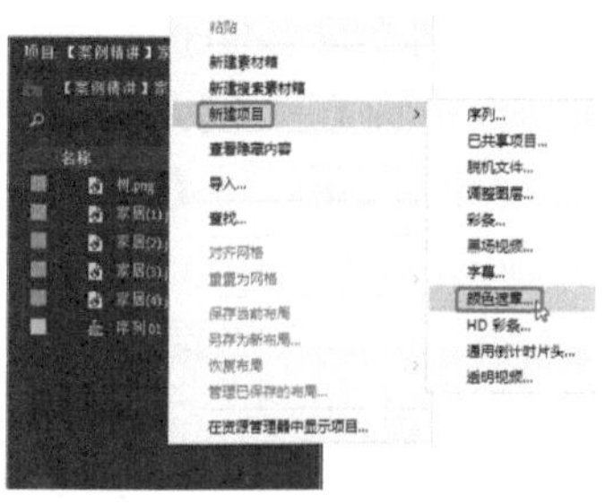
图 4-3

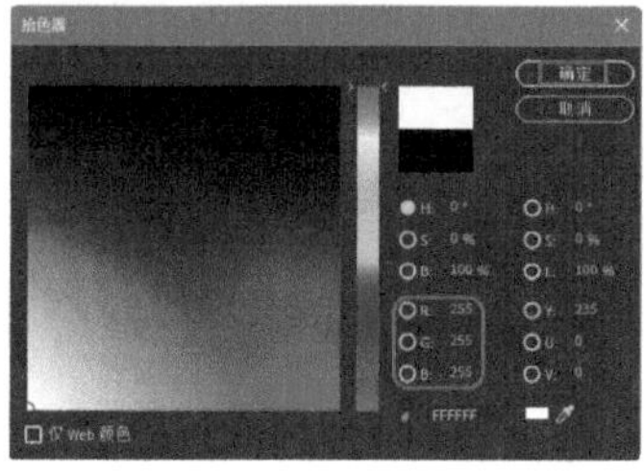
图 4-4

04 在菜单栏中选择【文件】|【新建】|【旧版标题】命令，新建字幕，在打开的对话框中使用默认设置，单击【确定】按钮。进入字幕编辑器中，使用【矩形工具】，绘制矩形，在右侧将【属性】选项组中的【图形类型】设置为【矩形】，将【填充】选项组中的【颜色】设置为# 3E9EFF，在【变换】选项组中将【宽度】和【高度】分别设置为788.7、577，【X 位置】和【Y 位置】分别设置为 394.3、288，如图 4-5 所示。

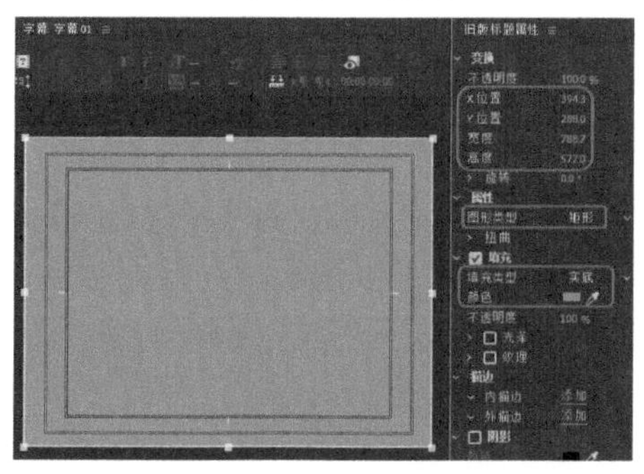
图 4-5

05 在菜单栏中选择【文件】|【新建】|【旧版标题】命令，新建字幕，在打开的对话框中使用默认设置，单击【确定】按钮。进入字幕编辑器中，使用【文字工具】输入文字，并选中文字，在右侧将【属性】选项组中的【字体系列】设置为【汉仪竹节体简】，【字体大小】设置为 80，将【填充】选项组中的【颜色】设置为白色，在【变换】选项组中将【X 位置】与【Y 位置】分别设置为 241.9、196.5，如图 4-6 所示。

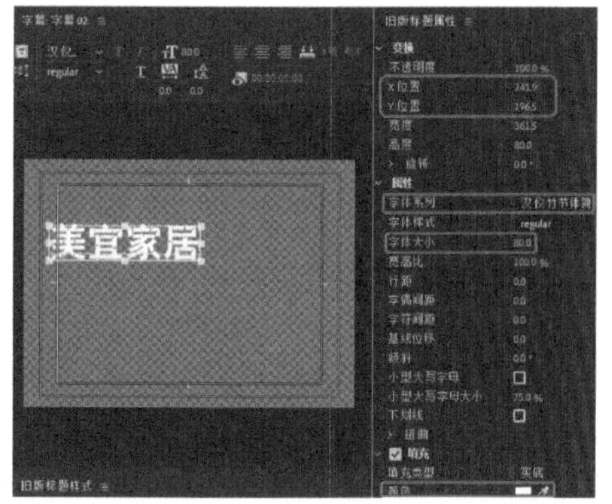

图 4-6

06 根据前面介绍的方法，制作出其他字幕，制作完成后在【项目】面板中显示效果，如图 4-7 所示。

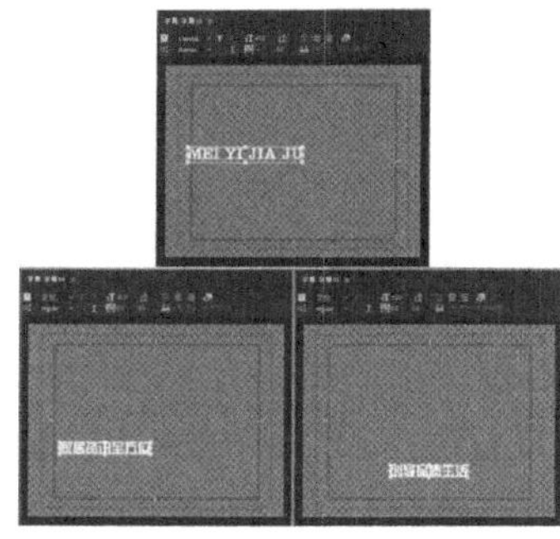

图 4-7

07 确认当前时间为 00:00:00:00，在【项目】面板中将【颜色遮罩】拖曳至 V1 轨道中，在【项目】面板中选择【字幕 01】，将其拖曳至 V2 轨道中，并选中该字幕，将其持续时间设置为 00:00:08:18，如图 4-8 所示。

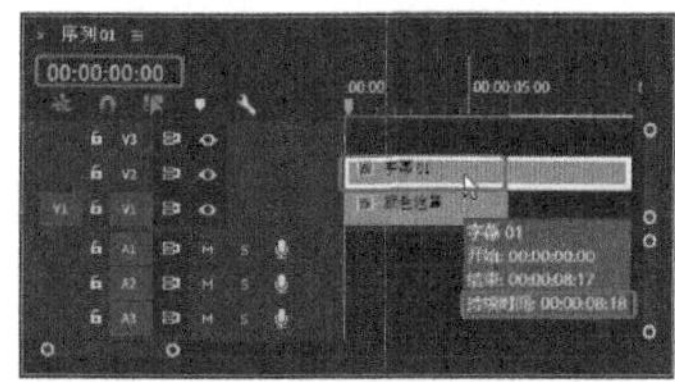

图 4-8

08 在【效果】面板中搜索【白场过渡】效果，将其拖曳至 V2 轨道中【字幕 01】的开始处，如图 4-9 所示。

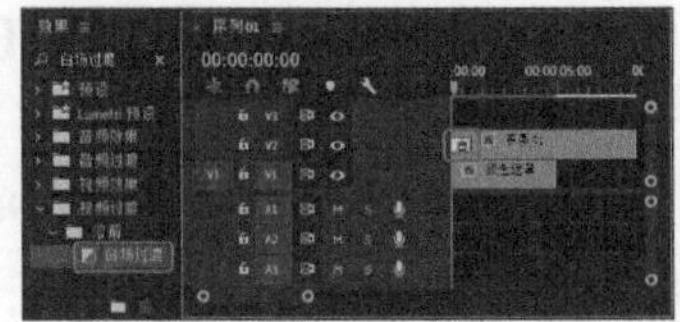

图 4-9

09 在【项目】面板中，将“树 .png”素材文件拖曳至 V3 轨道中，并选中该素材，将其持续时间设置为 00:00:08:18。在【效果】面板中搜索【白场过渡】效果，将其拖曳至 V3 轨道“树 .png”素材文件的开始处，将【位置】设置为 532 、288 ，将【缩放】设置为 18.5，如图 4-10 所示。

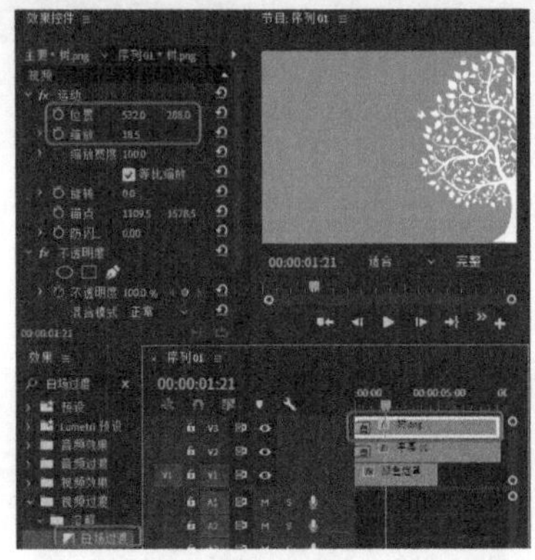

图 4-10

10 将当前时间设置为 00:00:01:00，在【项目】面板中将【字幕 02】拖曳至 V4 轨道中，使其开始处与时间线对齐，并在轨道中选中该字幕，将其持续时间设置为 00:00:07:18。在【效果控件】面板中将【运动】选项组中的【位置】设置为 360 、48 ，单击其左侧的【切换动画】按钮，将【不透明度】设置为 0 %，如图 4-11 所示。

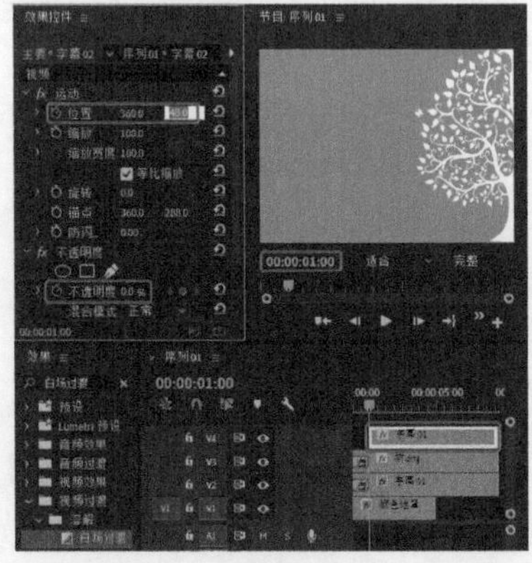

图 4-11

11 将当前时间设置为 00:00:03:00，在【效果控件】面板中将【运动】选项组中的【位置】设置为 360 、288 ，将【不透明度】设置为 100 %，如图 4-12 所示。

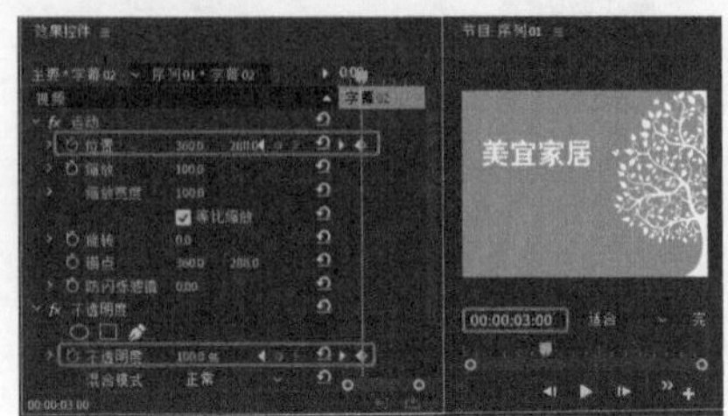

图 4-12

12 将当前时间设置为 00:00:01:00，在【项目】面板中将【字幕 03】拖曳至 V5 轨道中，使其开始处与时间线对齐，并在轨道中选中该字幕，将其持续时间设置为 00:00:07:18。在【效果控件】面板中将【运动】选项组中的【位置】设置为 360 、437 ，单击其左侧的【切换动画】按钮，将【不透明度】设置为 0 %，如图 4-13 所示。

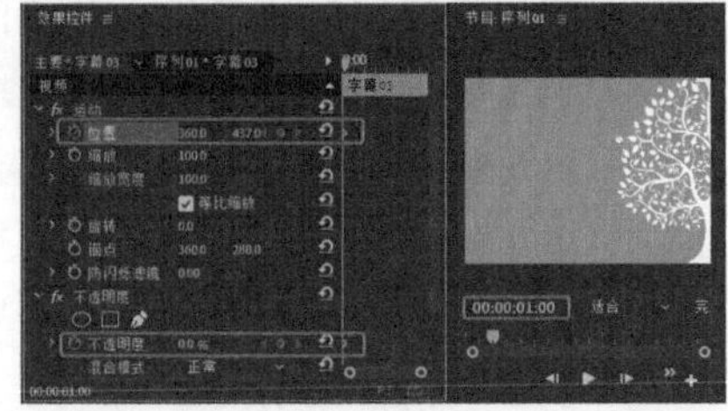

图 4-13

13 将当前时间设置为 00:00:03:00，在【效果控件】面板中将【运动】选项组中的【位置】设置为 360 、288 ，将【不透明度】设置为 100 %，如图 4-14 所示。

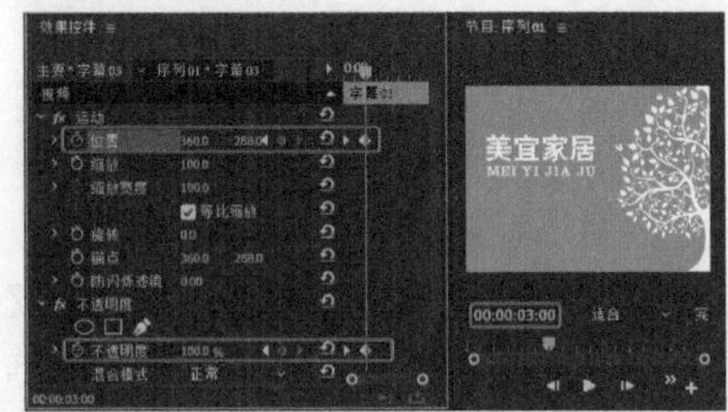

图 4-14

14 将当前时间设置为 00:00:03:05，在【项目】面板中将【字幕 04】拖曳至 V6 轨道中，使其开始处与时间线对齐，并在轨道中选中该字幕，将其持续时间设置为00:00:05:13，在【效果】面板中搜索【划出】效果，将其拖曳至V6轨道中【字幕04】的开始处，如图4-15所示。

图 4-15

提示：【擦除】特效可以移动擦除素材图像A，从而显示下面的素材图像B。

15 将当前时间设置为00:00:08:18，在【项目】面板中将【家居 (1).jpg】拖曳至V2轨道中，使其开始处与时间线对齐，并在轨道中选中该字幕，将其持续时间设置为00:00:03:20，将【缩放】设置为77，如图4-16所示。

图 4-16

16 在【效果】面板中搜索【叠加溶解】效果，将其拖曳至V2轨道中【字幕01】与“家居(1).jpg”素材之间，如图4-17所示。

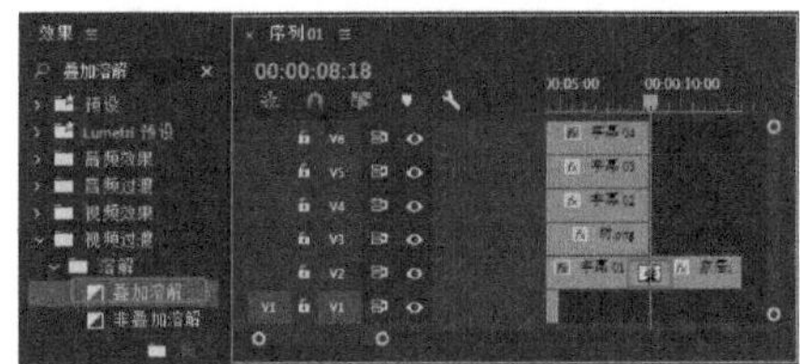

图 4-17

17 使用同样的方法，将其他素材添加至轨道中，设置参数并向素材之间添加效果，如图4-18所示。

图 4-18

4.1 转场特技设置

对于Premiere Pro CC提供的过渡效果类型，还可以对它们的效果进行设置，以使最终的显示效果更加丰富多彩。在【过渡设置】对话框中，可以设置每一个过渡的多种参数，从而改变过渡的方向、开始和结束帧的显示以及边缘效果等。

4.1.1 使用镜头过渡

视频镜头过渡效果在影视制作中比较常见，镜头过渡效果可以使两段不同的视频之间产生各式各样的过渡效果，如图4-19所示。下面通过【立方体旋转】这一过渡特效讲解镜头过渡效果的操作步骤。

图 4-19

01 新建项目文件，在【项目】面板中双击，在弹出的【导入】对话框中导入“素材\Cha04\001.jpg、002.jpg”素材文件，单击【打开】按钮。在菜单栏中选择【文件】|【新建】|【序列】命令，在弹出的【新建序列】对话框中，使用默认设置，单击【确定】按钮。在【项目】面板中选择导入的素材文件，将素材拖曳至【序列】面板中的V1轨道，如图4-20所示。

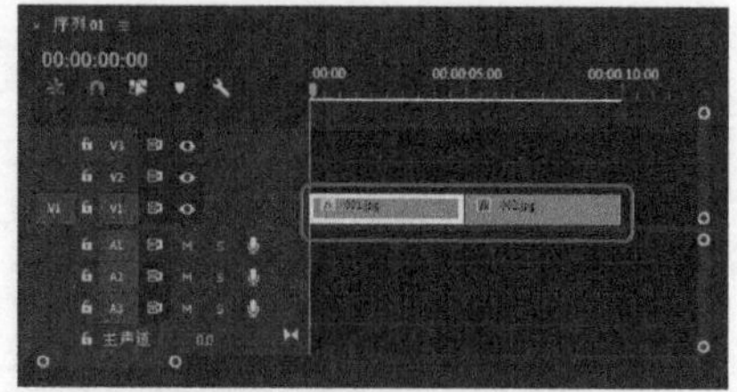
图 4-20

02 确定当前时间为 00:00:00:00，选中“001.jpg”素材文件，切换到【效果控件】面板中，将【缩放】设置为 78，如图 4-21 所示。

图 4-21

03 将当前时间设置为 00:00:05:00，选中“002.jpg”素材文件，切换到【效果控件】面板中，将【缩放】设置为 80，如图 4-22 所示。

图 4-22

04 激活【效果】面板，打开【视频过渡】文件夹，选择【3D 运动】下的【立方体旋转】过渡特效，如图 4-23 所示。

图 4-23

05 将该特效拖曳至两个素材之间，如图 4-24 所示。

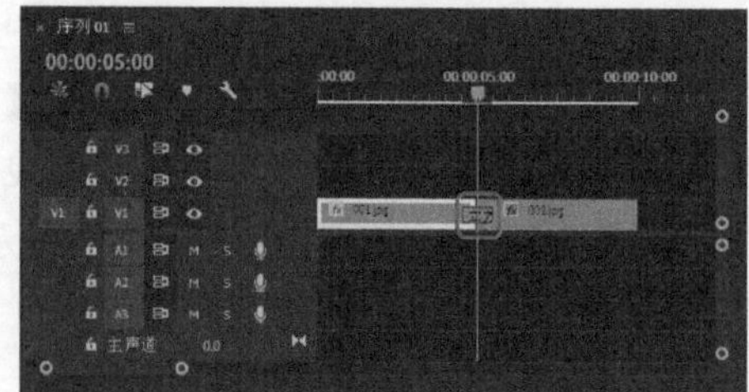
图 4-24

06 按空格键进行播放，播放效果如图 4-25 所示。

图 4-25

为影片添加过渡特效后，可以改变过渡的长度。最简单的方法是在【序列】面板中选中过渡，拖动过渡的边缘即可，如图 4-26 所示。还可以在【效果控件】面板中对过渡做进一步调整，双击过渡即可打开【设置过渡持续时间】对话框，如图 4-27 所示。

图 4-26

图 4-27

4.1.2 调整过渡区域

在两段影片之间加入过渡特效后，时间

轴上会有一个重叠区域，这个重叠区域就是过渡的范围，如图 4-28 所示。在【效果控件】面板的时间轴中，会显示影片的完全长度。

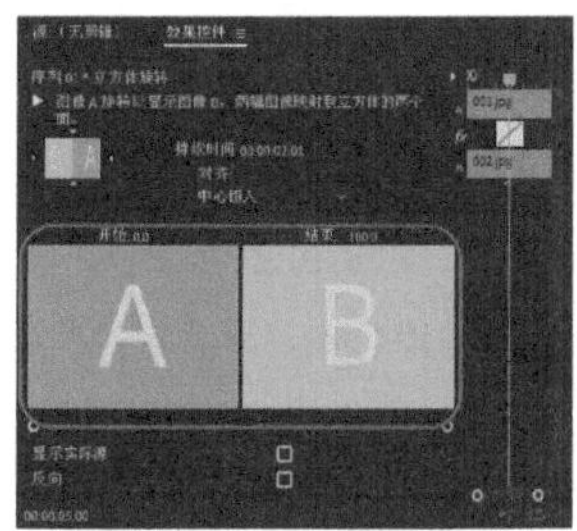

图 4-28

将时间标示点移动到影片上，按住鼠标左键拖动，即可移动影片的位置，改变过渡的影响区域。

将时间标示点移动到过渡中线上拖动，可以改变过渡位置，如图 4-29 所示。另外，还可以将鼠标移动到过渡上拖动改变位置，如图 4-30 所示。

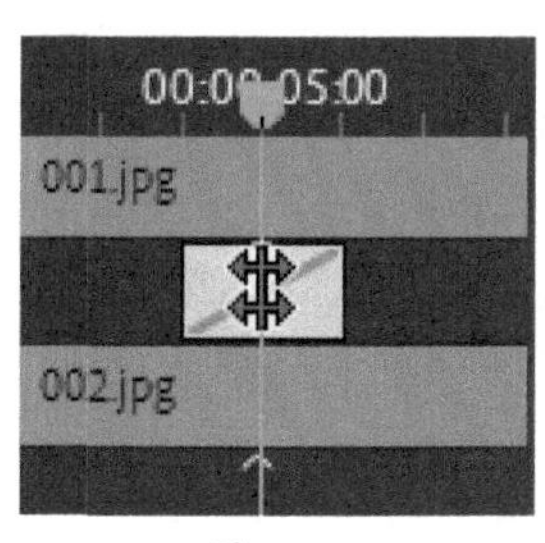

图 4-29

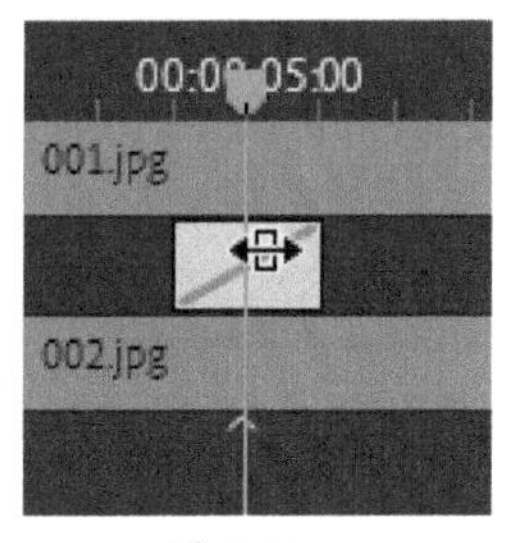

图 4-30

在左边的【对齐】下拉列表中提供了以下几种过渡对齐方式。

【中心切入】：在两段影片之间加入过渡特效，如图 4-31 所示。

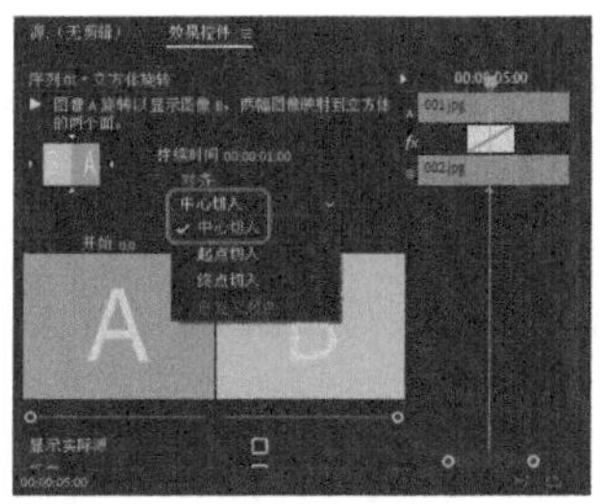

图 4-31

【起点切入】：以片段 B 的入点位置为准建立过渡特效，如图 4-32 所示。加入过渡特效时，直接将过渡特效拖动到片段 B 的入点，即为【开始于切点】模式。

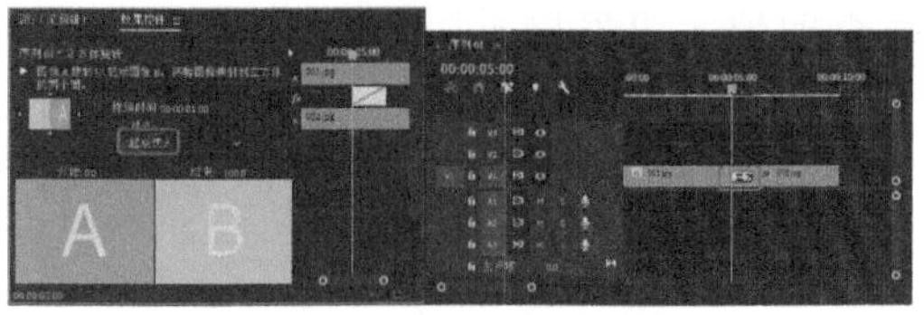

图 4-32

【终点切入】：以片段 A 的出点位置为准建立过渡，如图 4-33 所示。加入过渡时，直接将过渡拖动到片段 A 的出点，即为【结束于切点】模式。

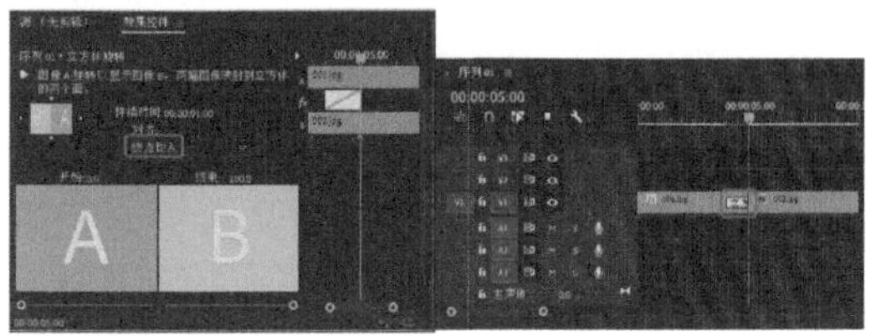

图 4-33

只有通过拖曳方式才可以设置【自定义开始】。将鼠标指针移动到过渡边缘，当鼠标变为形状时，可以拖动鼠标改变过渡的长度，如图 4-34 所示。

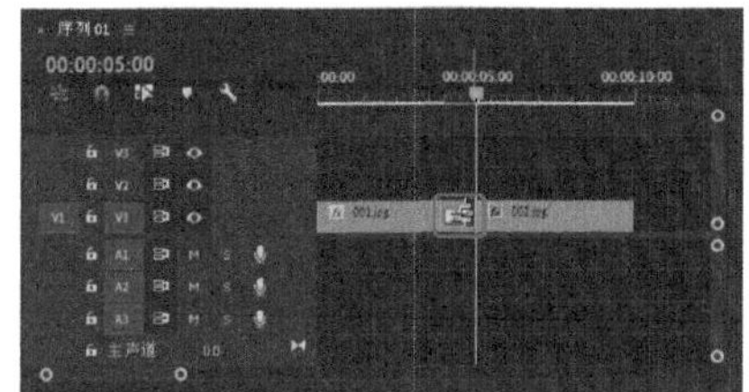

图 4-34

在调整过渡区域的时候，【节目监视器】面板中会分别显示过渡影片的出点和入点画面，如图 4-35 所示，方便观察调节效果。

图 4-35

4.1.3 改变切换设置

使用【效果控件】面板可以改变时间线上的切换设置，包括切换的中心点、起点和终点的值、边界以及防锯齿质量设置，如图 4-36 所示。

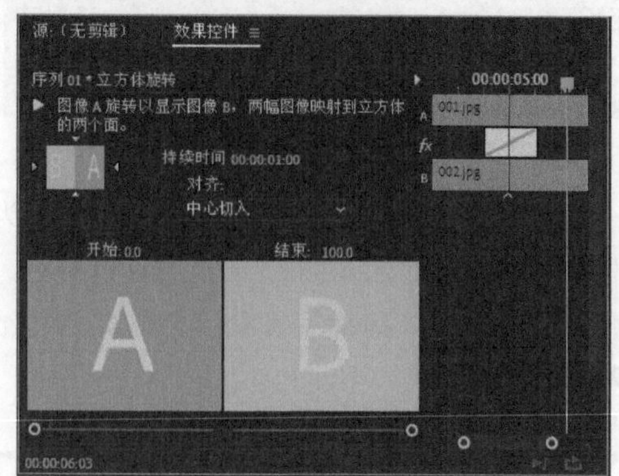

图 4-36

默认情况下，切换都是按从 A 到 B 的顺序完成的。要改变切换的开始和结束状态，可拖动【开始】和【结束】滑块。按住 Shift 键并拖动滑块可以使【开始】和【结束】滑块以相同的数值变化，如图 4-37 所示。

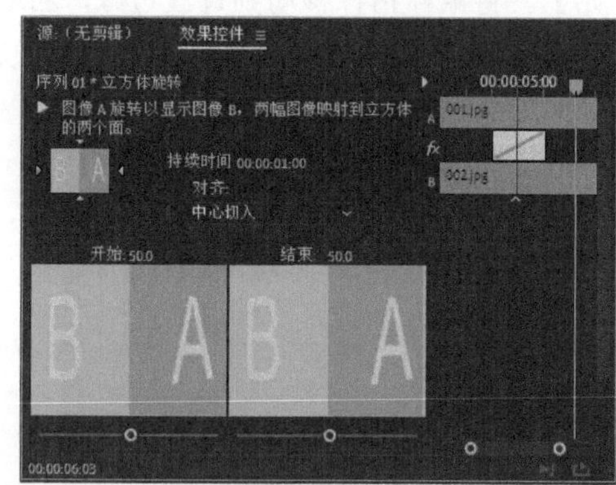

图 4-37

4.2 3D 运动

视频过渡效果，在【3D 运动】文件夹中包含两个 3D 运动效果的场景切换。

4.2.1 【立方体旋转】过渡效果

【立方体旋转】过渡效果可以使图像 A 旋转以显示图像 B，两幅图像映射到立方体的两个面，如图 4-38 所示。

图 4-38

01 新建项目文件和 DV-PAL|【标准 48kHz】的序列文件，在【项目】面板中导入“素材\Cha04\003.jpg、004.jpg”素材文件，将导入后的素材拖曳至【序列】面板中的视频轨道 V1 中，如图 4-39 所示。

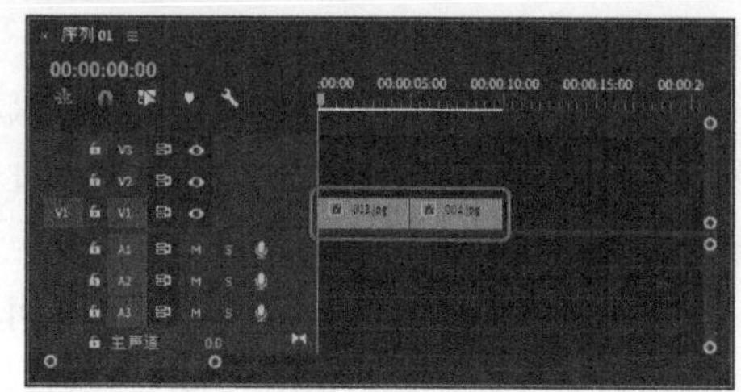

图 4-39

02 确定当前时间为 00:00:00:00，选中“003.jpg”素材文件，切换到【效果控件】面板，将【缩放】设置为 37，如图 4-40 所示。

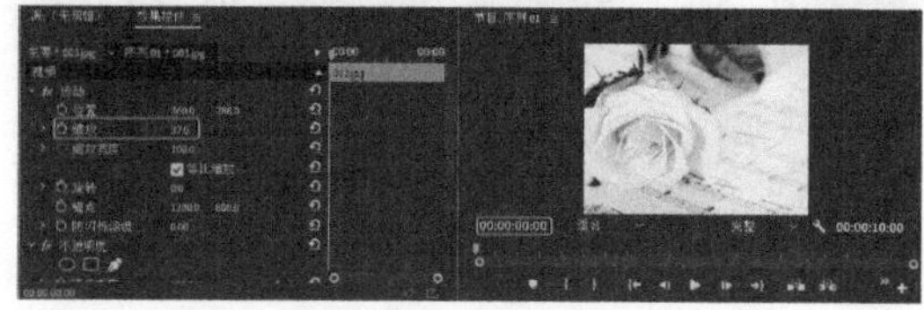

图 4-40

03 将当前时间设置为 00:00:05:00，选中“004.jpg”素材文件，切换到【效果控件】面板，将【缩放】设置为 90，如图 4-41 所示。

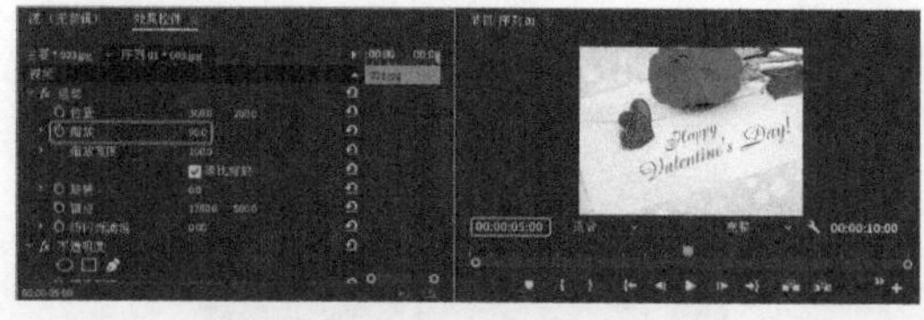

图 4-41

04 切换到【效果】面板，打开【视频过渡】文件夹，选择【3D 运动】下的【立方体旋转】过渡特效，如图 4-42 所示。

05 将其拖曳至【序列】面板中两个素材之间，如图 4-43 所示。

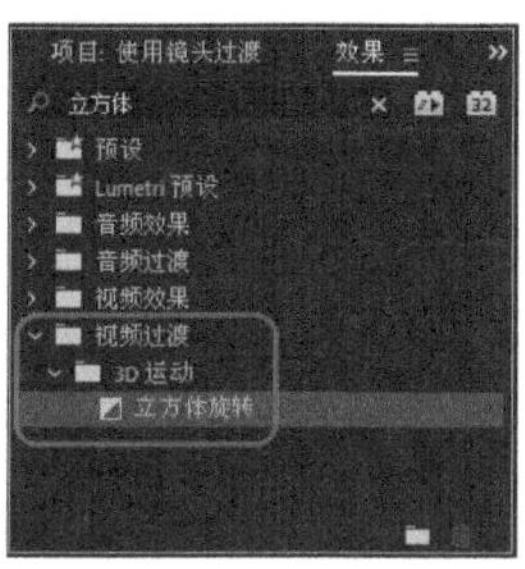

图 4-42

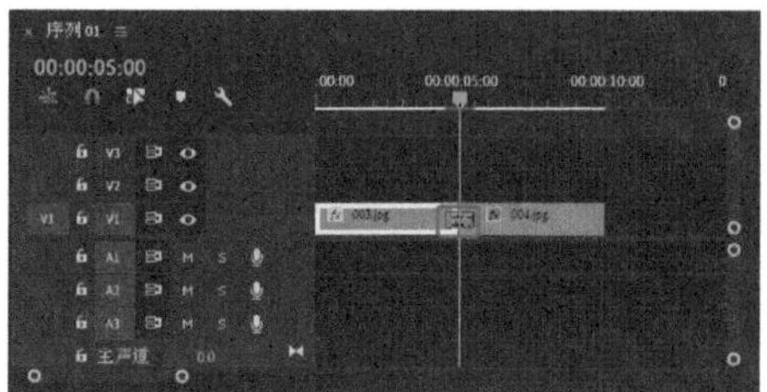

图 4-43

4.2.2 【翻转】过渡效果

【翻转】过渡效果使图像 A 翻转到所选颜色后，显示图像 B，如图 4-44 所示。

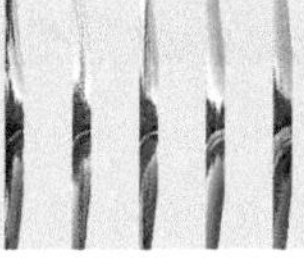

图 4-44

01 新建项目文件和 DV-PAL|【标准 48kHz】的序列文件，在【项目】面板中导入“素材\Cha04\005.jpg、006.jpg”素材文件，将导入后的素材文件拖曳至【序列】面板中的视频轨道 V1 中。选中“005.jpg”素材文件，确定当前时间为 00:00:00:00，切换到【效果控件】面板，将【缩放】设置为 135，效果如图 4-45 所示。

图 4-45

02 将当前时间设置为 00:00:05:00，选中“006.jpg”素材文件，切换到【效果控件】面板，将【缩放】设置为 50，如图 4-46 所示。

图 4-46

03 切换到【效果】面板，打开【视频过渡】文件夹，选择【3D 运动】下的【翻转】过渡特效，将其拖曳至【序列】面板中的素材上，如图 4-47 所示。

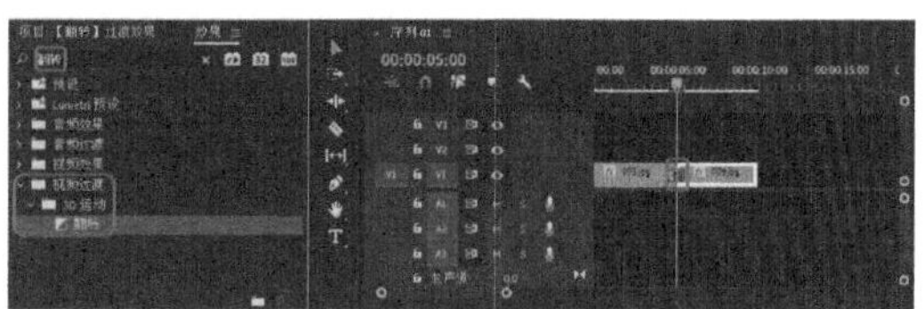

图 4-47

04 切换到【效果控件】面板，单击【自定义】按钮，打开【翻转设置】对话框，将【带】设置为 5，将【填充颜色】RGB 值设置为 249、226、31，单击【确定】按钮，如图 4-48 所示。

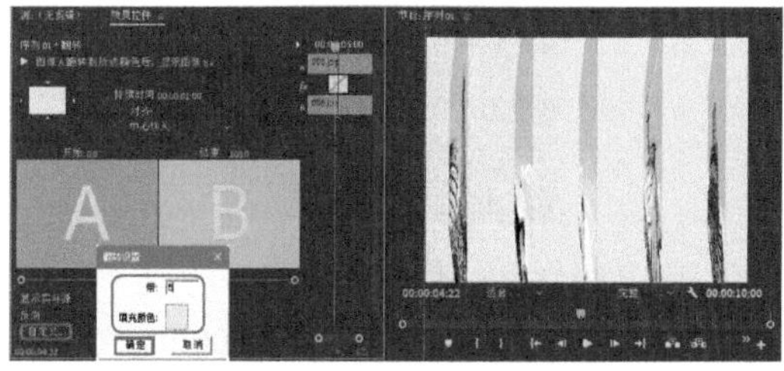

图 4-48

【实战】可爱杯子

可爱杯子动画主要使用多个视频特效对素材进行美化。根据不同时间添加合适的素材与特效，从而制作出最终的效果，如图 4-49 所示。

图 4-49

素材	素材 \Cha04\ 可爱杯子 1.jpg、可爱杯子 2.jpg、可爱杯子 3.jpg、可爱杯子 4.jpg、可爱杯子 5.jpg、可爱杯子 6.jpg
场景	场景 \Cha04\【实战】可爱杯子 .prproj
视频	视频教学 \Cha04\【实战】可爱杯子 .mp4

01 新建项目文件和 DV-PAL 选项组中的【标准 48kHz】序列文件，在【项目】面板中导入“素材 \Cha04\ 可爱杯子 1.jpg、可爱杯子 2.jpg、可爱杯子 3.jpg、可爱杯子 4.jpg、可爱杯子 5.jpg、可爱杯子 6.jpg”素材文件，如图 4-50 所示。

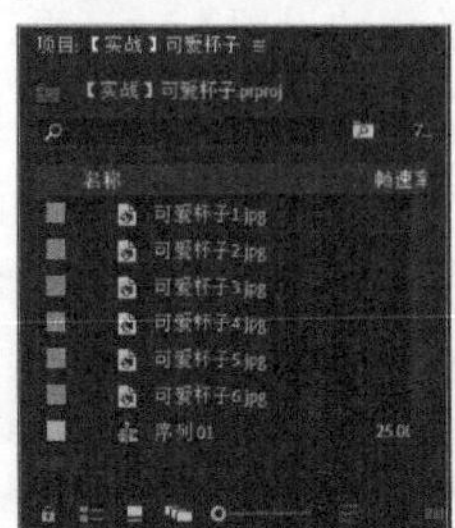
图 4-50

02 确认当前时间设置为 00:00:00:00，在 V1 轨道右侧右击，在弹出的快捷菜单中选择【添加轨道】命令，如图 4-51 所示。

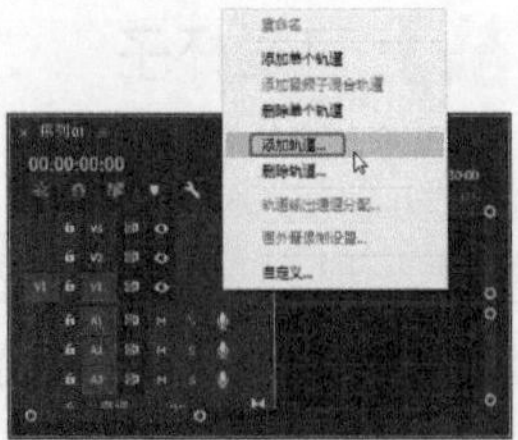
图 4-51

03 弹出【添加轨道】对话框，添加 3 视频轨道，单击【确定】按钮，如图 4-52 所示。

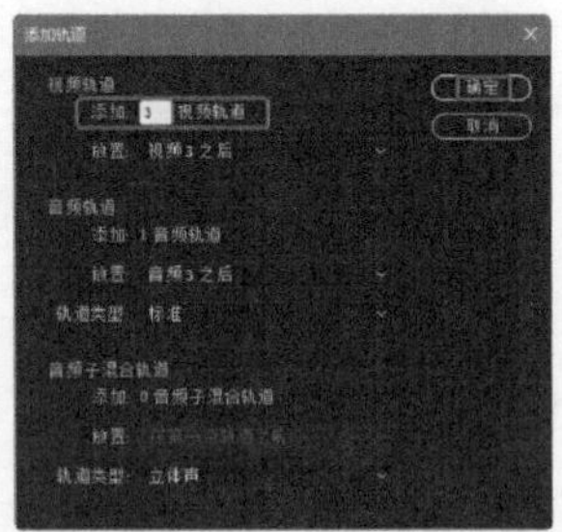
图 4-52

04 在【项目】面板中，将“可爱杯子 1.jpg”素材文件拖曳至 V6 轨道中，将开始处与时间线对齐，并选中轨道中的素材，将其持续时间设置为 00:00:02:12。切换至【效果控件】面板，将【运动】选项组中的【位置】设置为 360、292，单击【缩放】左侧的【切换动画】按钮，如图 4-53 所示。

图 4-53

05 将当前时间设置为 00:00:01:00，切换至【效果控件】面板，将【运动】选项组中的【缩放】设置为 54，如图 4-54 所示。

图 4-54

06 在【效果】面板中，搜索【立方体旋转】效果，将其拖曳至 V6 轨道中素材的结尾处，如图 4-55 所示。

图 4-55

07 将当前时间设置为00:00:01:12，在【项目】面板中，将“可爱杯子2.jpg”素材文件拖曳至V5轨道中，将开始处与时间线对齐，并选中轨道中的素材，将其持续时间设置为00:00:02:13。切换至【效果控件】面板，将【运动】选项组中的【位置】设置为360、180，【缩放】设置为66，单击【缩放】左侧的【切换动画】按钮，如图4-56所示。

图 4-56

08 将当前时间设置为00:00:03:24，切换至【效果控件】面板中，将【运动】选项组中的【缩放】设置为100，如图4-57所示。

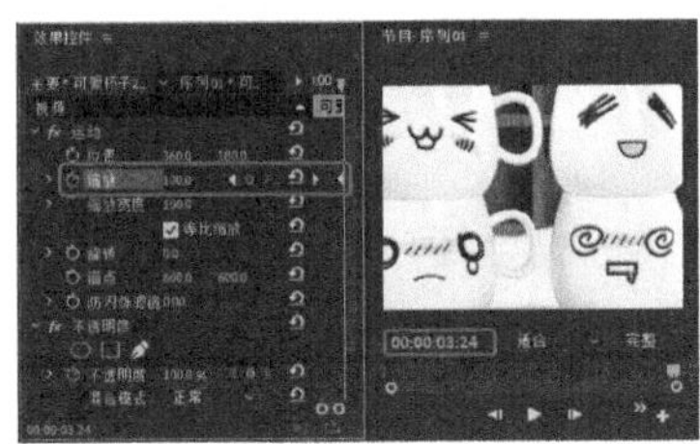

图 4-57

09 在【效果】面板中，搜索【翻转】效果，将其拖曳至V5轨道中素材的结尾处，如图4-58所示。

图 4-58

10 使用同样的方法，将其他素材拖曳至视频轨道中，设置参数、添加效果，如图4-59所示。

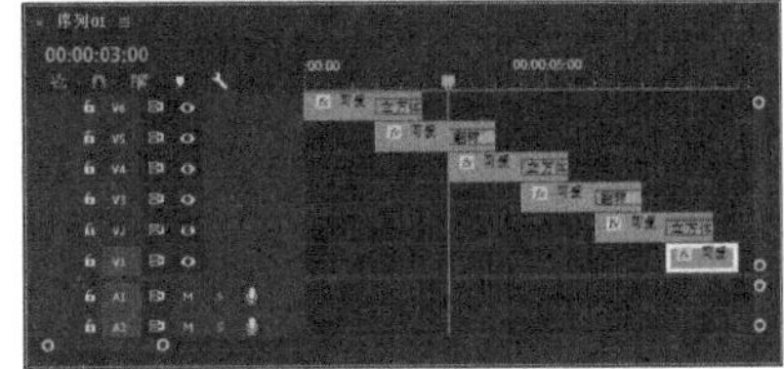

图 4-59

11 将场景进行保存，并将视频导出即可。

4.2.3 划像

本节将详细讲解【划像】转场特效，其中包括交叉划像、盒形划像、圆划像、菱形划像。

1.【交叉划像】切换效果

【交叉划像】过渡效果：打开交叉形状擦除，以显示图像A下面的图像B，如图4-60所示。

图 4-60

01 新建项目文件和DV-PAL|【标准48kHz】的序列文件，在【项目】面板中导入“素材\Cha04\007.jpg、008.jpg”素材文件，将导入后的素材拖曳至【序列】面板中的视频轨道V1中，将导入的素材文件拖曳至【序列】面板中。选中“007.jpg”素材文件，确定当前时间为00:00:00:00，切换到【效果控件】面板，将【缩放】设置为85，如图4-61所示。

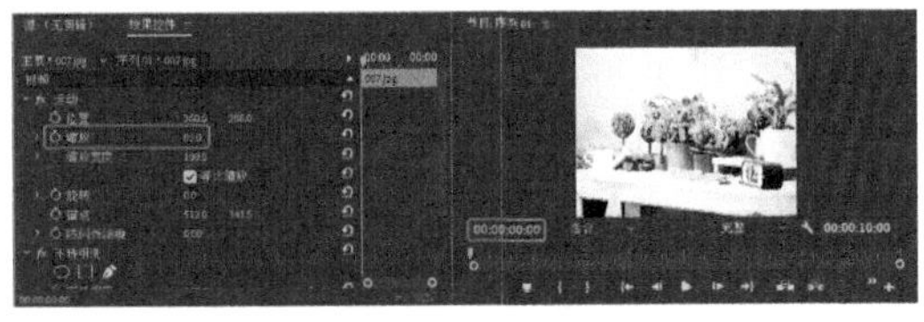

图 4-61

02 选中“008.jpg”素材文件，确定当前时间为00:00:05:00，切换到【效果控件】面板，将【缩放】设置为80，如图4-62所示。

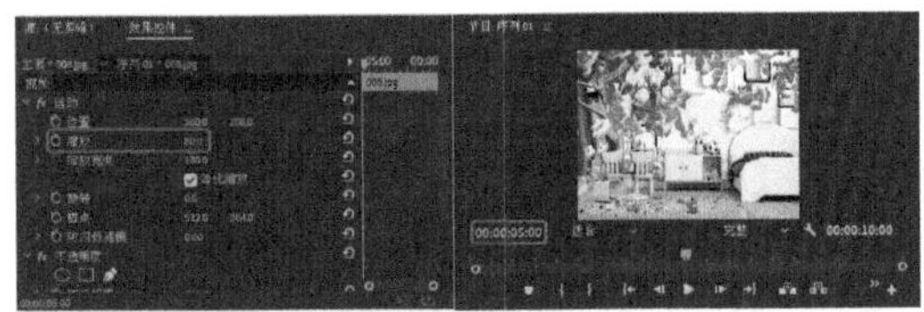

图 4-62

03 切换到【效果】面板，打开【视频过渡】文件夹，选择【划像】下的【交叉划像】过渡效果，如图 4-63 所示。

图 4-63

04 将其拖曳至【序列】面板中两个素材之间，如图 4-64 所示。

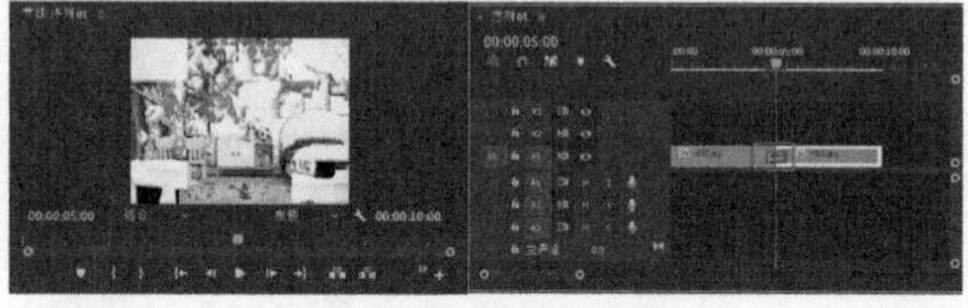

图 4-64

2.【盒形划像】切换效果

【盒形划像】过渡效果：打开矩形擦除，以显示图像 A 下面的图像 B，效果如图 4-65 所示。

图 4-65

01 新建项目文件和 DV-PAL|【标准 48kHZ】序列文件，在【项目】面板中导入“素材 \Cha04\009.jpg、010.jpg”素材文件，将导入后的素材文件拖曳至【序列】面板中的视频轨道 V1 中，将导入后的素材拖曳至【序列】面板中的视频轨道 V1 中。选中“009.jpg”素材文件，确定当前时间为 00:00:00:00，切换到【效果控件】面板，将【缩放】设置为 135，如图 4-66 所示。

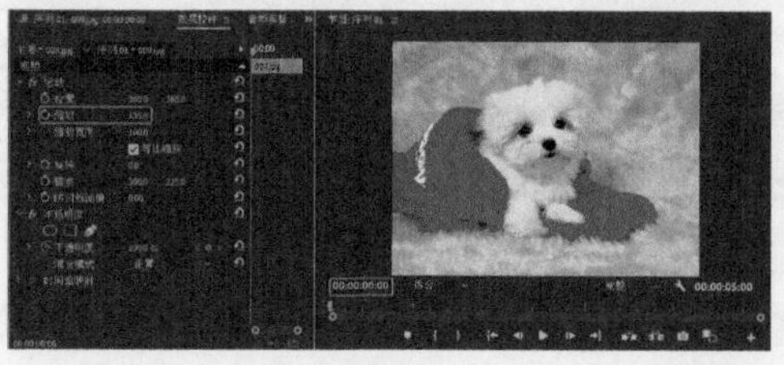

图 4-66

02 选中“010.jpg”素材文件，确定当前时间为 00:00:05:00，切换到【效果控件】面板，将【缩放】设置为 145，如图 4-67 所示。

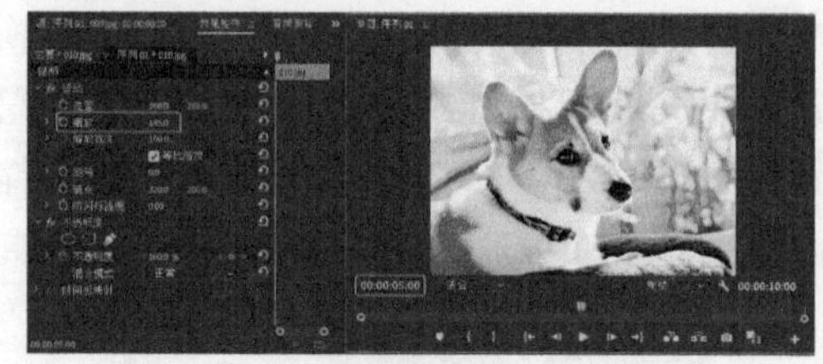

图 4-67

03 切换到【效果】面板，打开【视频过渡】文件夹，选择【划像】下的【盒形划像】过渡效果，如图 4-68 所示。

图 4-68

04 将其拖曳至【序列】面板中的两个素材之间，如图 4-69 所示。

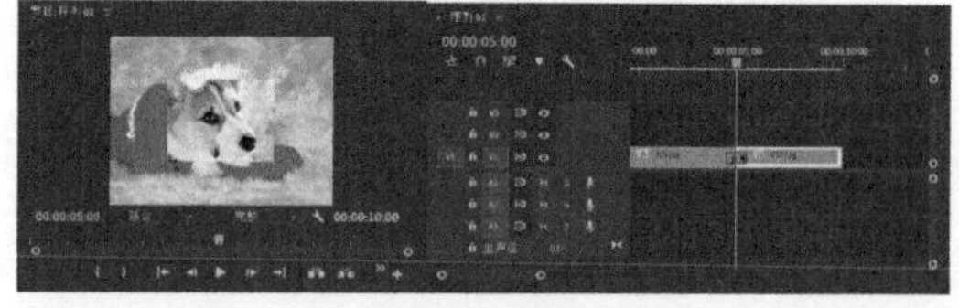

图 4-69

3.【圆划像】切换效果

【圆划像】过渡效果产生一个圆形的效果，如图 4-70 所示。

图 4-70

01 新建项目文件和 DV-PAL|【标准 48kHz】序列文件，在【项目】面板中导入“素材\Cha04\011.jpg、012.jpg”素材文件，将导入后的素材文件拖曳至【序列】面板中的视频轨道 V1 中。选中“011.jpg”素材文件，确定

当前时间为 00:00:00:00，切换到【效果控件】面板，将【缩放】设置为 80，如图 4-71 所示。

图 4-71

02 选中“012.jpg”素材文件，确定当前时间为 00:00:05:00，切换到【效果控件】面板，将【缩放】设置为 85，如图 4-72 所示。

图 4-72

03 切换到【效果】面板，打开【视频过渡】文件夹，选择【划像】下的【圆划像】过渡效果，如图 4-73 所示。

图 4-73

04 将其拖曳至【序列】面板中的两个素材之间，如图 4-74 所示。

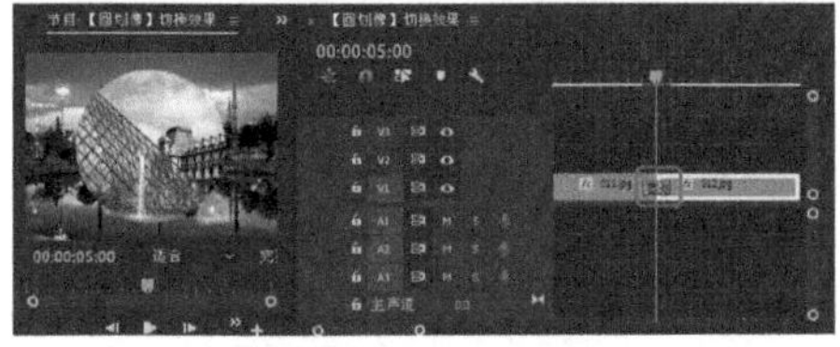

图 4-74

4. 【菱形划像】切换效果

【菱形划像】过渡效果：打开菱形擦除，以显示图像 A 下面的图像 B，效果如图 4-75 所示。

图 4-75

01 新建项目文件和 DV-PAL|【标准 48kHz】序列文件，在【项目】面板中导入“素材\Cha04\013.jpg、014.jpg”素材文件，将导入后的素材文件拖曳至【序列】面板中的视频轨道 V1 中。选中“013.jpg”素材文件，确定当前时间为 00:00:00:00，切换到【效果控件】面板，将【缩放】设置为 95，如图 4-76 所示。

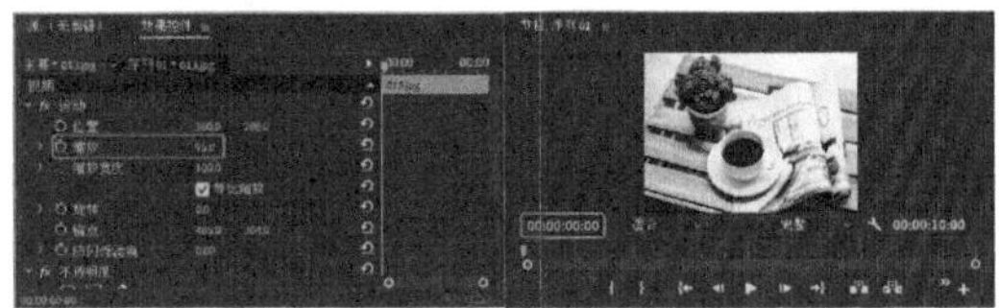

图 4-76

02 选中“014.jpg”素材文件，确定当前时间为 00:00:05:00，切换到【效果控件】面板，将【缩放】设置为 95，如图 4-77 所示。

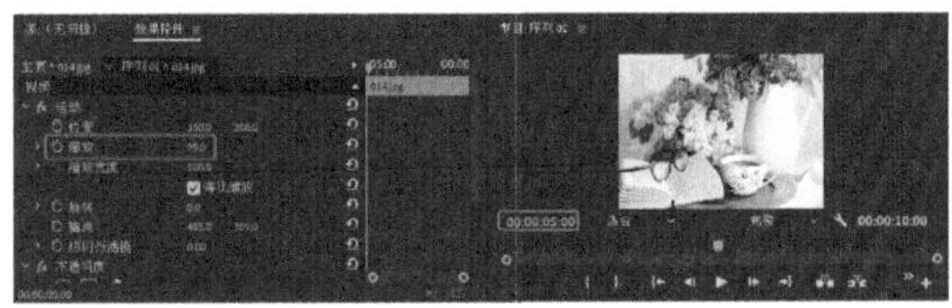

图 4-77

03 切换到【效果】面板，打开【视频过渡】文件夹，选择【划像】下的【菱形划像】过渡效果，如图 4-78 所示。

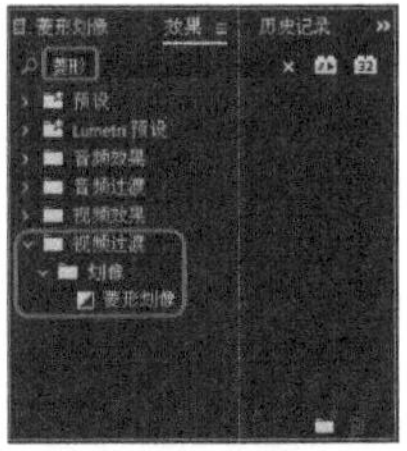

图 4-78

04 将其拖曳至【序列】面板中的两个素材之间，如图 4-79 所示。

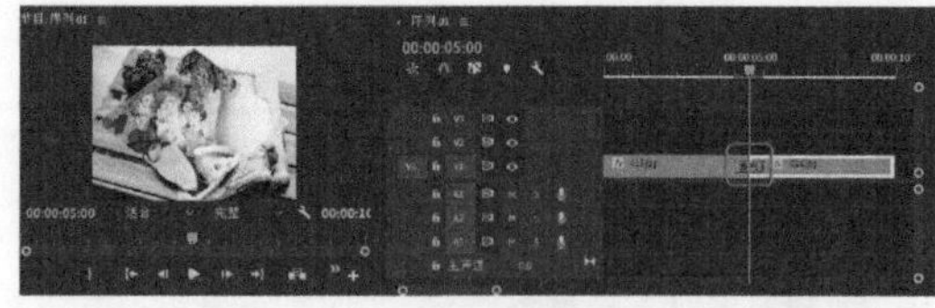
图 4-79

【实战】精致茶具

通过向轨道中添加素材，并设置轨道中素材的动画效果，向轨道中不同的素材上添加不同的切换特效，最终完成精致茶具视频效果，完成后的效果如图 4-80 所示。

图 4-80

素材	素材 \Cha04\ 精致茶具 1.png、精致茶具 2.jpg、精致茶具 3.jpg、精致茶具 4.jpg、精致茶具 5.jpg、精致茶具 6.jpg
场景	场景 \Cha04\【实战】精致茶具 .prproj
视频	视频教学 \Cha04\【实战】精致茶具 .mp4

01 新建项目文件和 DV-PAL 选项组中的【标准 48kHz】序列文件，在【项目】面板中导入“素材 \Cha04\ 精致茶具 1.png、精致茶具 2.jpg、精致茶具 3.jpg、精致茶具 4.jpg、精致茶具 5.jpg、精致茶具 6.jpg”素材文件，如图 4-81 所示。

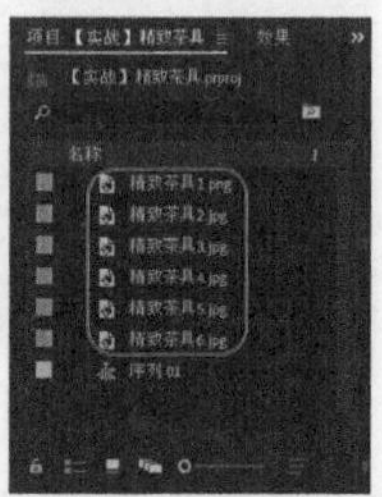
图 4-81

02 确认当前时间为 00:00:00:00，在 V1 轨道右侧右击，在弹出的快捷菜单中选择【添加轨道】命令，如图 4-82 所示。

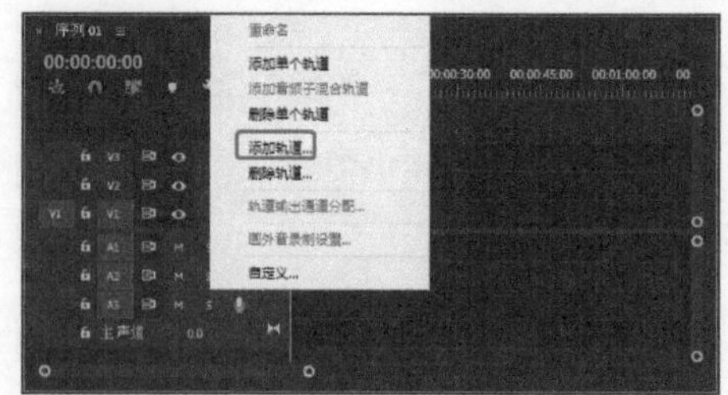

图 4-82

03 弹出【添加轨道】对话框，添加 3 视频轨道，单击【确定】按钮，如图 4-83 所示。

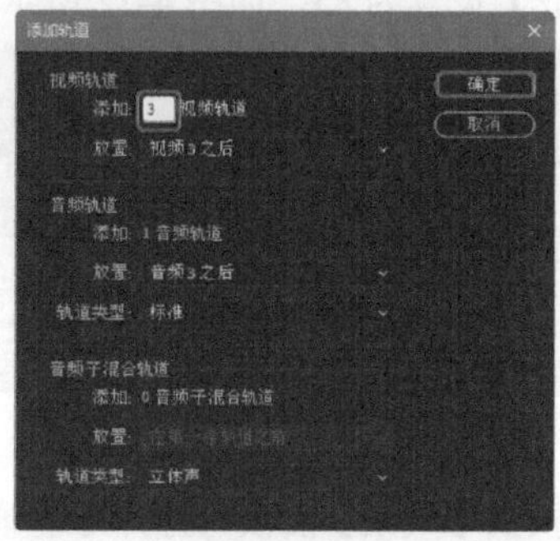

图 4-83

04 在【项目】面板中，将“精致茶具 1.png”素材文件拖曳至 V6 轨道中，将开始处与时间线对齐，并选中轨道中的素材，将其持续时间设置为 00:00:03:00。切换至【效果控件】面板，将【运动】选项组中的【位置】设置为 360、179，如图 4-84 所示。

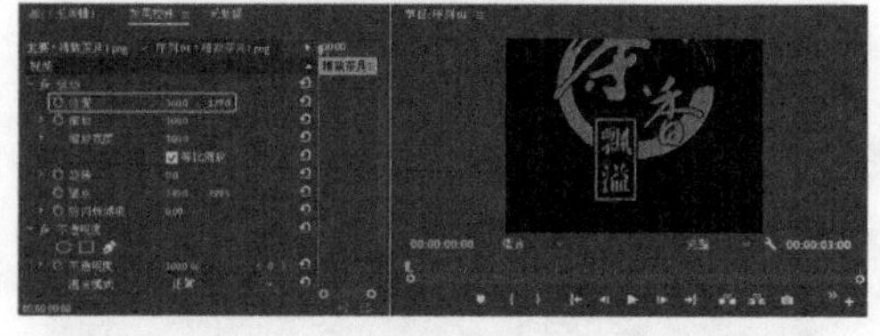
图 4-84

05 确认当前时间为 00:00:00:00，将【不透明度】设置为 0，如图 4-85 所示。

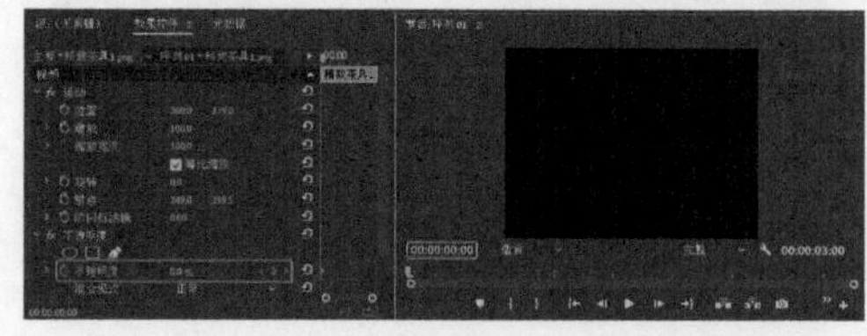
图 4-85

06 确认当前时间为 00:00:01:12，将【缩放】设置为 42，将【不透明度】设置为 100，如图 4-86 所示。

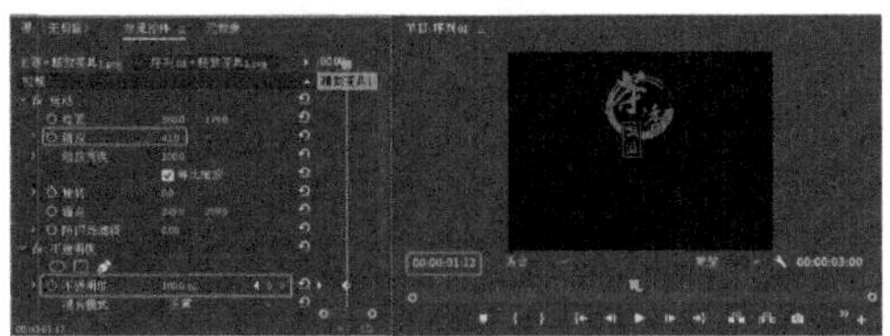

图 4-86

07 在【项目】面板中，将当前时间设置为 00:00:00:00，将“精致茶具 2.jpg”素材文件拖曳至 V5 轨道中，将开始处与时间线对齐，并选中轨道中的素材，将其持续时间设置为 00:00:03:00。切换至【效果控件】面板，将【运动】选项组中的【位置】设置为 407、284，单击左侧的【切换动画】按钮，将【缩放】设置为 78，如图 4-87 所示。

图 4-87

08 将当前时间设置为 00:00:01:12，将【位置】设置为 360、295，如图 4-88 所示。

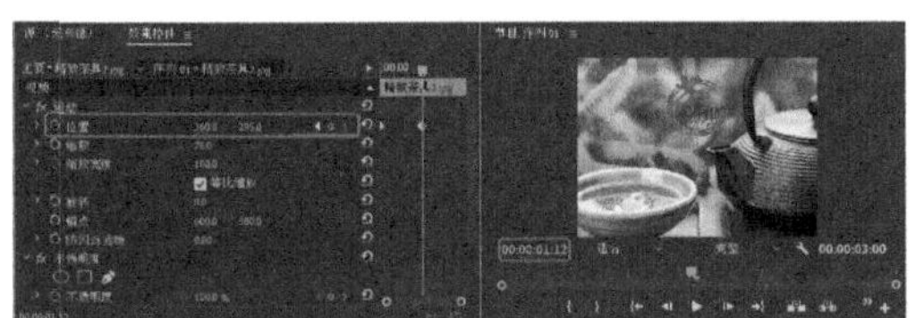

图 4-88

09 在【效果】面板中搜索【交叉划像】特效，将该特效拖曳至“精致茶具 1.png”和“精致茶具 2.jpg”素材文件尾部，如图 4-89 所示。

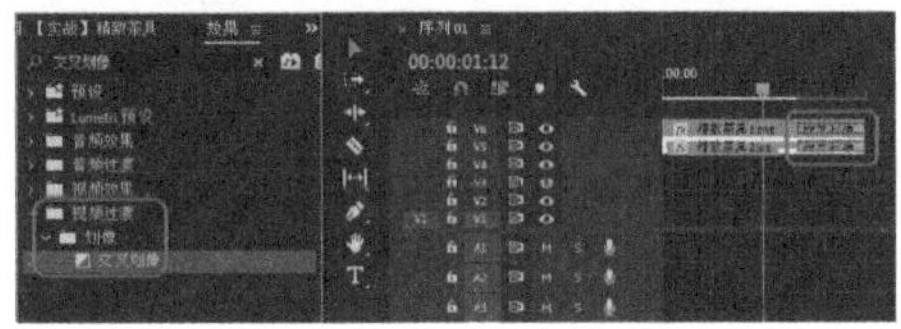

图 4-89

10 将当前时间设置为 00:00:02:00，将“精致茶具 3.jpg”素材文件拖曳到 V4 轨道中，将开始处与时间线对齐，将【持续时间】设置为 00:00:03:12，如图 4-90 所示。

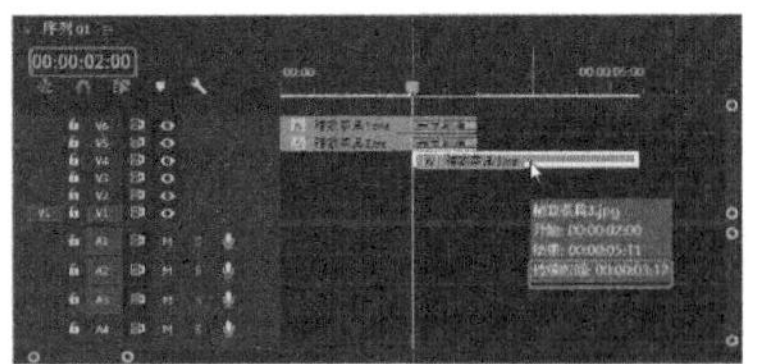

图 4-90

11 将当前时间设置为 00:00:02:00，将【位置】设置为 360、404，单击左侧的【切换动画】按钮，将【缩放】设置为 104，如图 4-91 所示。

图 4-91

12 将当前时间设置为 00:00:04:00，将【位置】设置为 552、174，如图 4-92 所示。

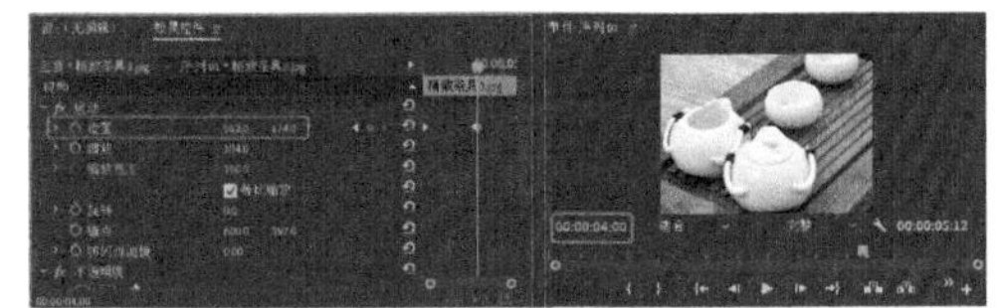

图 4-92

13 在【效果】面板中搜索【圆划像】特效，将该特效拖曳至“精致茶具 3.jpg”素材文件尾部，如图 4-93 所示。

图 4-93

14 使用同样的方法，将其他素材文件拖曳至视频轨道中，设置参数、添加效果，如图 4-94 所示。

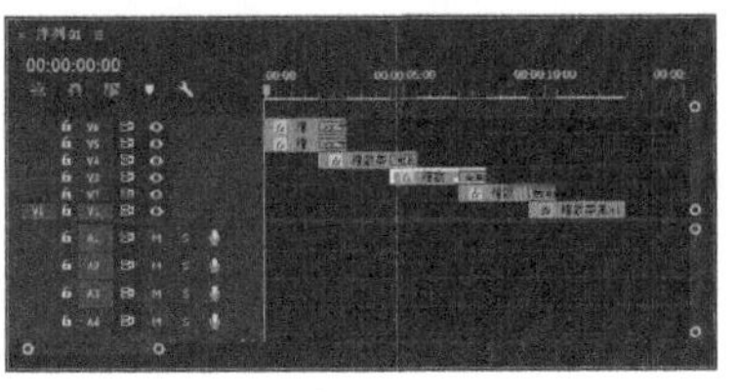

图 4-94

4.2.4 擦除

本节将详细讲解【擦除】转场特效，其中共包括 17 个以擦除方式过渡的切换视频效果。

1.【划出】切换效果

【划出】过渡效果使图像 B 逐渐扫过图像 A，效果如图 4-95 所示。

图 4-95

01 新建项目文件和 DV-PAL|【标准 48kHz】的序列文件，在【项目】面板中导入“素材\Cha04\015.jpg、016.jpg”素材文件，将导入后的素材文件拖曳至【序列】面板中的视频轨道 V1 中。选中“015.jpg”素材文件，确定当前时间为 00:00:00:00，切换到【效果控件】面板，将【缩放】设置为 50，如图 4-96 所示。

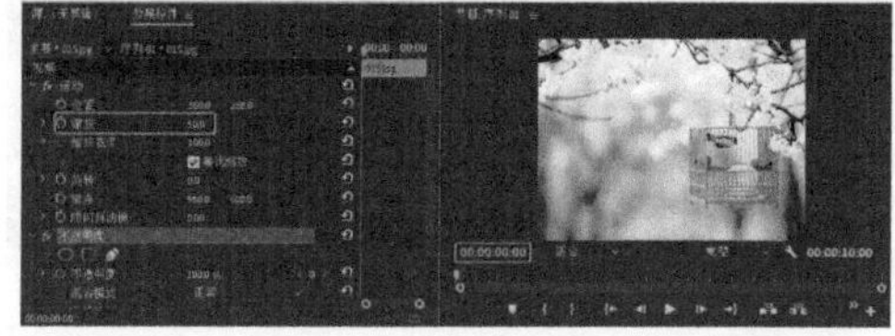

图 4-96

02 选中“016.jpg”素材文件，确定当前时间为 00:00:05:00，切换到【效果控件】面板，将【缩放】设置为 175，如图 4-97 所示。

图 4-97

03 切换到【效果】面板，打开【视频过渡】文件夹，选择【擦除】下的【划出】过渡效果，如图 4-98 所示。

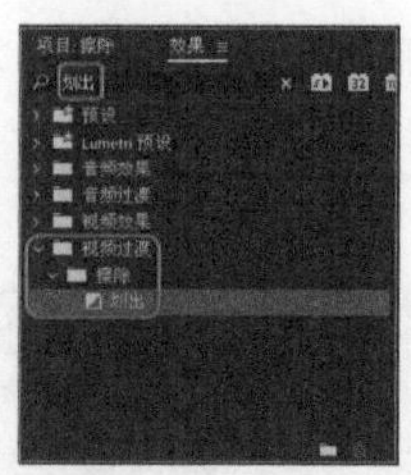

图 4-98

04 将其拖曳至【序列】面板中的两个素材之间，如图 4-99 所示。

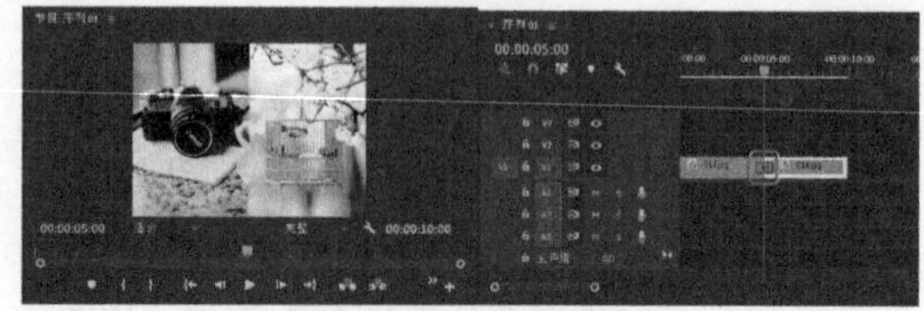

图 4-99

2.【双侧平推门】切换效果

【双侧平推门】过渡效果使图像 A 以开、关门的方式过渡转换到图像 B，如图 4-100 所示。

图 4-100

01 新建项目文件和 DV-PAL|【标准 48kHz】的序列文件，在【项目】面板中导入“素材\Cha04\017.jpg、018.jpg”素材文件，将导入后的素材文件拖曳至【序列】面板中的视频轨道 V1 中。选中“017.jpg”素材文件，确定当前时间为 00:00:00:00，切换到【效果控件】面板，将【缩放】设置为 125，如图 4-101 所示。

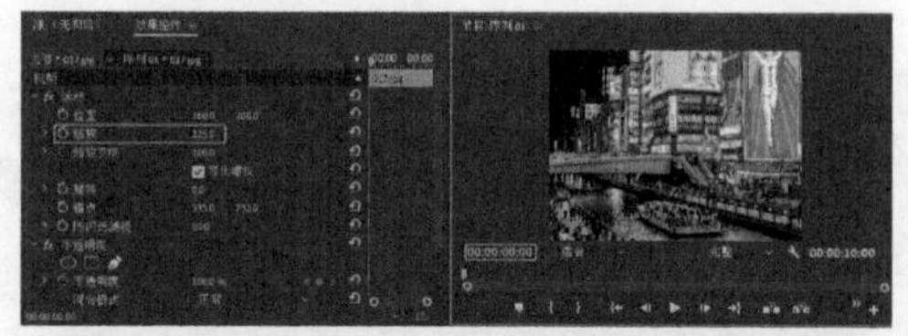

图 4-101

02 选中“018.jpg”素材文件，确定当前时间为00:00:05:00，切换到【效果控件】面板，将【缩放】设置为130，如图4-102所示。

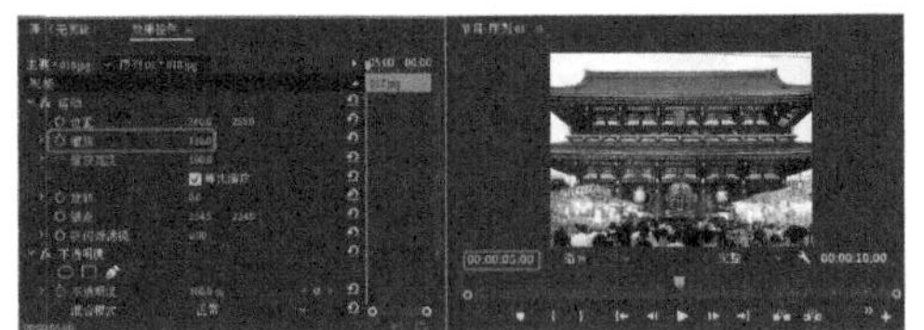

图 4-102

03 切换到【效果】面板，打开【视频过渡】文件夹，选择【擦除】下的【双侧平推门】过渡效果，如图4-103所示。

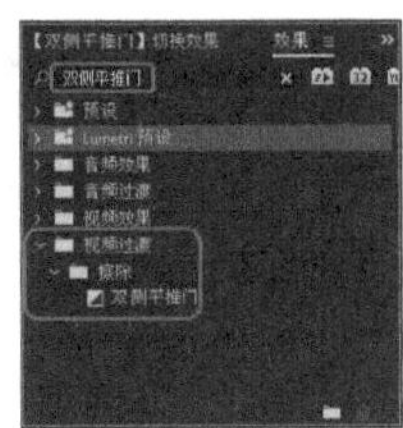

图 4-103

04 将其拖曳至【序列】面板中的两个素材之间，如图4-104所示。

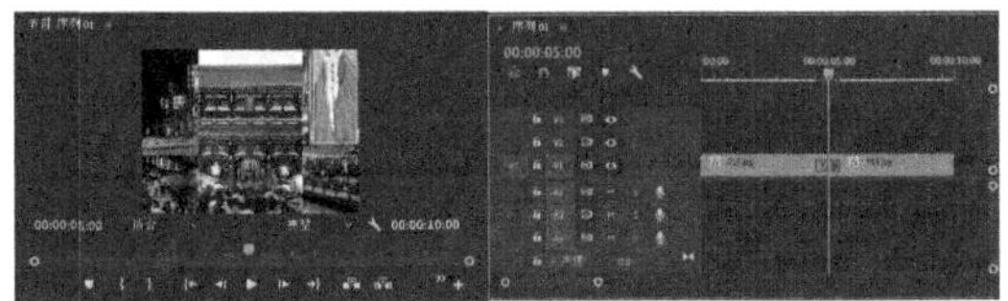

图 4-104

3.【带状擦除】切换效果

【带状擦除】过渡效果：图像B在水平、垂直或对角线方向上呈条形扫除图像A，逐渐显示，效果如图4-105所示。

图 4-105

01 新建项目文件和DV-PAL|【标准48kHz】的序列文件，在【项目】面板中导入“素材\Cha04\019.jpg、020.jpg”素材文件，将导入后的素材文件拖曳至【序列】面板中的视频轨道V1中，如图4-106所示。选中“019.jpg”素材文件，确定当前时间为00:00:00:00，切换到【效果控件】面板，将【缩放】设置为105，如图4-107所示。

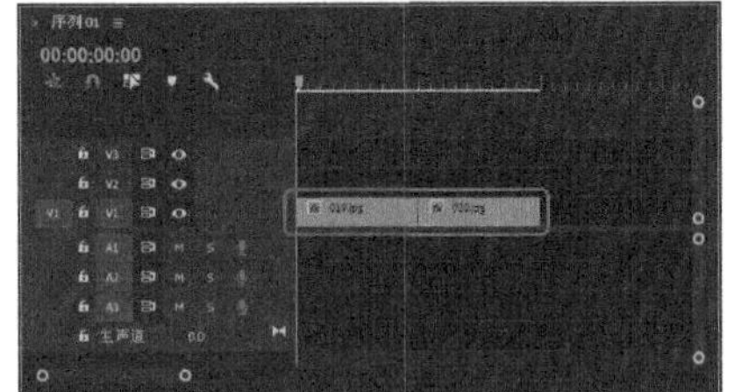

图 4-106

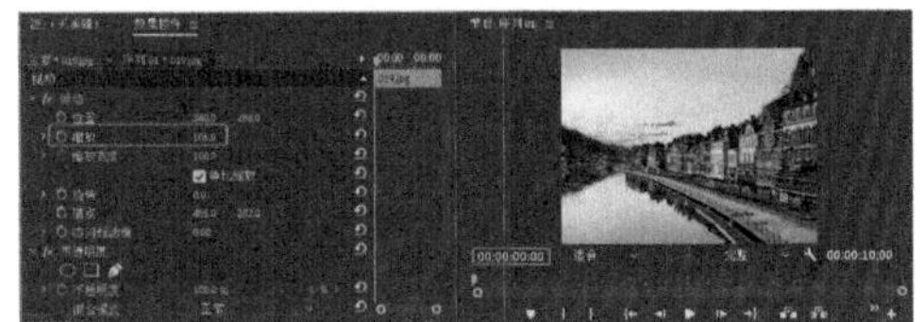

图 4-107

02 选中“020.jpg”素材文件，确定当前时间为00:00:05:00，切换到【效果控件】面板，将【缩放】设置为90，如图4-108所示。

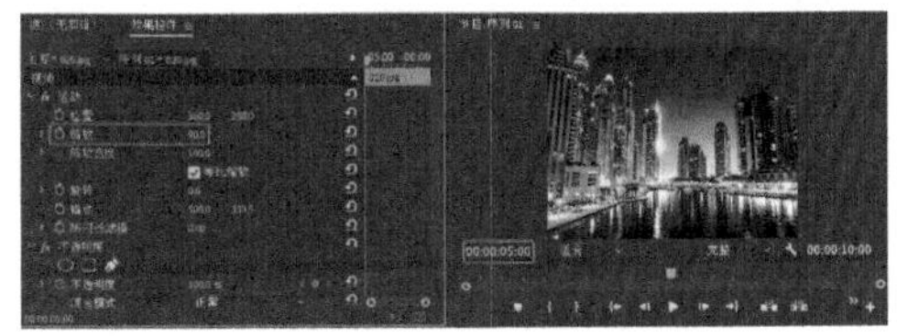

图 4-108

03 切换到【效果】面板，打开【视频过渡】文件夹，选择【擦除】下的【带状擦除】过渡效果，如图4-109所示。

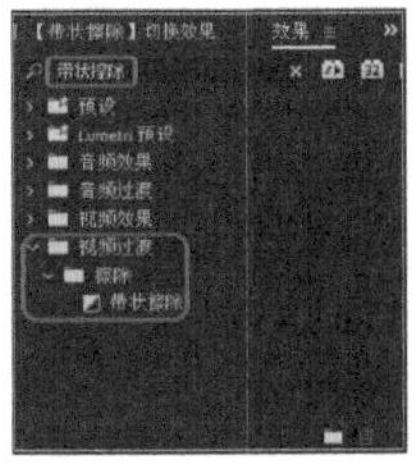

图 4-109

04 将其拖曳至【序列】面板中的两个素材之间，如图4-110所示。

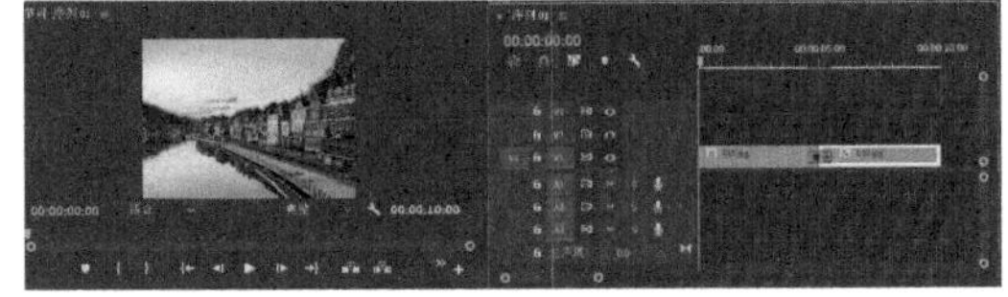

图 4-110

4.【径向擦除】切换效果

【径向擦除】过渡效果使图像 B 从图像 A 的一角扫入画面，如图 4-111 所示。

图 4-111

01 新建项目文件和 DV-PAL|【标准 48kHz】的序列文件，在【项目】面板中导入“素材\Cha04\021.jpg、022.jpg”素材文件，将导入后的素材文件拖曳至【序列】面板中的视频轨道 V1 中，确定选中“021.jpg”素材文件，确定当前时间为 00:00:00:00，切换到【效果控件】面板，将【缩放】设置为 175，如图 4-112 所示。

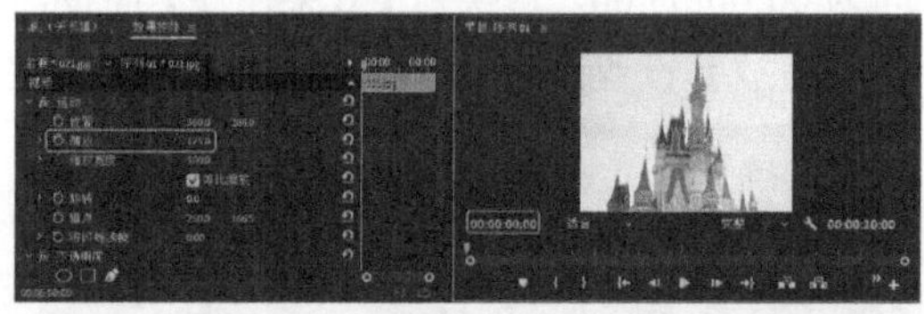

图 4-112

02 确定选中“022.jpg”素材文件，确定当前时间为 00:00:05:00，切换到【效果控件】面板，将【缩放】设置为 110，如图 4-113 所示。

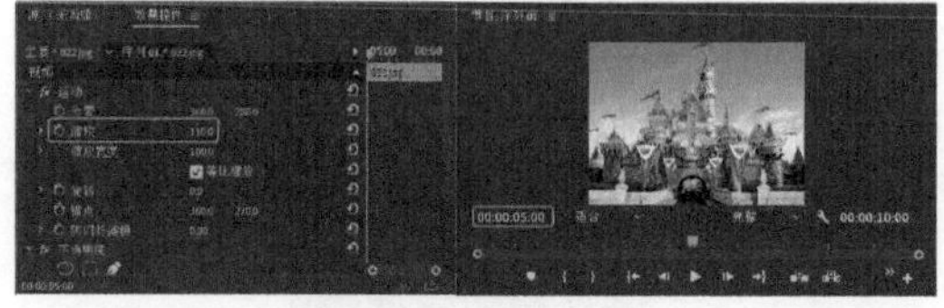

图 4-113

03 切换到【效果】面板，打开【视频过渡】文件夹，选择【擦除】下的【径向擦除】过渡效果，如图 4-114 所示。

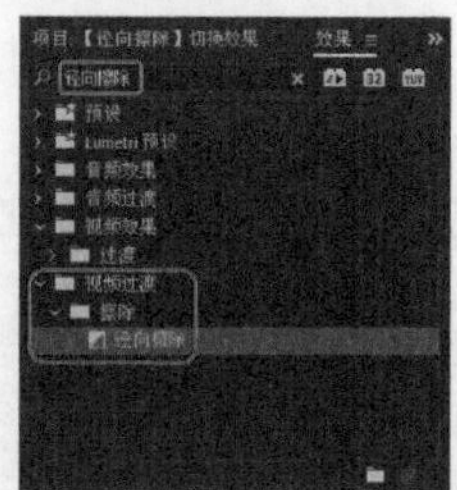

图 4-114

04 将其拖曳至【序列】面板中的两个素材之间，如图 4-115 所示。

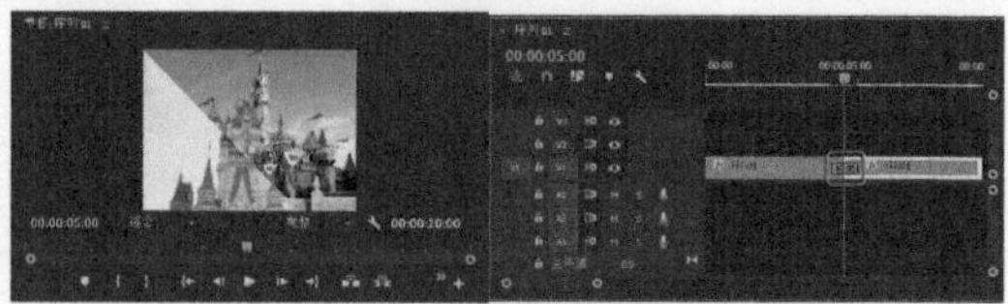

图 4-115

5.【插入】切换效果

【插入】过渡效果：斜角擦除以显示图像 A 下面的图像 B，如图 4-116 所示。

图 4-116

01 新建项目文件和 DV-PAL|【标准 48kHz】的序列文件，在【项目】面板中导入“素材\Cha04\023.jpg、024.jpg”素材文件，将导入后的素材文件拖曳至【序列】面板中的视频轨道 V1 中。选中“023.jpg”素材文件，确定当前时间为 00:00:00:00，切换到【效果控件】面板，将【缩放】设置为 50，如图 4-117 所示。

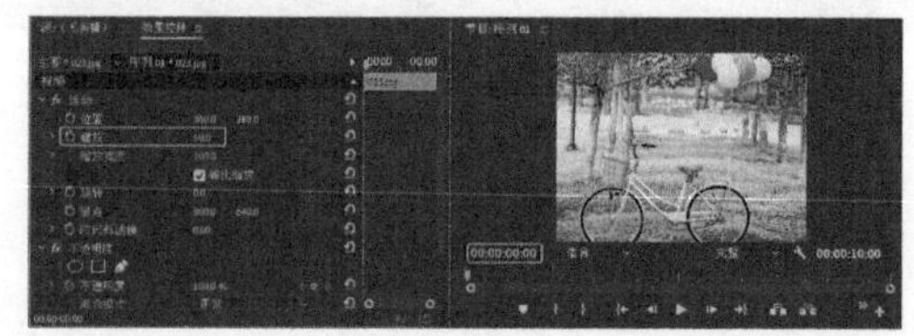

图 4-117

02 选中“024.jpg”素材文件，确定当前时间为 00:00:05:00，切换到【效果控件】面板，将【缩放】设置为 95，如图 4-118 所示。

图 4-118

03 切换到【效果】面板，打开【视频过渡】文件夹，选择【擦除】下的【插入】过渡效果，如图 4-119 所示。

图 4-119

04 将其拖曳至【序列】面板的两个素材之间，如图 4-120 所示。

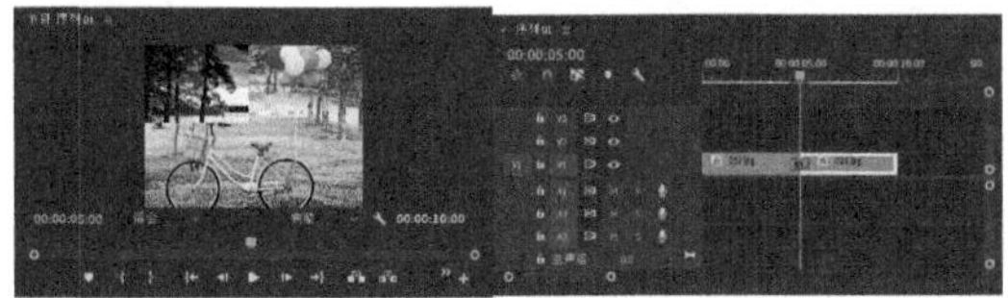

图 4-120

6. 【时钟式擦除】切换效果

【时钟式擦除】过渡效果使图像 A 以时钟放置方式过渡到图像 B，效果如图 4-121 所示。

图 4-121

01 新建项目文件和 DV-PAL|【标准 48kHz】的序列文件，在【项目】面板中导入“素材\Cha04\025.jpg、026.jpg”素材文件，将导入后的素材文件拖曳至【序列】面板中的视频轨道 V1 中。选中“025.jpg”素材文件，确定当前时间为 00:00:00:00，切换到【效果控件】面板，将【缩放】设置为 150，如图 4-122 所示。

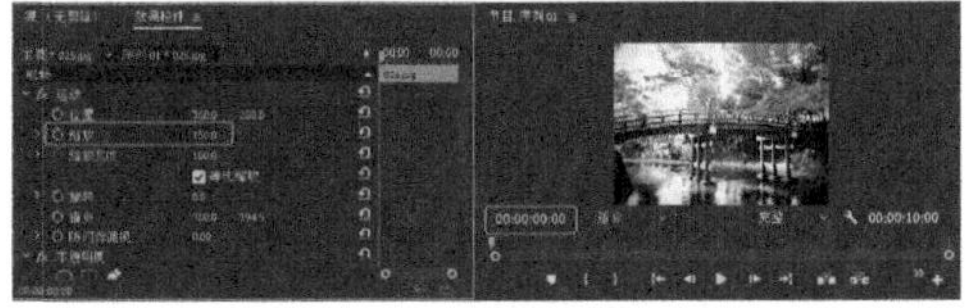

图 4-122

02 选中“026.jpg”素材文件，确定当前时间为 00:00:05:00，切换到【效果控件】面板，将【缩放】设置为 160，如图 4-123 所示。

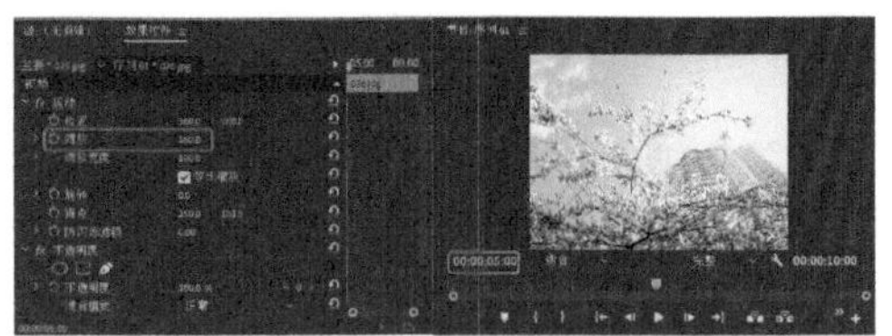

图 4-123

03 切换到【效果】面板，打开【视频过渡】文件夹，选择【擦除】下的【时钟式擦除】过渡效果，如图 4-124 所示。

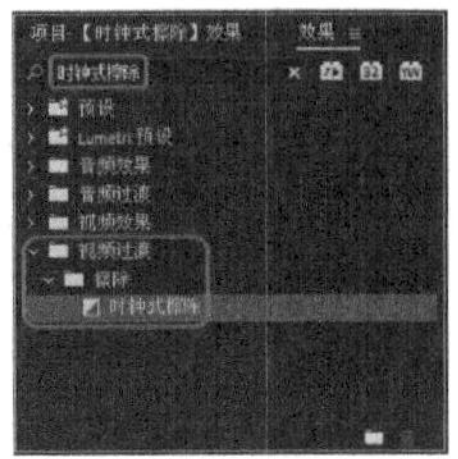

图 4-124

04 将其拖曳至【序列】面板中的两个素材之间，如图 4-125 所示。

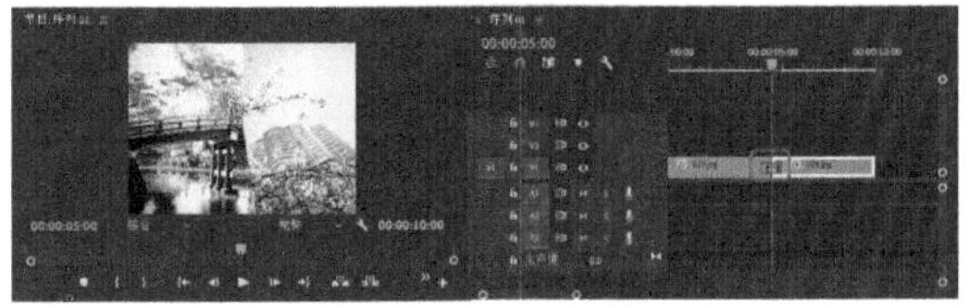

图 4-125

7. 【棋盘擦除】切换效果

【棋盘擦除】过渡效果：棋盘显示图像 A 下面的图像 B，效果如图 4-126 所示。

图 4-126

01 新建项目文件和 DV-PAL|【标准 48kHz】的序列文件，在【项目】面板中导入“素材\Cha04\027.jpg、028.jpg”素材文件，将导入后的素材文件拖曳至【序列】面板中的视频轨道 V1 中。选中“027.jpg”素材文件，确定当前时间为 00:00:00:00，切换到【效果控件】面板，将【缩放】设置为 175，如图 4-127 所示。

图 4-127

02 选中“028.jpg”素材文件，确定当前时间为 00:00:05:00，切换到【效果控件】面板，将【缩放】设置为 175，如图 4-128 所示。

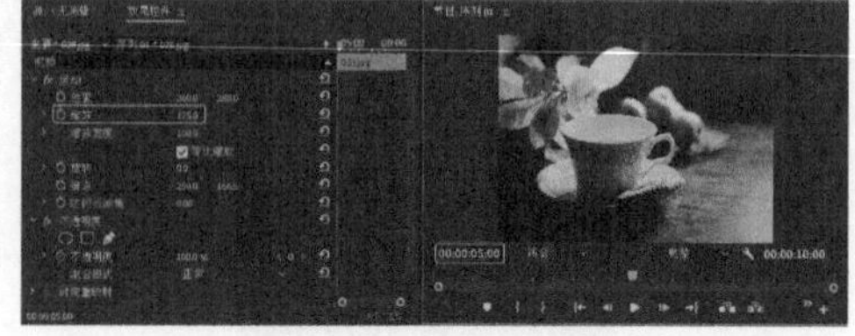

图 4-128

03 切换到【效果】面板，打开【视频过渡】文件夹，选择【擦除】下的【棋盘擦除】过渡效果，如图 4-129 所示。

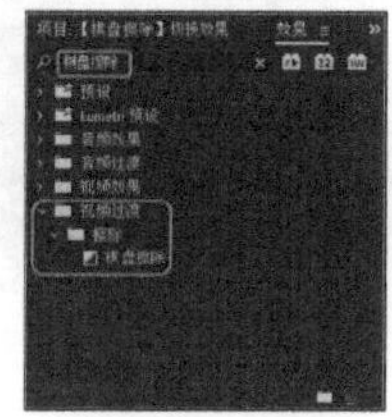

图 4-129

04 将其拖曳至【序列】面板中的两个素材之间，如图 4-130 所示。

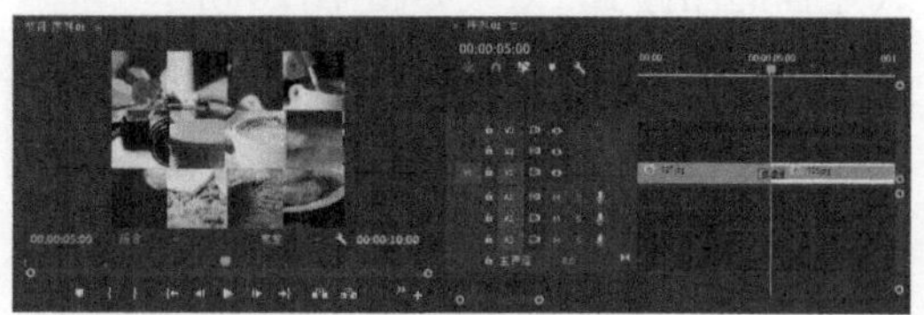

图 4-130

8. 【棋盘】切换效果

【棋盘】过渡效果使图像 A 以棋盘形式过渡到图像 B，效果如图 4-131 所示。

图 4-131

01 新建项目文件和 DV-PAL|【标准 48kHz】的序列文件，在【项目】面板中导入“素材\Cha04\029.jpg、030.jpg”素材文件，将导入后的素材文件拖曳至【序列】面板中的视频轨道 V1 中。选中“029.jpg”素材文件，确定当前时间为 00:00:00:00，切换到【效果控件】面板，将【缩放】设置为 80，如图 4-132 所示。

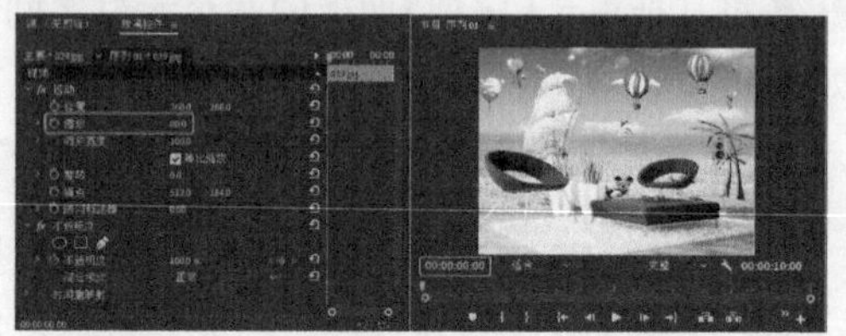

图 4-132

02 选中“030.jpg”素材文件，确定当前时间为 00:00:05:00，切换到【效果控件】面板，将【缩放】设置为 83，如图 4-133 所示。

图 4-133

03 切换到【效果】面板，打开【视频过渡】文件夹，选择【擦除】下的【棋盘】过渡效果，如图 4-134 所示。

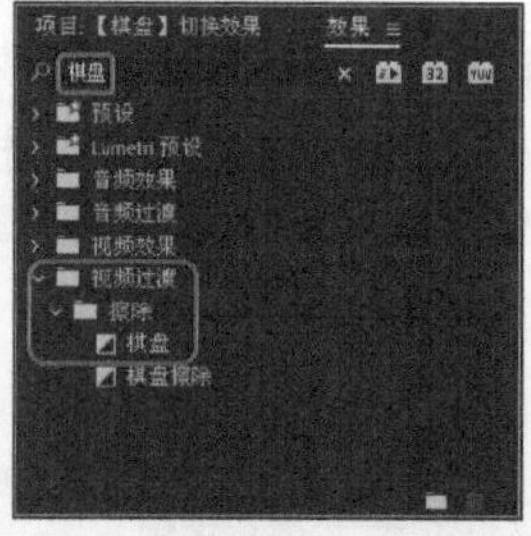

图 4-134

04 将其拖曳至【序列】面板中的两个素材之间，如图 4-135 所示。

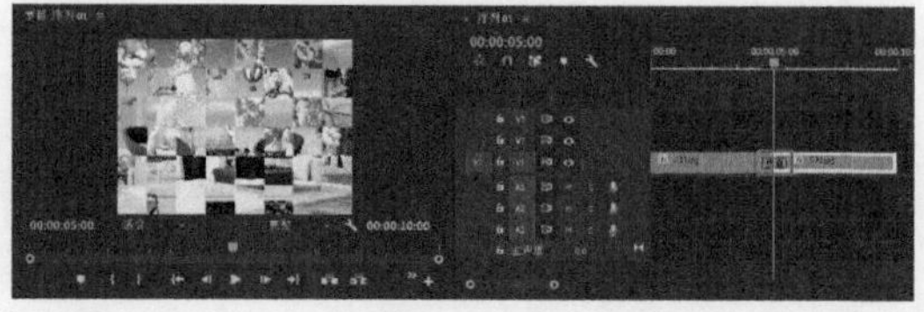

图 4-135

9.【楔形擦除】切换效果

【楔形擦除】过渡效果：从图像 A 的中心开始擦除，以显示图像 B，效果如图 4-136 所示。

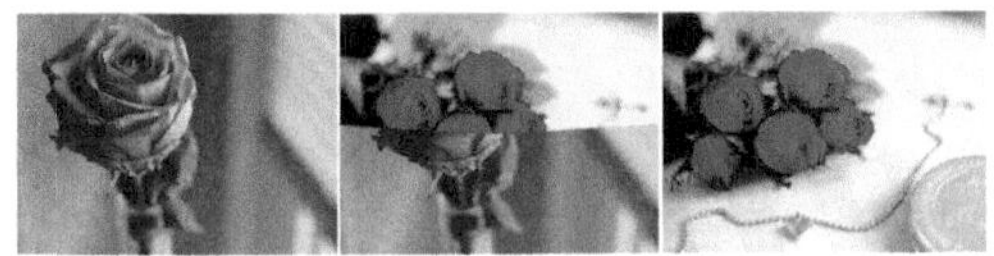

图 4-136

01 新建项目文件和 DV-PAL|【标准 48kHz】的序列文件，在【项目】面板中导入“素材\Cha04\031.jpg、032.jpg”素材文件，将导入后的素材文件拖曳至【序列】面板中的视频轨道 V1 中。选中“031.jpg”素材文件，确定当前时间为 00:00:00:00，切换到【效果控件】面板，将【缩放】设置为 163，如图 4-137 所示。

图 4-137

02 选中“032.jpg”素材文件，确定当前时间为 00:00:05:00，切换到【效果控件】面板，将【缩放】设置为 160，如图 4-138 所示。

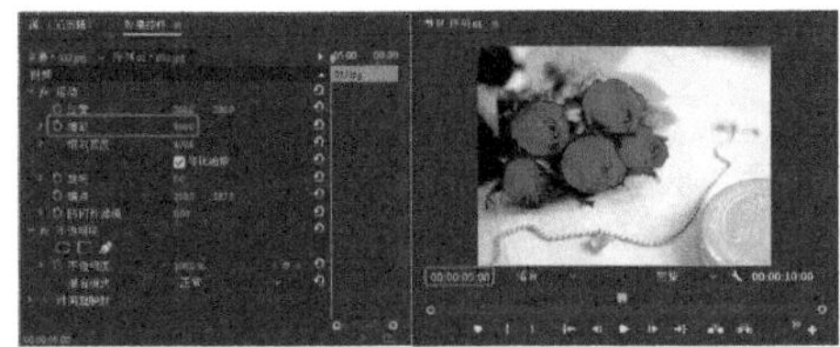

图 4-138

03 切换到【效果】面板，打开【视频过渡】文件夹，选择【擦除】下的【楔形擦除】过渡效果，如图 4-139 所示。

图 4-139

04 将其拖曳至【序列】面板中的两个素材之间，如图 4-140 所示。

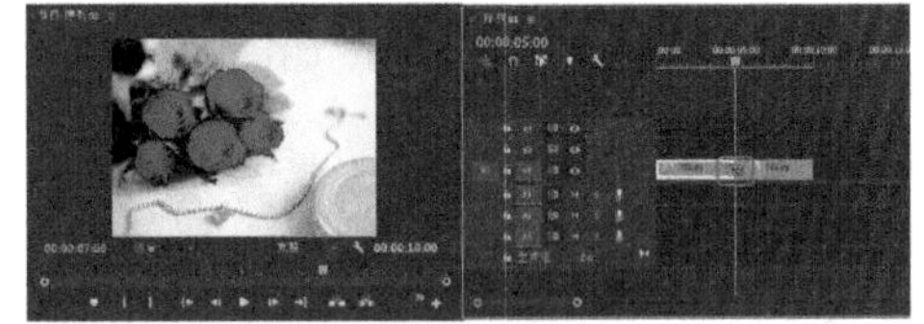

图 4-140

10.【随机擦除】切换效果

【随机擦除】过渡效果使图像 B 从图像 A 一边随机出现扫走图像 A，如图 4-141 所示。

图 4-141

01 新建项目文件后，在菜单栏中选择【文件】|【新建】|【序列】命令，在弹出的对话框中选择 DV-PAL|【标准 48kHz】序列文件，其他保持默认设置，单击【确定】按钮。在【项目】面板中的空白处双击，在弹出的【导入】对话框中打开“素材\Cha04\033.jpg、034.jpg”素材文件，单击【打开】按钮即可导入素材文件，将导入后的素材文件拖曳至【序列】面板中的视频轨道 V1 中，如图 4-142 所示。

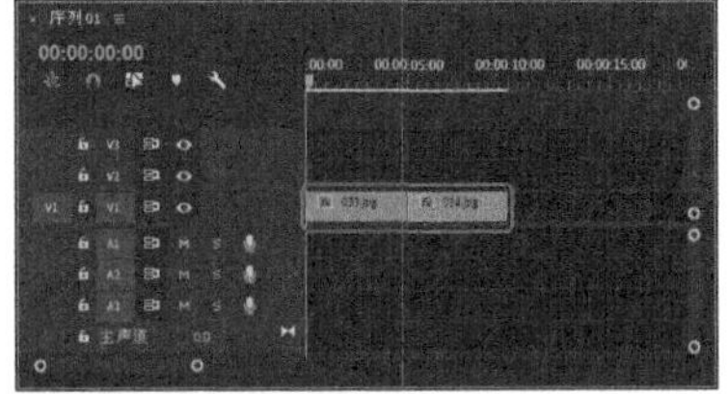

图 4-142

02 切换到【效果】面板，打开【视频过渡】文件夹，选择【擦除】下的【随机擦除】过渡效果，将其拖曳至【序列】面板中的两个素材之间，如图 4-143 所示。

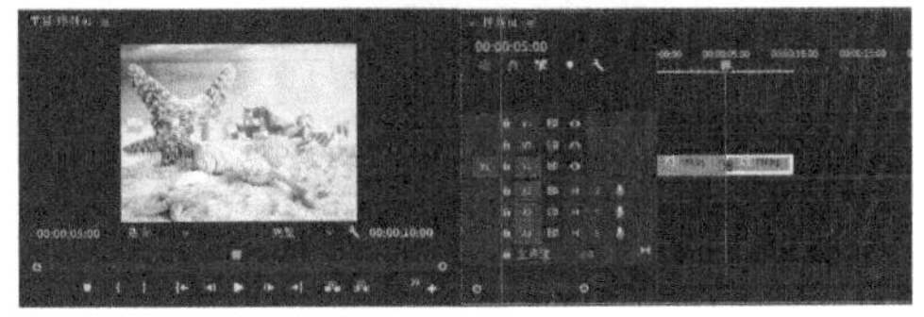

图 4-143

11.【水波块】切换效果

【水波块】过渡效果：来回进行块擦除以显示图像A下面的图像B，如图4-144所示。

图 4-144

01 新建项目文件和DV-PAL|【标准48kHz】的序列文件，在【项目】面板中导入"素材\Cha04\035.jpg、036.jpg"素材文件，将导入后的素材文件拖曳至【序列】面板中的视频轨道V1中。选中"035.jpg"素材文件，确定当前时间为00:00:00:00，切换到【效果控件】面板，将【缩放】设置为80，如图4-145所示。

图 4-145

02 选中"036.jpg"素材文件，确定当前时间为00:00:05:00，切换到【效果控件】面板，将【缩放】设置为85，如图4-146所示。

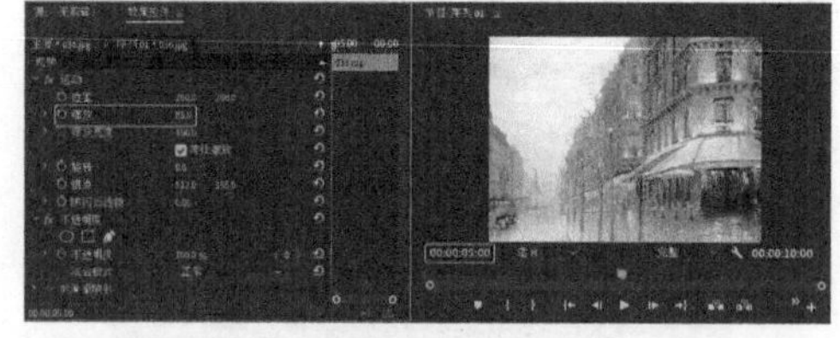

图 4-146

03 切换到【效果】面板，打开【视频过渡】文件夹，选择【擦除】下的【水波块】过渡效果，如图4-147所示。

图 4-147

04 将其拖曳至【序列】面板中的两个素材之间，如图4-148所示。

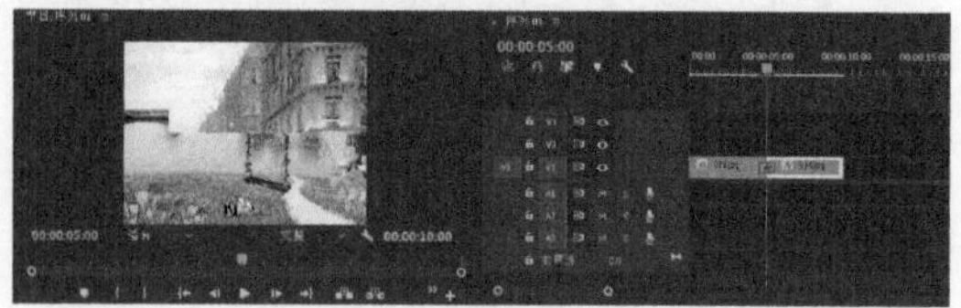

图 4-148

12.【油漆飞溅】切换效果

【油漆飞溅】以显示图像A下面的图像B，效果如图4-149所示。

图 4-149

01 新建项目文件和DV-PAL|【标准48kHz】的序列文件，在【项目】面板中导入"素材\Cha04\037.jpg、038.jpg"素材文件，将导入后的素材文件拖曳至【序列】面板中的视频轨道V1中。选中"037.jpg"素材文件，确定当前时间为00:00:00:00，切换到【效果控件】面板，将【缩放】设置为180，如图4-150所示。

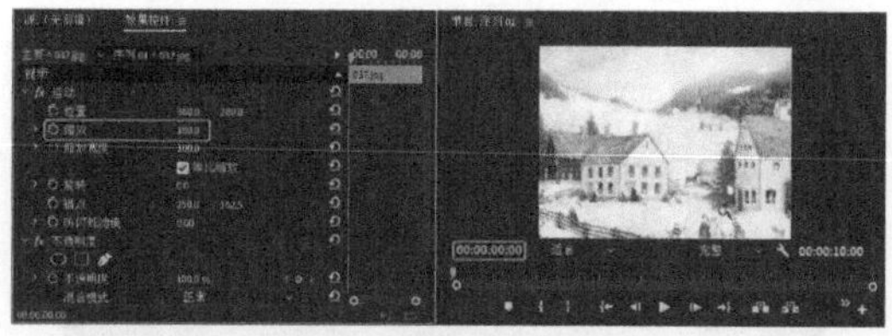

图 4-150

02 选中"038.jpg"素材文件，确定当前时间为00:00:05:00，切换到【效果控件】面板，将【缩放】设置为77，如图4-151所示。

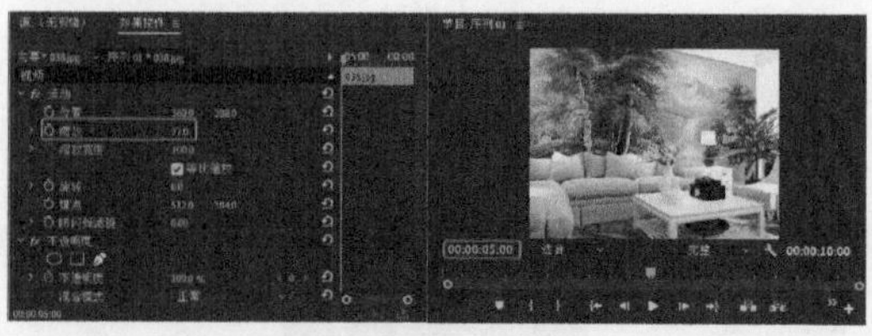

图 4-151

03 切换到【效果】面板，打开【视频过渡】文件夹，选择【擦除】下的【油漆飞溅】过渡效果，如图 4-152 所示。

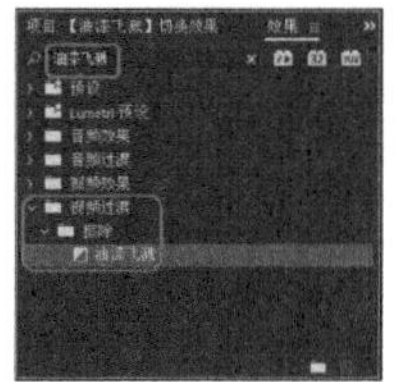

图 4-152

04 将其拖曳至【序列】面板中的两个素材之间，如图 4-153 所示。

图 4-153

13. 【百叶窗】切换效果

【百叶窗】过渡效果：水平擦除以显示图像 A 下面的图像 B，类似于百叶窗，如图 4-154 所示。

图 4-154

01 新建项目文件和 DV-PAL|【标准 48kHz】的序列文件，在【项目】面板中导入“素材\Cha04\039.jpg、040.jpg”素材文件，将导入后的素材文件拖曳至【序列】面板中的视频轨道 V1 中。选中“039.jpg”素材文件，确定当前时间为 00:00:00:00，切换到【效果控件】面板，将【缩放】设置为 120，如图 4-155 所示。

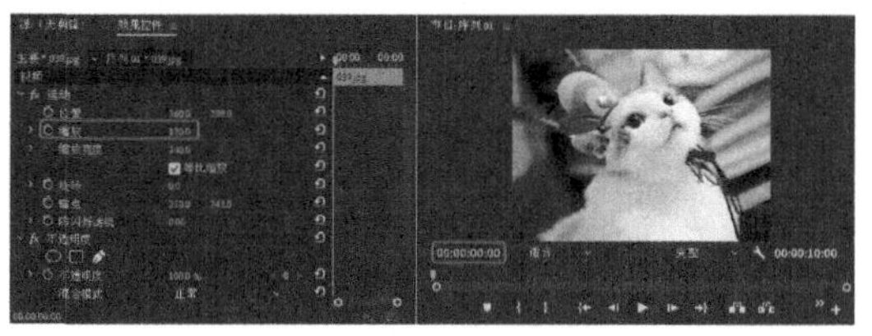

图 4-155

02 选中“040.jpg”素材文件，确定当前时间为 00:00:05:00，切换到【效果控件】面板，将【缩放】设置为 190，如图 4-156 所示。

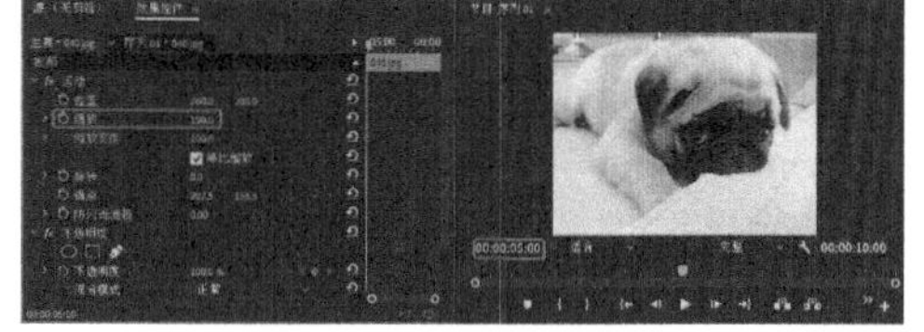

图 4-156

03 切换到【效果】面板，打开【视频过渡】文件夹，选择【擦除】下的【百叶窗】过渡效果，如图 4-157 所示。

图 4-157

04 将其拖曳至【序列】面板中的两个素材之间，如图 4-158 所示。

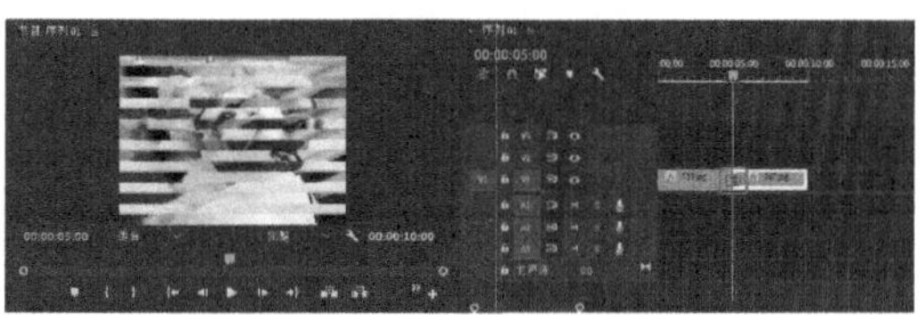

图 4-158

14. 【风车】切换效果

【风车】过渡效果：从图像 A 的中心进行多次扫掠擦除，以显示图像 B，如图 4-159 所示。

图 4-159

01 新建项目文件和 DV-PAL|【标准 48kHz】的序列文件，在【项目】面板中导入“素材\Cha04\041.jpg、042.jpg”素材文件，将导入后的素材文件拖曳至【序列】面板中的视频轨道 V1 中。选中“041.jpg”素材文件，确定当前时间为 00:00:00:00，切换到【效果控件】面板，将【缩放】设置为 80，如图 4-160 所示。

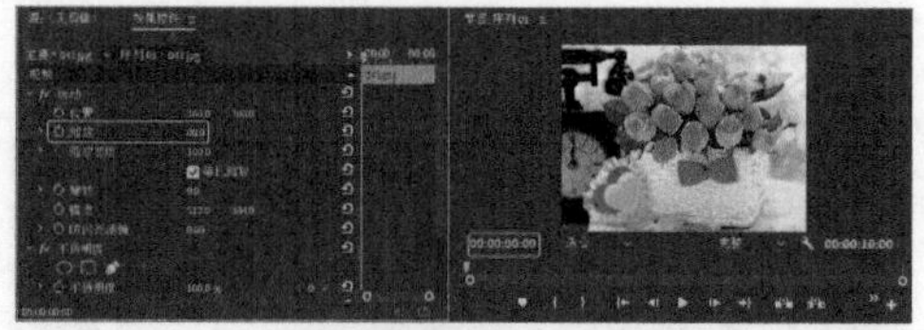

图 4-160

02 选中“042.jpg”素材文件，确定当前时间为 00:00:05:00，切换到【效果控件】面板，将【缩放】设置为 77，如图 4-161 所示。

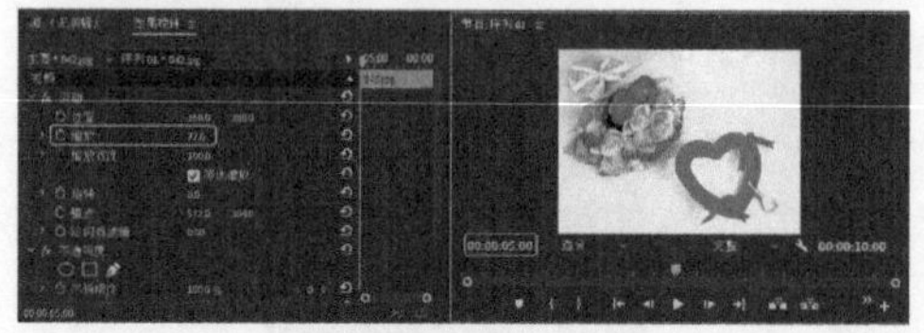

图 4-161

03 切换到【效果】面板，打开【视频过渡】文件夹，选择【擦除】下的【风车】过渡效果，如图 4-162 所示。

图 4-162

04 将其拖曳至【序列】面板中的两个素材之间，如图 4-163 所示。

图 4-163

15.【渐变擦除】切换效果

【渐变擦除】过渡效果按照用户选定图像的渐变柔和擦除，如图 4-164 所示。

图 4-164

01 新建项目文件和 DV-PAL|【标准 48kHz】的序列文件，在【项目】面板中导入“素材\Cha04\043.jpg、044.jpg”素材文件，将导入后的素材文件拖曳至【序列】面板中的视频轨道 V1 中。选中“043.jpg”素材文件，确定当前时间为 00:00:00:00，切换到【效果控件】面板，将【缩放】设置为 185，如图 4-165 所示。

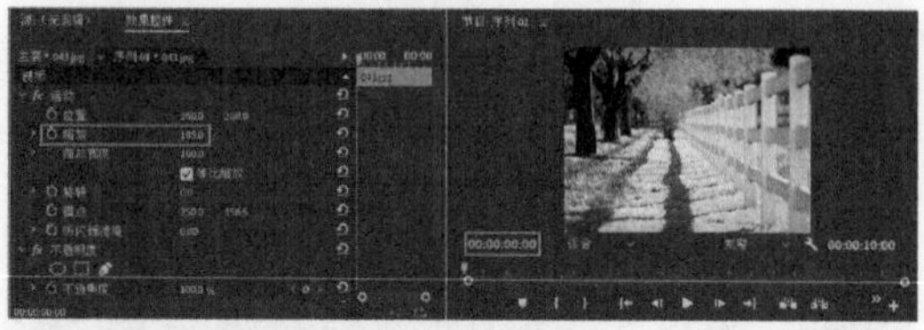

图 4-165

02 选中“044.jpg”素材文件，确定当前时间为 00:00:05:00，切换到【效果控件】面板，将【缩放】设置为 95，如图 4-166 所示。

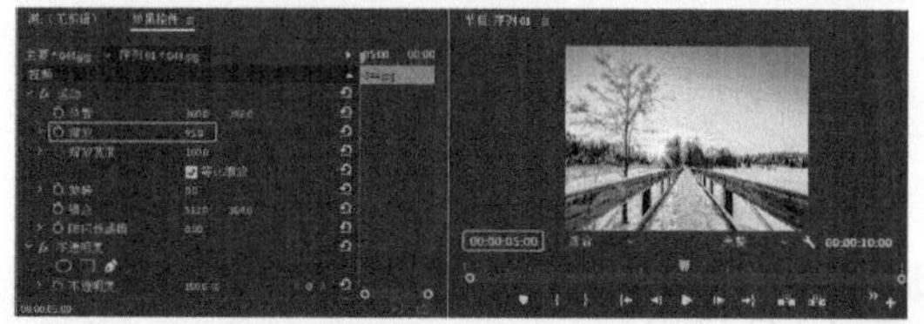

图 4-166

03 切换到【效果】面板，打开【视频过渡】文件夹，选择【擦除】下的【渐变擦除】过渡效果，如图 4-167 所示。

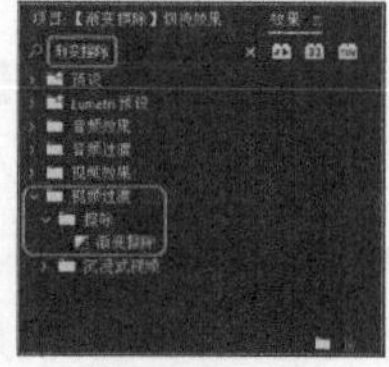

图 4-167

04 将其拖曳至【序列】面板中的两个素材之间，弹出【渐变擦除设置】对话框，单击【选择图像】按钮，如图 4-168 所示。

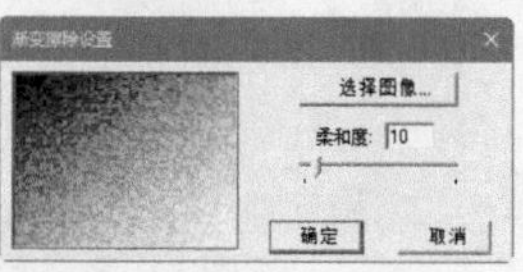

图 4-168

05 弹出【打开】对话框，选择“素材\Cha04\A01.jpg”素材文件，单击【打开】按钮，如图 4-169 所示。

图 4-169

06 返回到【渐变擦除设置】对话框，将【柔和度】设置为 15，单击【确定】按钮，如图 4-170 所示，即可将其添加到两个素材之间。

图 4-170

16. 【螺旋框】切换效果

【螺旋框】过渡效果：以螺旋框形状擦除，以显示图像 A 下面的图像 B，如图 4-171 所示。

图 4-171

01 新建项目文件和 DV-PAL|【标准 48kHz】的序列文件，在【项目】面板中导入“素材\Cha04\045.jpg、046.jpg”素材文件，将导入后的素材文件拖曳至【序列】面板中的视频轨道 V1 中。选中“045.jpg”素材文件，确定当前时间为 00:00:00:00，切换到【效果控件】面板，将【缩放】设置为 50，如图 4-172 所示。

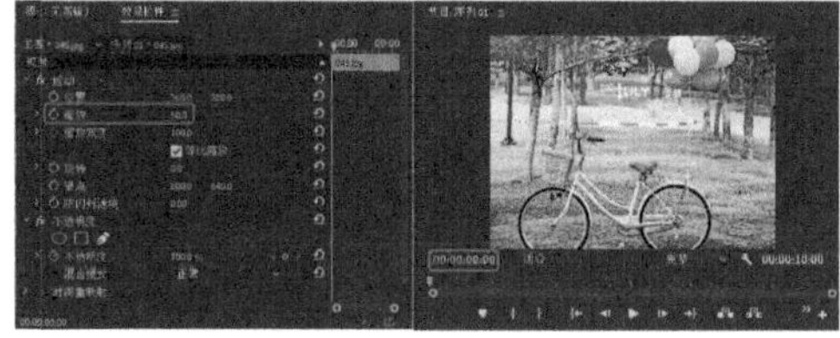

图 4-172

02 选中“046.jpg”素材文件，确定当前时间为 00:00:05:00，切换到【效果控件】面板，将【缩放】设置为 175，如图 4-173 所示。

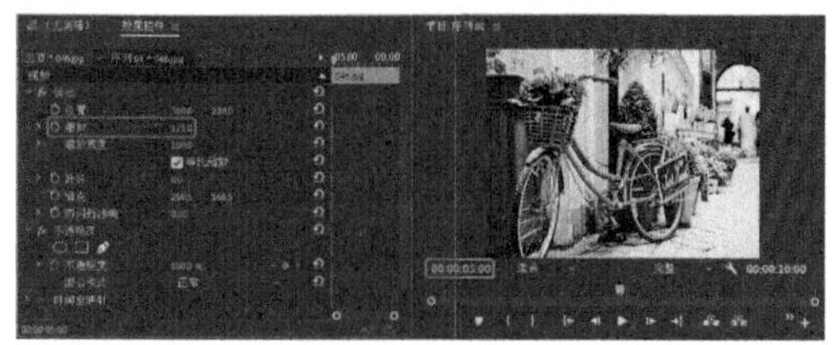

图 4-173

03 切换到【效果】面板，打开【视频过渡】文件夹，选择【擦除】下的【螺旋框】过渡效果，如图 4-174 所示。

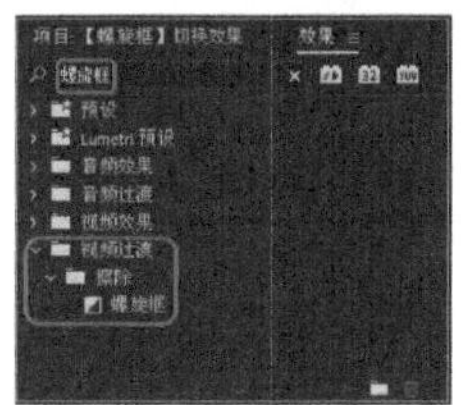

图 4-174

04 将其拖曳至【序列】面板中的两个素材之间，如图 4-175 所示。

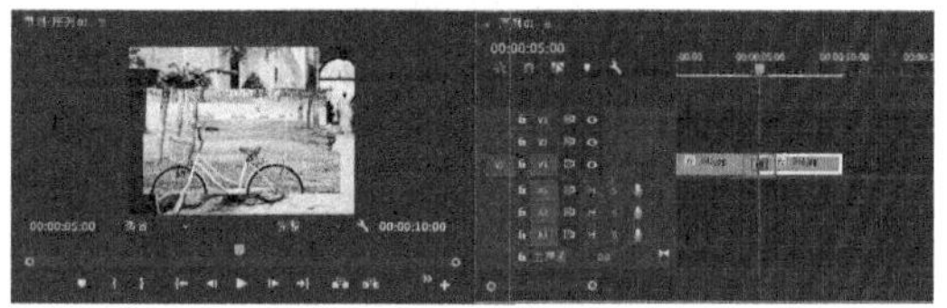

图 4-175

17. 【随机块】切换效果

【随机块】过渡效果：出现随机块，以显示图像 A 下面的图像 B，如图 4-176 所示。

图 4-176

01 新建项目文件和 DV-PAL|【标准 48kHz】的序列文件，在【项目】面板中导入“素材\Cha04\047.jpg、048.jpg”素材文件，将导入后的素材文件拖曳至【序列】面板中的视频轨道 V1 中。选中“047.jpg”素材文件，确定当前时间为 00:00:00:00，切换到【效果控件】面板，

将【缩放】设置为 48，如图 4-177 所示。

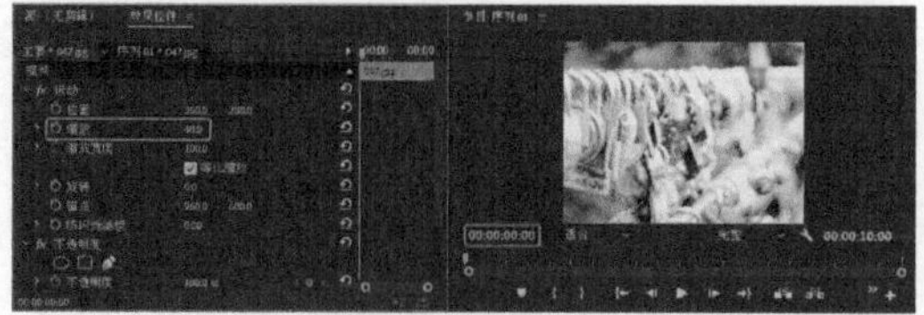

图 4-177

02 选中“048.jpg”素材文件，确定当前时间为 00:00:05:00，切换到【效果控件】面板，将【缩放】设置为 77，如图 4-178 所示。

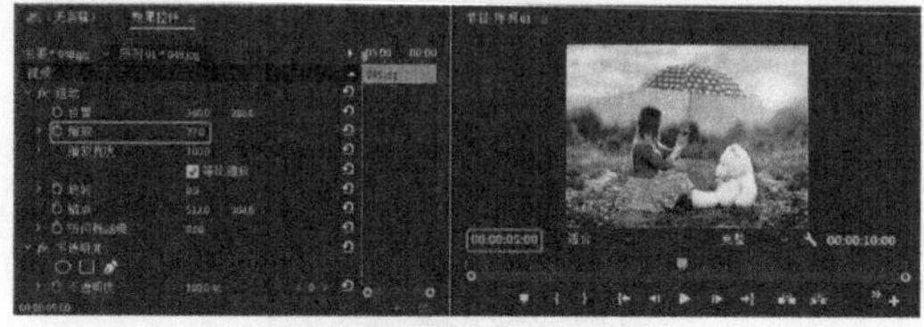

图 4-178

03 切换到【效果】面板，打开【视频过渡】文件夹，选择【擦除】下的【随机块】过渡效果，如图 4-179 所示。

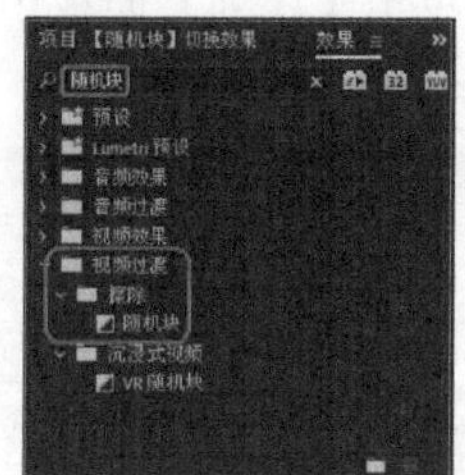

图 4-179

04 将其拖曳至【序列】面板中的两个素材之间，如图 4-180 所示。

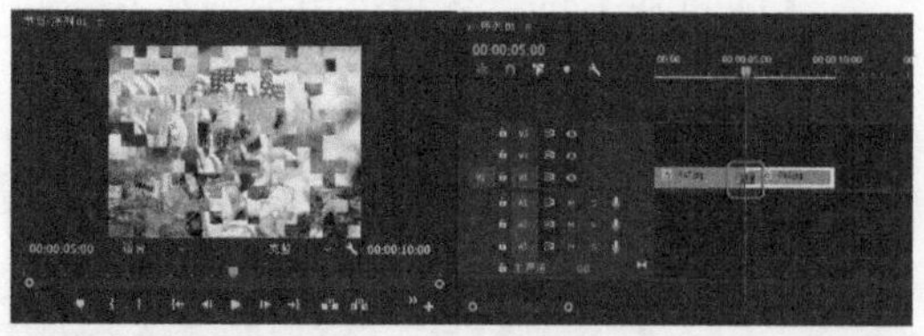

图 4-180

【实战】可爱小天使

本案例中设计的可爱小天使旨在使文字按设计者的意愿进行排列，将图片的分布设计完成后，通过添加不同的特效，可以使短片主次分明。完成后的效果如图 4-181 所示。

图 4-181

素材	素材 \Cha04\ 儿童 1.jpg、儿童 2.png、儿童 3.jpg、儿童 4.png、文字 .png、足球 .png
场景	场景 \Cha04\【实战】可爱小天使 . prproj
视频	视频教学 \Cha04\【实战】创建下载链接 .mp4

01 新建项目文件和 DV-PAL 选项组中的【标准 48kHz】序列文件，在【项目】面板中导入“素材 \Cha04\ 儿童 1.jpg、儿童 2.png、儿童 3.jpg、儿童 4.png、文字 .png、足球 .png”素材文件，如图 4-182 所示。

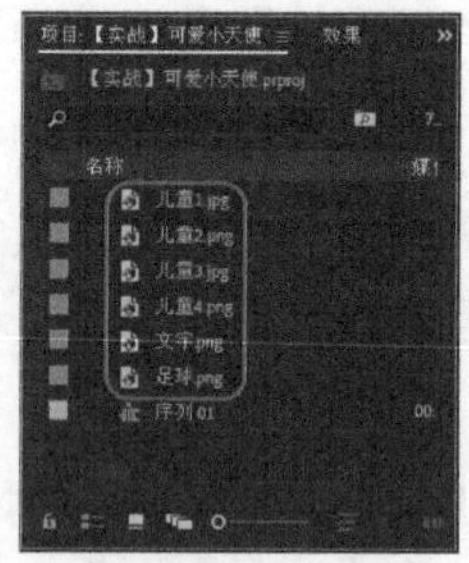

图 4-182

02 确认当前时间为 00:00:00:00，选择【项目】面板中的“儿童 3.jpg”文件，将其拖曳至 V1 轨道中，使其开始处与时间线对齐，将其持续时间设置为 00:00:05:12。将当前时间设置为 00:00:03:00，并选中该素材，切换至【效果控件】面板，将【运动】选项组中的【缩放】设置为 58，【位置】设置为 65、287，单击其左侧的【切换动画】按钮，如图 4-183 所示。

03 将当前时间设置为 00:00:04:00，切换至【效果控件】面板，将【运动】选项组中的【位置】设置为 654、287，如图 4-184 所示。

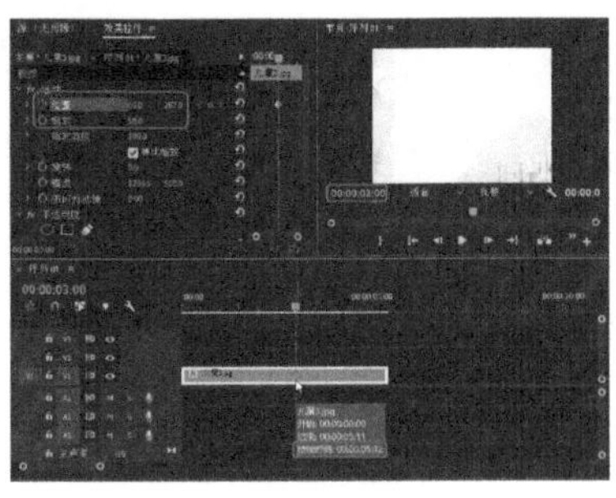
图 4-183

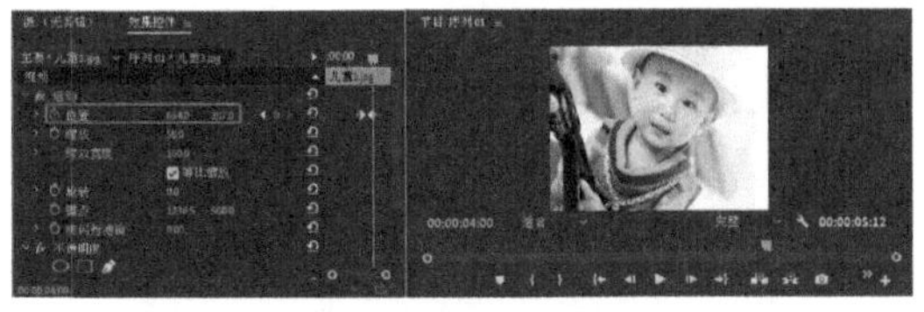
图 4-184

04 将当前时间设置为00:00:00:00，选择【项目】面板中的“儿童 4.png”素材文件，将其拖曳至V2 轨道中，使其开始处与时间线对齐，将其持续时间设置为 00:00:05:00。将当前时间设置为00:00:03:00，并选中该素材文件，切换至【效果控件】面板，将【运动】选项组中的【缩放】设置为 49，【位置】设置为 416、252，单击其左侧的【切换动画】按钮，如图 4-185 所示。

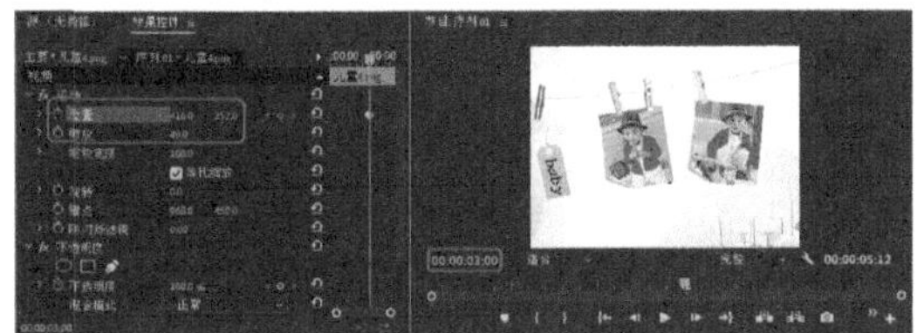
图 4-185

05 将当前时间设置为 00:00:04:00，切换至【效果控件】面板，将【运动】选项组中的【位置】设置为 1054、214，如图 4-186 所示。

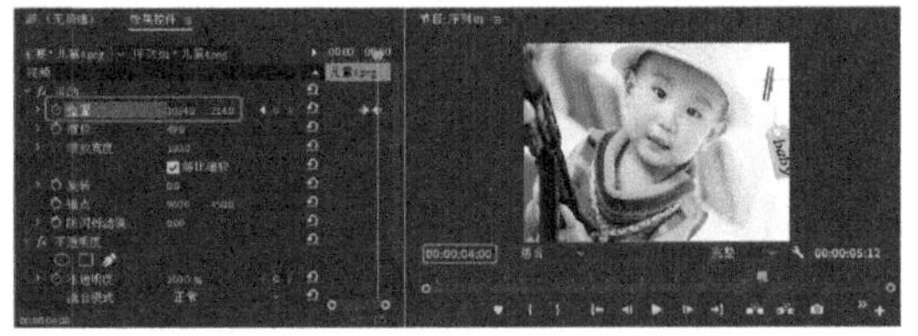
图 4-186

06 在【效果】面板中搜索【风车】效果，将其拖曳至 V2 轨道中“儿童 4.png”素材文件的开始处，如图 4-187 所示。

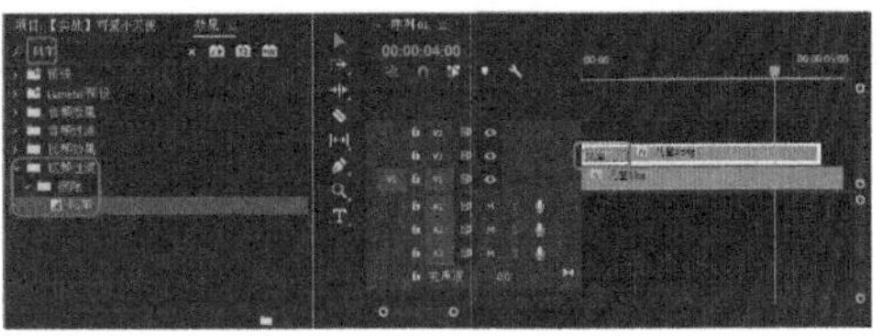
图 4-187

提示：【风车】特效是指从图像 A 的中心进行多次扫掠擦除，从而显示出素材图像 B。

07 将当前时间设置为 00:00:01:12，选择【项目】面板中的“文字 .png”素材文件，将其拖曳至 V3 轨道中，使其开始处与时间线对齐，将其持续时间设置为 00:00:03:13，并选中该素材，切换至【效果控件】面板，将【运动】选项组中的【缩放】设置为 60，【位置】设置为 209、486，将【不透明度】选项组中的【不透明度】设置为 0%，如图 4-188 所示。

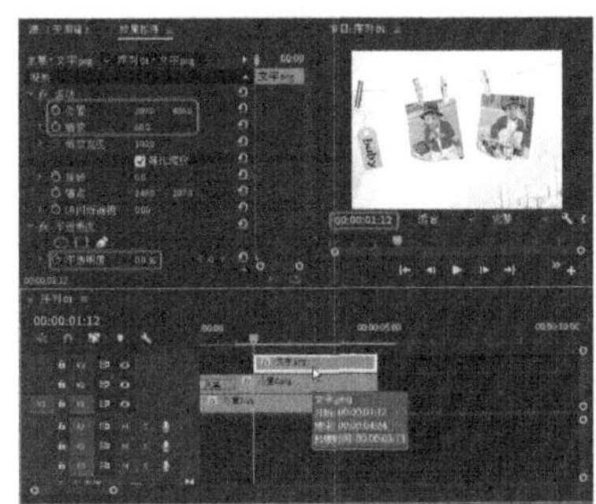
图 4-188

08 将当前时间设置为00:00:02:12，切换至【效果控件】面板，将【不透明度】选项组中的【不透明度】设置为 100 %，如图 4-189 所示。

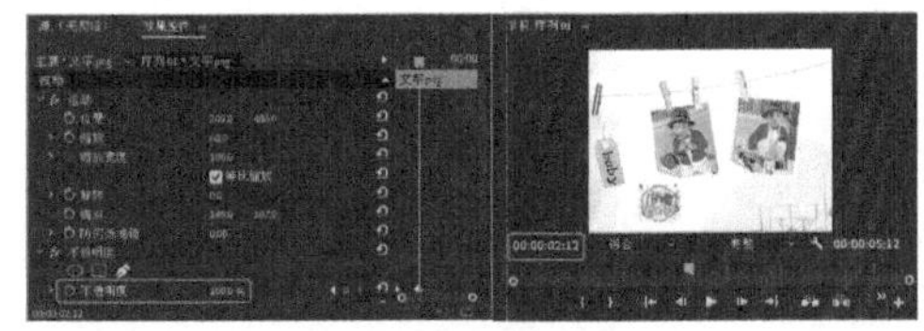
图 4-189

09 将当前时间设置为 00:00:03:00，切换至【效果控件】面板，单击【运动】选项组中【位置】左侧的【切换动画】按钮，添加关键帧，如图 4-190 所示。

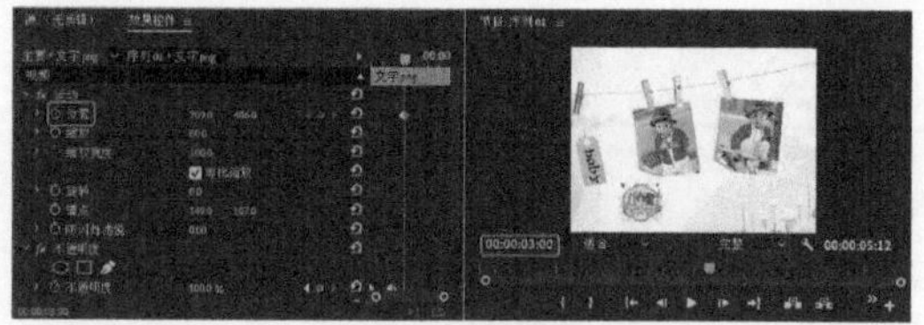
图 4-190

10 将当前时间设置为 00:00:04:00，切换至【效果控件】面板，将【运动】选项组中的【位置】设置为 853 、486 ，如图 4-191 所示。

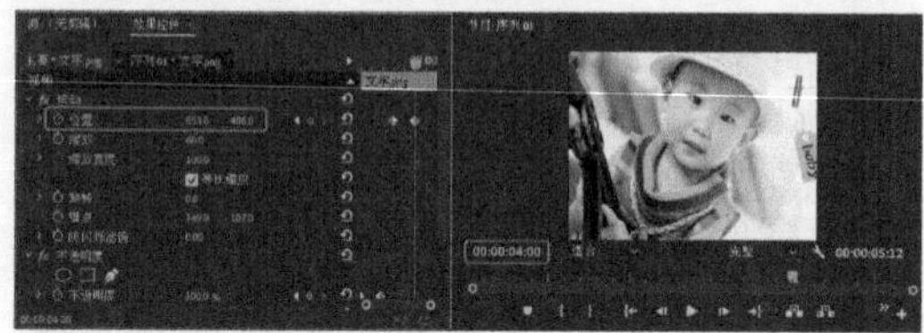
图 4-191

11 将当前时间设置为 00:00:05:12，选择【项目】面板中的“儿童 1.jpg”素材文件，将其拖曳至 V1 轨道中，使其开始处与时间线对齐，将其持续时间设置为 00:00:05:13。将当前时间设置为 00:00:06:12，并选中该素材，切换至【效果控件】面板，将【运动】选项组中的【缩放】设置为 58 ，【位置】设置为 65 、288 ，单击其左侧的【切换动画】按钮，如图 4-192 所示。

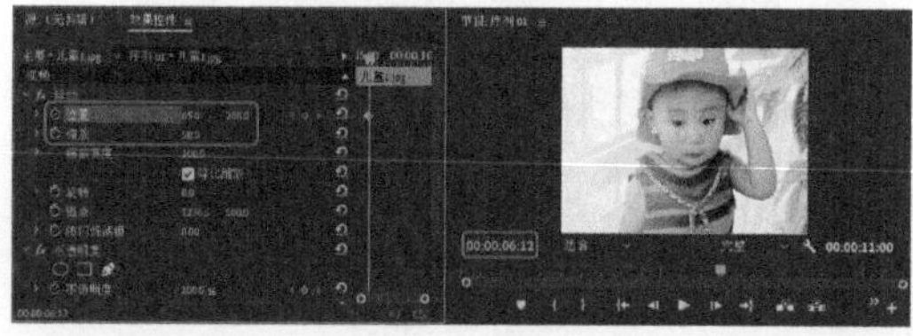
图 4-192

12 将当前时间设置为 00:00:07:12，切换至【效果控件】面板，将【运动】选项组中的【位置】设置为 655 、288 ，如图 4-193 所示。

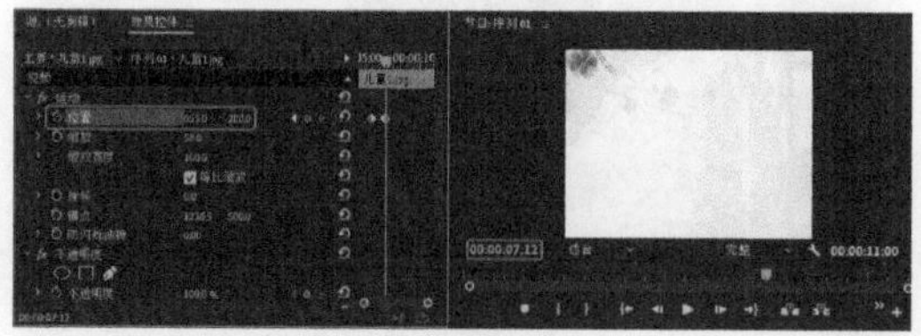
图 4-193

13 在【效果】面板中搜索【带状擦除】效果，将其拖曳至 V1 轨道中“儿童 3.jpg”与“儿童 1.jpg”素材文件之间，如图 4-194 所示。

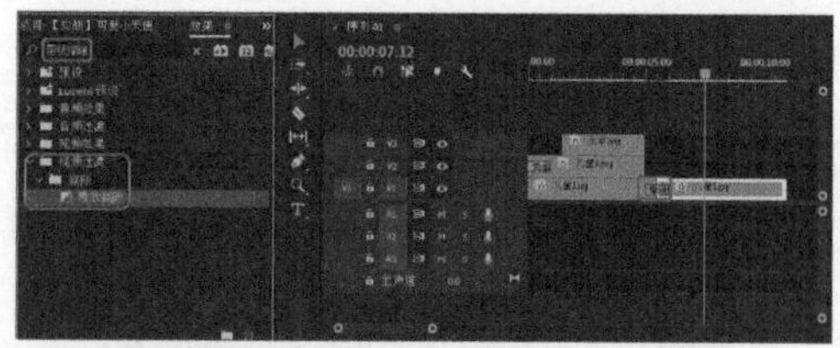
图 4-194

14 将当前时间设置为 00:00:08:00，选择【项目】面板中的“儿童 2.png”素材文件，将其拖曳至 V2 轨道中，使其开始处与时间线对齐，将其持续时间设置为 00:00:03:00。选中该素材，切换至【效果控件】面板，将【运动】选项组中的【缩放】设置为 66 ，如图 4-195 所示。

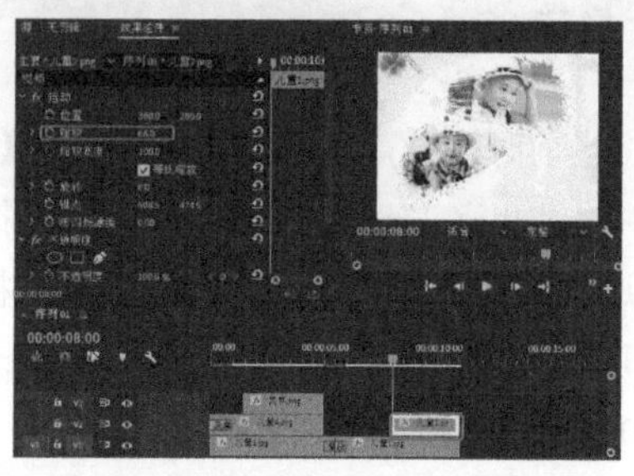
图 4-195

15 在【效果】面板中搜索【油漆飞溅】效果，将其拖曳至 V2 轨道中“儿童 2.png”素材文件的开始处，如图 4-196 所示。

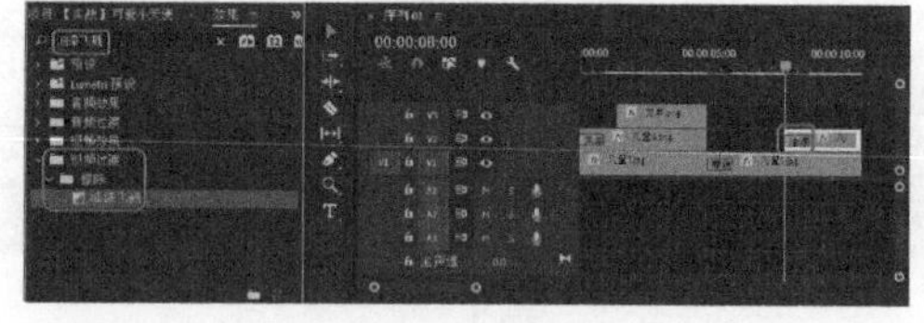
图 4-196

提示：【油漆飞溅】特效是指素材图像 B 以油漆飞溅的形式显示出现，从而覆盖素材图像 A。

16 将当前时间设置为 00:00:09:13，选择【项目】面板中的“足球 .png”素材文件，将其拖曳至 V3 轨道中，使其开始处与时间线对齐，将其持续时间设置为 00:00:01:12。选中该素材，切换至【效果控件】面板，将【运动】选项组中的【缩放】设置为 22，【位置】设置为 559、684，单击其左侧的【切换动画】按钮，如图 4-197 所示。

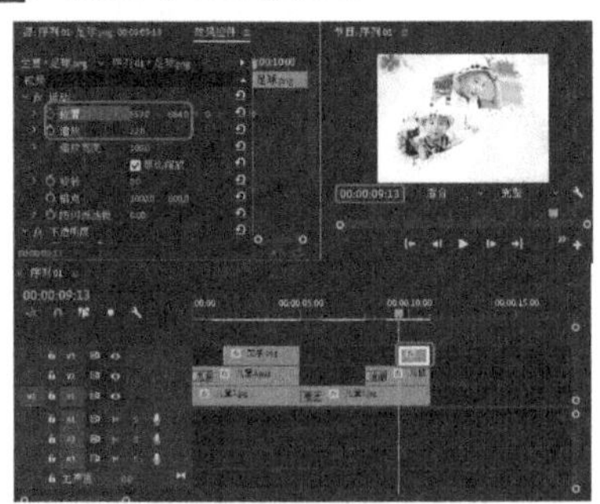

图 4-197

17 将当前时间设置为 00:00:10:13，切换至【效果控件】面板，将【运动】选项组中的【位置】设置为 559、438，如图 4-198 所示。

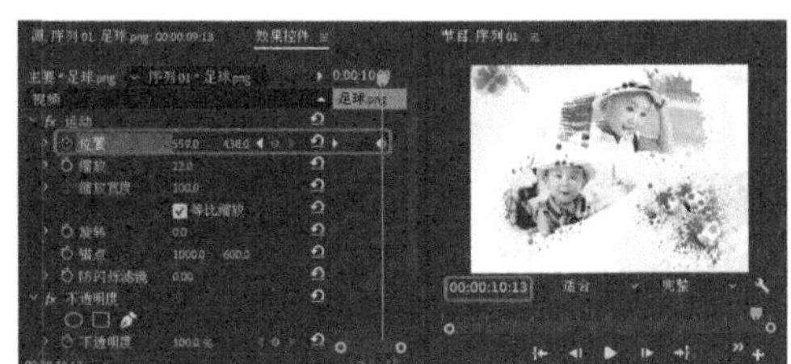

图 4-198

4.2.5 溶解

本节将详细讲解【溶解】转场特效，其中包括 MorphCut、交叉溶解、胶片溶解、非叠加溶解、白场过渡、黑场过渡、叠加溶解。

1. MorphCut 切换效果

MorphCut 是 Adobe Premiere CC 中的一种视频过渡，通过在原声摘要之间平滑跳切，可以创建更加完美的访谈，如图 4-199 所示。具体操作步骤如下。

图 4-199

01 新建项目文件，在菜单栏中选择【文件】|【新建】|【序列】命令，在弹出的【新建序列】对话框中选择 DV-PAL|【宽屏 48kHz】选项，单击【确定】按钮，如图 4-200 所示。

图 4-200

02 在【项目】面板中的空白处双击，弹出【导入】对话框，打开“素材\Cha04\049.jpg、050.jpg”素材文件，单击【打开】按钮即可导入素材文件。将打开后的素材文件拖曳到【序列】面板中的视频轨道，选中“049.jpg”素材文件，将当前时间设置为 00:00:00:00，将【缩放】设置为 95，如图 4-201 所示。

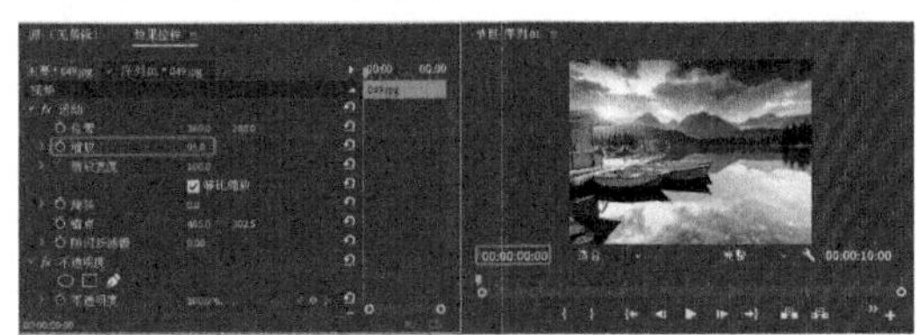

图 4-201

03 选中“050.jpg”素材文件，将当前时间设置为 00:00:05:00，将【缩放】设置为 95，如图 4-202 所示。

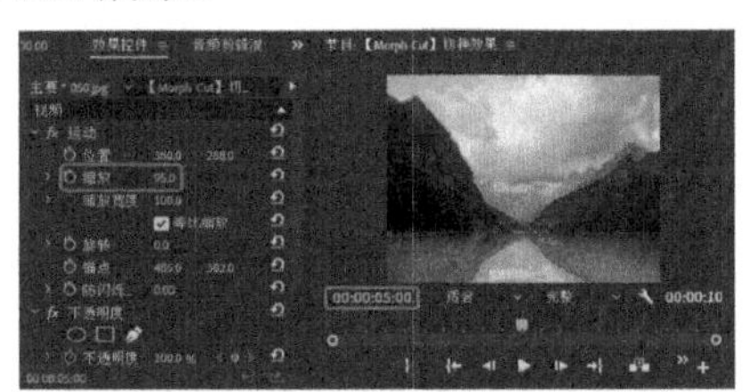

图 4-202

04 在【效果】面板中，选择【视频过渡】|【溶解】| MorphCut 特效，将其拖曳至【序列】面板的两个素材之间，如图 4-203 所示。

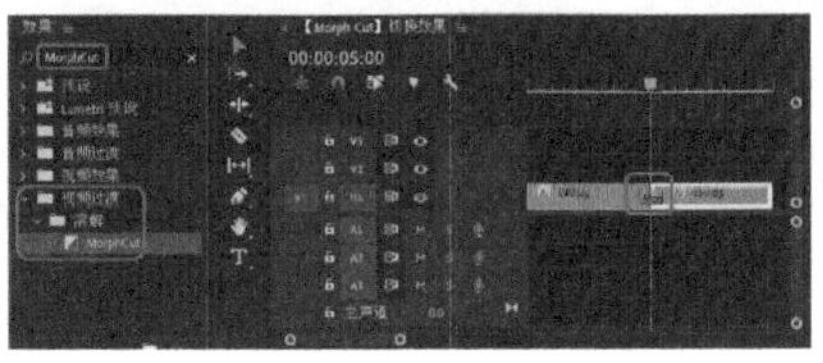

图 4-203

2.【交叉溶解】切换效果

【交叉溶解】是指两个素材相互溶解转换，即前一个素材逐渐消失的同时后一个素材逐渐显示，如图 4-204 所示。具体操作步骤如下。

图 4-204

01 新建项目文件和 DV-PAL|【标准 48kHz】的序列文件，在【项目】面板中导入“素材\Cha04\051.jpg、052.jpg”素材文件，将导入后的素材文件拖曳至【序列】面板中的视频轨道 V1 中。选中“051.jpg”素材文件，将当前时间设置为 00:00:00:00，将【缩放】设置为 95，如图 4-205 所示。

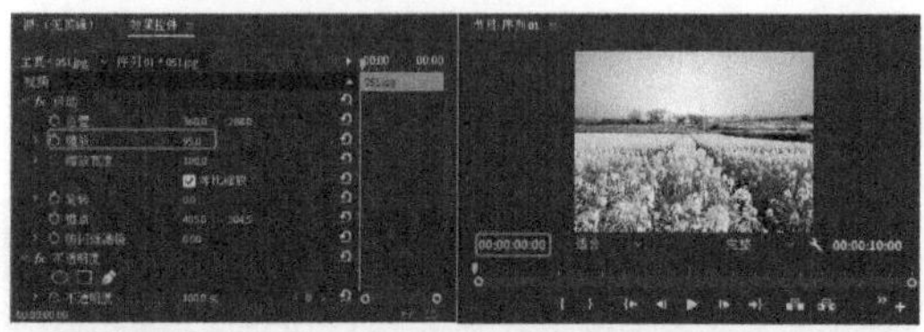

图 4-205

02 选中“052.jpg”素材文件，将当前时间设置为 00:00:05:00，将【缩放】设置为 95，如图 4-206 所示。

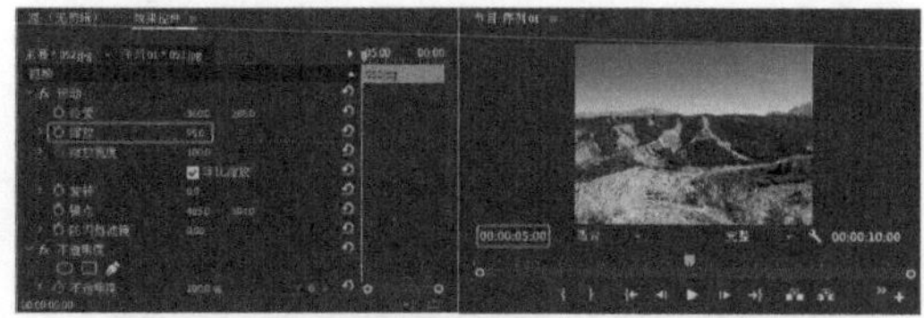

图 4-206

03 切换到【效果】面板，打开【视频过渡】文件夹，选择【溶解】下的【交叉溶解】过渡效果，将其拖曳至【序列】面板的两个素材之间，如图 4-207 所示。

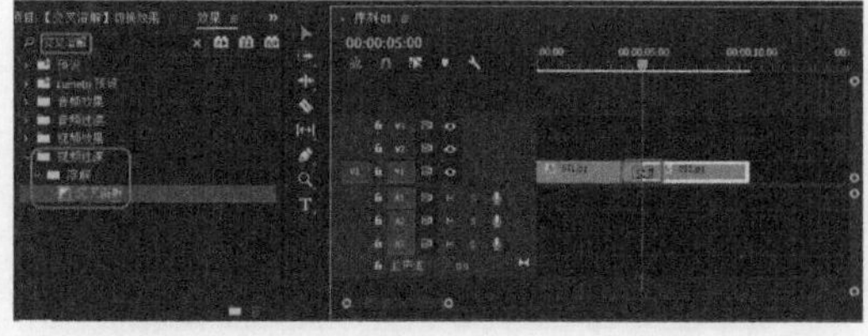

图 4-207

3.【胶片溶解】切换效果

【胶片溶解】过渡效果使素材产生胶片朦胧的效果后切换至另一个素材，其效果如图 4-208 所示。具体操作步骤如下。

图 4-208

01 新建项目文件和 DV-PAL|【标准 48kHz】的序列文件，在【项目】面板中导入“素材\Cha04\053.jpg、054.jpg”素材文件，将导入后的素材文件拖曳至【序列】面板中的视频轨道 V1 中。选中“053.jpg”素材文件，将当前时间设置为 00:00:00:00，将【缩放】设置为 91，如图 4-209 所示。

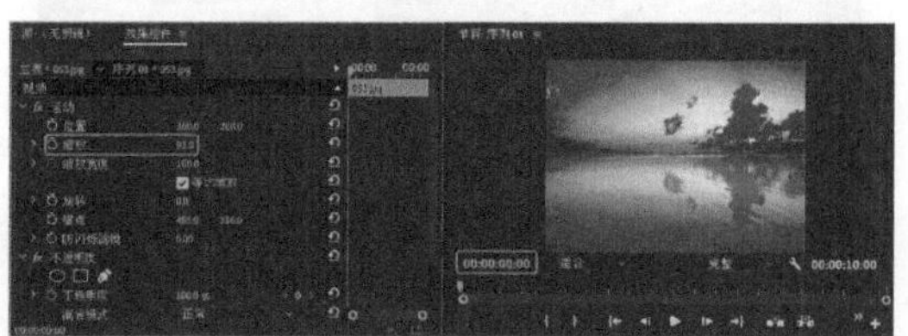

图 4-209

02 选中“054.jpg”素材文件，将当前时间设置为 00:00:05:00，将【缩放】设置为 85，如图 4-210 所示。

图 4-210

03 切换到【效果】面板，打开【视频过渡】文件夹，选择【溶解】下的【胶片溶解】过渡效果，将其拖曳至【序列】面板的两个素材之间，如图 4-211 所示。

图 4-211

4.【非叠加溶解】切换效果

【非叠加溶解】过渡效果：图像 A 的明亮度映射到图像 B，如图 4-212 所示。具体操作步骤如下。

图 4-212

01 新建项目文件和 DV-PAL|【标准 48kHz】的序列文件，在【项目】面板中导入“素材\Cha04\055.jpg、056.jpg”素材文件，将导入后的素材文件拖曳至【序列】面板中的视频轨道 V1 中。选中“055.jpg”素材文件，将当前时间设置为 00:00:00:00，将【缩放】设置为 95，如图 4-213 所示。

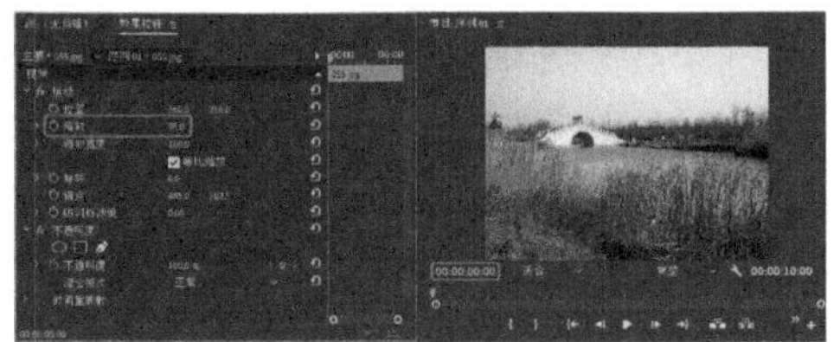

图 4-213

02 选中“056.jpg”素材文件，将当前时间设置为 00:00:05:00，将【缩放】设置为 95，如图 4-214 所示。

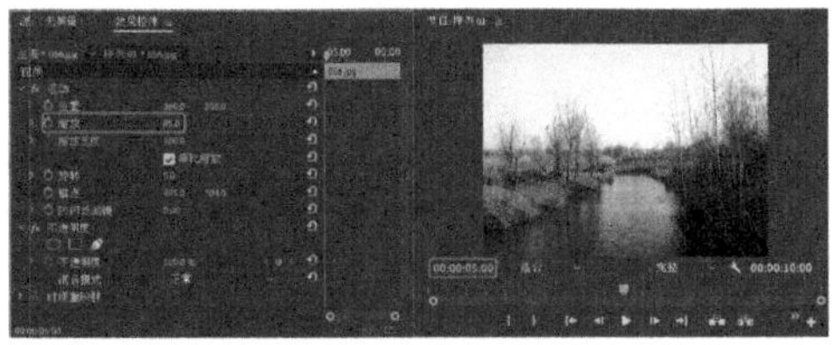

图 4-214

03 切换到【效果】面板，打开【视频过渡】文件夹，选择【溶解】下的【非叠加溶解】过渡效果，将其拖曳至【序列】面板的两个素材之间，如图 4-215 所示。

图 4-215

5.【白场过渡】切换效果

【白场过渡】过渡效果与【黑场过渡】相似，它可以使前一个素材逐渐变白，另一个素材由白逐渐显示，效果如图 4-216 所示。

图 4-216

01 新建项目文件和 DV-PAL|【标准 48kHz】的序列文件，在【项目】面板中导入“素材\Cha04\057.jpg、058.jpg”素材文件，将导入后的素材文件拖曳至【序列】面板中的视频轨道 V1 中。选中“057.jpg”素材文件，将当前时间设置为 00:00:00:00，将【缩放】设置为 83，如图 4-217 所示。

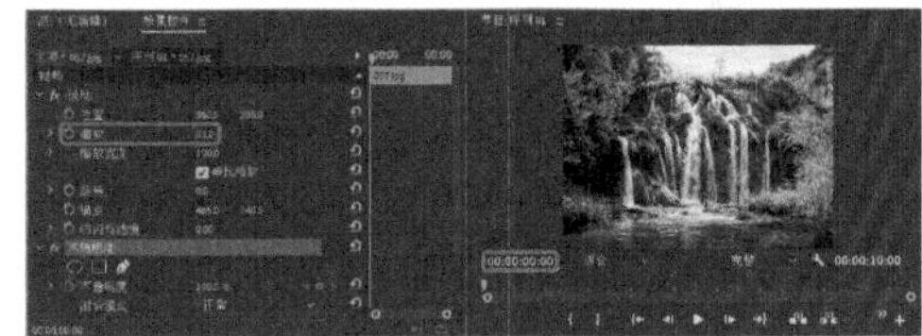

图 4-217

02 选中“058.jpg”素材文件，将当前时间设置为 00:00:05:00，将【缩放】设置为 95，如图 4-218 所示。

图 4-218

03 切换到【效果】面板，打开【视频过渡】文件夹，选择【溶解】下的【白场过渡】过渡效果，将其拖曳至【序列】面板的两个素材之间，如图 4-219 所示。

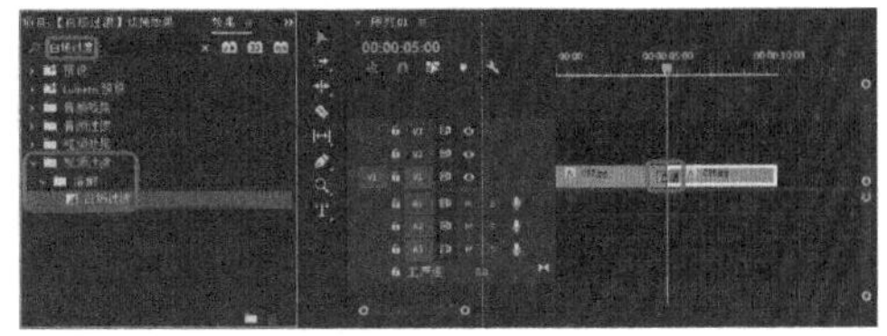

图 4-219

6.【黑场过渡】切换效果

【黑场过渡】过渡效果使前一个素材逐渐变黑，另一个素材由黑逐渐显示，如图 4-220 所示。具体操作步骤如下。

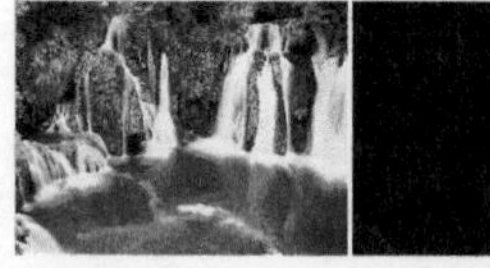
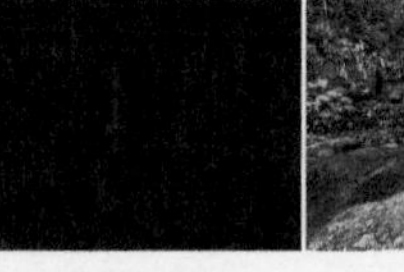

图 4-220

01 新建项目文件和 DV-PAL|【标准 48kHz】的序列文件，在【项目】面板中导入“素材\Cha04\059.jpg、060.jpg”素材文件，将导入后的素材文件拖曳至【序列】面板中的视频轨道 V1 中。选中“059.jpg”素材文件，将当前时间设置为 00:00:00:00，将【缩放】设置为 95，如图 4-221 所示。

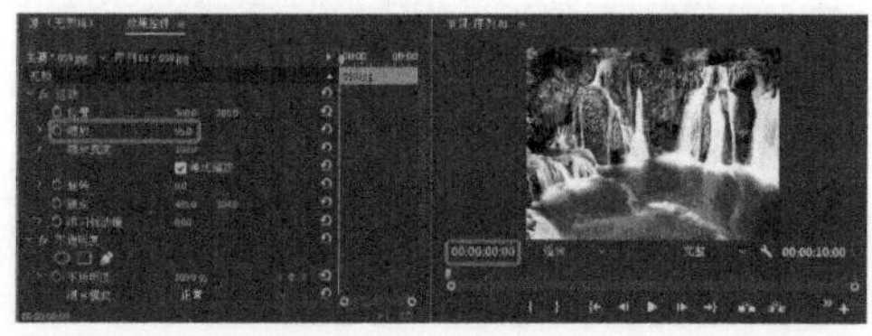

图 4-221

02 选中“060 .jpg”素材文件，将当前时间设置为 00:00:05:00，将【缩放】设置为 95，如图 4-222 所示。

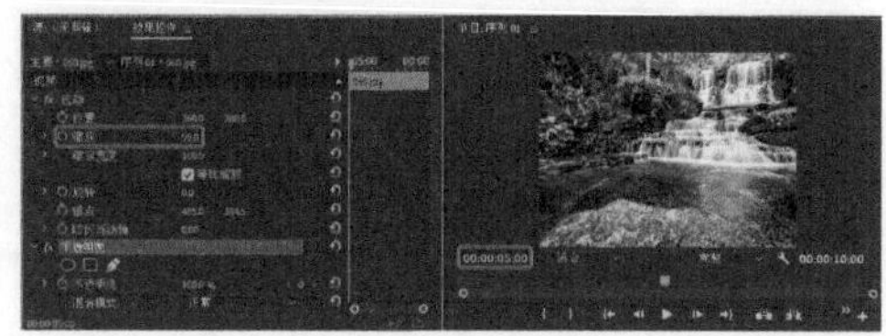

图 4-222

03 切换到【效果】面板，打开【视频过渡】文件夹，选择【溶解】下的【黑场过渡】过渡效果，将其拖曳至【序列】面板的两个素材之间，如图 4-223 所示。

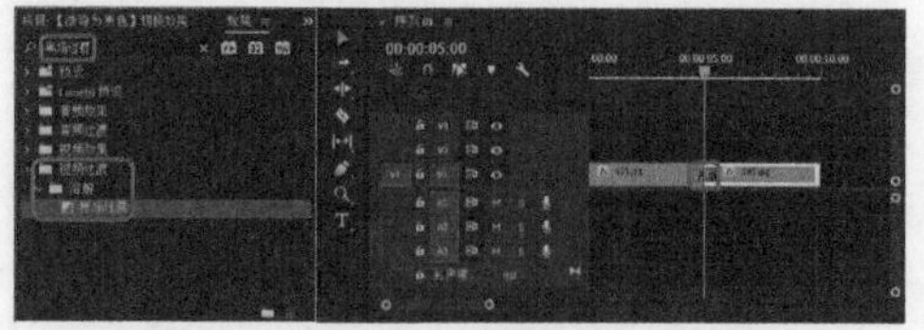

图 4-223

7.【叠加溶解】切换效果

【叠加溶解】过渡效果：图像 A 渐隐于图像 B，如图 4-224 所示。具体操作步骤如下。

图 4-224

01 新建项目文件和 DV-PAL|【标准 48kHz】的序列文件，在【项目】面板中导入“素材\Cha04\061.jpg、062.jpg”素材文件，将导入后的素材文件拖曳至【序列】面板中的视频轨道 V1 中。选中“061.jpg”素材文件，将当前时间设置为 00:00:00:00，将【缩放】设置为 95，如图 4-225 所示。

图 4-225

02 选中“062 .jpg”素材文件，将当前时间设置为 00:00:05:00，将【缩放】设置为 95，如图 4-226 所示。

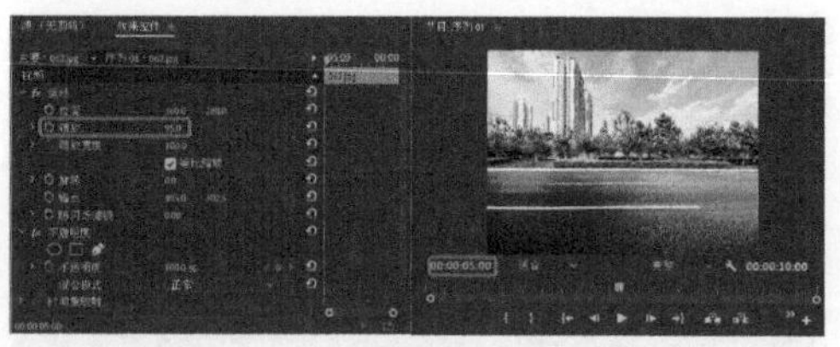

图 4-226

03 切换到【效果】面板，打开【视频过渡】文件夹，选择【溶解】下的【叠加溶解】过渡效果，将其拖曳至【序列】面板的两个素材之间，如图 4-227 所示。

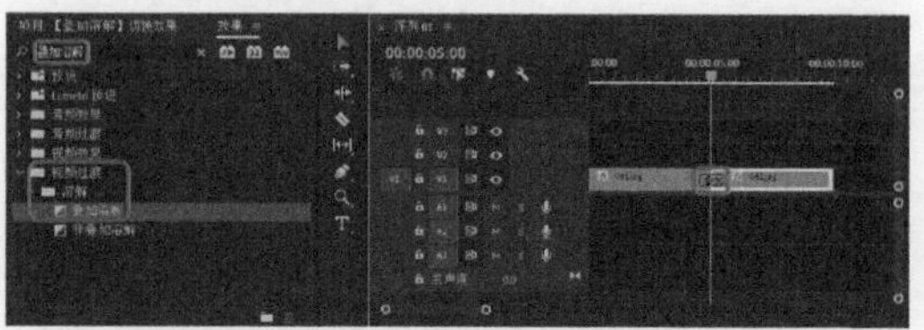

图 4-227

4.2.6 滑动

【滑动】文件夹有 5 种视频过渡效果，其中包括中心拆分、带状内滑、拆分、推、内滑。

1. 【中心拆分】切换效果

【中心拆分】过渡效果：图像 A 分成四部分，并滑动到角落以显示图像 B，效果如图 4-228 所示。具体操作步骤如下。

图 4-228

01 新建项目文件和 DV-PAL|【标准 48kHz】的序列文件，在【项目】面板中导入“素材\Cha04\063.jpg、064.jpg”素材文件，将导入后的素材文件拖曳至【序列】面板中的视频轨道 V1 中。在【项目】面板中将“063.jpg”“064.jpg”素材文件拖曳到【序列】面板中的视频轨道，如图 4-229 所示。

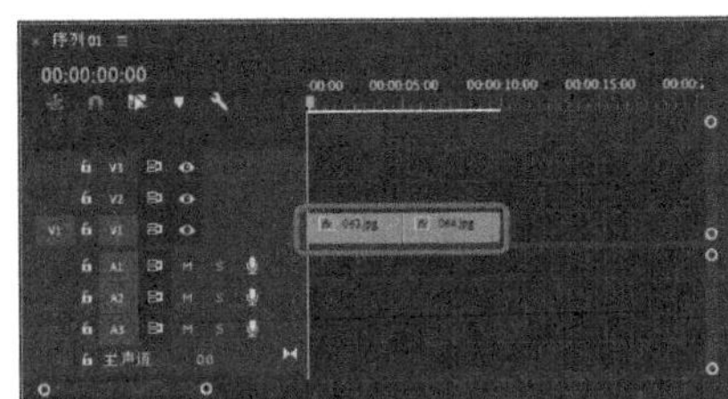

图 4-229

02 切换到【效果】面板，打开【视频过渡】文件夹，选择【内滑】下的【中心拆分】过渡效果，如图 4-230 所示。

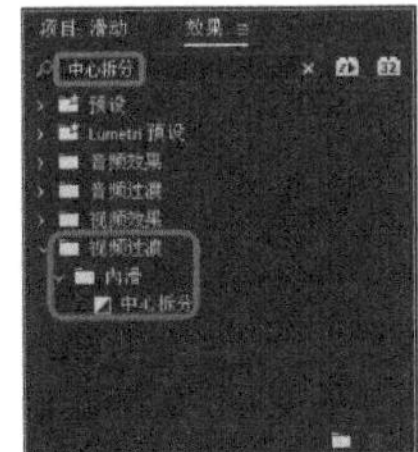

图 4-230

03 将素材图片的【缩放】值均设置为 95，将其拖曳至【序列】面板的两个素材之间，如图 4-231 所示。

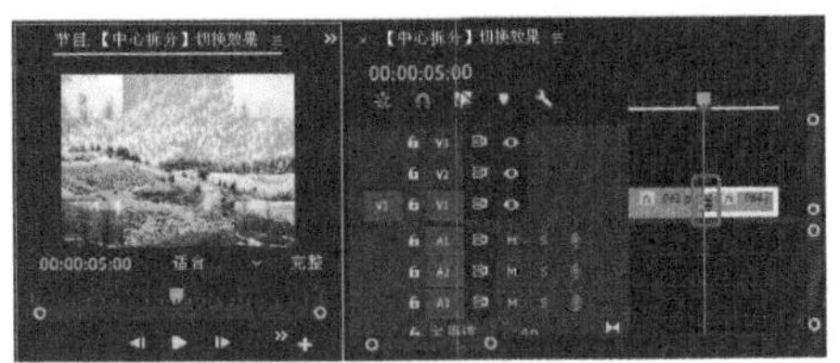

图 4-231

2. 【带状内滑】切换效果

【带状内滑】过渡效果：图像 B 在水平、垂直或对角线方向上以条形滑入，逐渐覆盖图像 A，如图 4-232 所示。具体操作步骤如下。

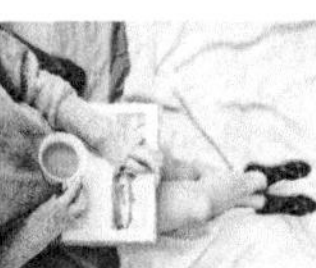

图 4-232

01 新建项目文件和 DV-PAL|【标准 48kHz】的序列文件，在【项目】面板中导入“素材\Cha04\065.jpg、066.jpg”素材文件，将导入后的素材文件拖曳至【序列】面板中的视频轨道 V1 中。选中“065.jpg”素材文件，将当前时间设置为 00:00:00:00，将【缩放】设置为 95，如图 4-233 所示。

图 4-233

02 选中“066.jpg”素材文件，将当前时间设置为 00:00:05:00，将【缩放】设置为 95，如图 4-234 所示。

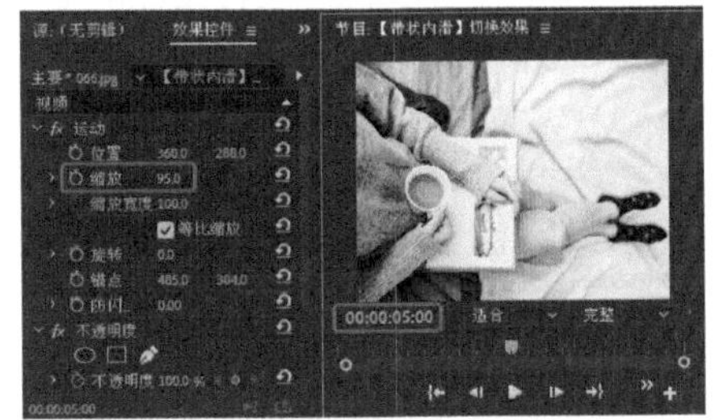

图 4-234

03 切换到【效果】面板，打开【视频过渡】文件夹，选择【溶解】下的【带状内滑】过渡效果，将其拖曳至【序列】面板的两个素材之间，如图 4-235 所示。

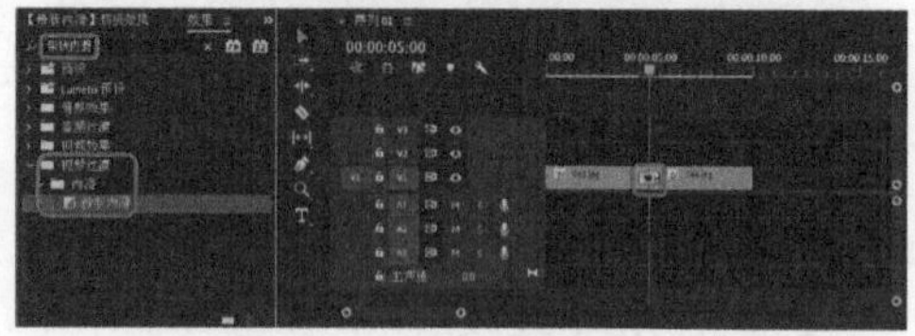

图 4-235

04 切换到【效果控件】面板，单击【自定义】按钮，打开【带状内滑设置】对话框，将【带数量】设置为 10，单击【确定】按钮，如图 4-236 所示。

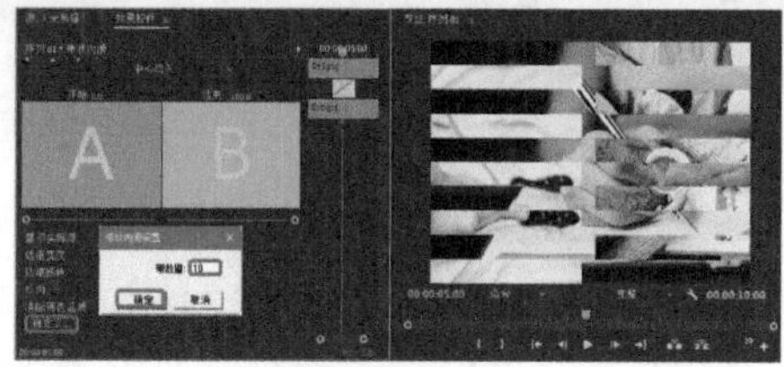

图 4-236

3. 【拆分】切换效果

【拆分】过渡效果：图像 A 拆分并滑动到两边，并显示到图像 B，如图 4-237 所示。具体操作步骤如下。

图 4-237

01 新建项目文件和 DV-PAL|【标准 48kHz】的序列文件，在【项目】面板中导入“素材\Cha04\067.jpg、068.jpg”素材文件，将导入后的素材文件拖曳至【序列】面板中的视频轨道 V1 中。将“068.jpg”素材文件的【缩放】设置为 95，如图 4-238 所示。

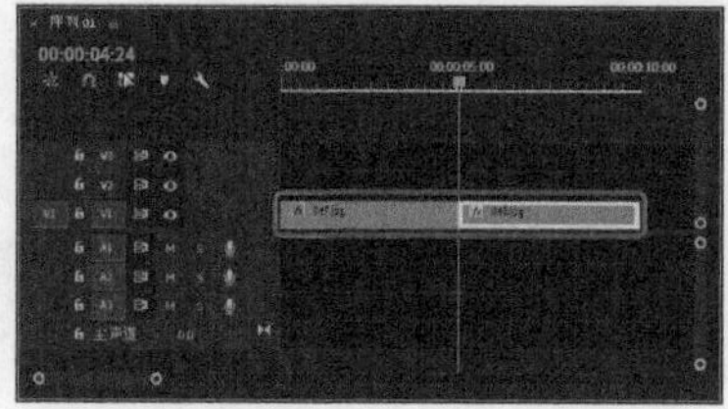

图 4-238

02 切换到【效果】面板，打开【视频过渡】文件夹，选择【内滑】下的【拆分】过渡效果，将其拖曳至【序列】面板的两个素材之间，如图 4-239 所示。

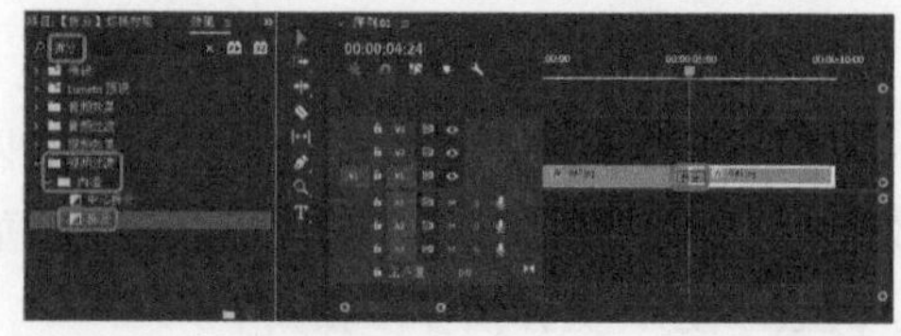

图 4-239

03 按空格键进行播放，其过渡效果如图 4-240 所示。

图 4-240

4. 【推】切换效果

【推】过渡效果：图像 B 将图像 A 推到一边，效果如图 4-241 所示。具体操作步骤如下。

图 4-241

01 新建项目文件和 DV-PAL|【标准 48kHz】的序列文件，在【项目】面板中导入“素材\Cha04\069.jpg、070.jpg”素材文件，将导入后的素材文件拖曳至【序列】面板中的视频轨道 V1 中。选中“069.jpg”素材文件，将当前时间设置为 00:00:00:00，将【缩放】设置为 95，如图 4-242 所示。

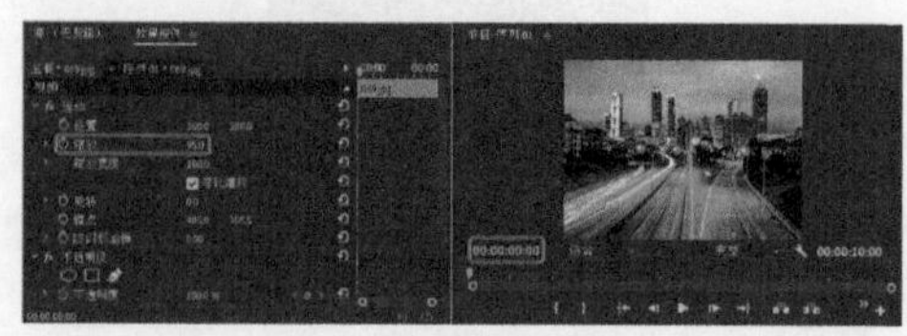

图 4-242

02 选中“070.jpg”素材文件，将当前时间设置为 00:00:05:00，将【缩放】设置为 95，如图 4-243 所示。

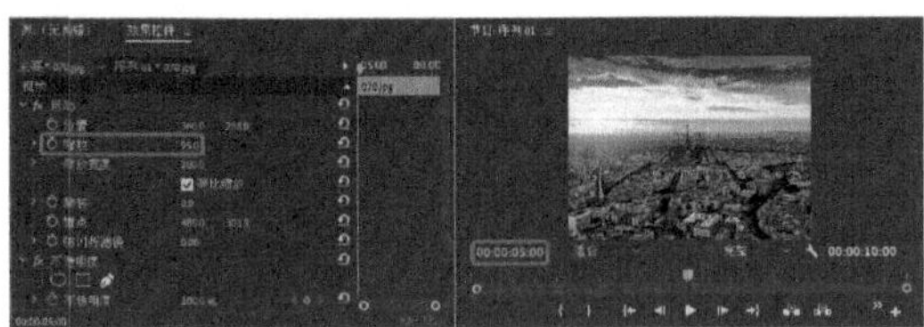
图 4-243

03 切换到【效果】面板，打开【视频过渡】文件夹，选择【内滑】下的【推】过渡效果，将其拖曳至【序列】面板的两个素材之间，如图 4-244 所示。

图 4-244

5. 【内滑】切换效果

【内滑】过渡效果：图像 B 滑动到图像 A 上面，如图 4-245 所示。具体操作步骤如下。

图 4-245

01 新建项目文件和 DV-PAL|【标准 48kHz】的序列文件，在【项目】面板中导入“素材 \Cha04\071.jpg、072.jpg”素材文件，将导入后的素材文件拖曳至【序列】面板中的视频轨道 V1 中，将【缩放】分别设置为 90 、99 ，如图 4-246 所示。

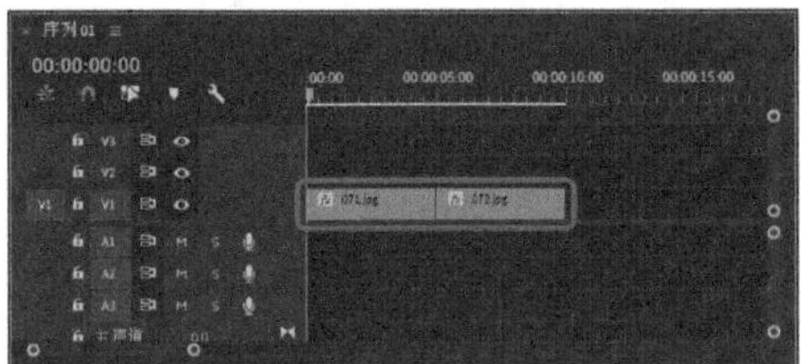
图 4-246

02 切换到【效果】面板，打开【视频过渡】文件夹，选择【内滑】下的【内滑】过渡效果，将其拖曳至【序列】面板的两个素材之间，如图 4-247 所示。

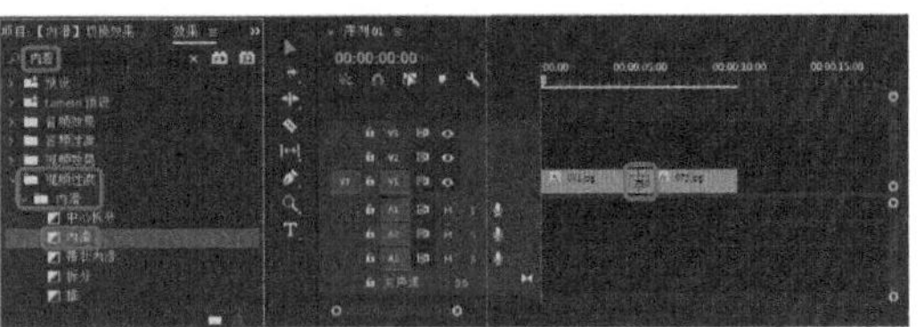
图 4-247

03 按空格键进行播放，其过渡效果如图 4-248 所示。

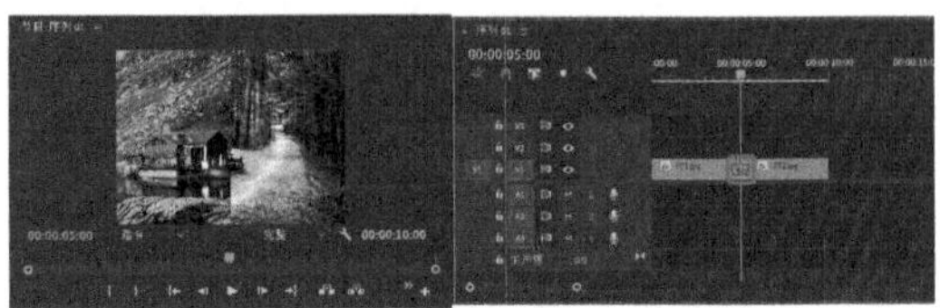
图 4-248

【实战】百变面条

本案例制作百变面条。在制作过程中主要通过新建字幕，在字幕编辑器中使用矩形工具绘制矩形，使用文字工具输入文字，其中文字字幕需要创建多个，通过添加过渡特效，制作出最终效果，如图 4-249 所示。

图 4-249

素材	素材 \Cha04\ 云吞面 .jpg、刀削面 .jpg、扬州炒面 .jpg、荷兰豆鸡蛋炒面 .jpg、油泼面 .jpg
场景	场景 \Cha04\【实战】百变面条 .prproj
视频	视频教学 \ Cha04\【实战】百变面条 .mp4

01 新建项目文件和 DV-PAL 选项组中的【标准 48kHz】序列文件，在【项目】面板中导入“素材 \Cha04\ 云吞面 .jpg、刀削面 .jpg、扬州炒面 .jpg、荷兰豆鸡蛋炒面 .jpg、油泼面 .jpg”素材文件，如图 4-250 所示。

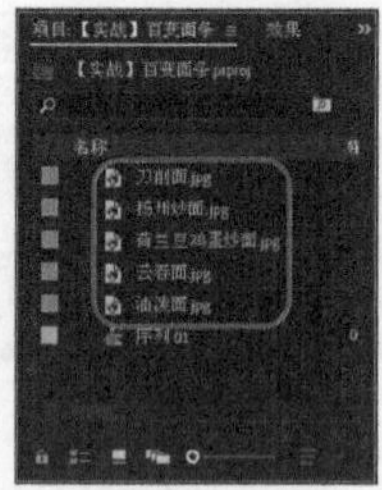
图 4-250

02 将当前时间设置为 00:00:00:00，将“云吞面 .jpg”素材文件拖曳至 V1 轨道中，将【缩放】设置为 74，如图 4-251 所示。

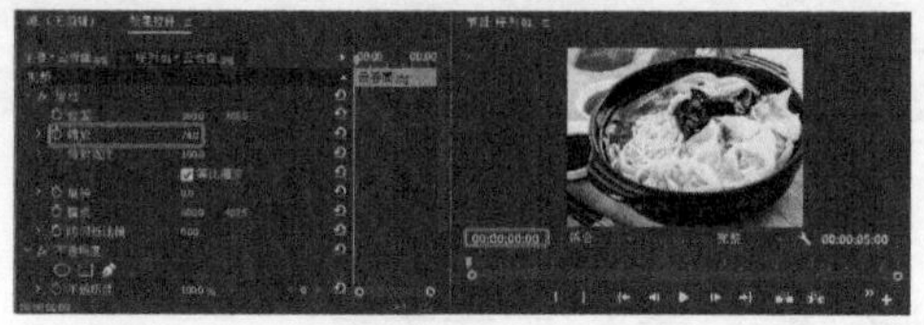
图 4-251

03 将当前时间设置为 00:00:05:00，将“刀削面 .jpg”素材文件拖曳至 V1 轨道中，将【缩放】设置为 110，如图 4-252 所示。

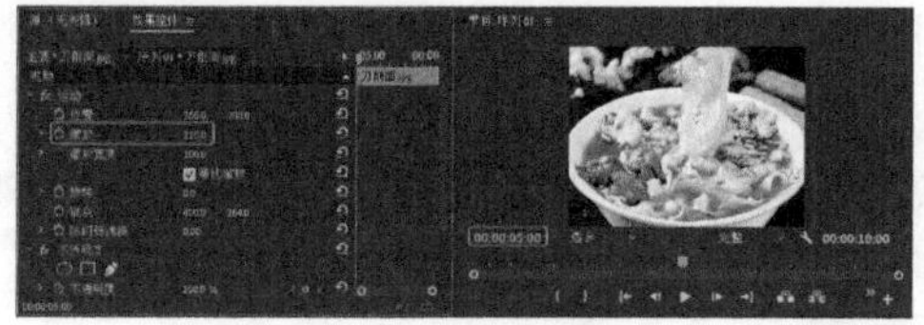
图 4-252

04 将其余的素材文件拖曳至 V1 轨道中，并分别设置其【缩放】参数，如图 4-253 所示。

图 4-253

05 在【效果】面板中，搜索【带状内滑】特效，将其添加至“云吞面 .jpg”素材文件开始处，如图 4-254 所示。

06 搜索其他的切换特效，添加至 V1 轨道中，如图 4-255 所示。

图 4-254

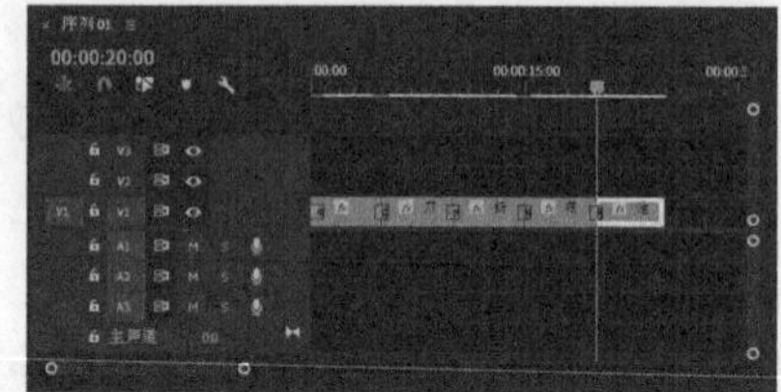
图 4-255

07 在菜单栏中选择【文件】|【新建】|【旧版标题】命令，在弹出的对话框中保持默认设置，单击【确定】按钮。单击【圆角矩形工具】按钮，绘制矩形，将【属性】选项组中的【圆角大小】设置为 10 %，将【填充】下方的【不透明度】设置为 73 %，将【宽度】和【高度】分别设置为 250 、88 ，将【X 位置】、【Y 位置】分别设置为 623 、515 ，如图 4-256 所示。

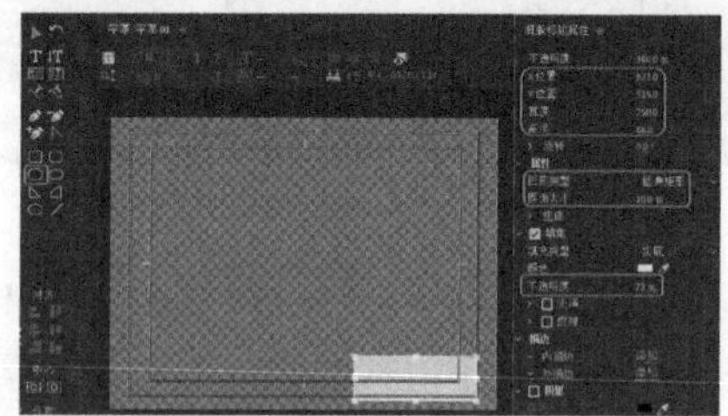
图 4-256

08 使用【文字工具】输入文本，将【字体系列】设置为【经典细隶书简】，将【字体大小】设置为 50 ，将【X 位置】、【Y 位置】分别设置为 615 、513 ，将【颜色】设置为黑色，如图 4-257 所示。

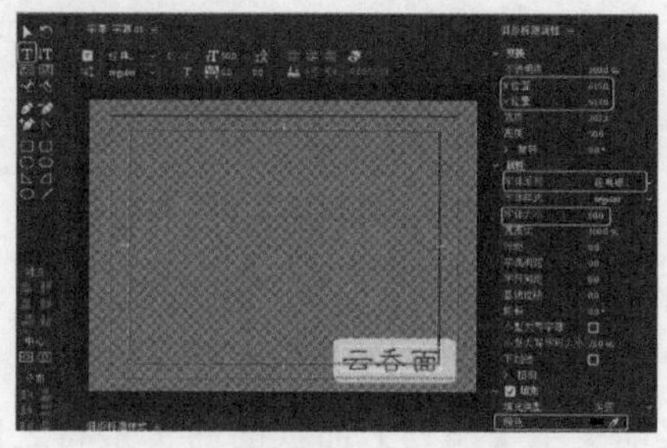

图 4-257

09 将字幕编辑器关闭，将当前时间设置为00:00:01:09，将【字幕 01】拖曳至 V2 轨道中，将开始处与时间线对齐，将【速度持续时间】设置为 00:00:03:16，搜索【内滑】特效，将其添加至【字幕 01】的开始处，将【推】效果添加至【字幕 01】的结束处，如图 4-258 所示。

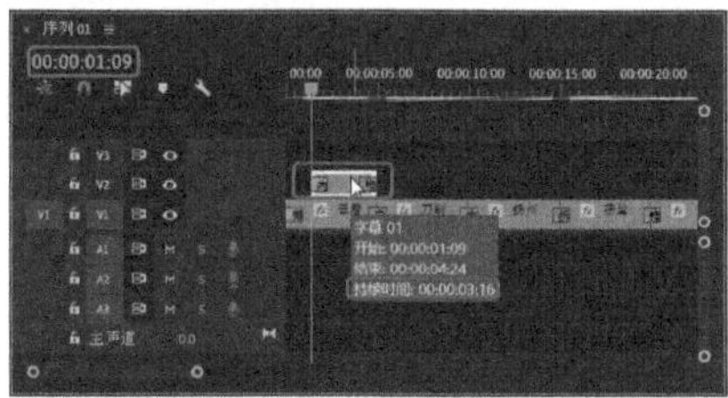

图 4-258

10 使用同样的方法制作其他字幕，并添加不同的特效，效果如图 4-259 所示。

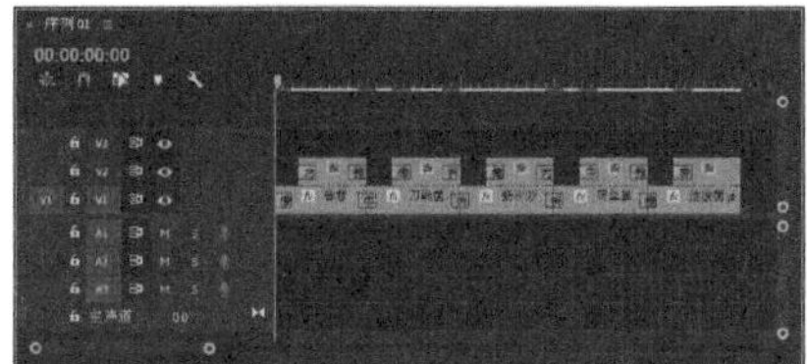

图 4-259

4.2.7 缩放

本节将讲解【缩放】文件夹中的【交叉缩放】切换效果的使用。

【交叉缩放】过渡效果：图像 A 放大，图像 B 缩小，效果如图 4-260 所示。

图 4-260

01 新建项目文件和 DV-PAL|【标准 48kHz】的序列文件，在【项目】面板中导入“素材\Cha04\073.jpg、074.jpg”素材文件，将导入后的素材文件拖曳至【序列】面板中的视频轨道 V1 中。选中“073.jpg”素材文件，确定当前时间为00:00:00:00，切换到【效果控件】面板，将【缩放】设置为 50，如图 4-261 所示。

图 4-261

02 选中“074.jpg”素材文件，确定当前时间为 00:00:05:00，切换到【效果控件】面板，将【缩放】设置为 173，如图 4-262 所示。

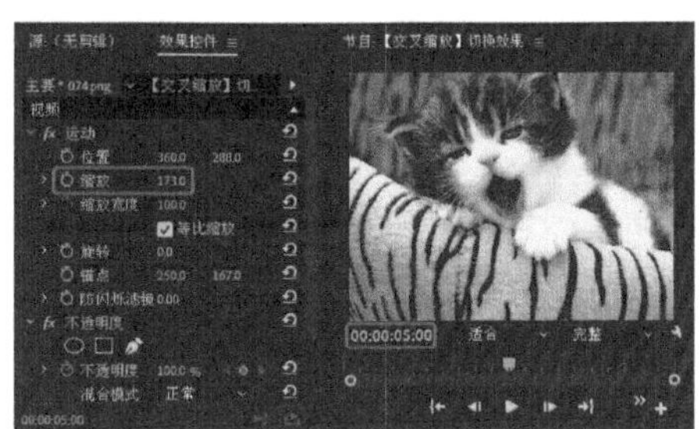

图 4-262

03 切换到【效果】面板，打开【视频过渡】文件夹，选择【缩放】下的【交叉缩放】过渡效果，如图 4-263 所示。

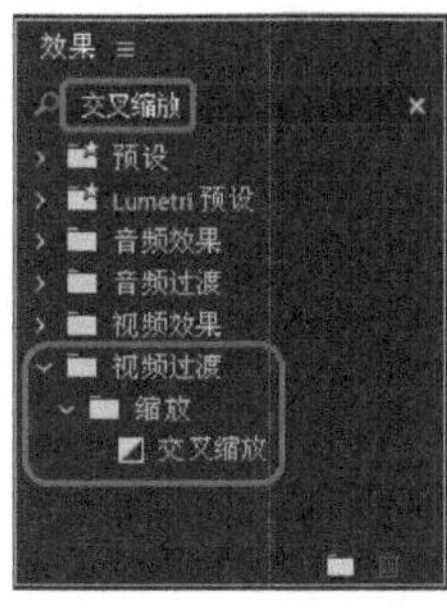

图 4-263

04 将其拖曳至【序列】面板中的两个素材之间，如图 4-264 所示。

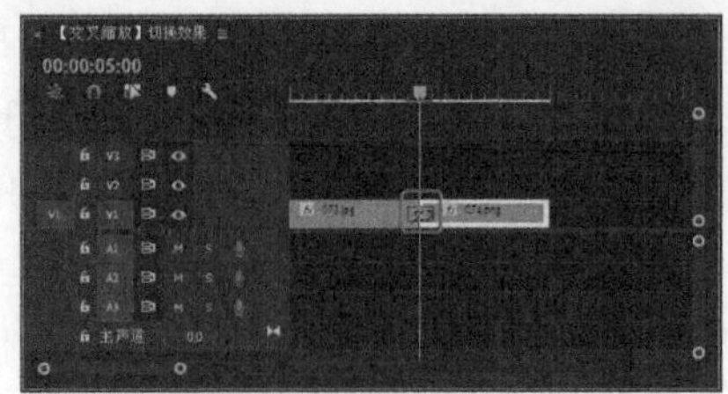

图 4-264

4.2.8 页面剥落

本节将讲解【页面剥落】中的转场特效，【页面剥落】文件夹下包括 2 个转场特效，分别为【翻页】和【页面剥落】。

1. 【翻页】切换效果

【翻页】切换效果以卷曲方式显示另一个图像，如图 4-265 所示。具体操作步骤如下。

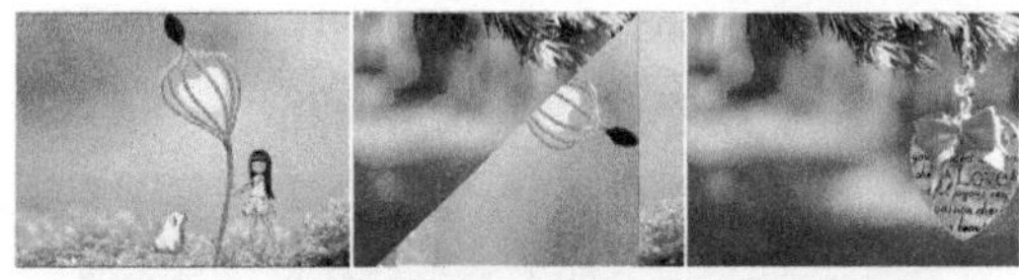

图 4-265

01 新建项目文件和 DV-PAL|【标准 48kHz】的序列文件，在【项目】面板中导入“素材\Cha04\075.jpg、076.jpg”素材文件，将导入后的素材文件拖曳至【序列】面板中的视频轨道 V1 中。选中“075.jpg”素材文件，确定当前时间为 00:00:00:00，切换到【效果控件】面板，将【缩放】设置为 28，如图 4-266 所示。

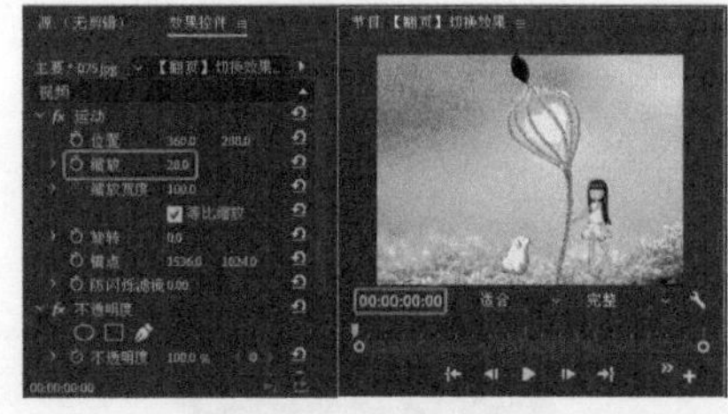

图 4-266

02 选中“076.jpg”素材文件，确定当前时间为 00:00:05:00，切换到【效果控件】面板，将【缩放】设置为 75，如图 4-267 所示。

03 切换到【效果】面板，打开【视频过渡】文件夹，选择【页面剥落】下的【翻页】过渡效果，如图 4-268 所示。

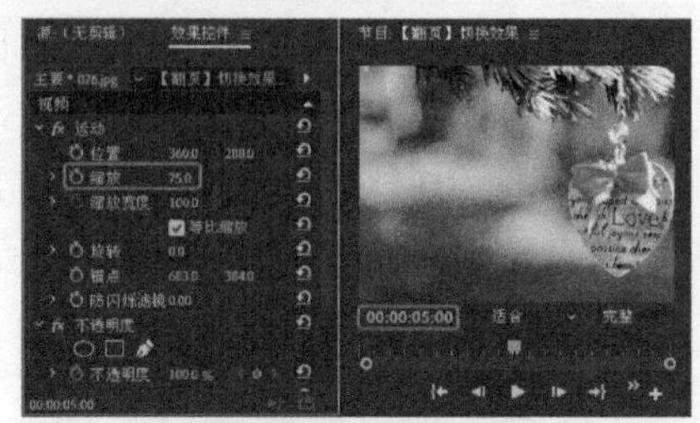

图 4-267

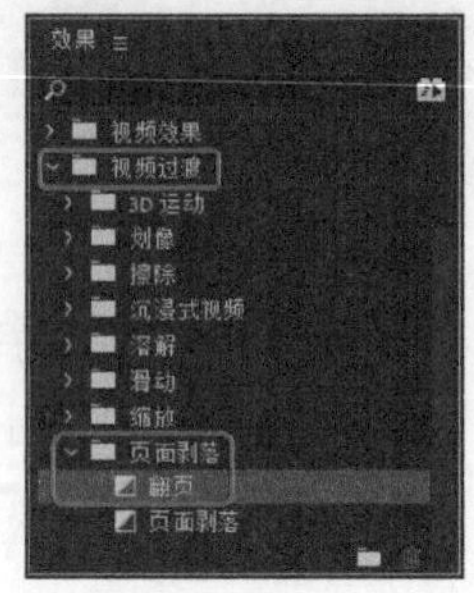

图 4-268

04 将其拖曳至【序列】面板中的两个素材文件之间，如图 4-269 所示。

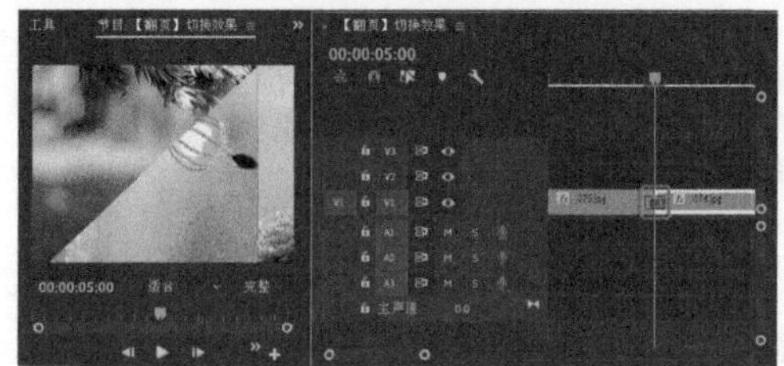

图 4-269

2. 【页面剥落】切换效果

【页面剥落】过渡效果产生页面剥落转换的效果，如图 4-270 所示。

图 4-270

01 新建项目文件和 DV-PAL|【标准 48kHz】的序列文件，在【项目】面板中导入“素材\Cha04\077.jpg、078.jpg”素材文件，将导入后的素材文件拖曳至【序列】面板中的视频

轨道 V1 中。选中“077.jpg”素材文件，确定当前时间为 00:00:00:00，切换到【效果控件】面板，将【缩放】设置为 90，如图 4-271 所示。

图 4-271

02 选中“078.jpg”素材文件，确定当前时间为 00:00:05:00，切换到【效果控件】面板，将【缩放】设置为 72，如图 4-272 所示。

图 4-272

03 切换到【效果】面板，打开【视频过渡】文件夹，选择【页面剥落】下的【页面剥落】过渡效果，如图 4-273 所示。

图 4-273

04 将其拖曳至【序列】面板中的两个素材文件之间，如图 4-274 所示。

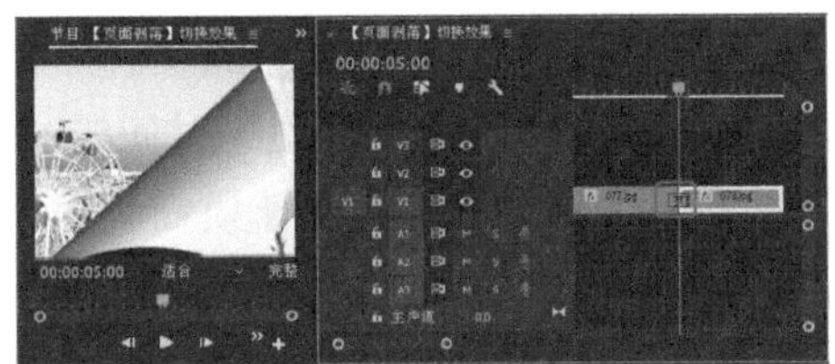

图 4-274

课后项目练习

美甲

美甲短片旨在体现时尚效果。本案例中设计的美甲短片，从时尚前沿且与动态素材融合的角度思考，注重体现不同的美甲效果与新潮的艺术，效果如图 4-275 所示。

课后项目练习效果展示

图 4-275

课后项目练习过程概要

01 新建项目文件和序列文件，并将美甲素材拖曳至 V1 轨道。

02 设置缩放，通过裁剪、添加不同的视频过渡特效，完美地展示视频动画的效果。

素材	素材 \Cha04\ 美甲 1.jpg~ 美甲 9.jpg、爆炸烟雾 1.avi
场景	场景 \Cha04\ 美甲 .prproj
视频	视频教学 \Cha04\ 美甲 .mp4

01 新建项目文件和 DV-PAL 选项组中的【标准 48kHz】序列文件，导入“素材 \Cha04\ 美甲 1.jpg~ 美甲 9.jpg、爆炸烟雾 1.avi”素材文件，如图 4-276 所示。

图 4-276

02 确认当前时间为00:00:00:00，选择【项目】面板中的“美甲1.jpg”素材文件，将其拖曳至V1轨道中，将其持续时间设置为00:00:03:00。切换至【效果控件】面板，将【运动】选项组中的【缩放】设置为166.5，【位置】设置为360、495，如图4-277所示。

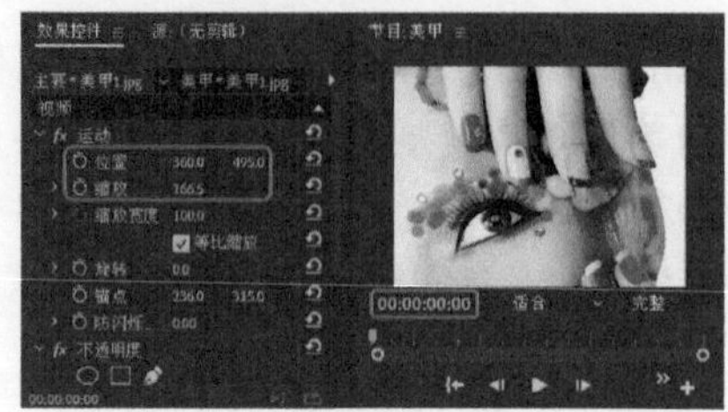

图 4-277

03 在【效果】面板中搜索【黑场过渡】过渡效果，将其拖曳至V1轨道中素材的开始处，如图4-278所示。

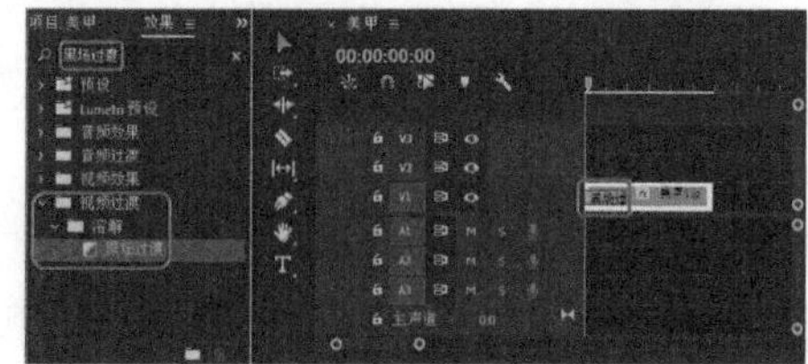

图 4-278

04 将当前时间设置为00:00:03:00，选择【项目】面板中的“美甲2.jpg”素材文件，将其拖曳到V1轨道中，使其开始处与时间线对齐，并选中素材，将其持续时间设置为00:00:02:13。切换至【效果控件】面板，将【运动】选项组中的【缩放】设置为204，【位置】设置为360、423，如图4-279所示。

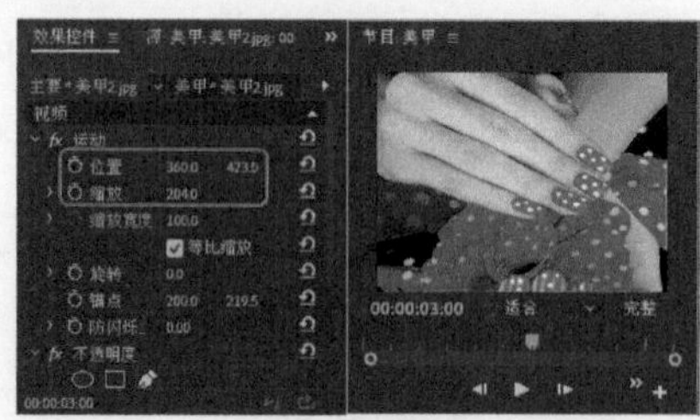

图 4-279

05 在【效果】面板中搜索【菱形划像】效果，将其拖曳至V1轨道中“美甲1.jpg”与“美甲2.jpg”素材文件之间，如图4-280所示。

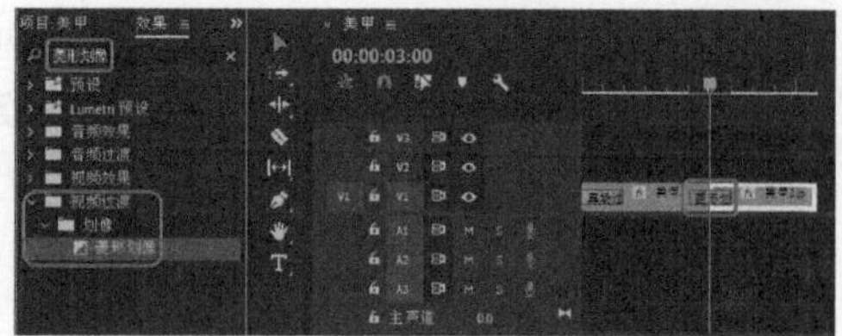

图 4-280

06 将当前时间设置为00:00:05:13，选择【项目】面板中的“美甲3.jpg”素材文件，将其拖曳到V1轨道中，使其开始处与时间线对齐，并选中素材，将其持续时间设置为00:00:02:13，切换至【效果控件】面板，将【运动】选项组中的【缩放】设置为38，如图4-281所示。

图 4-281

07 在【效果】面板中搜索【交叉划像】效果，将其拖曳至V1轨道中“美甲2.jpg”与“美甲3.jpg”素材文件之间，如图4-282所示。

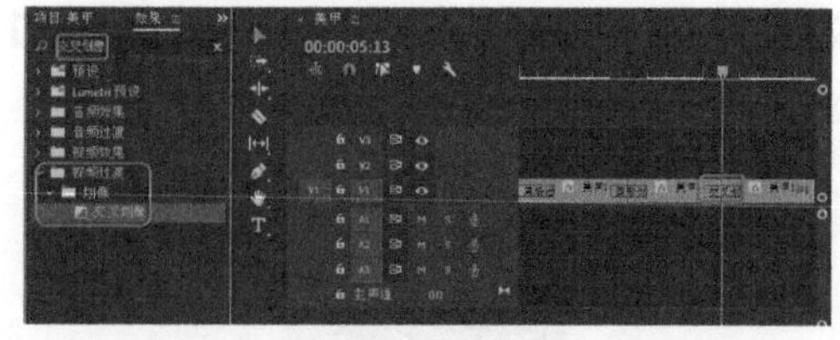

图 4-282

提示：【交叉划像】特效是指图像A进行交叉形状的擦除，从而显示出素材图像B。

08 将当前时间设置为00:00:08:01，选择【项目】面板中的“美甲4.jpg”素材文件，将其拖曳到V1轨道中，使其开始处与时间线对齐。在【效果】面板中搜索【快速模糊】效果，将其拖曳至V1轨道中的“美甲4.jpg”素材文件上，将其持续时间设置为00:00:07:10。

切换至【效果控件】面板，将【运动】选项组中的【缩放】设置为 58，如图 4-283 所示。

图 4-283

09 将当前时间设置为00:00:09:10，切换至【效果控件】面板，单击【快速模糊】下的【模糊度】左侧的【切换动画】按钮，如图 4-284 所示。

图 4-284

10 将当前时间设置为 00:00:10:10，切换至【效果控件】面板，将【快速模糊】下的【模糊度】设置为 100，如图 4-285 所示。

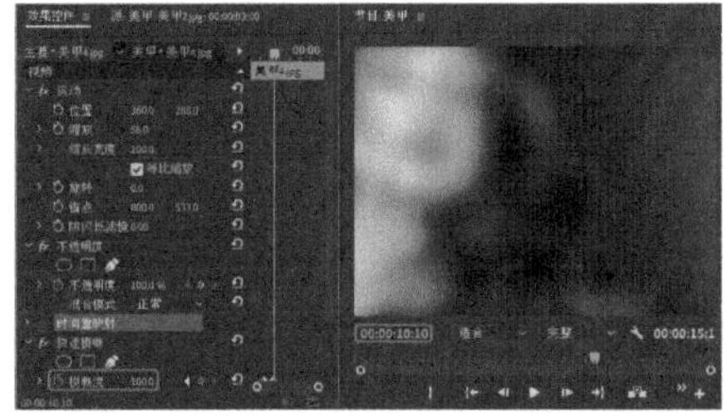
图 4-285

11 在【效果】面板中搜索【推】效果，将其拖曳至 V1 轨道中“美甲 3.jpg”与“美甲 4.jpg”素材文件之间，如图 4-286 所示。

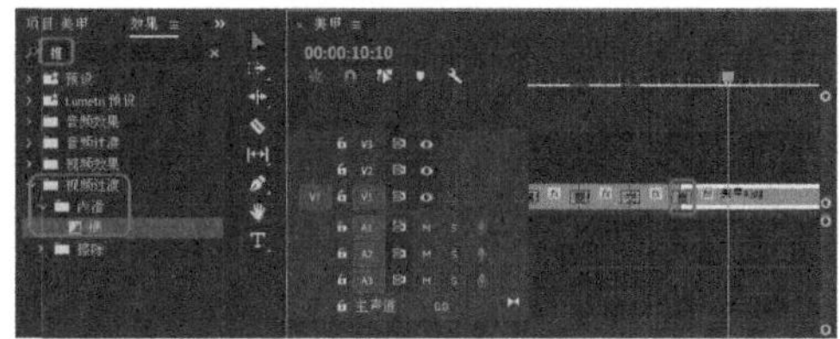
图 4-286

12 将当前时间设置为 00:00:00:00，选择【项目】面板中的“爆炸烟雾 1.avi”素材文件，将其拖曳到 V2 轨道中，使其开始处与时间线对齐，将其持续时间设置为 00:00:10:00。切换至【效果控件】面板，将【运动】选项组中的【缩放】设置为 53.7，将【不透明度】选项组中的【混合模式】设置为【柔光】，如图 4-287 所示。

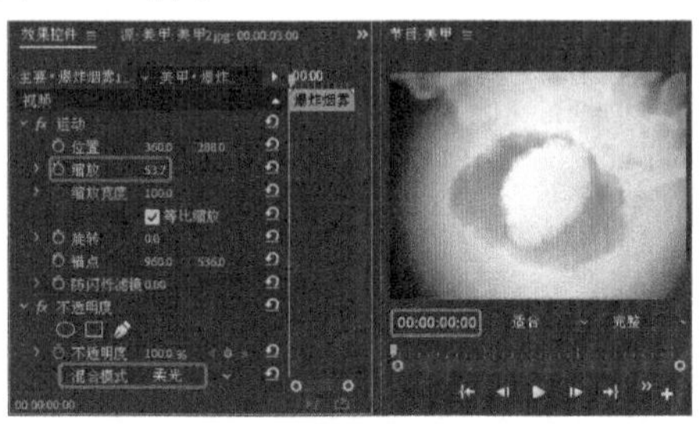
图 4-287

13 将当前时间设置为 00:00:10:00，选择【项目】面板中的“美甲 5.jpg”素材文件，将其拖曳到 V2 轨道中，使其开始处与时间线对齐，结尾处与 V1 轨道中“美甲 4.jpg”素材文件的结尾处对齐。选中素材，切换至【效果控件】面板，将【运动】选项组中的【缩放】设置为 103，将【不透明度】选项组中的【混合模式】设置为【柔光】，如图 4-288 所示。

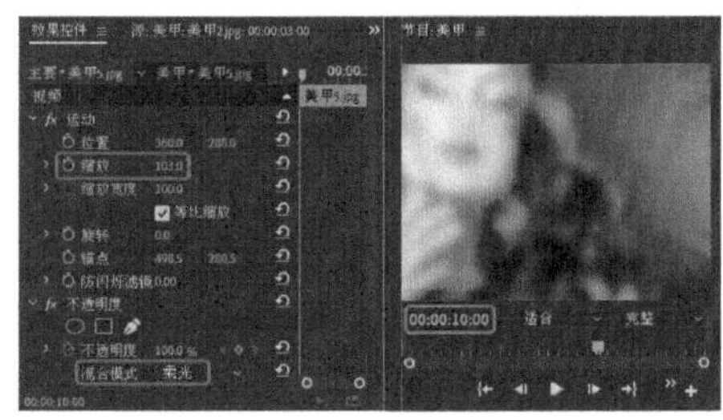
图 4-288

提示：【柔光】能使颜色变亮或变暗，具体取决于混合色，此效果与发散的聚光灯照在图像上相似。如果混合色（光源）比 50% 灰色亮，则图像变亮。如果混合色（光源）比 50% 灰色暗，则图像变暗。用纯黑色或纯白色绘画会产生明显较暗或较亮的区域，但不会产生纯黑色或纯白色。

14 将当前时间设置为00:00:10:11，选择【项目】面板中的“美甲 6.jpg”素材文件，将其拖曳到V3轨道中，使其开始处与时间线对齐，结尾处与V2轨道中“美甲 5.jpg”素材文件的结尾处对齐。在【效果】面板中搜索【裁剪】效果，将其拖曳至V3轨道中的“美甲 6.jpg”素材文件上，并选中素材，切换至【效果控件】面板，将【运动】选项组中的【缩放】设置为10.9，【位置】设置为90、288，将【裁剪】选项组中的【左侧】设置为36 %、【顶部】设置为0 %、【右侧】设置为35 %、【底部】设置为0 %，如图4-289所示。

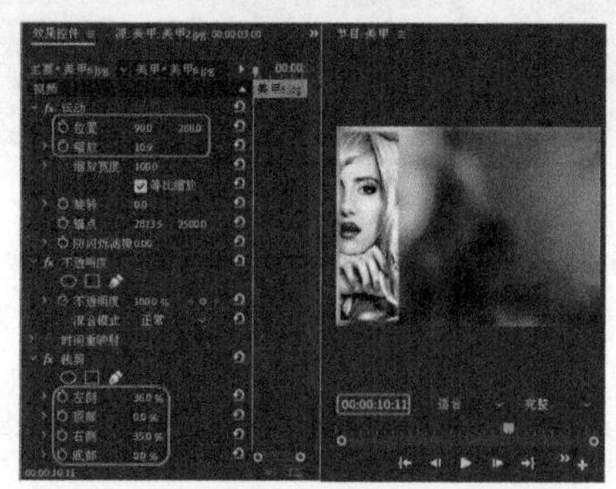

图 4-289

15 在【效果】面板中搜索【交叉溶解】效果，将其拖曳至V3轨道中“美甲 6.jpg”素材文件的开始处，如图4-290所示。

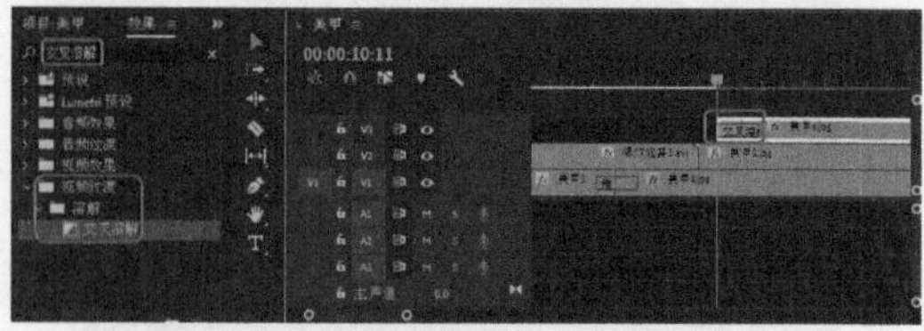

图 4-290

16 使用同样的方法将其他素材添加至轨道中，添加效果并设置参数，如图4-291所示。

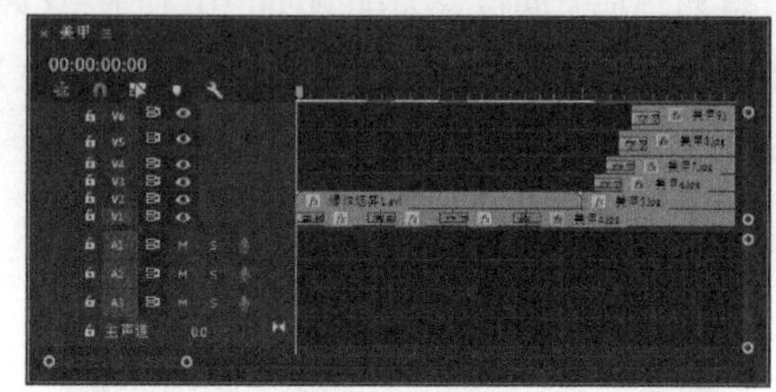

图 4-291

第 5 章

动物欣赏动画——视频特效

本章导读：

本章将介绍如何在影片上添加视频特效，这对于剪辑人员来说是非常重要的，它对视频的好与坏起着决定性的作用，巧妙地为影片添加各式各样的视频特效可以使影片具有很强的视觉感染力。

【案例精讲】动物欣赏动画

为了更好地完成本设计案例，现对制作要求及设计内容做如下规划，效果如图 5-1 所示。

作品名称	动物欣赏动画
设计创意	动物欣赏动画主要运用多个视频特效对素材进行美化。根据时间不同添加合适的素材与特效，从而制作出最终的效果
主要元素	（1）动物图片 （2）点光视频
应用软件	Adobe Premiere Pro CC
素材	素材\Cha05\动物 1.jpg、动物 2.jpg、动物 3.jpg、动物 4.jpg、动物 5.jpg、动物 6.jpg、动物 7.jpg、动物 8.jpg、点光 .avi
场景	场景\Cha05\【案例精讲】动物欣赏动画 .prproj
视频	视频教学\Cha05\【案例精讲】动物欣赏动画 .mp4
动物欣赏动画效果欣赏	 图 5-1
备注	

01 新建项目文件和DV-PAL选项组中的【标准48kHz】序列文件，在【项目】面板中导入"素材\Cha05\动物1.jpg、动物2.jpg、动物3.jpg、动物4.jpg、动物5.jpg、动物6.jpg、动物7.jpg、动物8.jpg、点光.avi"素材文件，如图5-2所示。

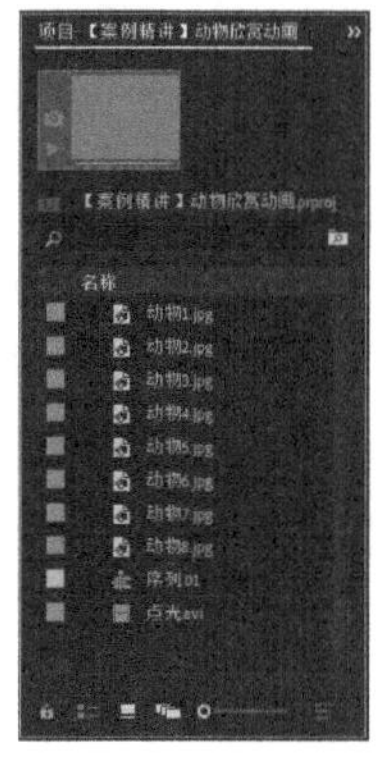

图 5-2

02 将当前时间设置为00:00:00:00，选择【项目】面板中的"动物1.jpg"素材文件，将其拖曳到V1轨道中，使其开始处与时间线对齐，将其持续时间设置为00:00:02:10。在【效果】面板中搜索【四色渐变】效果并拖曳至V1轨道中的素材上。选中该素材，切换至【效果控件】面板，将【运动】选项组中的【缩放】设置为35，将【四色渐变】选项组中的【混合模式】设置为【滤色】，如图5-3所示。

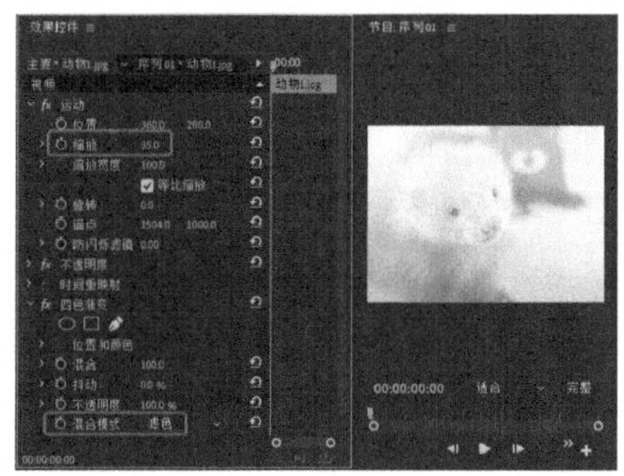

图 5-3

提示：【滤色】原理就是查看每个通道的颜色信息，并将混合色的互补色与基色复合。结果色总是较亮的颜色，用黑色过滤时颜色保持不变，用白色过滤时将产生白色。

03 选择【项目】面板中的"点光.avi"素材文件，将其拖曳到V2轨道中，使其开始处与时间线对齐，将其持续时间设置为00:00:11:21，并选中素材，切换至【效果控件】面板，将【运动】选项组中的【缩放】设置为100，将【不透明度】选项组中的【混合模式】设置为【滤色】，如图5-4所示。

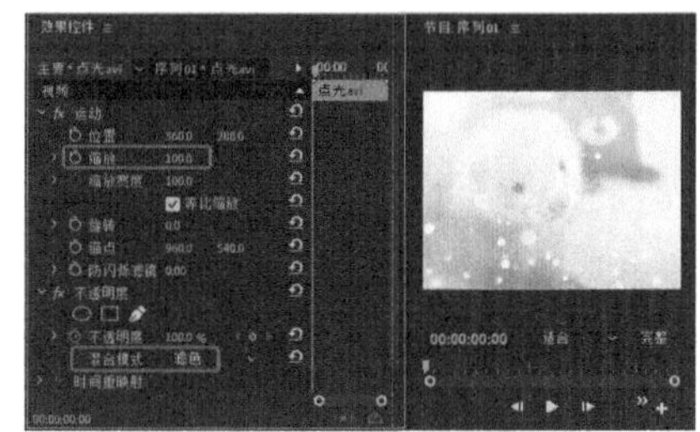

图 5-4

04 将当前时间设置为00:00:02:10，在【项目】面板中，将"动物2.jpg"素材文件拖曳至V1轨道中，使其开始处与时间线对齐，并选中轨道中的素材，将其持续时间设置为00:00:02:10。切换至【效果控件】面板，将【运动】选项组中的【缩放】设置为86，如图5-5所示。

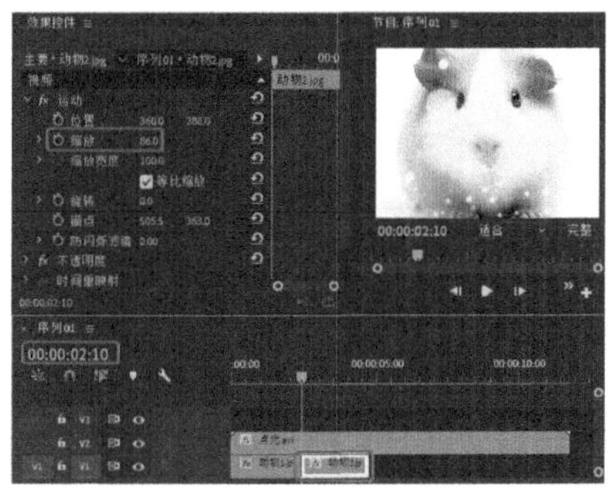

图 5-5

05 在【效果】面板中，搜索【交叉划像】效果，将其拖曳至V1轨道中"动物1.jpg"与"动物2.jpg"素材文件之间，如图5-6所示。

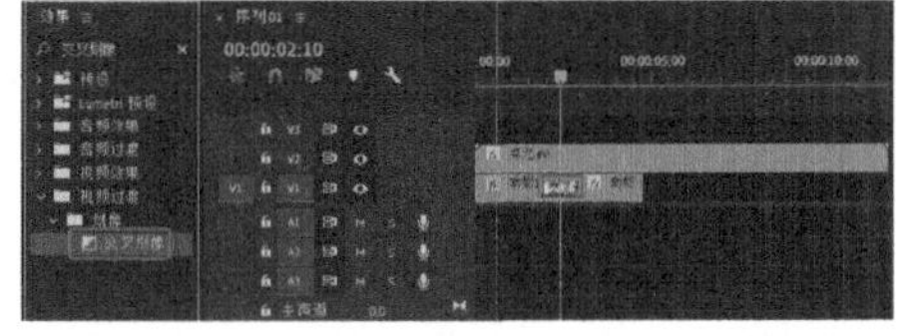

图 5-6

06 使用同样的方法将其他素材拖曳至视频轨道中，并向素材之间添加效果，如图5-7所示。

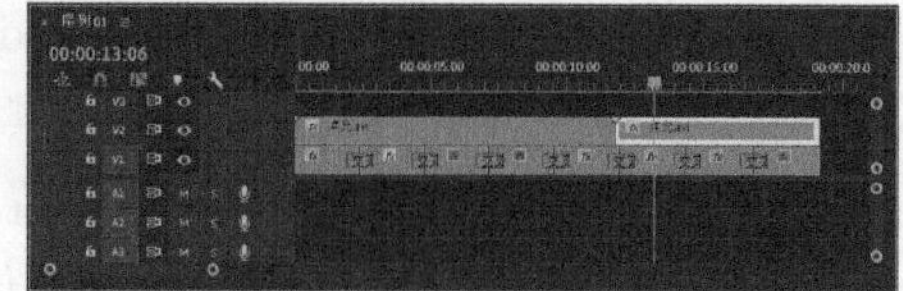
图 5-7

07 将场景进行保存，并将视频导出即可。

5.1 认识关键帧

在动画制作过程中，关键帧是必不可少的。在 3ds Max、Animate 中，动画都是由不同的关键帧组成的，为不同的关键帧设置不同的效果可以展现丰富多彩的动画效果。

Premiere Pro通过关键帧创建和控制动画，即在不同的时间点使对象属性发生变化，而时间点间的变化则由计算机来完成。

当对一个图层的某个参数设置一个关键帧时，表示该图层的某个参数在当前时间点有了一个固定值，而在另一个时间点设置了不同的参数后，在这一段时间中，该参数的值会由前一个关键帧向后一个关键帧变化。Premiere Pro 通过计算会自动生成两个关键帧之间参数变化时的过渡画面，当这些画面连续播放，就形成了视频动画的效果。

5.2 关键帧的创建

在 Premiere Pro 中，关键帧的创建是在【效果控件】面板中进行的，本质上就是为层的属性设置动画。在可以设置关键帧参数的左侧都有一个【切换动画】按钮，单击该按钮，图标将变为状态，这样就打开了关键帧记录，并在当前的时间位置设置了一个关键帧，如图 5-8 所示。

将时间轴移至一个新的时间位置，对设置关键帧属性的参数进行修改，此时即可在当前的时间位置自动生成一个关键帧，如图 5-9 所示。

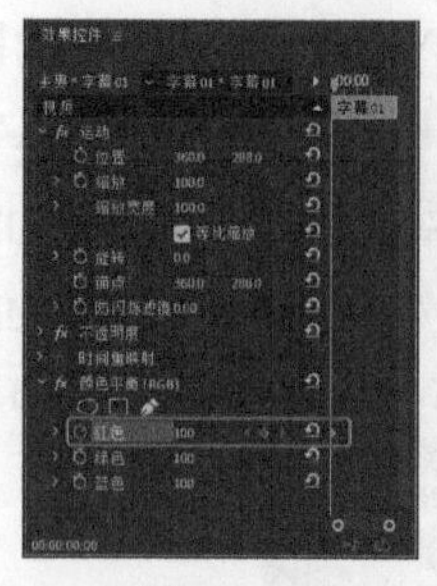
图 5-8

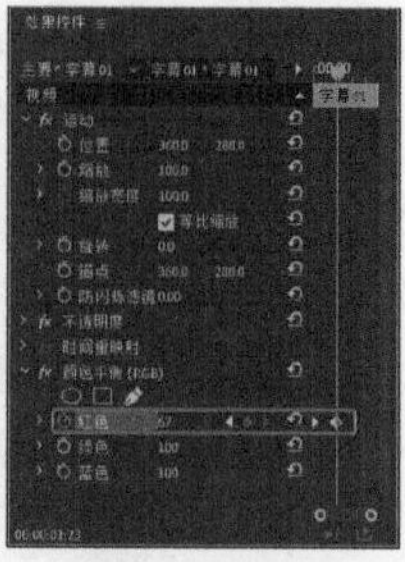
图 5-9

如果在一个新的时间位置，设置一个与前一个关键帧参数相同的关键帧，可直接单击关键帧导航中的【添加 / 移除关键帧】按钮，当按钮变为状态时，即可创建关键帧，如图 5-10 所示。其中，表示跳转到上一个关键帧；表示跳转到下一个关键帧。当关键帧导航显示为时，表示当前关键帧左侧有关键帧；当关键帧导航显示为时，表示当前关键帧右侧有关键帧；当关键帧导航显示为时，表示当前关键帧左侧和右侧都有关键帧。

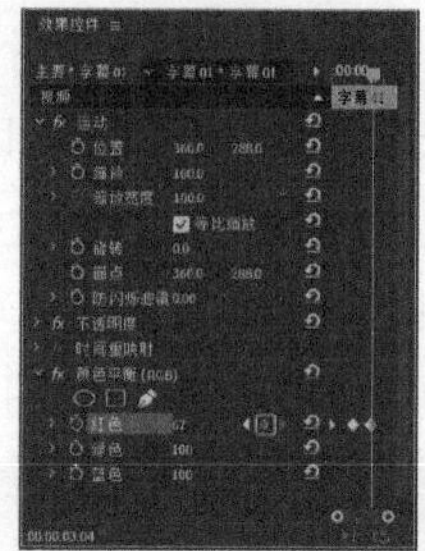
图 5-10

提示：使用添加关键帧的方式可以创建动画，并控制素材动画效果和音频效果。通过关键帧查看属性的数值变化，如位置、不透明度等。当为多个关键帧赋予不同的值时，Premiere pro CC 会自动计算关键帧之间的值，这个处理过程称为【插补】。对于大多数标准效果，都可以在素材的整个时间长度内设置关键帧。对于固定效果，比如位置和缩放，也可以设置关键帧，使素材产生动画效果。可以移动、复制或删除关键帧和改变插补的模式。

5.3 【变换】视频特效

本节将讲解【变换】文件夹中【垂直翻转】、【水平翻转】、【羽化边缘】和【裁剪】视频效果的使用。

1. 【垂直翻转】特效

【垂直翻转】特效可以使素材上下翻转。该特效的选项组如图 5-11 所示，其效果对比如图 5-12 所示。

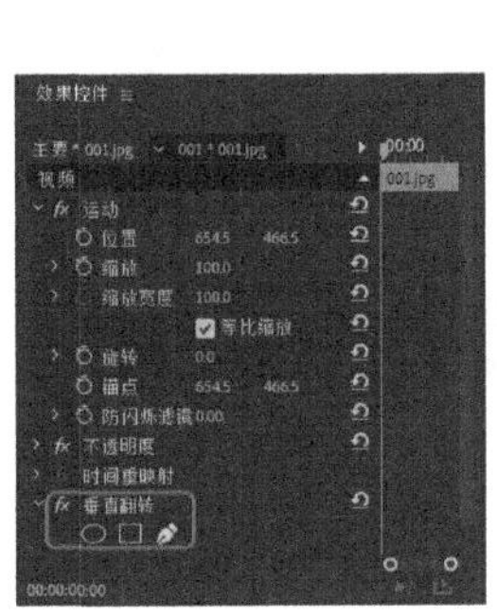

图 5-11

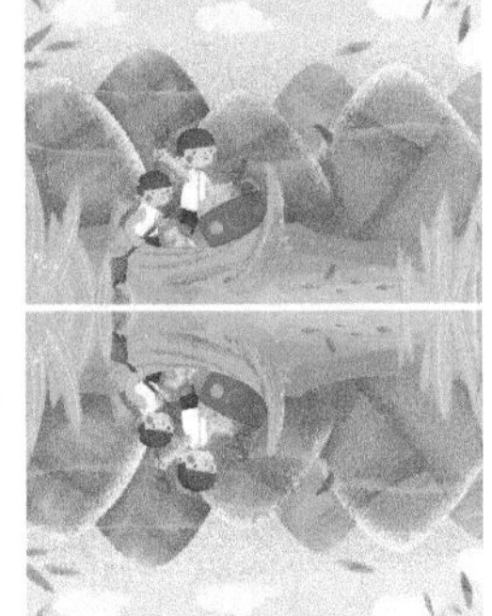

图 5-12

2. 【水平翻转】特效

【水平翻转】特效可以使素材水平翻转。该特效的选项组如图 5-13 所示，其效果对比如图 5-14 所示。

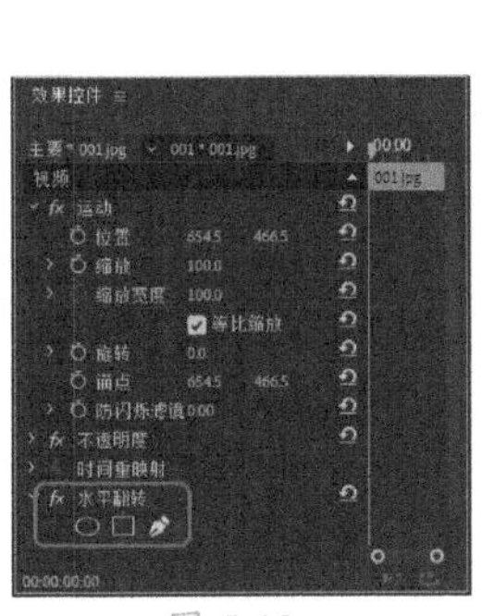

图 5-13

图 5-14

3. 【羽化边缘】特效

【羽化边缘】特效用于对素材片段的边缘进行羽化。该特效的选项组如图 5-15 所示，其效果对比如图 5-16 所示。

图 5-15

图 5-16

4. 【裁剪】特效

【裁剪】特效可以将素材边缘的像素剪掉，通过修改【左侧】、【顶部】、【右侧】、【底部】等参数可以修剪素材个别边缘，还可以通过选中【缩放】复选框自动将修剪过的尺寸大小缩放到原始尺寸大小。该特效的选项组如图 5-17 所示，其效果对比如图 5-18 所示。

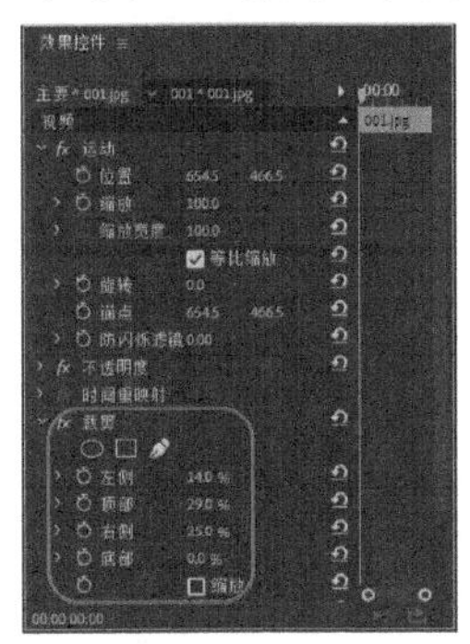

图 5-17

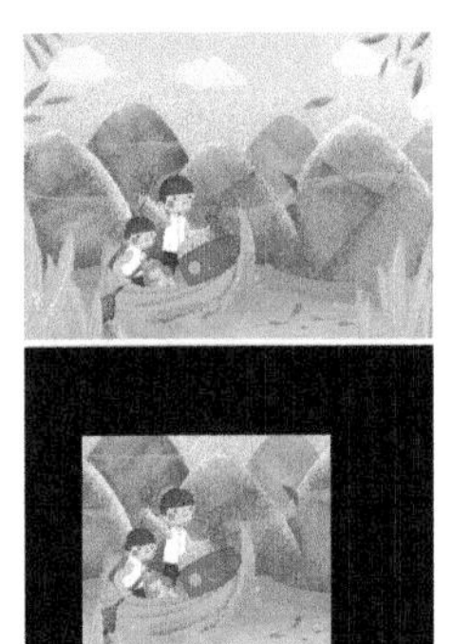

图 5-18

5.4 【图像控制】视频特效

本节将讲解【图像控制】文件夹中【灰度系数校正】、【颜色平衡（RGB）】、【颜色替换】、【颜色过滤】和【黑白】视频效果的使用。

1. 【灰度系数校正】特效

【灰度系数校正】特效可以使素材渐渐变亮或变暗。下面通过小案例来讲解【灰度系数校正】特效的使用方法，其效果对比如图 5-19 所示。

图 5-19

01 新建项目和序列文件，将【序列】设置为 DV-PAL|【标准 48kHz】选项。在【项目】面板中的空白处双击，弹出【导入】对话框，选择“素材\Cha05\002.jpg”素材文件，单击【打开】按钮。在【项目】面板中选择“002.jpg”素材文件，将其添加到【时间轴】面板中的 V1 轨道上，如图 5-20 所示。

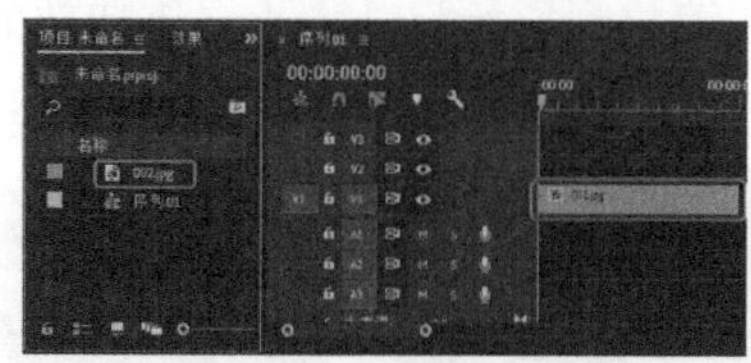

图 5-20

02 在轨道中选择“002.jpg”素材文件，将【缩放】设置为 30，如图 5-21 所示。

图 5-21

03 切换至【效果】面板，打开【视频效果】文件夹，选择【图像控制】|【灰度系数校正】特效，如图 5-22 所示。

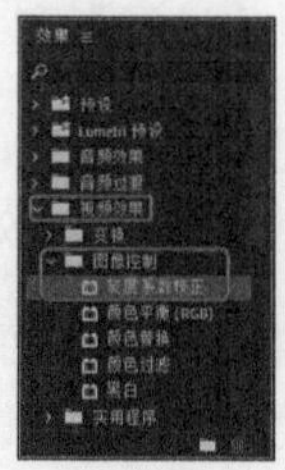

图 5-22

04 选择特效后，按住鼠标左键将其拖曳至【时间轴】面板中素材文件上，如图 5-23 所示。

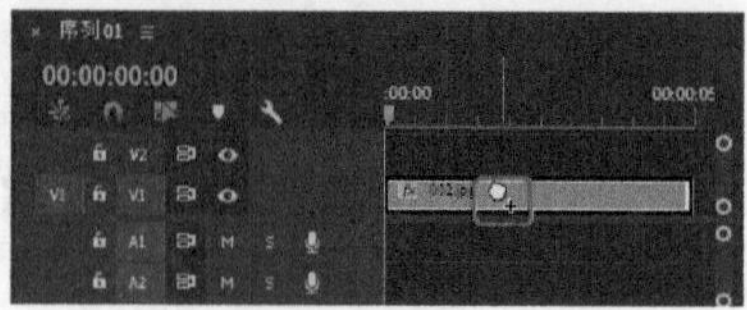

图 5-23

05 打开【效果控件】面板，将【灰度系数校正】特效下的【灰度系数】设置为 6，如图 5-24 所示，观察效果。

图 5-24

2.【颜色平衡（RGB）】特效

【颜色平衡（RGB）】特效可以按 RGB 颜色模式调节素材的颜色，达到校色的目的，其效果对比如图 5-25 所示。

图 5-25

01 新建项目和序列文件，将【序列】设置为 DV-PAL|【标准 48kHz】选项。在【项目】面板中的空白处双击，弹出【导入】对话框，选择“素材\Cha05\003.jpg”素材文件，单击【打开】按钮。在【项目】面板中选择“003.jpg”素材文件，将其添加至 V1 视频轨道上，在

【效果控件】面板中将【缩放】设置为 75，如图 5-26 所示。

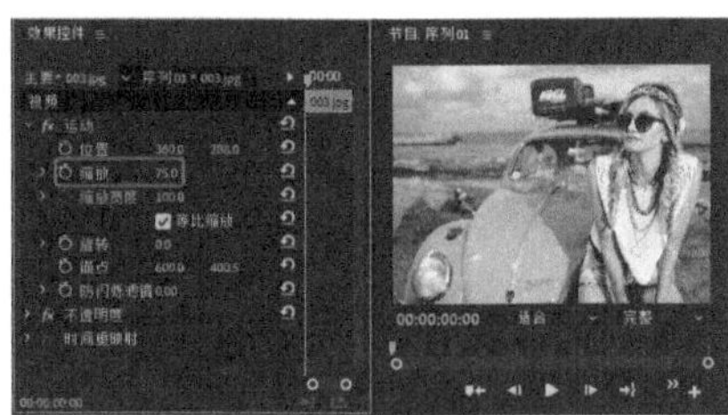

图 5-26

02 切换至【效果】面板，打开【视频效果】文件夹，选择【图像控制】|【颜色平衡（RGB）】特效，选择该特效，将其拖曳至【时间轴】面板中的“003.jpg”素材文件上，如图 5-27 所示。

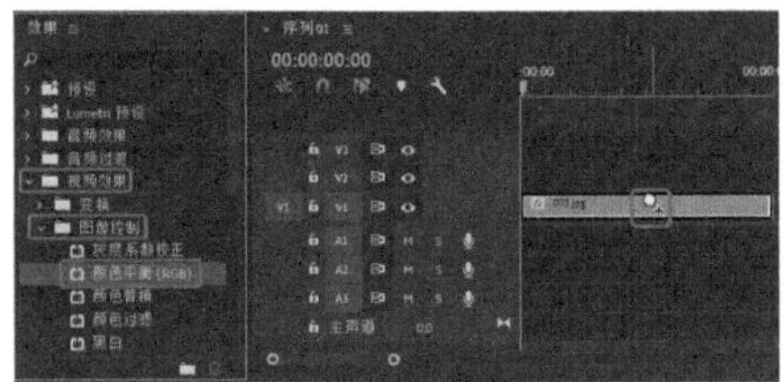

图 5-27

03 在【效果控件】面板中将【颜色平衡（RGB）】下的【红色】、【绿色】、【蓝色】分别设置为 110、105、127，如图 5-28 所示。

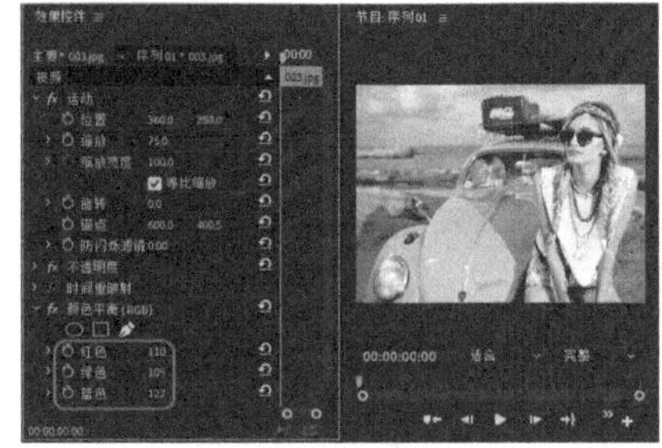

图 5-28

3. 【颜色替换】特效

【颜色替换】特效可以将选择的颜色替换成一个新的颜色，同时保留灰色色阶。使用此特效可以更改图像中的对象的颜色，其方法是选择对象的【目标颜色】，然后调整【相似性】与【替换颜色】参数，替换成新的颜色。该特效的选项组如图 5-29 所示，其效果对比如图 5-30 所示。

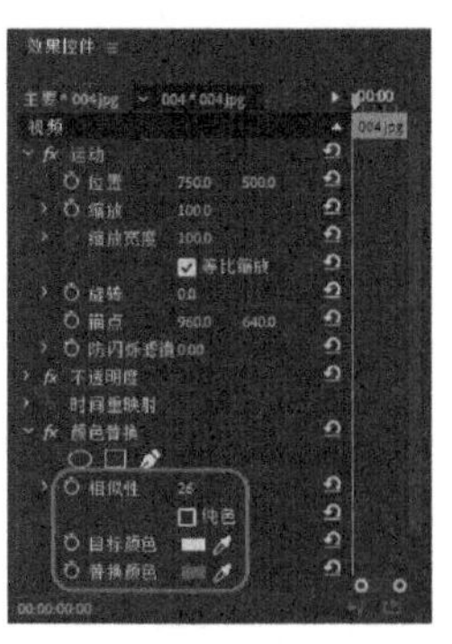

图 5-29

图 5-30

4. 【颜色过滤】特效

【颜色过滤】特效可以将素材只保留一个指定颜色的区域，除了指定颜色的区域外，其他区域将转变成灰度，使用该特效可以突出素材的某个特殊区域。该特效的选项组如图 5-31 所示，其效果对比如图 5-32 所示。

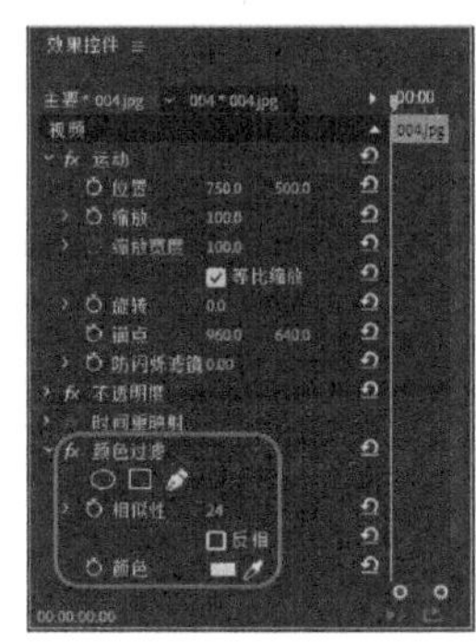

图 5-31

图 5-32

5. 【黑白】特效

【黑白】特效可以将任何彩色素材变成灰度图。也就是说，颜色由灰度的明暗来表示，源素材与添加的特效成对比。该特效的选项组如图 5-33 所示，其效果对比如图 5-34 所示。

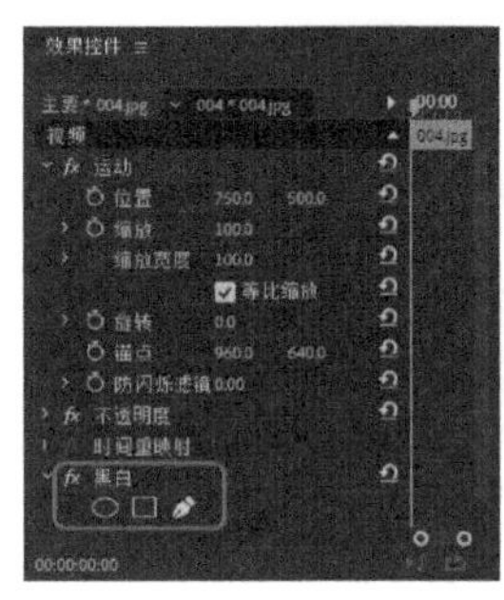

图 5-33

图 5-34

【实战】怀旧照片

本案例在一个独立的序列中，将制作的胶卷相片素材作为怀旧照片的载体，通过设置【黑白】特效，将图片制作成旧照片。然后设置序列的【位置】动画，为视频增加动态效果，其效果对比如图 5-35 所示。

图 5-35

素材	素材 \Cha05\HJ01.jpg、HJ02.jpg
场景	场景 \Cha05\【实战】怀旧照片 .prproj
视频	视频教学 \ Cha05\【实战】怀旧照片 .mp4

01 新建项目文件，按 Ctrl+N 组合键，弹出【新建序列】对话框，选择 DV-PAL|【标准 48kHz】选项，单击【确定】按钮，如图 5-36 所示。

图 5-36

02 在【项目】面板中导入“素材 \Cha05\HJ01.jpg、HJ02.jpg”素材文件，如图 5-37 所示。

图 5-37

03 将当前时间设置为 00:00:00:00，将“HJ01.jpg”素材文件拖曳至 V1 轨道中，将【缩放】设置为 85，如图 5-38 所示。

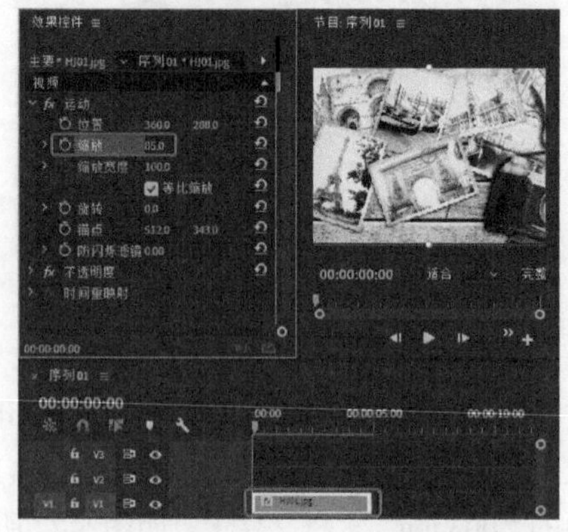

图 5-38

04 按 Ctrl+N 组合键，弹出【新建序列】对话框，切换到【设置】选项卡，将【编辑模式】设置为【自定义】，将【帧大小】设置为 1440，将【水平】设置为 576，单击【确定】按钮，如图 5-39 所示。

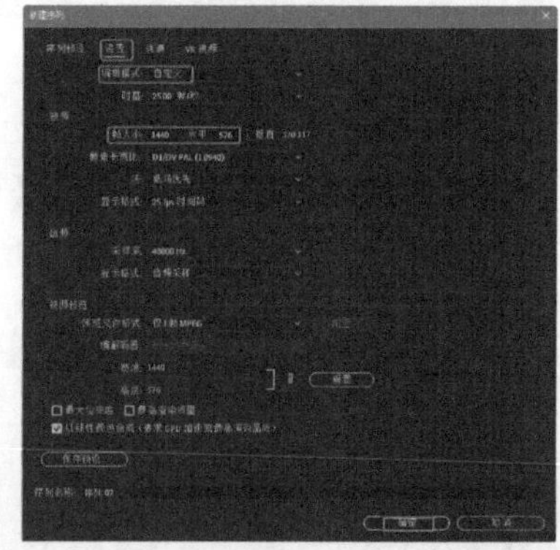

图 5-39

05 在菜单栏中选择【文件】|【新建】|【旧版标题】命令，弹出【新建字幕】对话框，将【宽度】和【高度】分别设置为 720 、576 。使用【矩形工具】绘制矩形，将【宽度】和【高度】分别设置为 790 、574 ，将【X 位置】、【Y 位置】分别设置为 392 、287 ，将【颜色】设置为黑色，如图 5-40 所示。

06 使用【矩形工具】绘制矩形，将【宽度】和【高度】分别设置为 600 、460 ，将【X 位置】、【Y 位置】分别设置为 395 、288 ，将【颜色】设置为白色，如图 5-41 所示。

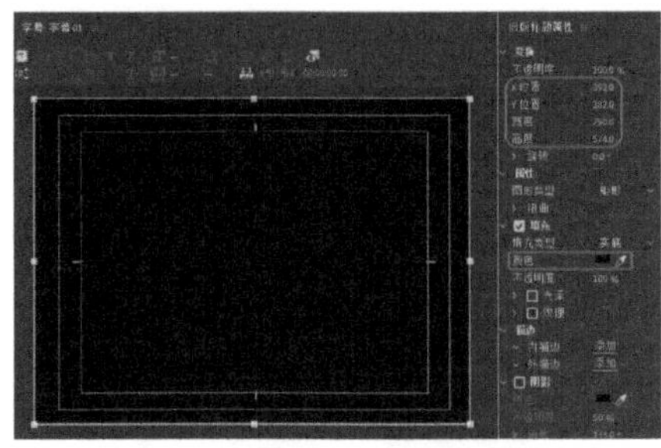

图 5-40

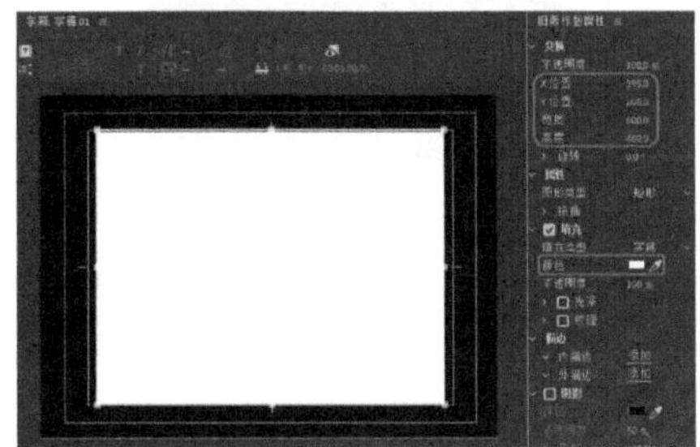

图 5-41

07 使用【圆角矩形工具】绘制圆角矩形，将【圆角大小】设置为 20，将【宽度】和【高度】分别设置为 70 、50 ，将【X 位置】、【Y 位置】分别设置为 41 、63 ，将【颜色】设置为白色，如图 5-42 所示。

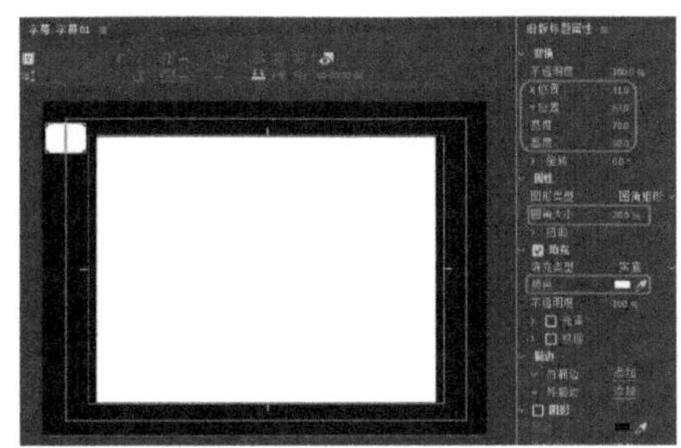

图 5-42

08 对圆角矩形进行复制，并调整位置，效果如图 5-43 所示。

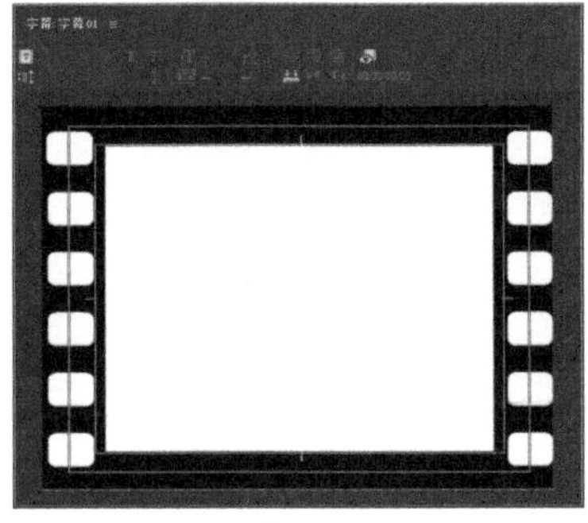

图 5-43

09 将【字幕 01】拖曳至【序列 02】面板的 V1 轨道中，将【位置】设置为 360 、288 ，如图 5-44 所示。

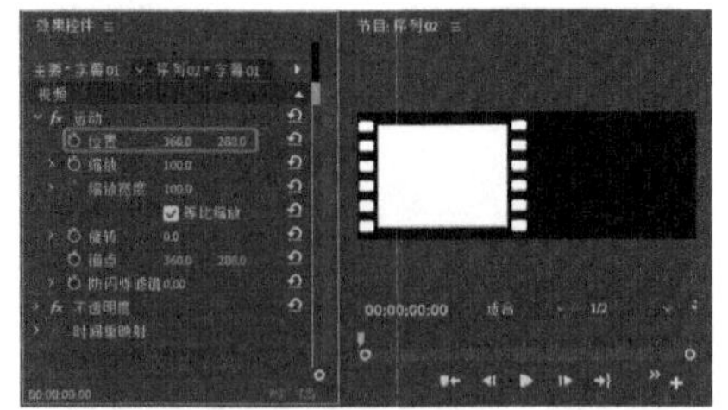

图 5-44

10 将【字幕 01】拖曳至 V2 轨道中，将【位置】设置为 1080 、288 ，如图 5-45 所示。

图 5-45

11 将当前时间设置为 00:00:00:00，将“HJ01.jpg”素材文件拖曳至 V3 轨道中，将【位置】设置为 359.4、289.4，将【缩放】设置为 50 。在【效果】面板中搜索【黑白】特效，将其添加至素材文件，效果如图 5-46 所示。

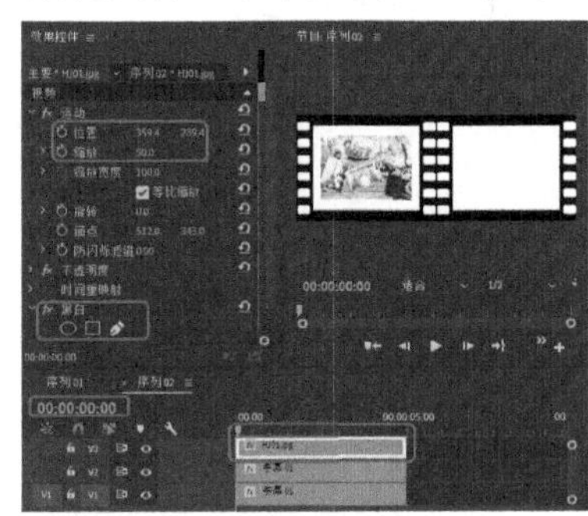

图 5-46

12 将“HJ02.jpg”素材文件拖曳至 V4 轨道中，将【位置】设置为 1080.6、283.8，将【缩放】设置为 85.1，在【效果】面板中搜索【黑白】特效，将其添加到素材文件，效果如图 5-47 所示。

13 选择【序列 01】面板，在【项目】面板中将【序列 02】拖曳至 V2 轨道中，将当前时间设置为 00:00:00:00，将【位置】设置为

1090、288，单击左侧的【切换动画】按钮，将【缩放】设置为50，如图5-48所示。

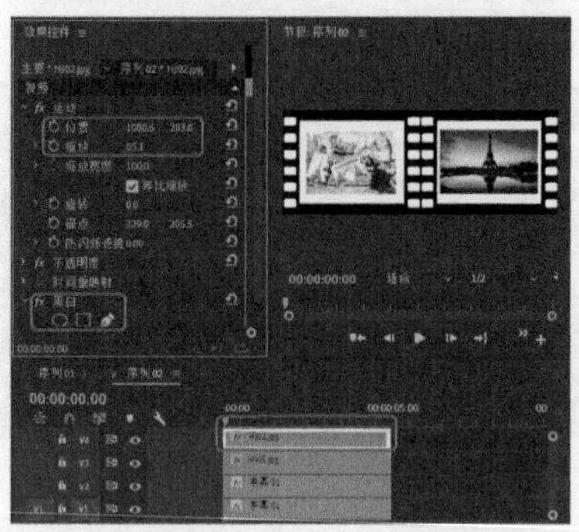

图 5-47

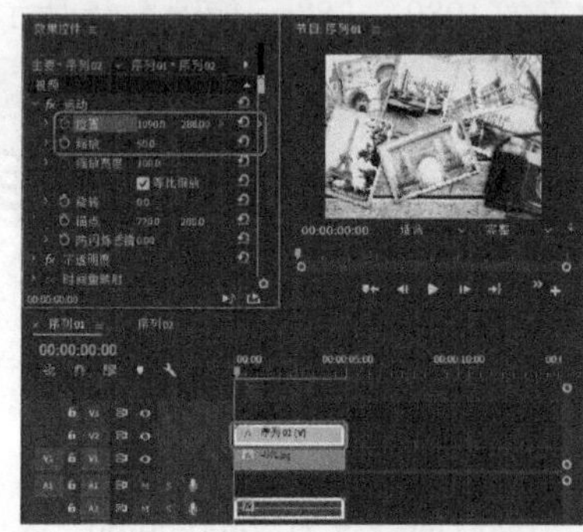

图 5-48

14 将当前时间设置为00:00:03:10，将【位置】设置为357、288，如图5-49所示。

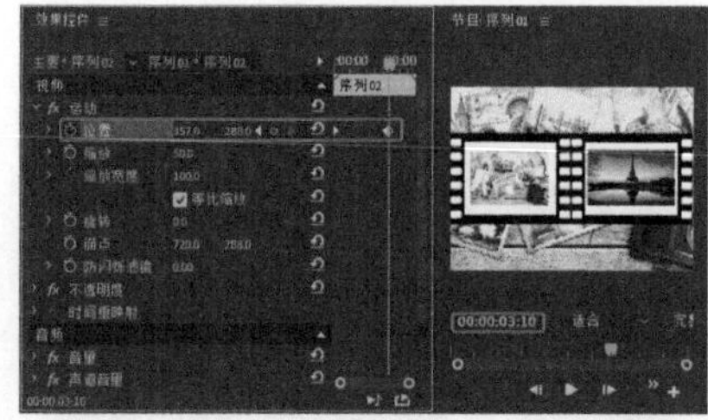

图 5-49

5.5 【实用程序】视频特效

在【实用程序】文件夹下，有一个图像色彩效果的视频特技效果——【Cineon转换器】特效。

【Cineon转换器】特效提供了一个高度数的Cineon图像的颜色转换器。下面将通过简单的操作步骤来介绍如何使用【Cineon转换器】特效，效果如图5-50所示。

图 5-50

01 新建项目和序列文件，将【序列】设置为DV-PAL|【标准48kHz】选项。在【项目】面板中的空白处双击，弹出【导入】对话框，选择“素材\Cha05\005.jpg”素材文件，单击【打开】按钮，选择导入的素材文件，将其拖曳至V1视频轨道上，在【效果控件】面板中将【缩放】设置为115，如图5-51所示。

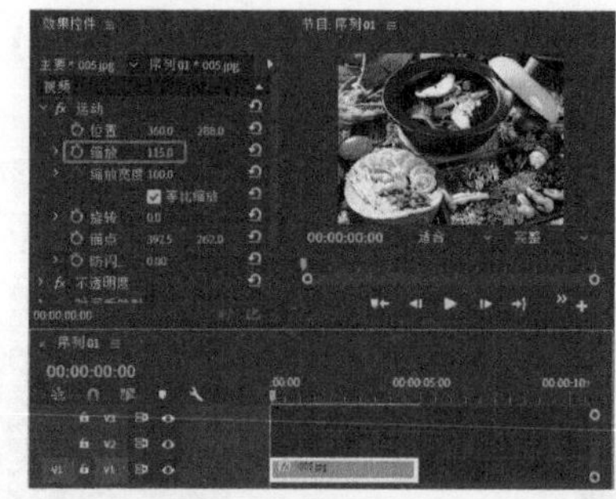

图 5-51

02 切换至【效果】面板，打开【视频效果】文件夹，选择【实用程序】|【Cineon转换器】特效，如图5-52所示。

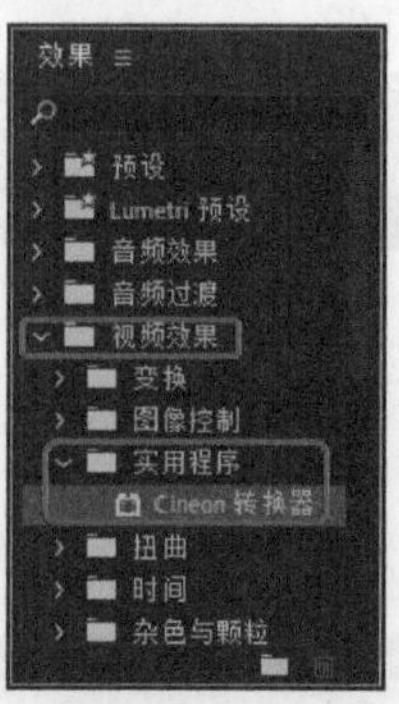

图 5-52

03 选择该特效，将其拖曳至 V1 视频轨道中的素材文件上，将【转换类型】设置为【线性到对数】，将【10 位黑场】、【内部黑场】、【10 位白场】、【内部白场】、【灰度系数】、【高光滤除】分别设置为 0、0、1001、1、5、0，如图 5-53 所示。

图 5-53

【Cineon 转换器】特效选项组中各项命令说明如下。

◎ 【转换类型】：指定 Cineon 文件如何被转换。
◎ 【10 位黑场】：为转换为 10Bit 位数的 Cineon 层指定黑点（最小密度）。
◎ 【内部黑场】：指定黑点在层中如何使用。
◎ 【10 位白场】：为转换为 10Bit 位数的 Cineon 层指定白点（最大密度）。
◎ 【内部白场】：指定白点在层中如何使用。
◎ 【灰度系数】：指定中间色调值。
◎ 【高光滤除】：指定输出值校正高亮区域的亮度。

5.6 【扭曲】视频特效

本节将讲解【扭曲】文件夹的【偏移】、【变形稳定器】、【变换】、【放大】、【旋转扭曲】、【果冻效应修复】、【波形变形】【湍流置换】、【球面化】、【边角定位】、【镜像】和【镜头扭曲】视频效果的使用。

1. 【偏移】特效

【偏移】特效是将原始图像进行偏移复制，并通过调整【与原始图像混合】参数来控制位移的图像在原始图像上显示的效果。该特效的选项组如图 5-54 所示，其效果对比如图 5-55 所示。

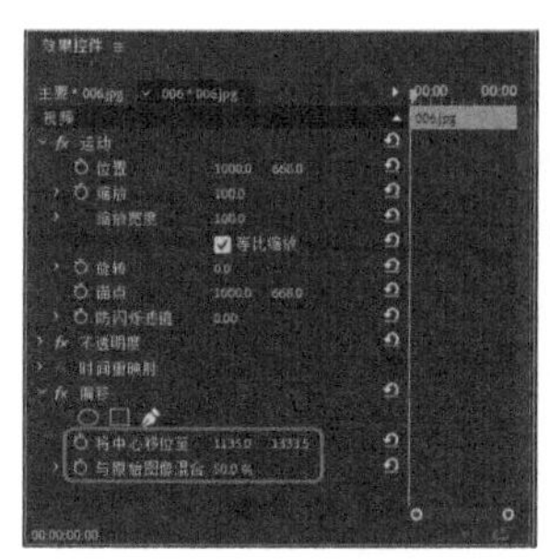

图 5-54

图 5-55

2. 【变形稳定器】特效

在添加【变形稳定器】特效之后，会在后台立即开始分析剪辑。当分析开始时，【项目】面板中会显示第一个栏（共两个），提示正在进行分析。当分析完成时，第二个栏会显示正在进行稳定的消息。该特效的选项组如图 5-56 所示，其效果对比如图 5-57 所示。

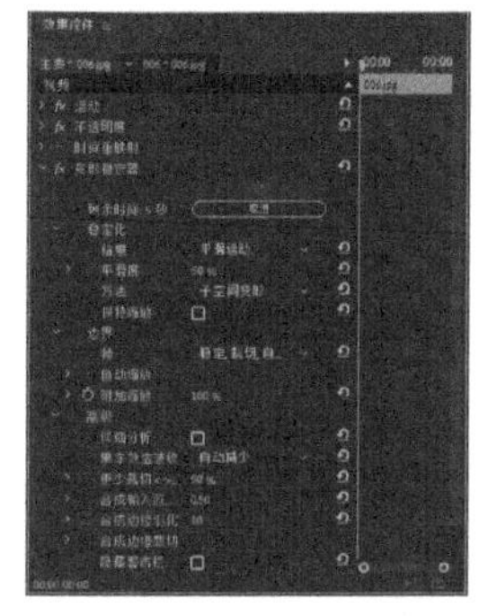

图 5-56

图 5-57

◎ 【稳定化】：可调整稳定过程。
  ◇ 【结果】：控制素材的预期效果，其中包括【平滑运动】和【不运动】两个选项。
    ☆ 平滑运动（默认）：选择该选项后，会启用【平滑度】来控制摄像机移动的平滑程度。
    ☆ 不运动：选择该选项后，将在【高级】部分禁用【更少裁切更多平滑】功能。

◇ 【平滑度】：选择稳定摄像机原来运动的程度。值越低越接近摄像机原来的运动，值越高越平滑。如果值在 100 以上，则需要对图像进行更多裁切。在【结果】设置为【平滑运动】时启用。

◇ 方法：指定变形稳定器为稳定素材而对其执行的最复杂的操作。

☆ 位置：稳定仅基于位置数据，且这是稳定素材的最基本方式。

☆ 位置、缩放、旋转：稳定基于位置、缩放以及旋转数据。如果没有足够的区域用于跟踪，变形稳定器将选择上一个类型（位置）。

☆ 透视：使用将整个帧边角有效固定的稳定类型。如果没有足够的区域用于跟踪，变形稳定器将选择上一个类型（位置、缩放、旋转）。

☆ 子空间变形（默认）：尝试以不同的方式将帧的各个部分变形以稳定整个帧。如果没有足够的区域用于跟踪，变形稳定器将选择上一个类型（透视）。在任何给定帧上使用该方法时，根据跟踪的精度，剪辑中会发生一系列相应的变化。

◎ 【边界】：可以为被稳定的素材设置处理边界的方式。

◇ 【帧】：控制边缘在稳定结果中如何显示。

☆ 仅稳定：显示整个帧，包括运动的边缘。【仅稳定】显示为稳定图像而需要完成的工作量。使用【仅稳定】将允许使用其他方法裁切素材。选择此选项后，【自动缩放】部分和【更少裁切 <-> 更多平滑】属性将处于禁用状态。

☆ 稳定、裁切：裁切运动的边缘而不缩放。【稳定、裁切】等同于使用【稳定、裁切、自动缩放】，并将【最大缩放】设置为 100%。启用此选项后，【自动缩放】部分将处于禁用状态，但【更少裁切 <-> 更多平滑】属性仍处于启用状态。

☆ 稳定、裁切、自动缩放（默认）：裁切运动的边缘，并扩大图像以重新填充帧。自动缩放由【自动缩放】部分的各个属性控制。

☆ 稳定、合成边缘：使用时间上稍早或稍晚的帧中的内容填充由运动边缘创建的空白区域（通过【高级】部分的【合成输入范围】进行控制）。选择此选项后，【自动缩放】部分和【更少裁切 <-> 更多平滑】将处于禁用状态。

提示：当在帧的边缘存在与摄像机移动无关的移动时，可能会出现伪像。

◇ 【自动缩放】：显示当前的自动缩放量，并允许对自动缩放量进行设置。通过将【帧】设置为【稳定、裁切、自动缩放】，可启用自动缩放。

☆ 最大缩放：限制为实现稳定而按比例增加剪辑的最大量。

☆ 动作安全边距：如果为非零值，则会在预计不可见的图像的边缘指定边界。因此，自动缩放不会试图填充它。

◇ 【附加缩放】：使用与在【变换】下的【缩放】属性相同的结果放大剪辑，从而避免对图像进行额外的重新取样。

◎ 【高级】：包括【详细分析】、【果冻效应波纹】、【更少裁切 <-> 更多平滑】、【合成输入范围（秒）】、【合成边缘羽化】、【合成边缘裁切】、【隐藏警告栏】选项。

◇ 【详细分析】：当设置为开启时，会让下一个分析阶段执行额外的工作来查找要跟踪的元素。启用该选项时，生成的数据（作为效果的一部分存储在项目中）会更大且速度慢。

◇ 【果冻效应波纹】：稳定器会自动消除与被稳定的果冻效应素材相关的波纹。【自动减少】是默认值。如果素材包含更大的波纹，要使用【增强减少】。要使用任一方法，请将【方法】设置为【子空间变形】或【透明】。

◇ 【更少裁切 <-> 更多平滑】：在裁切时，控制当裁切矩形在被稳定的图像上方移动时，该裁切矩形的平滑度与缩放之间的折中。但是，较低值可实现平滑，并且可以查看图像的更多区域。设置为 100% 时，结果与用于手动裁剪的【仅稳定】选项相同。

◇ 【合成输入范围（秒）】：控制合成进程在时间上向后或向前走多远来填充任何缺少的像素。

◇ 【合成边缘羽化】：为合成的片段选择羽化量。仅在使用【稳定、合成边缘】时，才会启用该选项。使用羽化控制可平滑合成像素与原始帧连接在一起的边缘。

◇ 【合成边缘裁切】：当使用【稳定、合成边缘】选项时，在将每个帧与其他帧进行组合之前对其边缘进行修剪。使用裁剪控制可剪掉在模拟视频捕获或低质量光学镜头中常见的多余边缘。默认情况下，所有边缘均设为 0 像素。

◇ 【隐藏警告栏】：如果有警告栏指出必须对素材进行重新分析，但不希望对其进行重新分析，则使用此选项。

提示：Premiere Pro 中的变形稳定器效果要求剪辑尺寸与序列设置相匹配。如果剪辑与序列设置不匹配，可以嵌套剪辑，然后对嵌套应用变形稳定器效果。

3.【变换】特效

【变换】特效是对素材应用二维几何转换效果。使用【变换】特效可以沿任何轴向使素材倾斜。该特效的选项组如图 5-58 所示，其效果对比如图 5-59 所示。

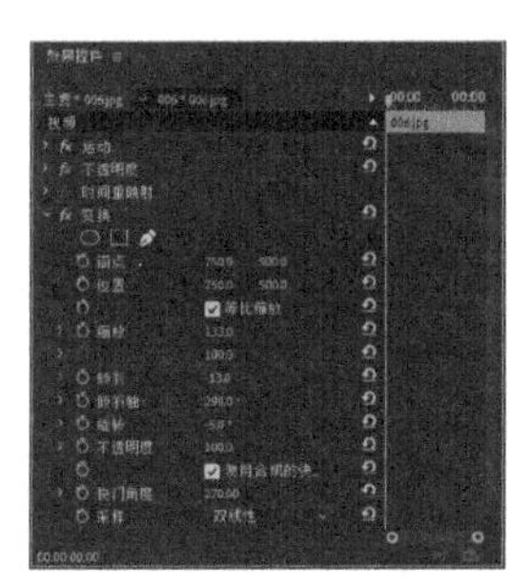

图 5-58

图 5-59

4.【放大】特效

【放大】特效可以将图像局部呈圆形或方形的放大，可以将放大的部分进行【羽化】、【不透明度】等设置。该特效的选项组如图 5-60 所示，其效果对比如图 5-61 所示。

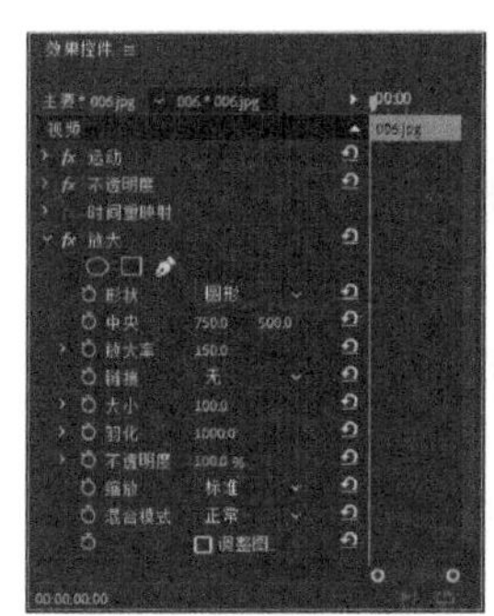

图 5-60

图 5-61

5.【旋转扭曲】特效

【旋转扭曲】特效可以使素材围绕它的

中心旋转，形成一个旋涡。该特效的选项组如图 5-62 所示，其效果对比如图 5-63 所示。

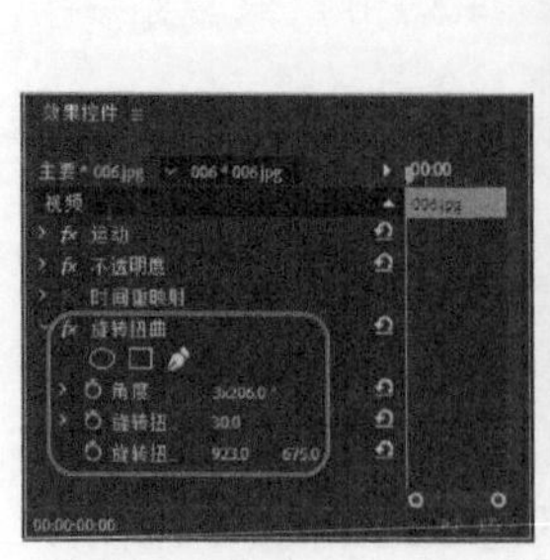

图 5-62

图 5-63

6. 【果冻效应修复】特效

DSLR 及其他基于 CMOS 传感器的摄像机都有一个常见问题：在视频的扫描线之间通常有一个延迟时间。由于扫描之间的时间延迟，无法准确地同时记录图像的所有部分，导致果冻效应扭曲。如果摄像机或拍摄对象移动就会产生这些扭曲。

利用 Premiere Pro 中的果冻效应修复效果来去除这些扭曲伪像。

◎ 果冻效应比率：指定帧速率（扫描时间）的百分比。DSLR 在 50%~70% 范围内，而 iPhone 接近 100%。调整【果冻效应比率】，直至扭曲的线变为竖直。

◎ 扫描方向：指定发生果冻效应扫描的方向。大多数摄像机从顶部到底部扫描传感器。对于智能手机，可颠倒或旋转式操作摄像机，这样可能需要不同的扫描方向。

◎ 方法：指示是否使用光流分析和像素运动重定时来生成变形的帧（像素运动），或者是否应该使用稀疏点跟踪以及变形方法（变形）。

◎ 详细分析：在变形中执行更详细的点分析，在使用【变形】方法时可用。

◎ 像素运动细节：指定光流矢量场计算的详细程度，在使用【像素移动】方法时可用。

7. 【波形变形】特效

【波形变形】特效可以使素材变形为波浪的形状。该特效的选项组如图 5-64 所示，其效果对比如图 5-65 所示。

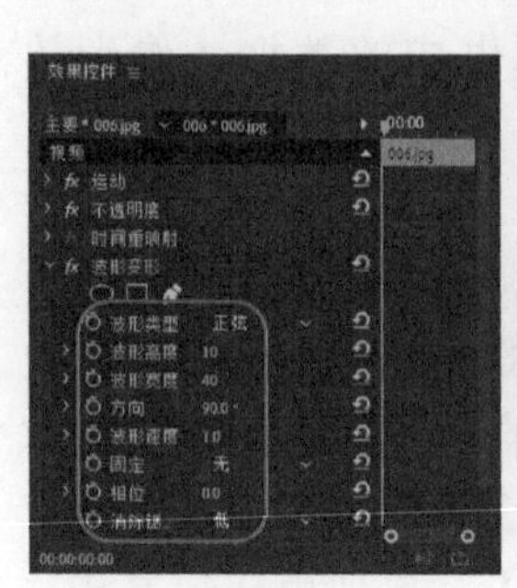

图 5-64

图 5-65

8. 【湍流置换】特效

【湍流置换】特效可以使图片中的图像变形。该特效的选项组如图 5-66 所示，其效果对比如图 5-67 所示。

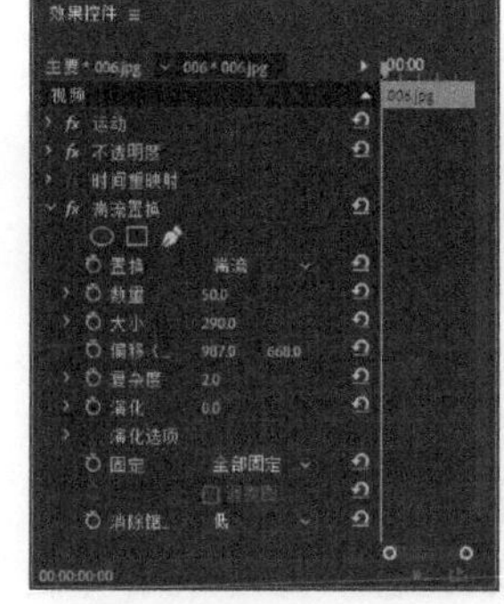

图 5-66

图 5-67

9. 【球面化】特效

【球面化】特效将素材包裹在球形上，可以赋予物体和文字三维效果。该特效的选项组如图 5-68 所示，其效果对比如图 5-69 所示。

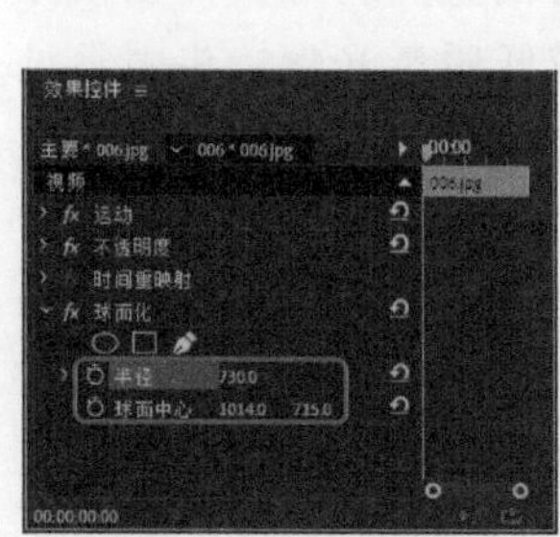

图 5-68

图 5-69

10. 【边角定位】特效

【边角定位】特效可以通过更改每个角的位置来扭曲图像。使用该特效可拉伸、收缩、倾斜或扭曲图像。该特效的选项组如图 5-70 所示，添加特效后的效果如图 5-71 所示。

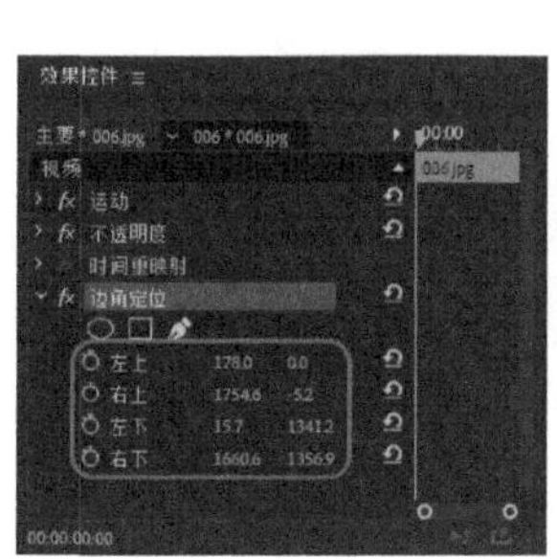
图 5-70

图 5-71

提示：除了上面讲述的通过输入数值来修改图形的方法外，还有一种比较直观、方便的操作方法，单击【效果控件】面板中的边角按钮，这时在【项目】面板中的图片的周围出现四个控制柄，通过调整控制柄就可以改变图片的形状。

11. 【镜像】特效

【镜像】特效用于将图像沿一条线裂开并将其中一边反射到另一边。反射角度决定哪一边被反射到什么位置，可以随时间改变镜像轴线和角度。下面介绍如何应用【镜像】特效，其效果对比如图 5-72 所示。其具体操作步骤如下。

图 5-72

01 新建项目和序列文件，将【序列】设置为 DV-PAL|【标准 48kHz】选项。在【项目】面板中的空白处双击，在弹出的对话框中选择“素材\Cha05\007.jpg”素材文件，单击【打开】按钮，在【项目】面板中选择“007.jpg”素材文件，将其拖曳至 V1 视频轨道上，在【效果控件】面板中将【缩放】设置为 50，如图 5-73 所示。

图 5-73

02 在【时间轴】面板中选择“007.jpg”素材文件，切换至【效果】面板，搜索【镜像】特效，选择该特效，将其添加到 V1 视频轨道中的素材文件上，如图 5-74 所示。

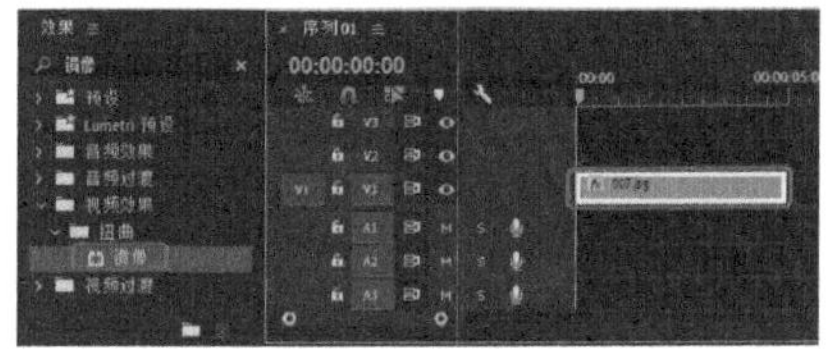
图 5-74

03 切换至【效果控件】面板，将【镜像】下的【反射中心】设置为 721、915，将【反射角度】设置为 90，如图 5-75 所示。

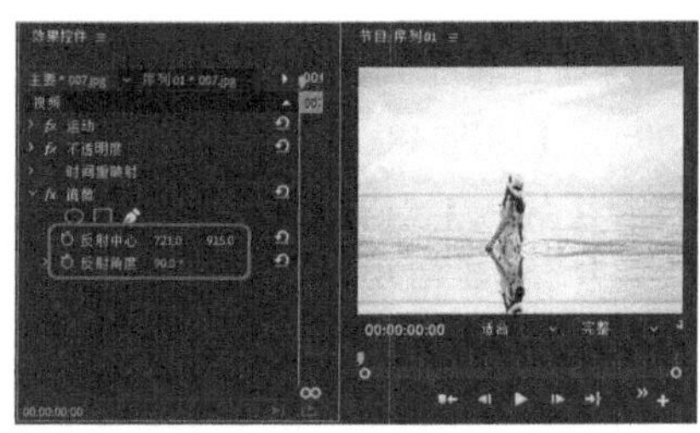
图 5-75

12. 【镜头扭曲】特效

【镜头扭曲】特效是模拟一种从变形透镜观看素材的效果。该特效的选项组如图 5-76 所示，效果如图 5-77 所示。

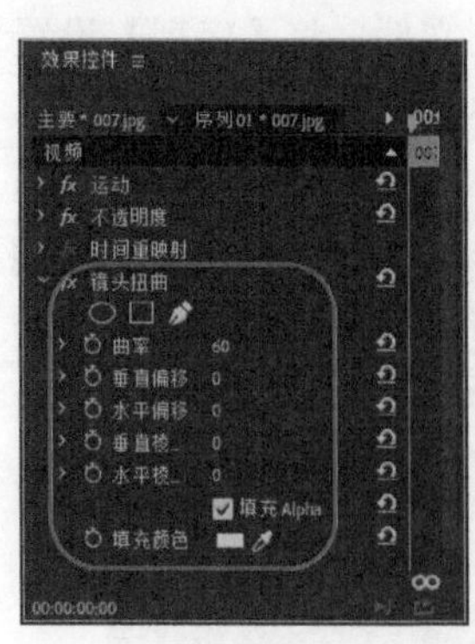
图 5-76

图 5-77

【实战】场景镜像效果

为了表现镜像效果，首先需要选择素材场景。由于镜面效果一般出现在镜面反射或水面反射中，所以本案例选择了一张带有水面的场景图片。为了使视频具有动态的画面，本案例设置【镜像】特效的关键帧，通过控制【反射中心】的位置制作动画效果，其效果对比如图 5-78 所示。

图 5-78

素材	素材 \Cha05\ 镜像 .jpg
场景	场景 \Cha05\【实战】场景镜像效果 .prproj
视频	视频教学 \ Cha05\【实战】场景镜像效果 .mp4

01 新建项目和序列文件，将【序列】设置为 DV-PAL|【标准 48kHz】选项。按 Ctrl+I 组合键打开【导入】对话框，在该对话框中选择“素材 \Cha05\ 镜像 .jpg”素材文件，选择【文件】|【新建】|【旧版标题】命令，在该对话框中保持默认设置，单击【确定】按钮。在打开的对话框中使用【文字工具】输入文字“清爽夏日”，选择输入的文字，在【属性】选项组中将【字体系列】设置为【华文新魏】，将【字体大小】设置为 64，将【X 位置】、【Y 位置】分别设置为 535.7、65.3，将【填充】选项组中的【颜色】RGB 值设置为 246、255、98，如图 5-79 所示。

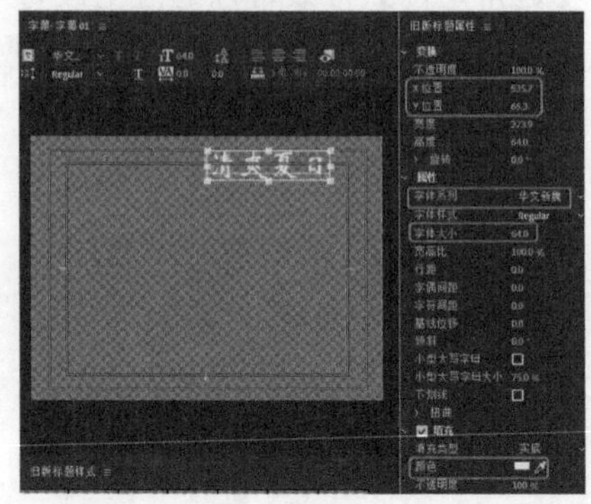
图 5-79

02 将当前时间设置为 00:00:00:00，将“镜像 .jpg”素材文件拖曳至 V1 轨道中，将其开始位置与时间线对齐。将其持续时间设置为 00:00:05:24，将【缩放】设置为 120，如图 5-80 所示。

图 5-80

03 将当前时间设置为 00:00:00:00，在【效果】面板中将【镜像】特效拖曳至 V1 轨道中的素材文件上。在【效果控件】面板中将【反射中心】设置为 0、286.4，单击【反射中心】左侧的【切换动画】按钮，将【反射角度】设置为 0。将持续时间设置为 00:00:05:24，将【反射中心】设置为 658、286.4，如图 5-81 所示。

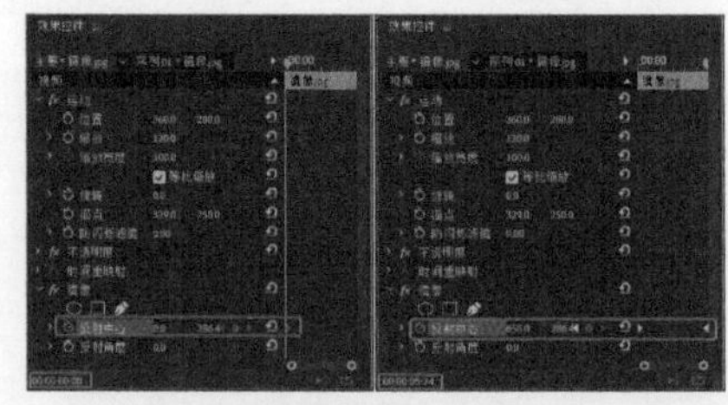
图 5-81

04 继续将“镜像 .jpg”素材文件拖曳至 V1 轨道中，与 V1 轨道中的素材首尾相连，将该素材的当前时间设置为 00:00:03:01。将【缩放】设置为 120，将【镜像】特效拖曳至 V1 轨道中的第二段素材文件上，将【反射中心】设置为 658、250，将【反射角度】设置为 0，将持续时间设置为 00:00:07:00，单击其左侧的【切换动画】按钮，如图 5-82 所示。

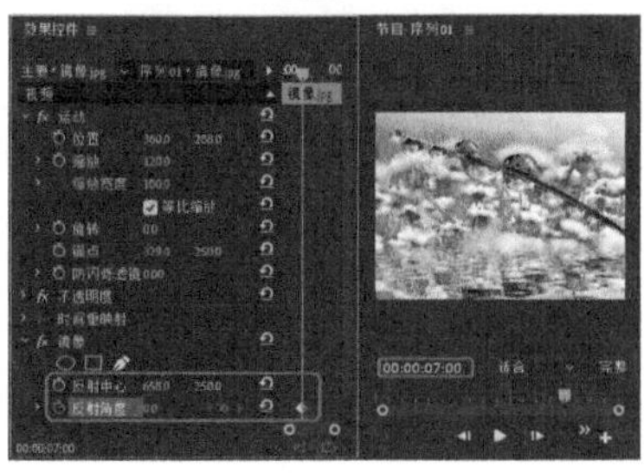

图 5-82

05 将当前时间设置为 00:00:07:18，将【反射角度】设置为 1×0°。将持续时间设置为 00:00:08:12，将【反射角度】设置为 0°，如图 5-83 所示。

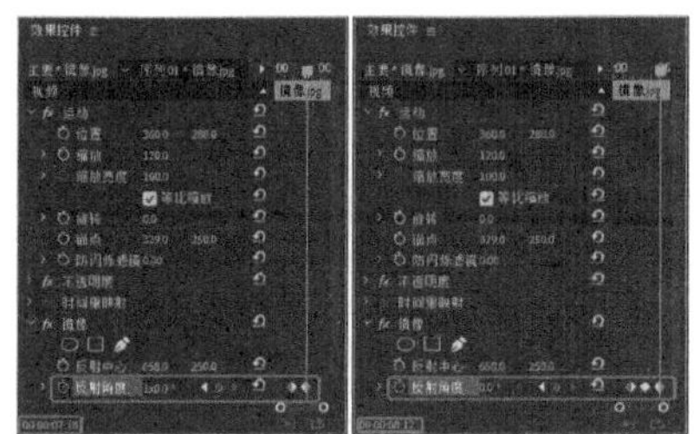

图 5-83

06 将"镜像.jpg"素材文件拖曳至 V1 轨道中，将其与该视频轨道中的素材首尾相连，将【缩放】设置为 120。为素材添加【镜像】特效，将【反射中心】设置为 658、289，将【反射角度】设置为 90°，如图 5-84 所示。

图 5-84

07 将当前时间设置为 00:00:09:00，将"镜像.jpg"素材文件拖曳至 V2 轨道中，将其开始位置与时间线对齐。将【缩放】设置为 120，单击【不透明度】右侧的【添加/移除关键帧】按钮。将持续时间设置为 00:00:10:00，将【不透明度】设置为 0，如图 5-85 所示。

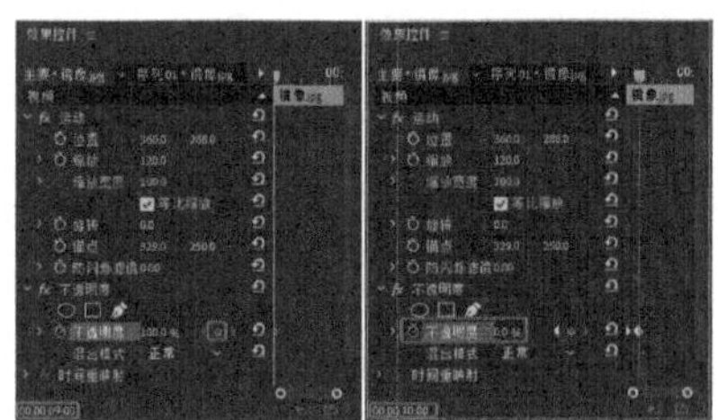

图 5-85

08 将当前时间设置为 00:00:11:00，将【字幕 01】拖曳至 V3 轨道中，将其开始位置与时间线对齐。将【持续时间】设置为 00:00:03:00，将当前时间设置为 00:00:11:10，单击【位置】左侧的【切换动画】按钮，将持续时间设置为 00:00:13:10，将【位置】设置为 360、280，如图 5-86 所示。

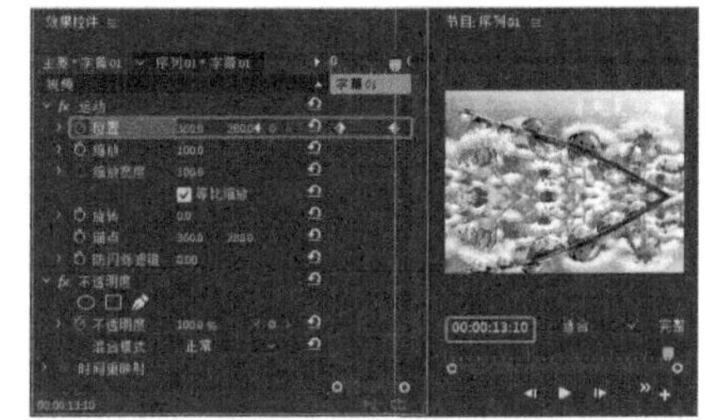

图 5-86

5.7 【时间】视频特效

本节讲解【时间】文件夹下的【抽帧时间】和【残影】特效的使用。

1. 【抽帧时间】特效

使用该特效后，素材将被锁定到一个指定的帧率，以跳帧播放产生动画效果，能够生成抽帧的效果。

2. 【残影】特效

【残影】特效可以混合一个素材中很多

不同的时间帧。它的用途很多，可以使一个普通的视频产生动感效果，在这里我们需要使用视频文件，读者可以自己找一个视频文件对其进行设置。该特效的选项组如图 5-87 所示，效果如图 5-88 所示。

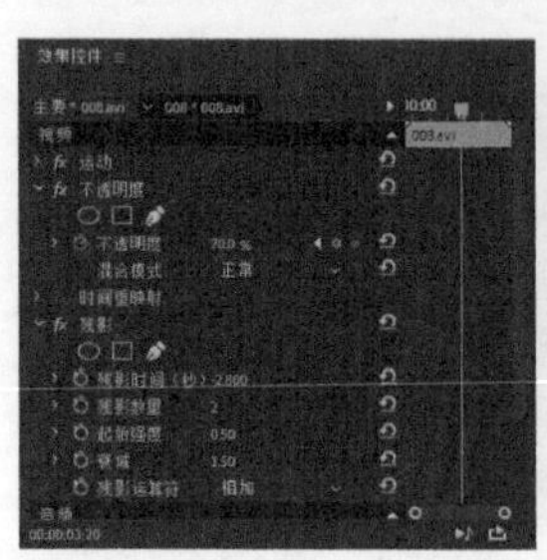

图 5-87

图 5-88

5.8 【杂波与颗粒】视频特效

本节讲解【杂波与颗粒】文件夹下的【中间值】、【杂色】、【杂色 Alpha】、【杂色 HLS】、【杂色 HLS 自动】和【蒙尘与划痕】特效的应用。

1. 【中间值】特效

【中间值】特效可以替换指定半径内的相邻像素，当【半径】参数值较低时，可减少杂色。当【半径】参数值较高时，可以使图像产生绘画风格。

下面介绍如何应用【中间值】特效，效果如图 5-89 所示。其具体操作步骤如下。

图 5-89

01 新建项目和序列文件，将【序列】设置为 DV-PAL|【标准 48kHz】选项。在【项目】面板的空白处双击，弹出【导入】对话框。在弹出的对话框中选择“素材 \Cha05\009.jpg”素材文件，单击【打开】按钮，选择刚刚导入的素材文件，将其拖曳至 V1 视频轨道中。在【效果控件】面板中将【缩放】设置为 42，如图 5-90 所示。

图 5-90

02 打开【效果】面板，选择【视频效果】|【杂色与颗粒】|【中间值（旧版）】特效，双击该特效，在【效果控件】面板中展开【中间值】选项，将【半径】设置为 8，效果如图 5-91 所示。

【中间值】特效选项组中各选项说明如下。

图 5-91

◎ 【半径】：指定使用中间值效果的像素数量。

◎ 【在 Alpha 通道上操作】：对素材的 Alpha 通道应用该效果。

2. 【杂色】特效

【杂色】特效可以随机更改整个图像中的像素值。该特效的选项组如图 5-92 所示，其效果对比如图 5-93 所示。

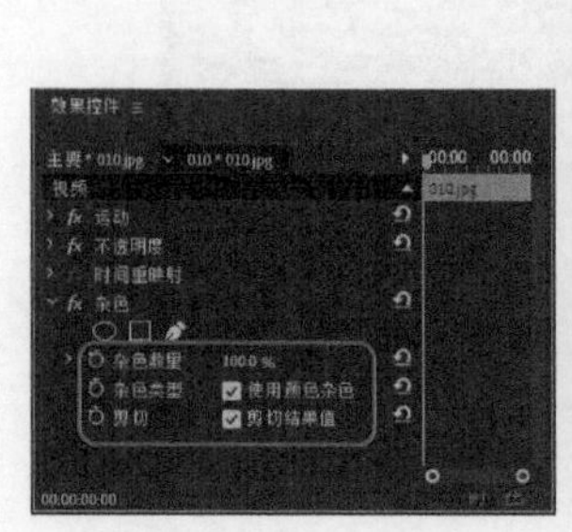

图 5-92

图 5-93

3. 【杂色 Alpha】特效

【杂色 Alpha】特效可以将杂色添加到 Alpha 通道。该特效的选项组如图 5-94 所示，其效果对比如图 5-95 所示。

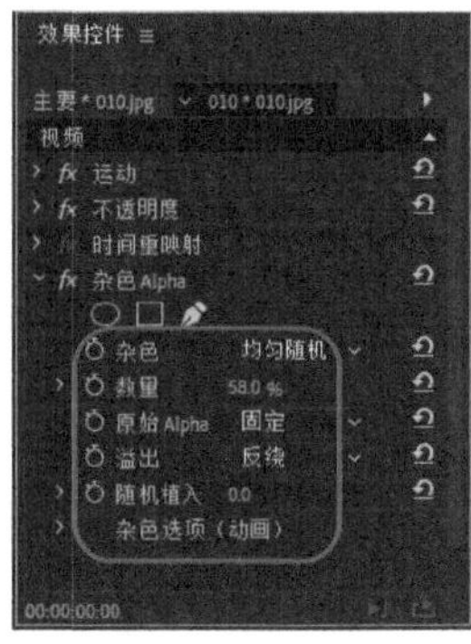

图 5-94

图 5-95

【杂色 Alpha】特效选项组中各选项说明如下。

◎ 【杂色】：指定效果使用的杂色的类型。
◎ 【数量】：指定添加到图像中杂色的数量。
◎ 【原始 Alpha】：指定如何应用杂色到图像的 Alpha 通道中。
◎ 【溢出】：用于设置如何重新映射位于 0~255 灰度范围之外的值。
◎ 【随机植入】：指定杂色的随机值。
◎ 【杂色选项(动画)】：指定杂色的动画效果。

4. 【杂色 HLS】特效

【杂色 HLS】特效可以为指定的色度、亮度、饱和度添加噪波，调整杂波色的尺寸和相位。该特效的选项组如图 5-96 所示，其效果对比如图 5-97 所示。

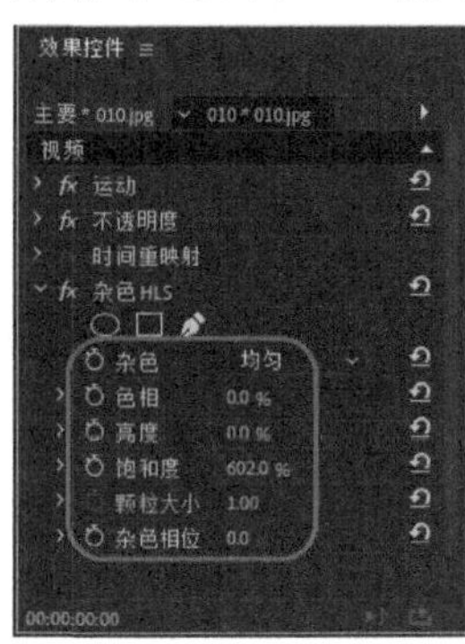

图 5-96

图 5-97

5. 【杂色 HLS 自动】特效

【杂色 HLS 自动】特效与【杂色 HLS】特效相似，效果如图 5-98 所示。

图 5-98

6. 【蒙尘与划痕】特效

【蒙尘与划痕】特效通过改变不同的像素减少噪波，调试不同的范围组合和阈值设置，以达到锐化图像和隐藏缺点之间的平衡。该特效的选项组如图 5-99 所示，其效果对比如图 5-100 所示。

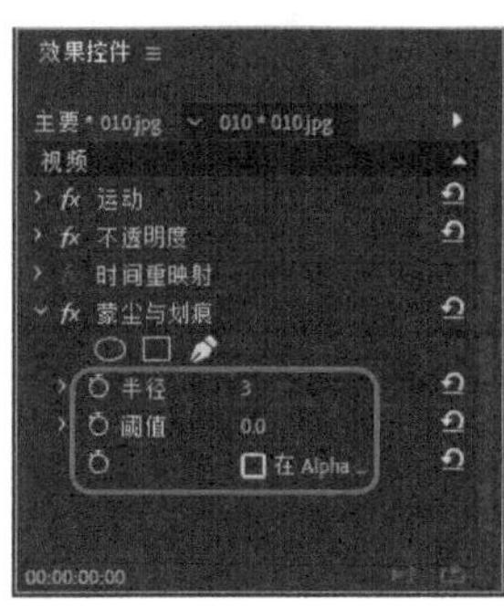

图 5-99

图 5-100

5.9 【模糊和锐化】视频特效

本节讲解【模糊和锐化】文件夹下的【复合模糊】、【方向模糊】、【相机模糊】、【通道模糊】、【钝化蒙版】、【锐化】和【高斯模糊】视频效果的使用。

1. 【复合模糊】特效

【复合模糊】特效可以通过调整【最大模糊】参数使像素变模糊。该特效的选项组如图 5-101 所示，其效果对比如图 5-102 所示。

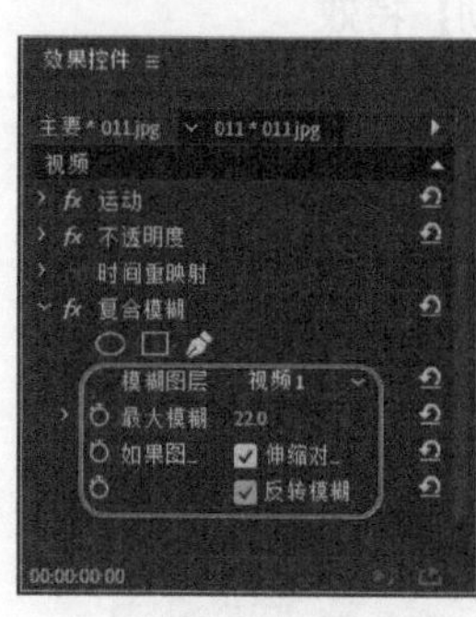

图 5-101

图 5-102

2. 【方向模糊】特效

【方向模糊】特效是对图像选择一个有方向性的模糊，为素材添加运动感觉。该特效的选项组如图 5-103 所示，其效果对比如图 5-104 所示。

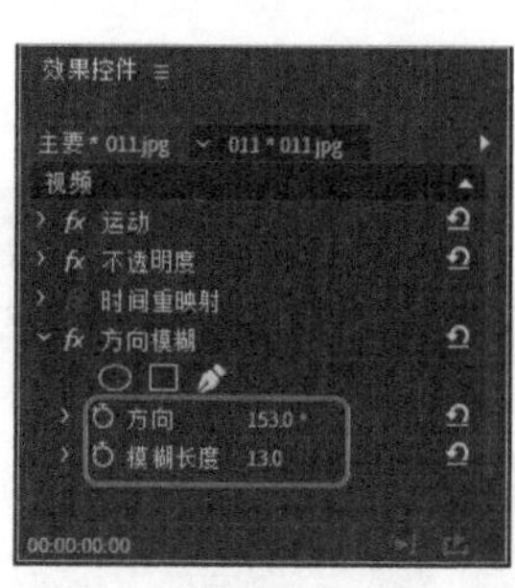

图 5-103

图 5-104

3. 【相机模糊】特效

【相机模糊】特效可以模拟离开相机焦点范围的图像，使图像变模糊。该特效的选项组如图 5-105 所示，其效果对比如图 5-106 所示。

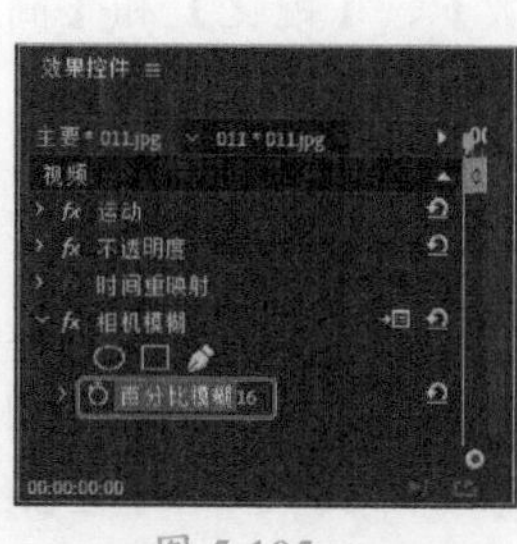

图 5-105

图 5-106

4. 【通道模糊】特效

【通道模糊】特效可以对素材的红、绿、蓝和 Alpha 通道分别进行模糊，可以指定模糊的方向是水平、垂直或双向。使用这个特效可以创建辉光效果或控制一个图层的边缘附近变得不透明。该特效的选项组如图 5-107 所示，其效果对比如图 5-108 所示。

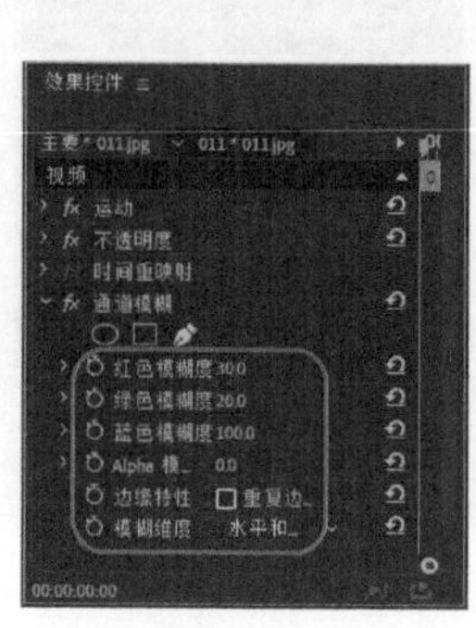

图 5-107

图 5-108

5. 【钝化蒙版】特效

【钝化蒙版】特效能够将图片中模糊的地方变亮。该特效的选项组如图 5-109 所示，其效果对比如图 5-110 所示。

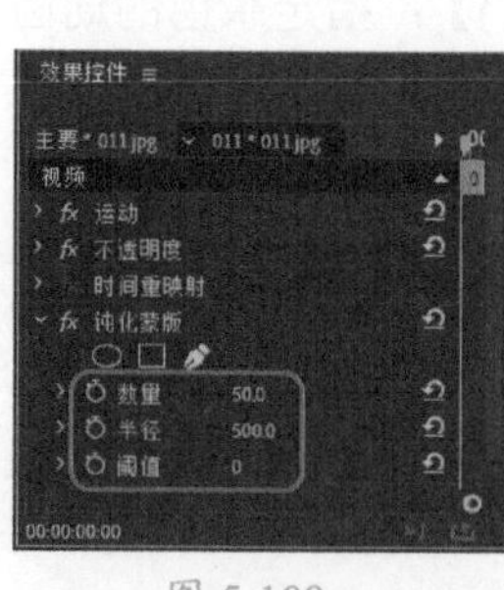

图 5-109

图 5-110

6. 【锐化】特效

【锐化】特效可以通过增加相邻像素之间的对比度来聚焦模糊的图像，使图像变得更加清晰。该特效的选项组如图 5-111 所示，其效果对比如图 5-112 所示。

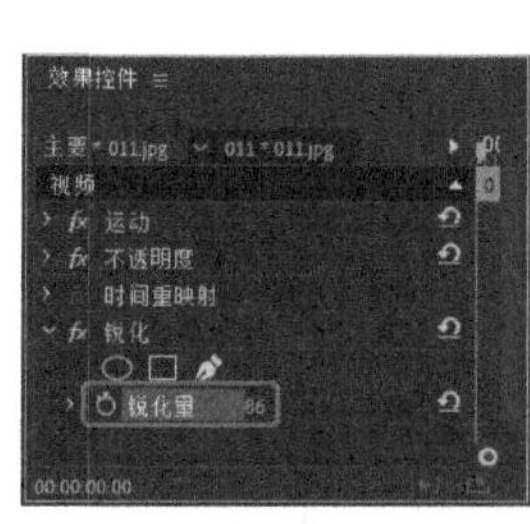

图 5-111

图 5-112

7.【高斯模糊】特效

【高斯模糊】特效能够模糊和柔化图像并能消除噪波，可以指定模糊的方向为水平、垂直或双向。该特效的选项组如图 5-113 所示，其效果对比如图 5-114 所示。

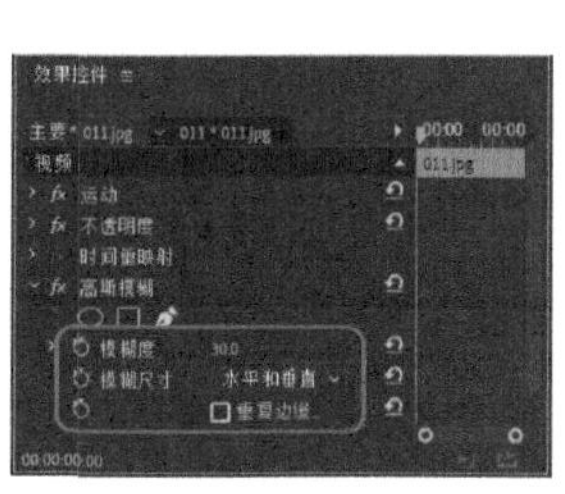

图 5-113

图 5-114

【实战】山清水秀

本案例首先制作字幕，然后设置图片背景，为新的图片添加【百叶窗】特效，设置其切换方式，为最后的图片设置【缩放】，用于结束本段视频。【百叶窗】特效效果如图 5-115 所示。

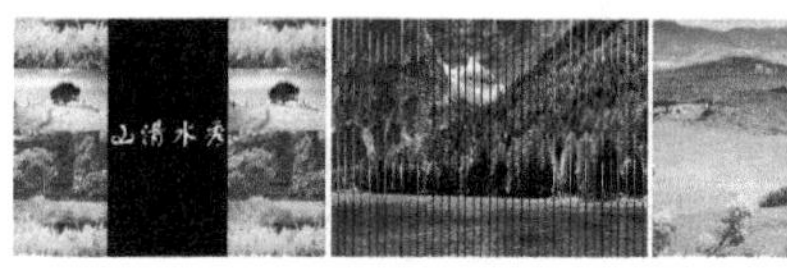

图 5-115

素材	素材 \Cha05\ 风景 1.jpg、风景 2.jpg、风景 3.jpg
场景	场景 \Cha05\【实战】山清水秀 .prproj
视频	视频教学 \ Cha05\【实战】山清水秀 .mp4

01 新建项目和序列文件，将【序列】设置为 DV-PAL|【标准 48kHz】选项，按 Ctrl+I 组合键，在打开的对话框中选择“风景 1.jpg”“风景 2.jpg”和“风景 3.jpg”素材文件，单击【打开】按钮。选择【文件】|【新建】|【旧版标题】命令，在打开的对话框中保持默认设置，单击【确定】按钮。在打开的字幕窗口中使用【文字工具】输入文字“山清水秀”，选择输入的文字，在【属性】面板中将【字体系列】设置为【方正舒体】，将【字体大小】设置为 80，将【变换】选项组中的【X 位置】、【Y 位置】分别设置为 389、288，将【填充】选项组中的【颜色】设置为白色，如图 5-116 所示。

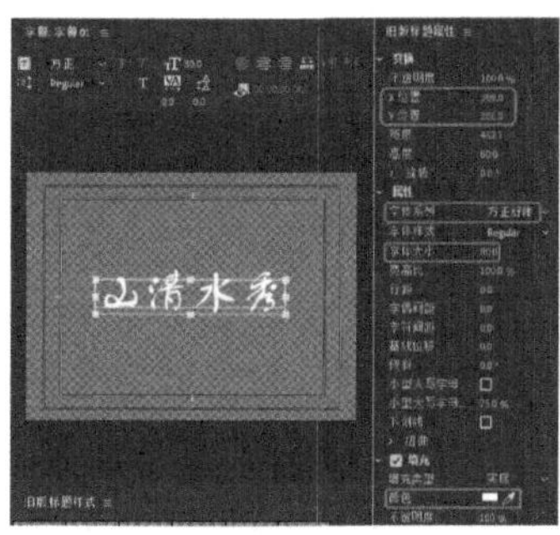

图 5-116

02 将字幕编辑器关闭，将【字幕 01】拖曳至 V1 轨道中，将【缩放】设置为 69。将“风景 1.jpg”素材文件拖曳至 V2 轨道中，将当前时间设置为 00:00:00:00，将【位置】设置为 356、288，单击其左侧的【切换动画】按钮 ，将【缩放】设置为 140，如图 5-117 所示。

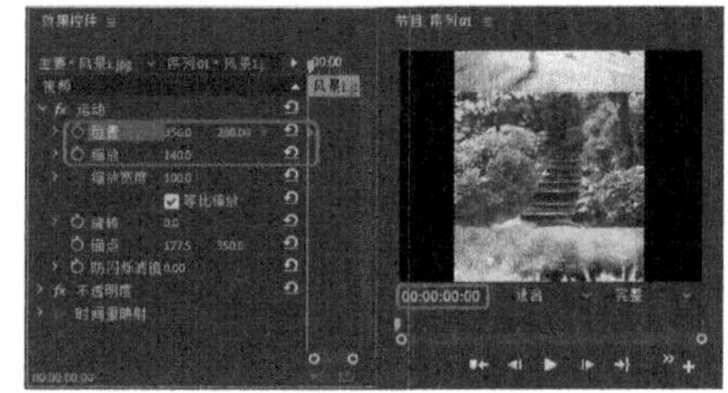

图 5-117

03 将当前时间设置为 00:00:04:24，将【位置】设置为 356、-288，如图 5-118 所示。

04 在【效果】面板中将【复制】视频特效拖曳至 V2 轨道中的素材文件，将【计数】设置为 2，如图 5-119 所示。

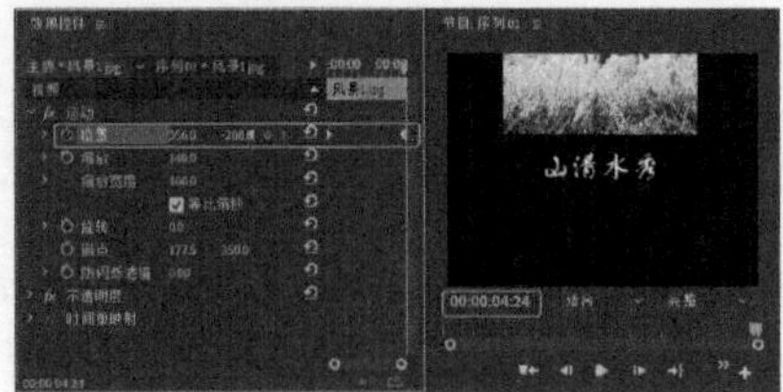

图 5-118

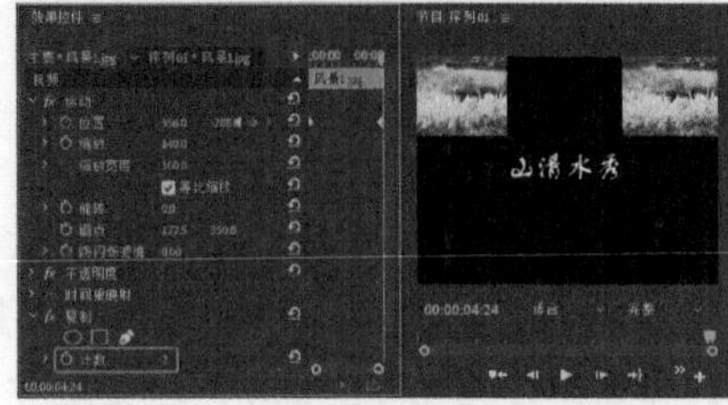

图 5-119

05 将当前时间设置为 00:00:00:00，将“风景 2.jpg”素材文件拖曳至 V3 轨道中，将其开始位置与时间线对齐。在【效果】面板中将【百叶窗】视频特效拖曳至 V3 轨道中的素材文件上，将持续时间设置为 00:00:02:00，将【过渡完成】设置为 100，单击其左侧的【切换动画】按钮，将【方向】设置为 0，将【宽度】设置为 20，将【羽化】设置为 0，如图 5-120 所示。

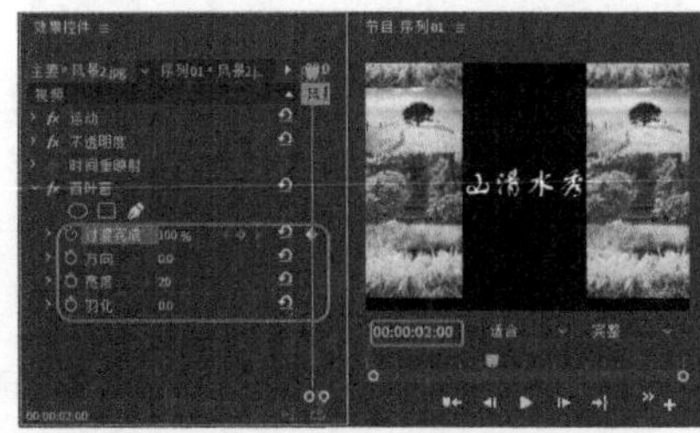

图 5-120

06 将当前时间设置为 00:00:03:00，将【过渡完成】设置为 0。将“风景 3.jpg”素材文件拖曳至 V3 轨道中，将其与 V3 轨道中的素材首尾相连，将持续时间设置为 00:00:05:00，将【缩放】设置为 128，并单击左侧的【切换动画】按钮，将当前时间设置为 00:00:09:00，将【缩放】设置为 87，如图 5-121 所示。

07 至此，场景就制作完成了，场景保存后将效果导出即可。

图 5-121

5.10 【生成】视频特效

本节讲解【生成】文件夹下的【书写】、【单元格图案】、【吸管填充】、【四色渐变】、【圆形】、【棋盘】、【椭圆】、【油漆桶】、【渐变】、【网格】、【镜头光晕】和【闪电】视频效果的使用。

1. 【书写】特效

【书写】特效可以在图像中生成书写的效果，通过为特效设置关键点并不断地调整笔触的位置，可以产生水彩笔书写的效果。图 5-122 所示为【书写】特效的选项组，其效果对比如图 5-123 所示。

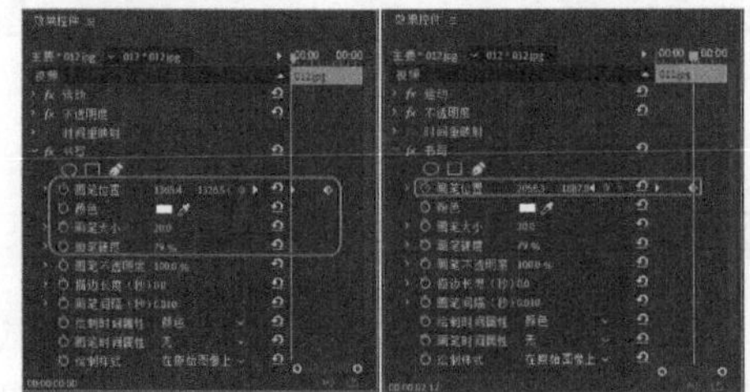

图 5-122

图 5-123

2. 【单元格图案】特效

【单元格图案】特效在基于噪波的基础上可产生蜂巢的图案。使用【单元格图案】特效可产生静态或移动的背景纹理和图案。可用于作为源素材的替换图片。该特效的选项组如图 5-124 所示，其效果对比如图 5-125 所示。

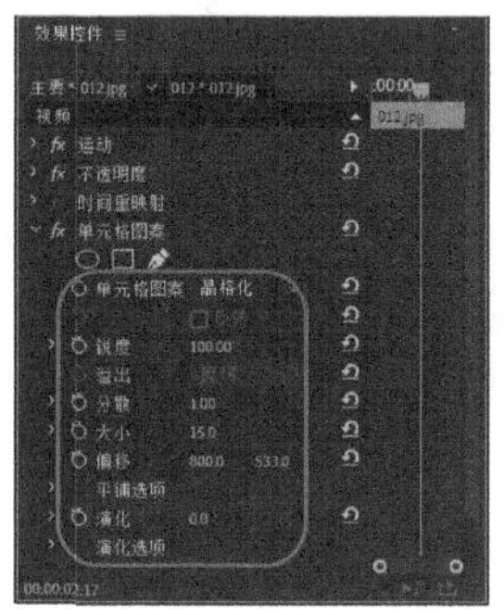

图 5-124

图 5-125

3. 【吸管填充】特效

【吸管填充】特效通过调节采样点的位置，将采样点所在位置的颜色覆盖于整个图像上。这个特效有利于在最初素材的一个点上很快地采集一种纯色或从一个素材上采集一种颜色并利用混合方式应用到第二个素材上。该特效的选项组如图 5-126 所示，其效果对比如图 5-127 所示。

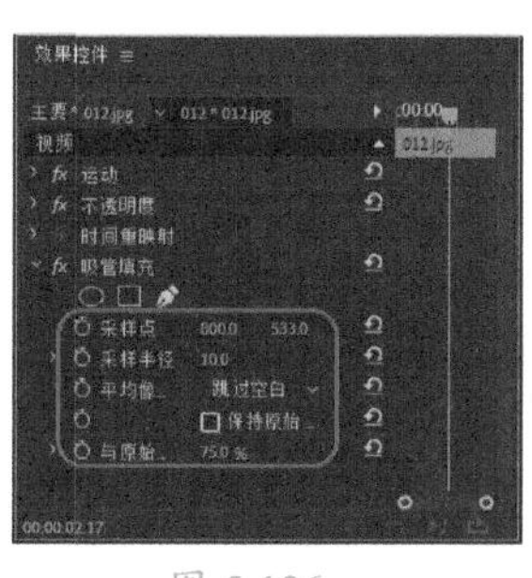

图 5-126

图 5-127

4. 【四色渐变】特效

【四色渐变】特效可以使图像产生 4 种混合渐变颜色。该特效的选项组如图 5-128 所示，其效果对比如图 5-129 所示。

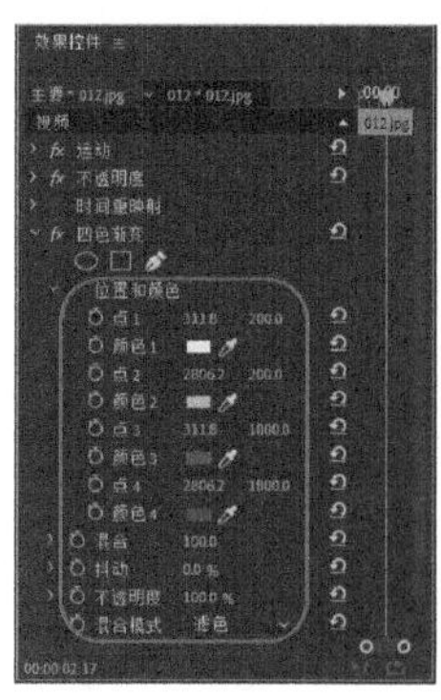

图 5-128

图 5-129

5. 【圆形】特效

【圆形】特效可任意创建一个实心圆或圆环，通过设置它的混合模式来形成素材轨道之间的区域混合的效果。下面介绍【圆形】特效的具体操作步骤，其效果对比如图 5-130 所示。

图 5-130

01 新建项目和序列文件，将【序列】设置为 DV-PAL|【标准 48kHz】选项。在【项目】面板中的空白处双击，在弹出的对话框中选择“素材 \Cha05\013.jpg、014.jpg”素材文件，单击【打开】按钮。在【项目】面板中选择“013 .jpg”素材文件，将其添加至 V1 视频轨道上，将“014.jpg”素材文件添加至【序列】面板中的 V2 视频轨道上，如图 5-131 所示。

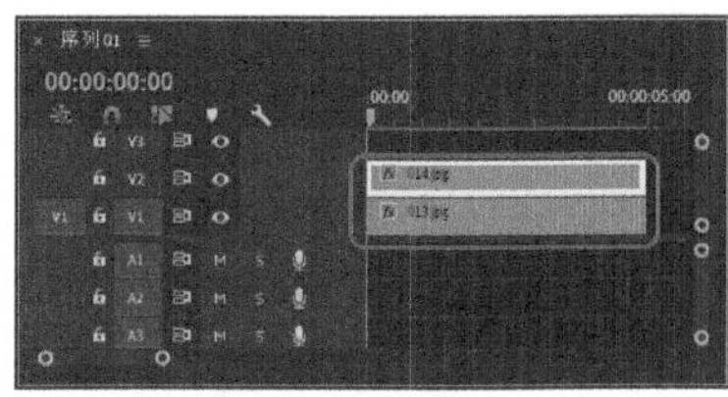

图 5-131

02 在【效果控件】面板中将“013.jpg”素材文件的【缩放】设置为 123，将“014.jpg”素材文件的【缩放】设置为 50，在 V2 视频轨道中选择“014.jpg”素材文件，打开【效果】

面板，选择【视频效果】|【生成】|【圆形】特效，按住鼠标左键将其拖曳至选中的素材上。打开【效果控件】面板，展开【圆形】选项，将当前时间设置为00:00:00:00，将【半径】设置为0，单击其左侧的【切换动画】按钮⏱，将【混合模式】设置为【模板 Alpha】，如图 5-132 所示。

图 5-132

03 将当前时间设置为00:00:04:00，将【半径】设置为973，效果如图 5-133 所示。

图 5-133

6. 【棋盘】特效

【棋盘】特效可创建国际跳棋棋盘式的长方形的图案，它有一半的方格是透明的，通过它自身提供的参数可以对该特效进行进一步的设置。该特效的选项组如图 5-134 所示，其效果对比如图 5-135 所示。

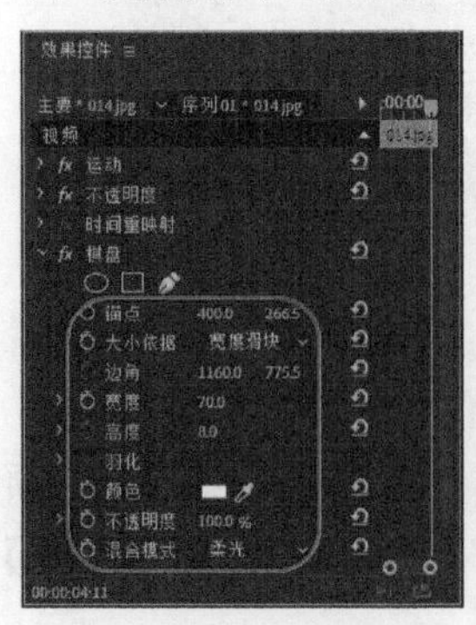

图 5-134

图 5-135

7. 【椭圆】特效

【椭圆】特效可以创建一个实心椭圆或椭圆环。该特效的选项组如图 5-136 所示，其效果对比如图 5-137 所示。

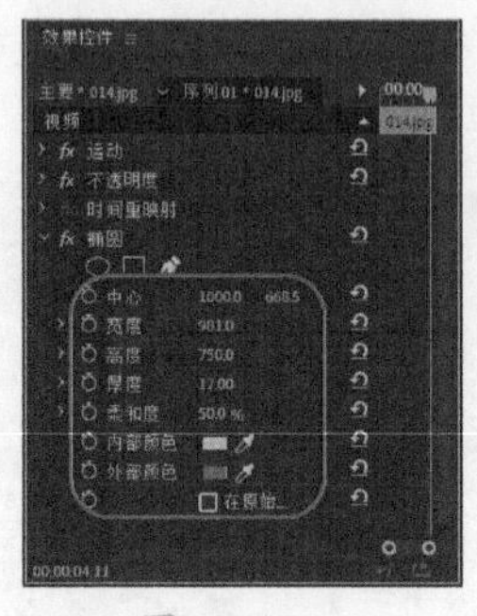

图 5-136

图 5-137

8. 【油漆桶】特效

【油漆桶】特效是将一种纯色填充到一个区域。它的功能很像 Adobe Photoshop 里的油漆桶工具。在一个图像上使用油漆桶工具可将一个区域的颜色替换为其他的颜色。该特效的选项组如图 5-138 所示，其效果对比如图 5-139 所示。

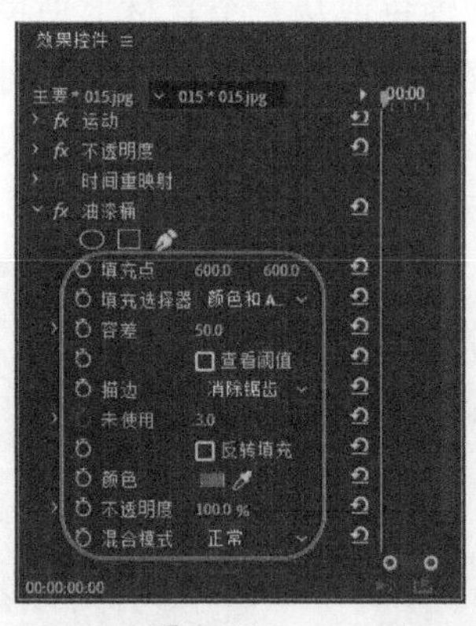

图 5-138

图 5-139

9. 【渐变】特效

【渐变】特效能够产生一种颜色渐变，并能够与源图像内容混合，可以创建线性或放射状渐变，并可以随着时间改变渐变的位置和颜色。该特效的选项组如图 5-140 所示，其效果对比如图 5-141 所示。

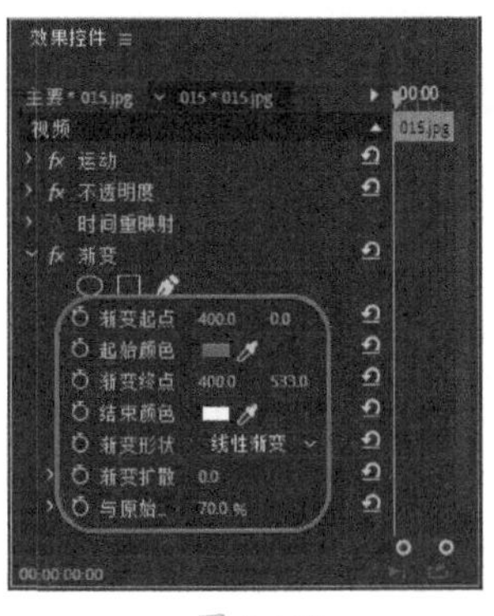
图 5-140

图 5-141

10. 【网格】特效

【网格】特效可创建一组可任意改变的网格，可以对网格的边缘调节大小和进行羽化，或作为一个可调节透明度的蒙版用于源素材上。此特效有利于设计图案，还有其他的使用效果，其效果对比如图 5-142 所示。

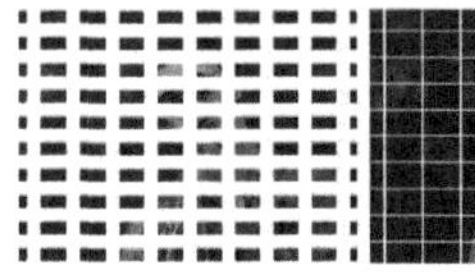

图 5-142

01 新建项目和序列文件，将【序列】设置为 DV-PAL|【标准 48kHz】选项。在【项目】面板中的空白处双击，在弹出的对话框中选择"素材\Cha05\016.jpg"素材文件，单击【打开】按钮。在【项目】面板中选择"016.jpg"素材文件，将其添加至 V1 视频轨道中，在【时间轴】面板中选择"016.jpg"素材文件，切换至【效果控件】面板，将【运动】下的【缩放】设置为 75，如图 5-143 所示。

图 5-143

02 切换至【效果】面板，打开【视频效果】文件夹，在该文件夹下选择【生成】|【网格】特效， 如图 5-144 所示。选择该特效，将其添加至 V1 视频轨道中的"016.jpg"素材文件上。

图 5-144

03 将当前时间设置为 00:00:00:00，切换至【效果控件】面板，将【混合模式】设置为【相加】，将【边框】设置为 100，单击其左侧的【切换动画】按钮，如图 5-145 所示。

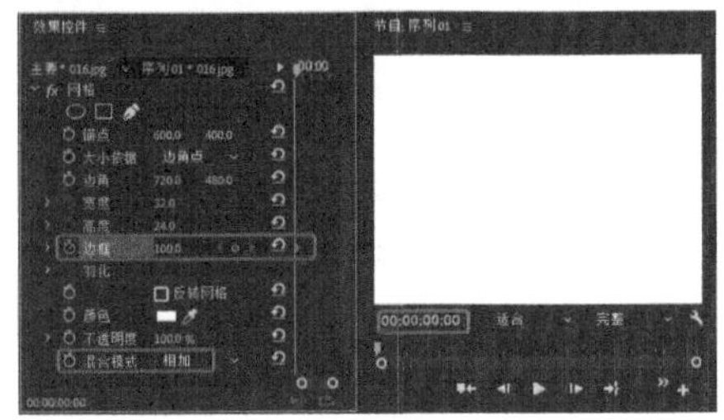
图 5-145

04 将当前时间设置为 00:00:04:10，在【效果控件】面板中将【边框】设置为 0，如图 5-146 所示。

图 5-146

11. 【镜头光晕】特效

【镜头光晕】特效能够产生镜头光斑效果，它是通过模拟亮光透过摄像机镜头时的折射而产生的，其效果对比如图 5-147 所示。

图 5-147

01 新建项目和序列文件，将【序列】设置为 DV-PAL|【标准 48kHz】选项。在【项目】面板中的空白处双击，在弹出的对话框中选择“素材\Cha05\017.jpg”素材文件，单击【打开】按钮。在【项目】面板中选择“017.jpg”素材文件，将其添加至 V1 视频轨道中，在【时间轴】面板中选择“017.jpg”素材文件，切换至【效果控件】面板，将【缩放】设置为 50，如图 5-148 所示。

图 5-148

02 切换至【效果】面板，打开【视频效果】文件夹，在该文件夹下选择【生成】|【镜头光晕】特效， 如图 5-149 所示。

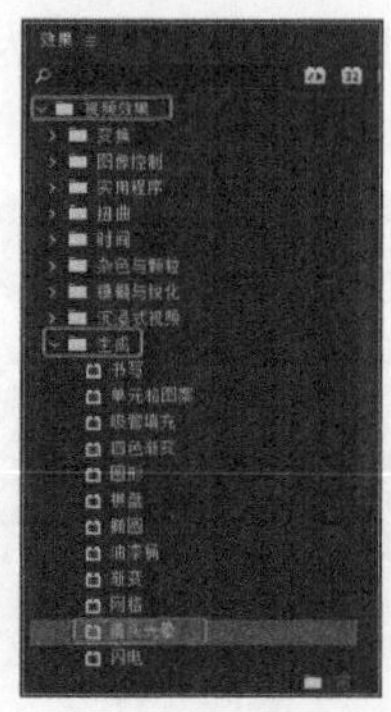

图 5-149

03 选择该特效，将其添加至 V1 视频轨道中的“017.jpg”素材文件上，如图 5-150 所示。

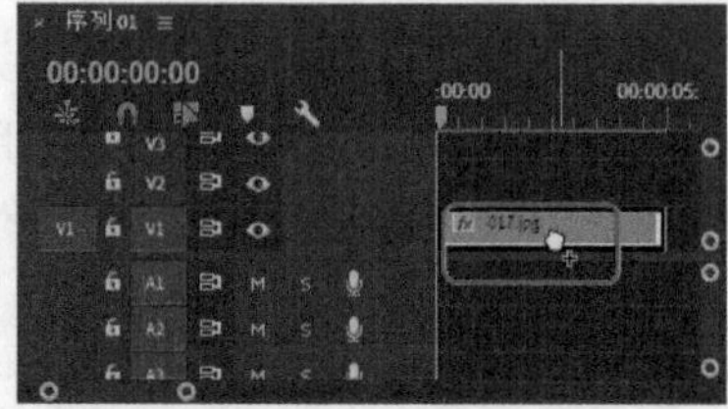

图 5-150

04 切换至【效果控件】面板中，将【镜头光晕】下的【光晕中心】设置为 466、249，将【光晕高度】设置为 110 %，如图 5-151 所示。

图 5-151

12. 【闪电】特效

【闪电】特效用于产生闪电和其他类似放电的效果，不用关键帧就可以自动产生动画。该特效的选项组如图 5-152 所示，其效果对比如图 5-153 所示。

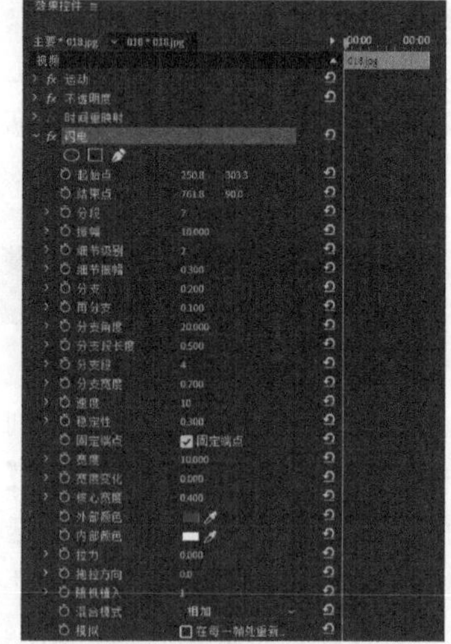

图 5-152

图 5-153

5.11 【视频】视频特效

本节讲解【视频】文件夹下的【SDR 遵从情况】、【剪辑名称】、【时间码】与【简单文本】特效的使用。

1. 【SDR 遵从情况】特效

【SDR 遵从情况】特效可以将 HDR 媒体转换为 SDR。该特效的选项组如图 5-154 所示，其效果对比如图 5-155 所示。

图 5-154

图 5-155

2. 【剪辑名称】特效

【剪辑名称】特效可以根据效果控件中指定的位置、大小和不透明度渲染节目中的剪辑名称。该特效的选项组如图 5-156 所示，效果如图 5-157 所示。

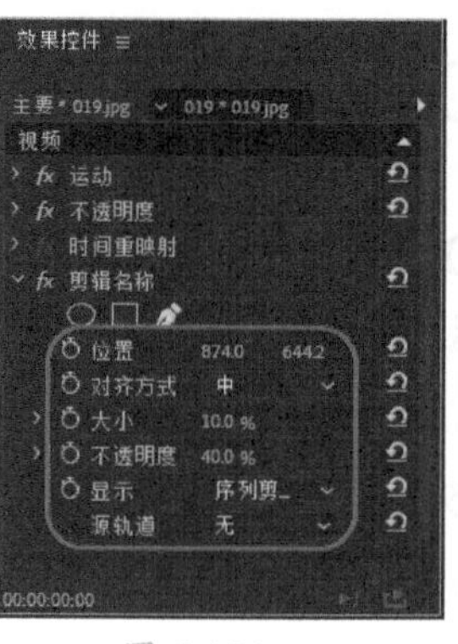

图 5-156 图 5-157

3. 【时间码】特效

【时间码】特效可以在素材文件上叠加时间码显示。该特效的选项组如图 5-158 所示，其效果对比如图 5-159 所示。

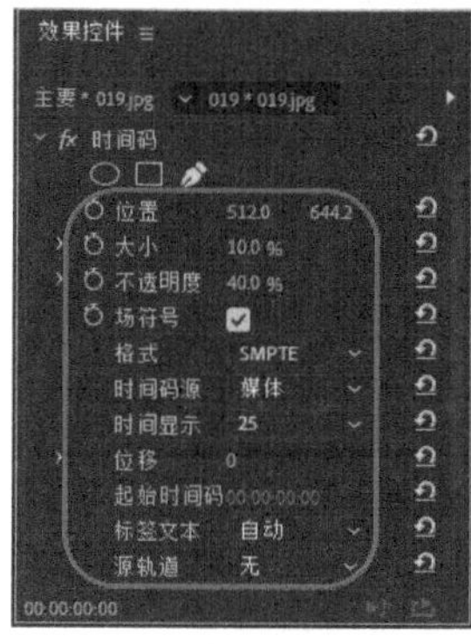

图 5-158 图 5-159

4. 【简单文本】特效

【简单文本】特效可以在素材文件上添加一个简单文字，用户可以设置其位置、对齐方式以及大小等。该特效的选项组如图 5-160 所示，效果如图 5-161 所示。

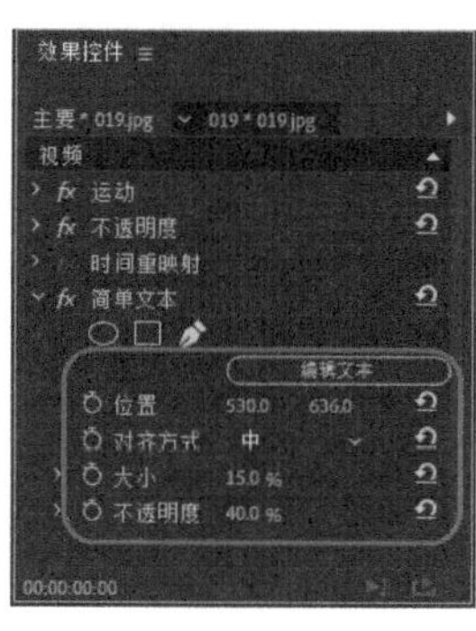

图 5-160 图 5-161

5.12 【调整】视频特效

本节讲解【调整】文件夹下的ProcAmp、【光照效果】、【卷积内核】、【提取】和【色阶】特效的使用。

1. ProcAmp 特效

ProcAmp特效可以分别调整影片的亮度、对比度、色相和饱和度。该特效的选项组如图 5-162 所示，其效果对比如图 5-163 所示。

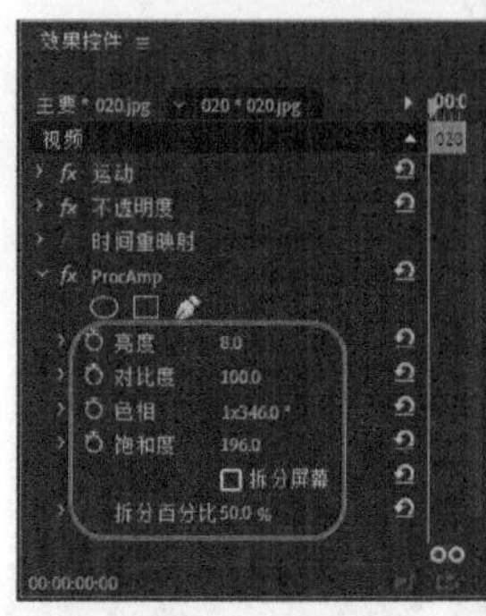

图 5-162

图 5-163

- ◎ 【亮度】：控制图像亮度。
- ◎ 【对比度】：控制图像对比度。
- ◎ 【色调】：控制图像色相。
- ◎ 【饱和度】：控制图像饱和度。
- ◎ 【拆分百分比】：该参数被激活后，可以调整范围，可以对比调节前后的效果。

2. 【光照效果】特效

【光照效果】特效可以在一个素材上同时添加 5 个灯光特效，并可以调节它们的属性。这些灯光特效的属性包括灯光类型、照明颜色、中心、主半径、次要半径、角度、强度、聚焦，还可以控制表面光泽和表面材质，也可以引用其他视频片段的光泽和材质。该特效的选项组如图 5-164 所示，其效果对比如图 5-165 所示。

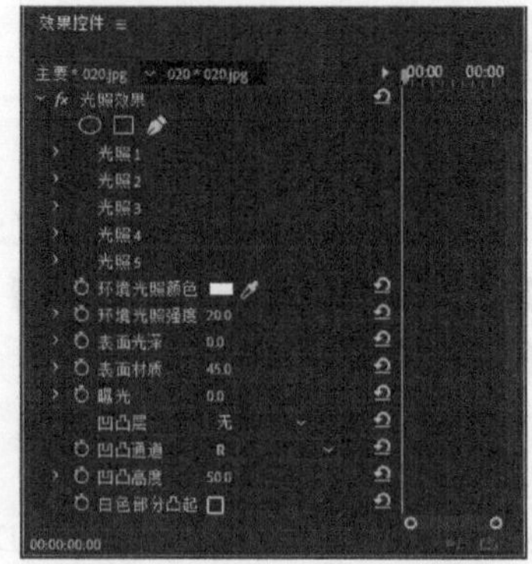

图 5-164

图 5-165

3. 【卷积内核】特效

【卷积内核】特效可以根据卷积的数学运算来更改剪辑中每个像素的亮度值。该特效的选项组如图 5-166 所示，其效果对比如图 5-167 所示。

图 5-166

图 5-167

4.【提取】特效

【提取】特效可从视频片段中吸取颜色，然后通过设置灰色的范围控制影像的显示。单击选项组中【提取】右侧的【设置】按钮，弹出【提取设置】对话框，如图 5-168 所示，其效果对比如图 5-169 所示。

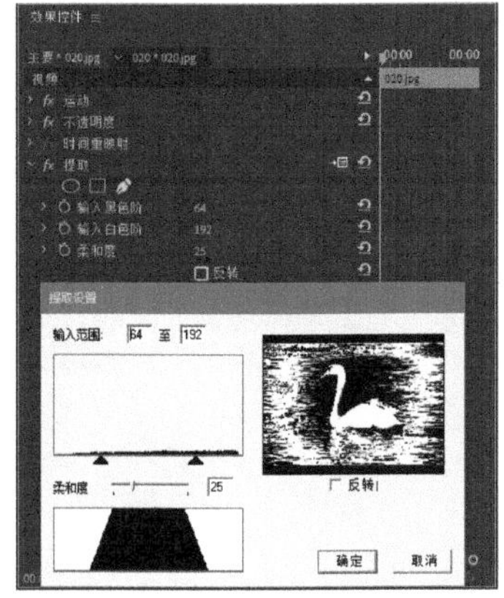

图 5-168

图 5-169

在【提取设置】对话框中各项参数的含义如下。

◎ 【输入范围】：对话框中的柱状图用于显示在当前画面中每个亮度值上的像素数目。拖动其下方的两个滑块，可以设置将被转换为白色或黑色的像素范围。

◎ 【柔和度】：拖动【柔和度】滑块可以在被转换为白色的像素中加入灰色。

◎ 【反转】：选中【反转】复选框可以反转图像效果。

5.【色阶】特效

【色阶】特效可以控制影视素材片段的亮度和对比度。单击选项组中【色阶】右侧的【设置】按钮，弹出【色阶设置】对话框，如图 5-170 所示。

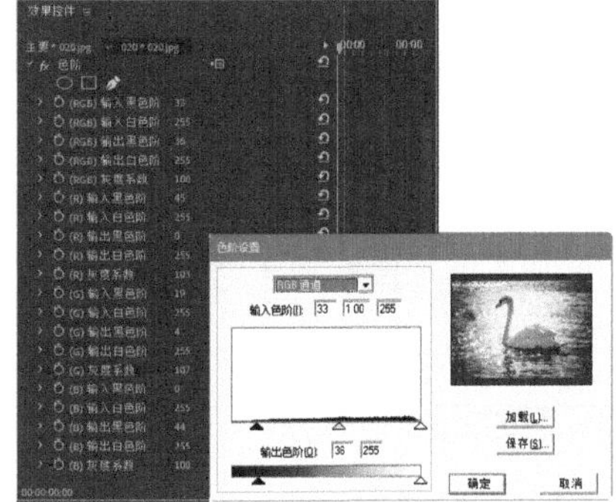

图 5-170

图 5-171 所示为应用该特效前后图像效果对比。

图 5-171

其中，在通道选择下拉列表框中，可以选择调节影视素材片段的 R 通道、G 通道、B

通道及 RGB 通道。

◎ 【输入色阶】：当前画面帧的输入灰度级显示为柱状图。柱状图的横向 X 轴代表亮度数值，从左边的最黑 (0) 到右边的最亮 (255)；纵向 Y 轴代表在某一亮度数值上总的像素数目。将柱状图下的黑三角形滑块向右拖动使影片变暗；向左拖动白色滑块可以增加亮度；拖动灰色滑块可以控制中间色调。

◎ 【输出色阶】：使用【输出色阶】输出水平栏下的滑块可以减少影视素材片段的对比度。向右拖动黑色滑块可以减少影视素材片段中的黑色数值；向左拖动白色滑块可以减少影视素材片段中的亮度数值。

5.13 【过时】视频特效

本节讲解【过时】文件夹下的【RGB 曲线】、【RGB 颜色校正器】和【三向颜色校正器】等特效的使用。

1. 【RGB 曲线】特效

【RGB 曲线】特效针对每个颜色通道使用曲线来调整剪辑的颜色。每条曲线允许在整个图像的色调范围内调整多达 16 个不同的点。通过使用【辅助颜色校正】控件，还可以指定要校正的颜色范围。该特效的选项组如图 5-172 所示，添加特效前后的效果对比如图 5-173 所示。

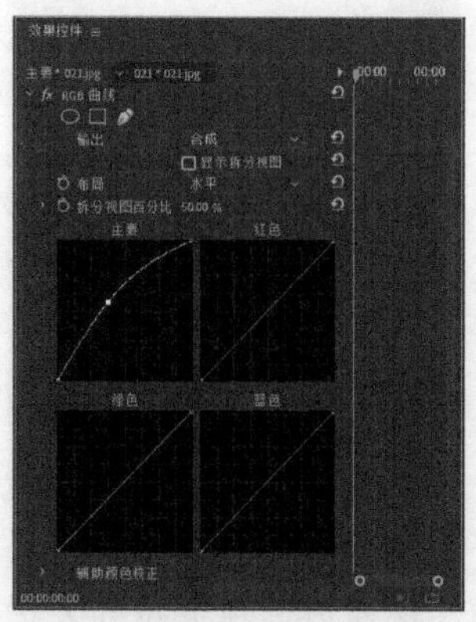

图 5-172

图 5-173

2. 【RGB 颜色校正器】特效

【RGB 颜色校正器】特效可以调整高光、中间调和阴影定义的色调范围，从而调整图像的颜色。此特效可用于分别对每个颜色通道进行色调调整。通过使用【辅助颜色校正】控件还可以指定要校正的颜色范围。该特效的选项组如图 5-174 所示，添加特效前后的效果对比如图 5-175 所示。

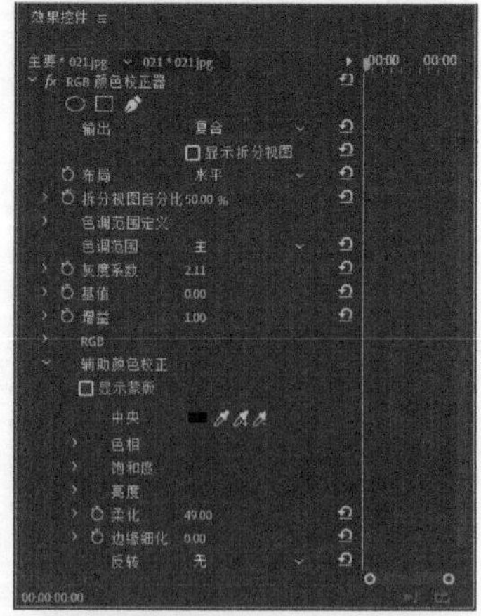

图 5-174

图 5-175

3. 【三向颜色校正器】特效

【三向颜色校正器】特效可针对阴影、中间调和高光调整剪辑的色相、饱和度和亮度，从而进行精细校正。通过使用【辅助颜色校正】控件指定要校正的颜色范围，可以进一步进行精细调整。该特效的选项组如图 5-176 所示，添加特效前后的效果对比如图 5-177 所示。

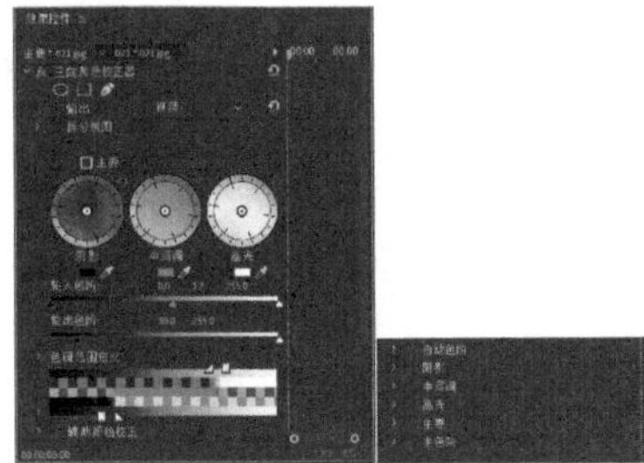

图 5-176

图 5-177

4. 【亮度曲线】特效

【亮度曲线】特效使用曲线来调整剪辑的亮度和对比度。通过使用【辅助颜色校正】控件还可以指定要校正的颜色范围。该特效的选项组如图 5-178 所示，添加特效前后的效果对比如图 5-179 所示。

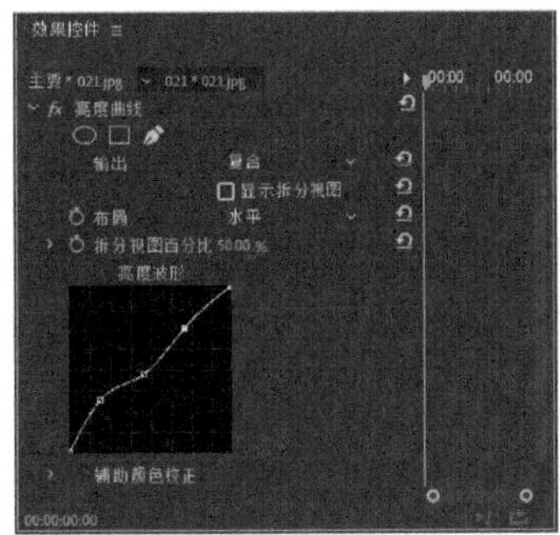

图 5-178

图 5-179

5. 【亮度校正器】特效

【亮度校正器】特效可用于调整剪辑高光、中间调和阴影中的亮度和对比度。通过使用【辅助颜色校正】控件还可以指定要校正的颜色范围。该特效的选项组如图 5-180 所示，添加特效前后的效果对比如图 5-181 所示。

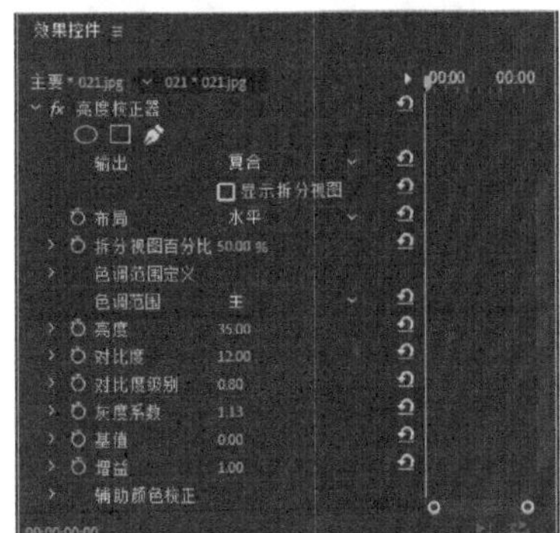

图 5-180

图 5-181

6. 【快速颜色校正器】特效

【快速颜色校正器】特效使用色相和饱和度控件来调整剪辑的颜色。此效果也有色阶控件，用于调整图像阴影、中间调和高光的强度。

建议使用此效果执行在节目监视器中快速预览的简单颜色校正。该特效的选项组如图 5-182 所示，添加特效前后的效果对比如图 5-183 所示。

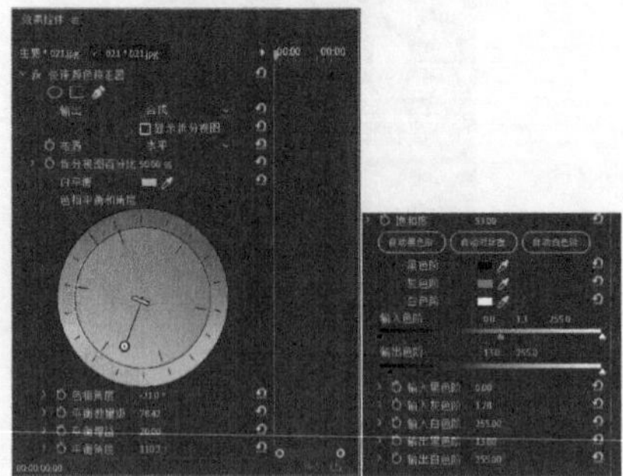

图 5-182

图 5-183

7.【自动对比度】特效

【自动对比度】特效可以在无须增加或消除偏色的情况下调整总体对比度和颜色混合。该特效的选项组如图 5-184 所示，添加特效前后的对比效果如图 5-185 所示。

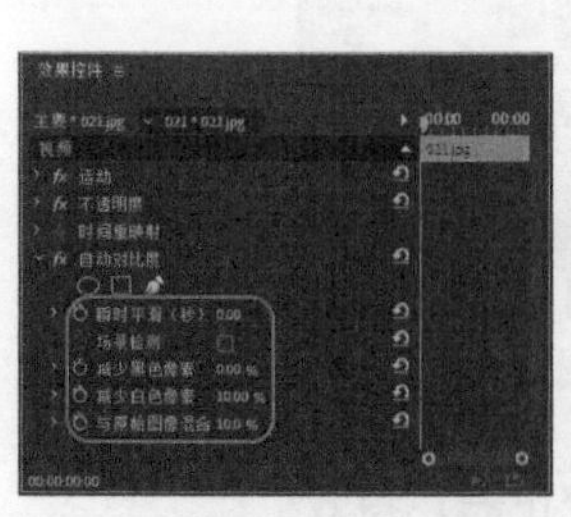

图 5-184

图 5-185

8.【自动色阶】特效

【自动色阶】特效可以自动校正高光和阴影。由于【自动色阶】可以单独调整每个颜色通道，因此可能会消除或增加偏色。该特效的选项组如图 5-186 所示，添加特效前后的对比效果如图 5-187 所示。

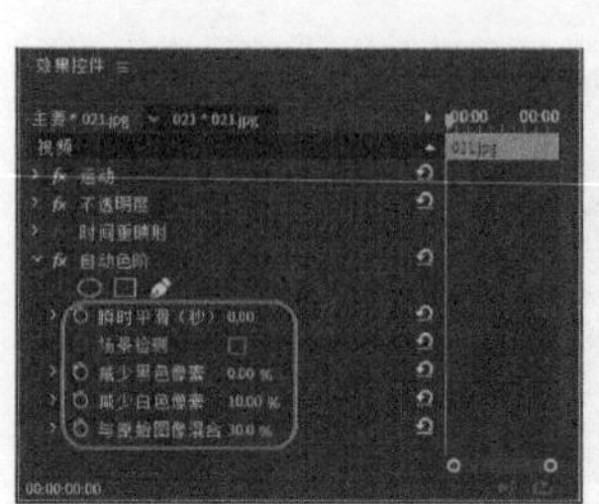

图 5-186

图 5-187

9.【自动颜色】特效

【自动颜色】特效可以调节黑色和白色像素的对比度。该特效的选项组如图 5-188 所示，添加特效前后的对比效果如图 5-189 所示。

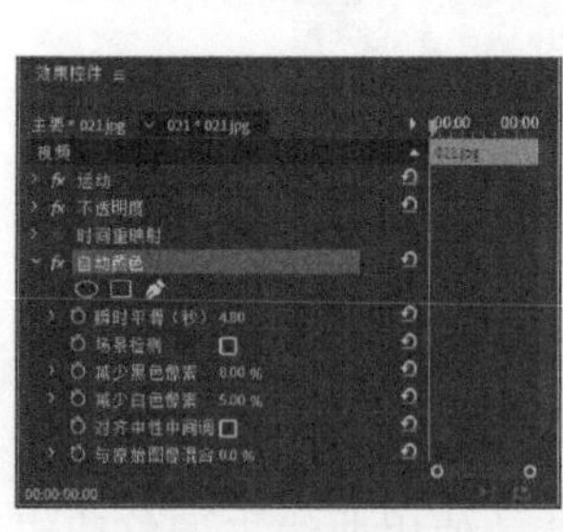

图 5-188

图 5-189

10.【阴影 / 高光】特效

【阴影 / 高光】特效可以使一个图像变亮并附有阴影，还原图像的高光值。这个特效不会使整个图像变暗或变亮，它基于周围的环境像素独立地调整阴影和高光的数值，也可以调整一幅图像的总的对比度，设置的默认值可以解决图像的高光问题。该特效的选项组如图 5-190 所示，添加特效前后的效果对比如图 5-191 所示。

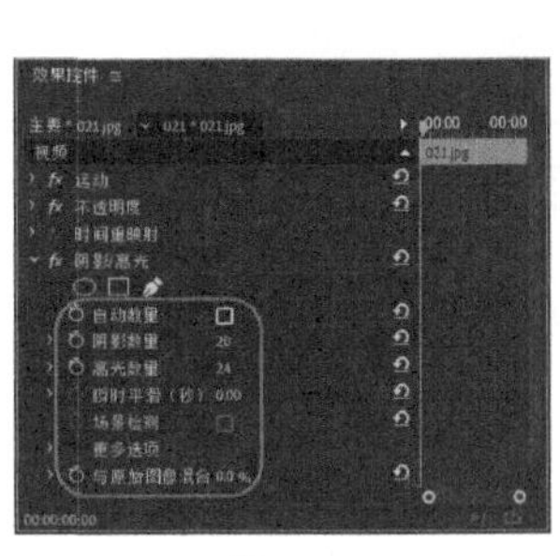
图 5-190

图 5-191

5.14 【过渡】视频特效

本节将讲解【过渡】文件夹下的【块溶解】、【径向擦除】、【渐变擦除】、【百叶窗】和【线性擦除】特效的使用。

1. 【块溶解】特效

【块溶解】特效可以使素材随意地呈块状的消失。块宽度和块高度可以设置溶解时块的大小，其效果如图 5-192 所示。

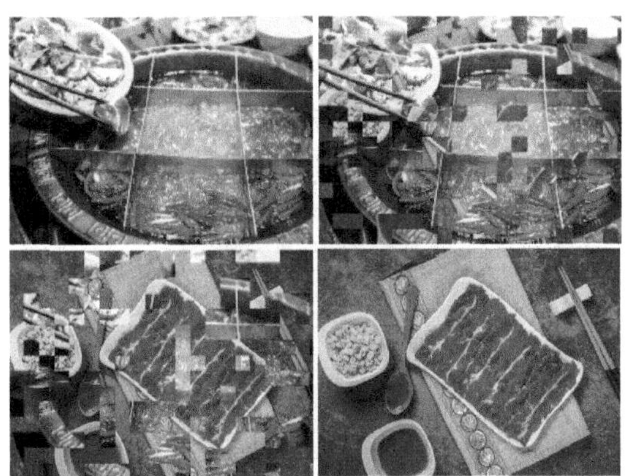
图 5-192

01 新建项目和序列文件，将【序列】设置为 DV-PAL|【标准 48kHz】选项。在【项目】面板中的空白处双击，在弹出的对话框中选择“素材\Cha05\022.jpg、023.jpg”素材文件，单击【打开】按钮。在【项目】面板中选择“022.jpg”素材文件，将其添加至 V1 视频轨道中，将“023.jpg”素材文件添加至 V2 视频轨道中，如图 5-193 所示。

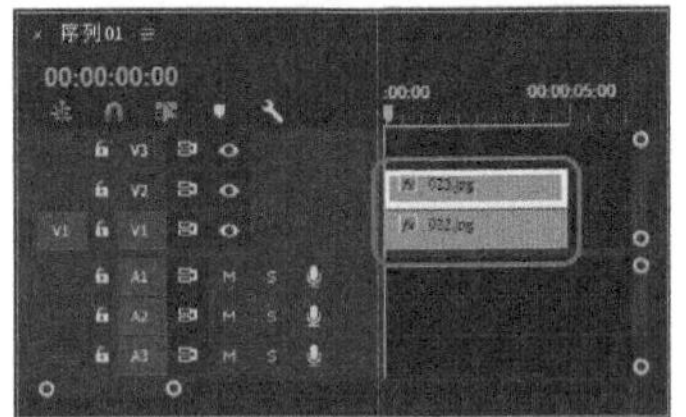
图 5-193

02 将“022.jpg”“023.jpg”素材文件的【缩放】参数分别设置为 90 、130 ，如图 5-194 所示。

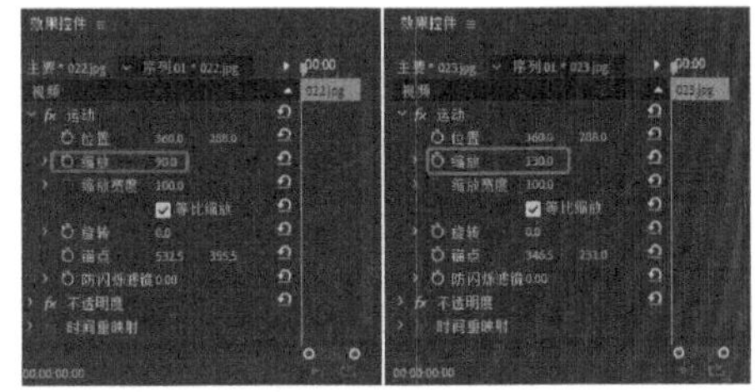
图 5-194

03 切换至【效果】面板，打开【视频效果】文件夹，在该文件夹下选择【过渡】|【块溶解】特效，如图 5-195 所示。

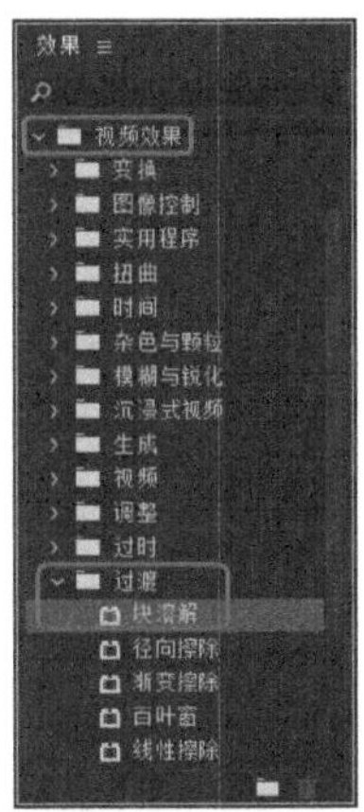

图 5-195

04 在该文件夹下选择【块溶解】特效，将其添加至 V2 视频轨道中的“023.jpg”素材文件上。将当前时间设置为 00:00:00:00，切换至【效果控件】面板，展开【块溶解】选项，单击【过渡完成】左侧的【切换动画】按钮，将【块宽度】、【块高度】均设置为 30，取消勾选【柔化边缘】复选框，如图 5-196 所示。

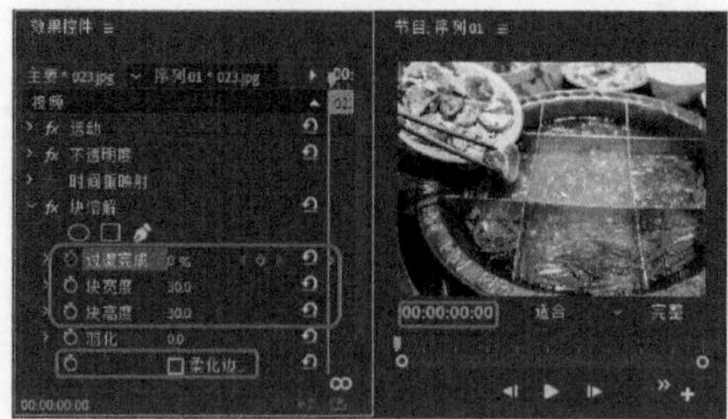

图 5-196

05 将当前时间设置为 00:00:04:04，切换至【效果控件】面板，将【过渡完成】设置为 100 %，如图 5-197 所示。

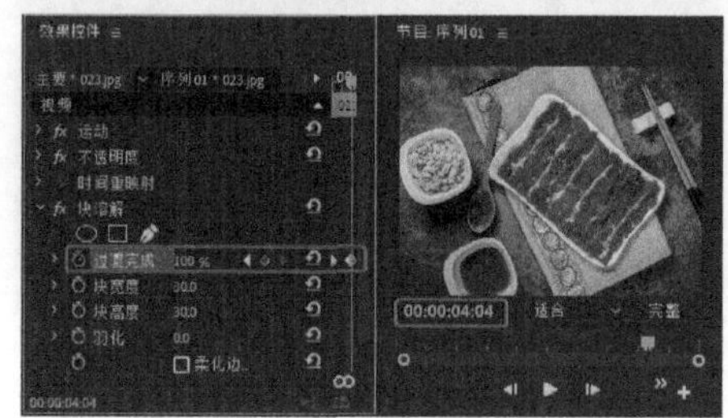

图 5-197

2.【径向擦除】特效

【径向擦除】特效是素材以指定的一个点为中心进行旋转，从而显示出下面的素材，其效果如图 5-198 所示。

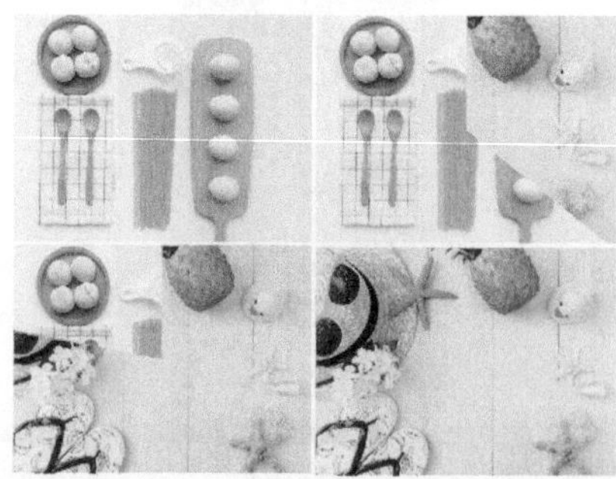

图 5-198

01 新建项目和序列文件，将【序列】设置为 DV-PAL|【标准 48kHz】选项。在【项目】面板中的空白处双击，在弹出的对话框中选择“素材 \Cha05\024.jpg、025.jpg”素材文件，单击【打开】按钮。在【项目】面板中选择“024.jpg”素材文件，将其添加至 V1 视频轨道中，将“025.jpg”素材文件添加至 V2 视频轨道中，如图 5-199 所示。

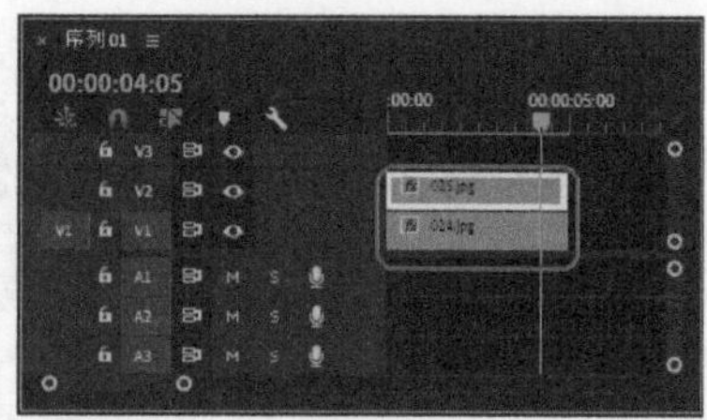

图 5-199

02 将“024.jpg”“025.jpg”素材文件的【缩放】参数分别设置为 45 、60 ，如图 5-200 所示。

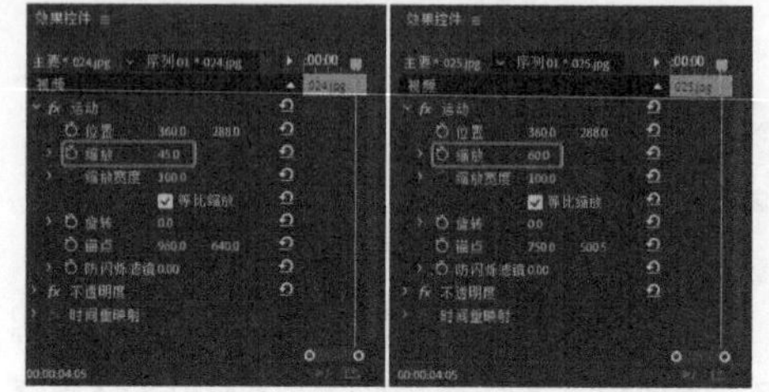

图 5-200

03 切换至【效果】面板，打开【视频效果】文件夹，在该文件夹下选择【过渡】|【径向擦除】特效，如图 5-201 所示。

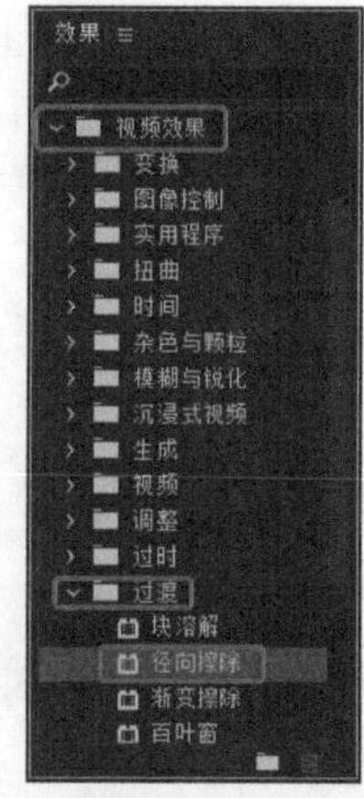

图 5-201

04 将选择的【径向擦除】特效添加至【时间轴】面板中的“025.jpg”素材文件上，将当前时间设置为 00:00:00:00，切换至【效果控件】面板，展开【径向擦除】选项，单击【过渡完成】左侧的【切换动画】按钮，如图 5-202 所示。

05 将当前时间设置为 00:00:04:04，切换至【效果控件】面板，将【过渡完成】设置为 100%，如图 5-203 所示。

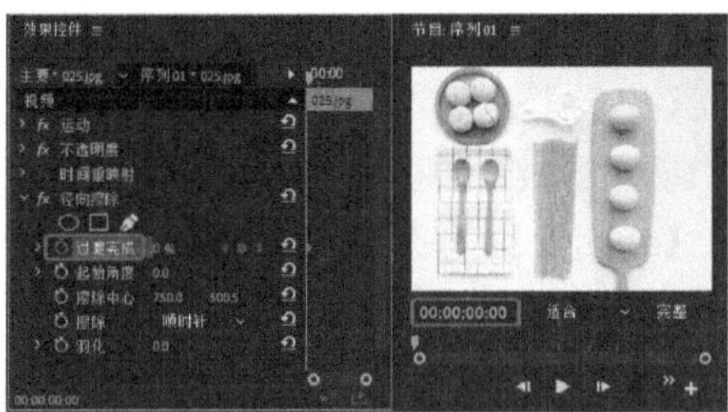
图 5-202

图 5-203

3. 【渐变擦除】特效

【渐变擦除】特效可以使剪辑中的素材像素根据另一视频轨道（称为渐变图层）中像素的亮度值产生透明效果。其效果如图 5-204 所示。

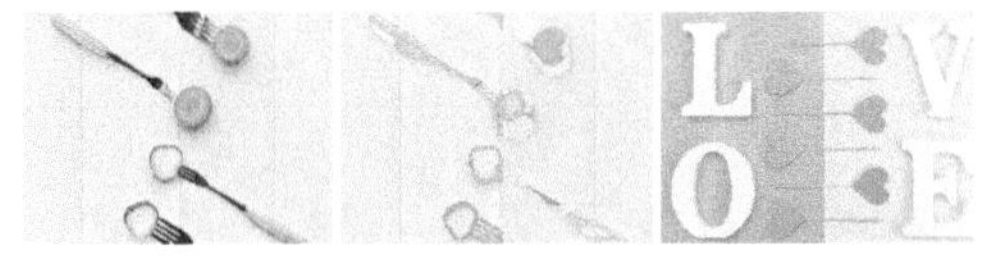
图 5-204

01 新建项目和序列文件，将【序列】设置为 DV-PAL|【标准 48kHz】选项。在【项目】面板中的空白处双击，在弹出的对话框中选择“素材\Cha05\026.jpg、027.jpg”素材文件，单击【打开】按钮。在【项目】面板中选择“026.jpg”素材文件，将其添加至 V1 视频轨道中，将“027.jpg”素材文件添加至 V2 视频轨道中，如图 5-205 所示。

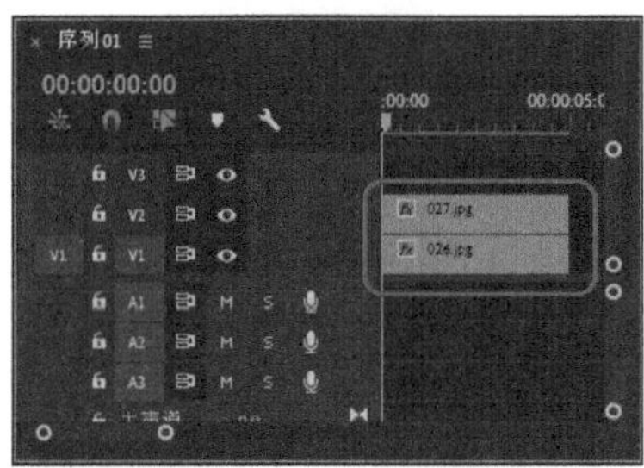
图 5-205

02 将“026.jpg”素材文件的【缩放】参数设置为 50，将“027.jpg”素材文件的【缩放】参数设置为 60，如图 5-206 所示。

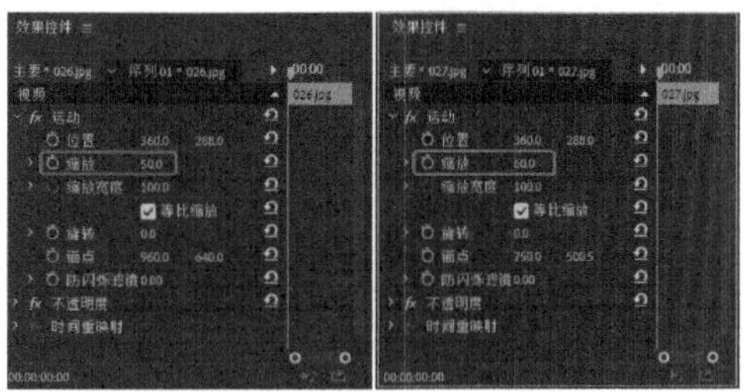
图 5-206

03 切换至【效果】面板，打开【视频效果】文件夹，在该文件夹下选择【过渡】|【渐变擦除】特效，将其添加至【时间轴】面板中的“027.jpg”素材文件上，如图 5-207 所示。

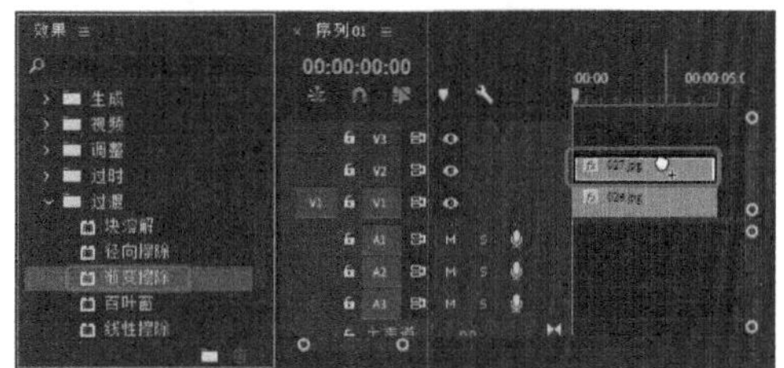
图 5-207

04 将当前时间设置为 00:00:00:00，切换至【效果控件】面板，展开【渐变擦除】选项，单击【过渡完成】左侧的【切换动画】按钮，如图 5-208 所示。

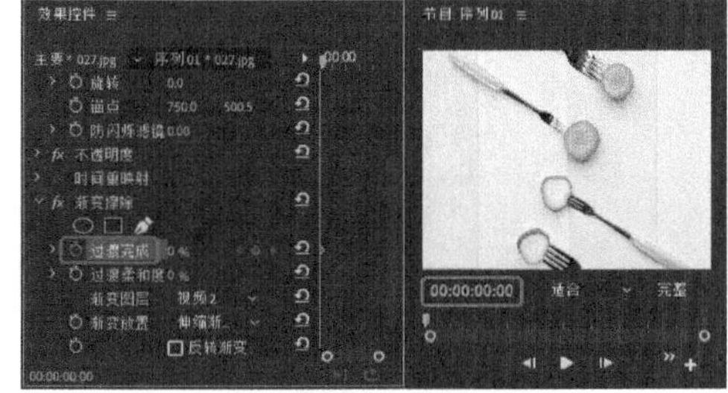
图 5-208

05 将当前时间设置为 00:00:04:04，切换至【效果控件】面板，将【过渡完成】设置为 100%，如图 5-209 所示。

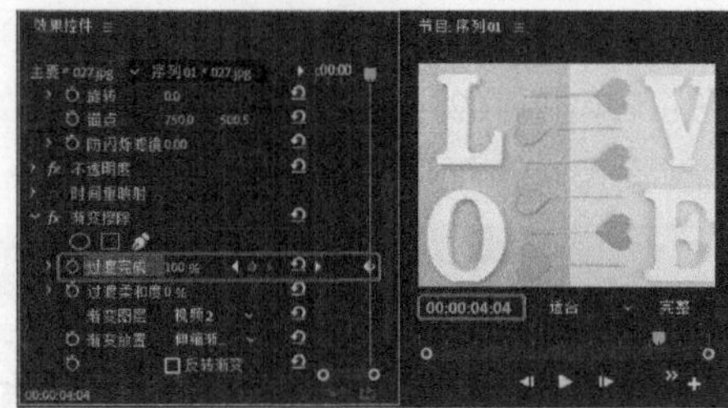

图 5-209

间的缝隙。

◎ 【方向】：通过调整方向的角度，可以调整百叶窗的角度。

◎ 【宽度】：可以调整图像被分隔后的每一条的宽度。

◎ 【羽化】：通过调整羽化值，可以对图像的边缘进行不同程度的模糊。

4.【百叶窗】特效

【百叶窗】特效可以将图像分隔成类似百叶窗的长条状。【百叶窗】特效选项组如图 5-210 所示，效果如图 5-211 所示。

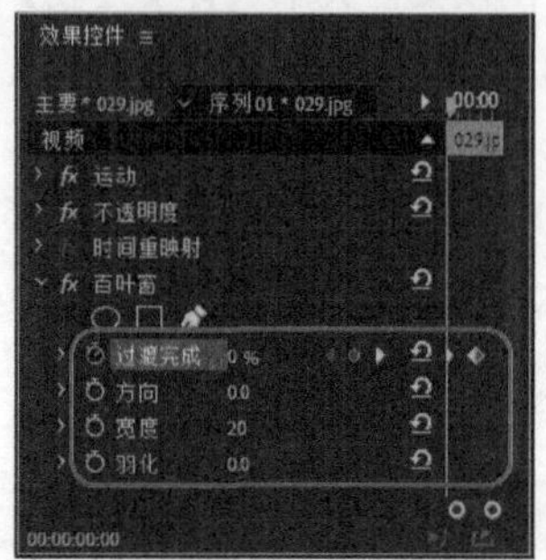

图 5-210

图 5-211

在【效果控制】选项组中，我们可以对【百叶窗】特效进行以下设置。

◎ 【过渡完成】：可以调整分隔后图像之

5.【线性擦除】特效

【线性擦除】特效可以从图像的一边向另一边抹去，直到图像完全消失。【线性擦除】的选项组如图 5-212 所示，添加特效前后的效果对比如图 5-213 所示。

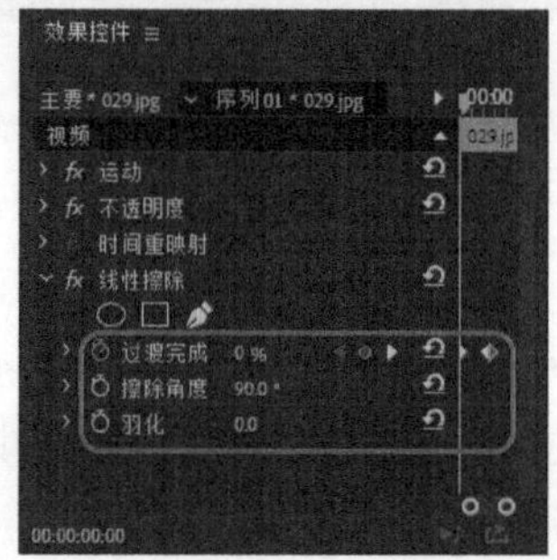

图 5-212

图 5-213

在【效果控制】选项组中，我们可以对【线性擦除】特效进行以下设置。

◎ 【完成过渡】：可以调整图像中黑色区域的覆盖面积。

◎ 【擦除角度】：用来调整黑色区域的角度。

◎ 【羽化】：通过调整羽化值，可以对黑色区域与图像的交接处进行不同程度的模糊。

5.15 【透视】视频特效

本节讲解【透视】文件夹下的【基本3D】、【投影】、【径向阴影】、【边缘斜面】和【斜面 Alpha】特效的使用。

1. 【基本 3D】特效

【基本 3D】特效可以围绕水平和垂直轴旋转图像，以及朝靠近或远离您的方向移动它。

【基本 3D】特效可以在一个虚拟的三维空间中操纵素材，可以围绕水平和垂直轴旋转图像。使用基本 3D 效果，还可以使一个旋转的表面产生镜面反射高光，而光源位置总是在观看者的左后上方，因为光来自上方，图像就必须向后倾斜才能看见反射，其效果如图 5-214 所示。

图 5-214

01 新建项目和 DV-PAL|【标准 48kHz】序列文件，在【项目】面板中的空白处双击，在弹出的对话框中选择“素材\Cha05\030.jpg”素材文件，单击【打开】按钮。在【项目】面板中选择“030.jpg”素材文件，将其添加至【时间轴】面板中的 V1 轨道上，如图 5-215 所示。

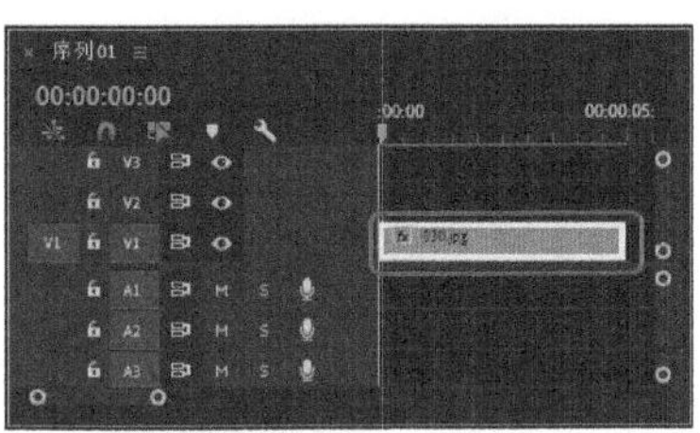

图 5-215

02 在【时间轴】面板中选择“030.jpg”素材文件，切换至【效果控件】面板，展开【运动】选项，将【缩放】设置为 130，如图 5-216 所示。

图 5-216

03 切换至【效果】面板，打开【视频效果】文件夹，在该文件夹下选择【透视】|【基本 3D】特效，如图 5-217 所示。

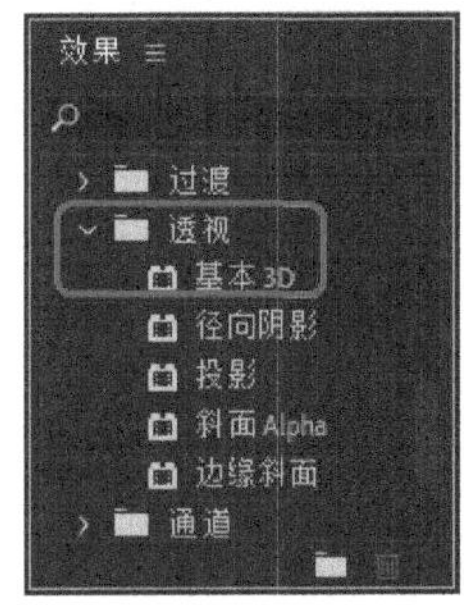

图 5-217

04 选择该特效，将其添加至【时间轴】面板中的“030.jpg”素材文件上，如图 5-218 所示。

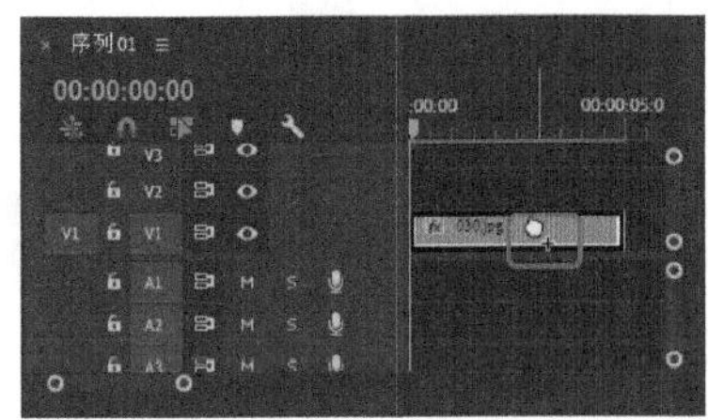

图 5-218

05 切换至【效果控件】面板中，展开【基本 3D】选项，将【旋转】设置为 50.0°，将【倾斜】设置为 -15.0°，将【与图像的距离】设置为 30.0，如图 5-219 所示。

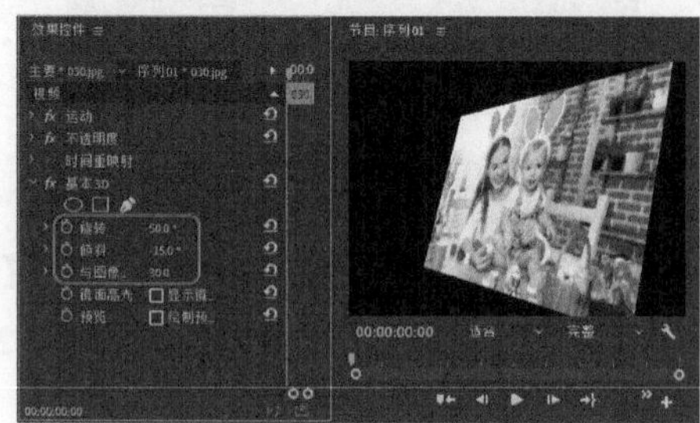

图 5-219

2.【投影】特效

【投影】特效用于给素材添加一个阴影效果。该特效的选项组如图 5-220 所示，添加特效前后的效果对比如图 5-221 所示。

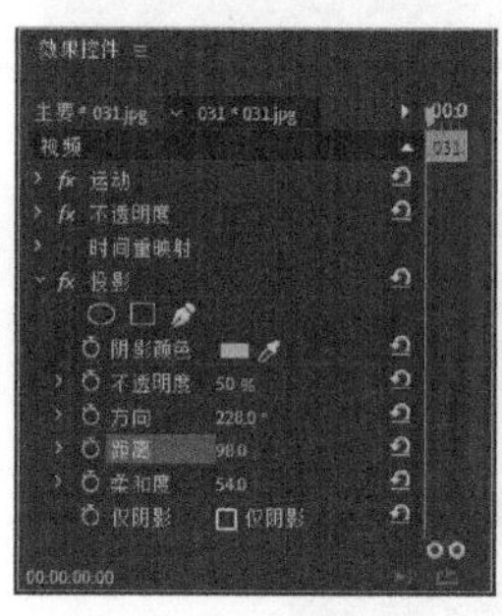

图 5-220　　图 5-221

3.【径向阴影】特效

【径向阴影】特效利用素材上方的电光源来形成阴影效果，而不是无限的光源投射。阴影通过源素材上的 Alpha 通道产生影响。该特效的选项组如图 5-222 所示，添加特效前后的效果对比如图 5-223 所示。

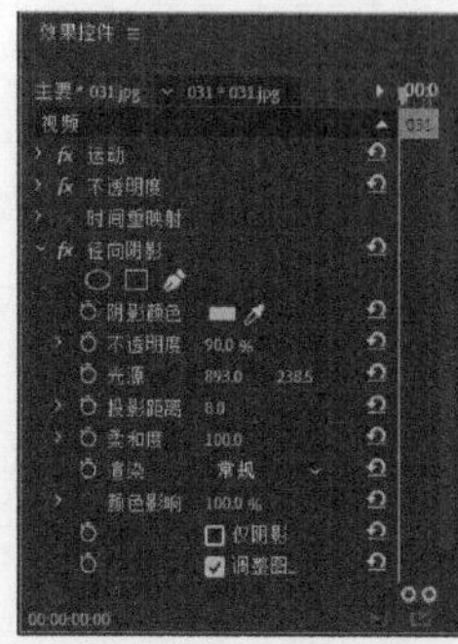

图 5-222　　图 5-223

4.【边缘斜面】特效

【边缘斜面】特效能给图像边缘产生一个凿刻的高亮的三维效果。边缘的位置由源图像的 Alpha 通道来确定。与 Alpha 边框效果不同，该效果中产生的边缘总是成直角的。该特效的选项组如图 5-224 所示，添加特效前后的效果对比如图 5-225 所示。

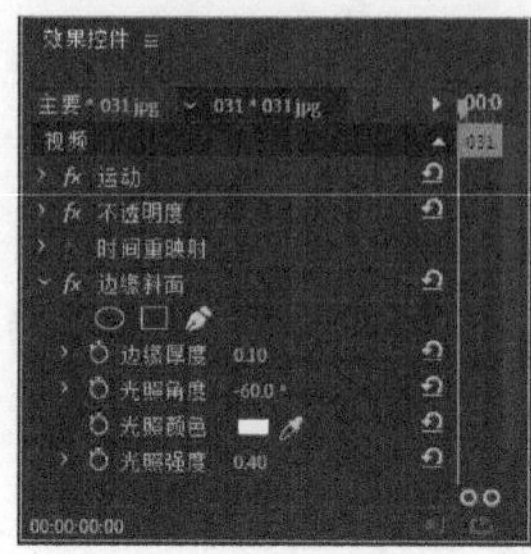

图 5-224　　图 5-225

5.【斜面 Alpha】特效

【斜面 Alpha】特效能够产生一个倒角的边，而且图像的 Alpha 通道边界变亮，通常是将一个二维图形赋予三维效果。如果素材没有 Alpha 通道或它的 Alpha 通道是完全不透明的，那么这个效果就会应用到素材的边缘。该特效的选项组如图 5-226 所示，添加特效前后的效果对比如图 5-227 所示。

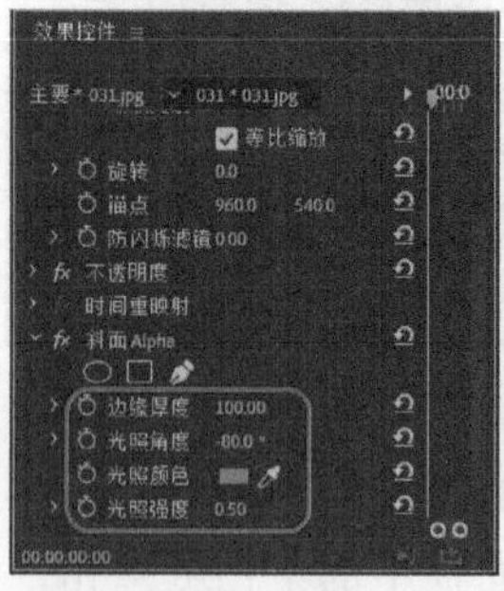

图 5-226　　图 5-227

5.16 【通道】视频特效

本节讲解【通道】文件夹下的【反转】、【复合运算】、【混合】、【算术】、【纯色合成】、【计算】和【设置遮罩】特效的使用。

1. 【反转】特效

【反转】特效用于将图像的颜色信息反相。该特效的选项组如图 5-228 所示，添加该特效前后的效果对比如图 5-229 所示。

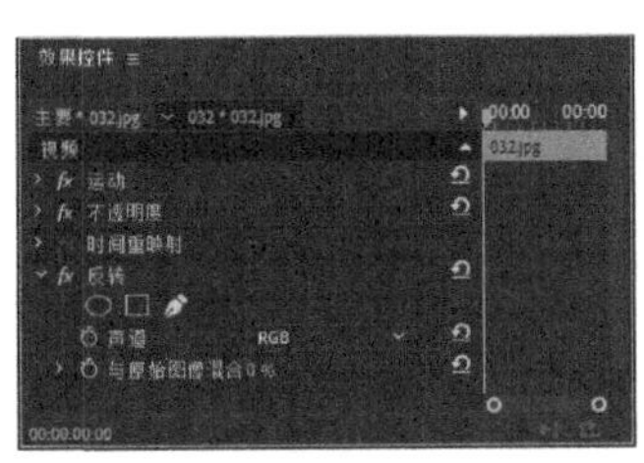
图 5-228

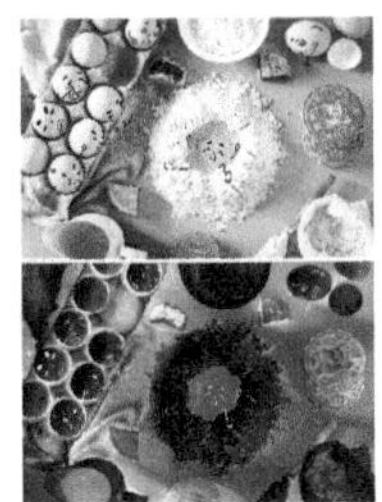
图 5-229

2. 【复合运算】特效

应用【复合运算】特效可将两个重叠的素材的颜色相互组合，该特效选项组如图 5-230 所示，添加特效前后的效果对比如图 5-231 所示。

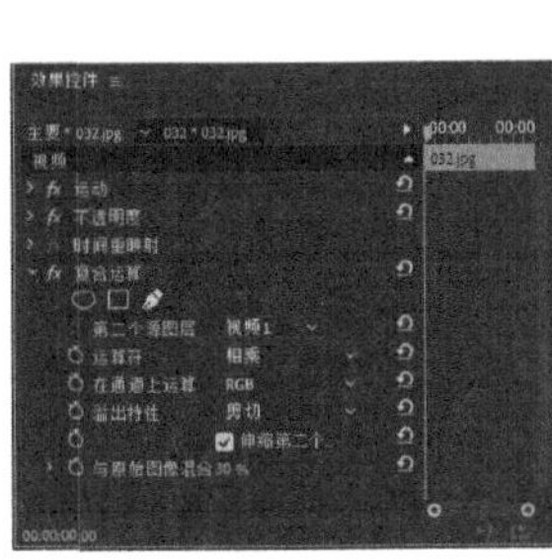
图 5-230

图 5-231

3. 【混合】特效

【混合】特效能够采用五种模式中的任意一种来混合两个素材。首先打开“033.jpg”“034jpg”素材文件，如图 5-232 所示，并将其分别拖入【序列】面板中的 V1 和 V2 轨道中，该特效的选项组如图 5-233 所示。

图 5-232

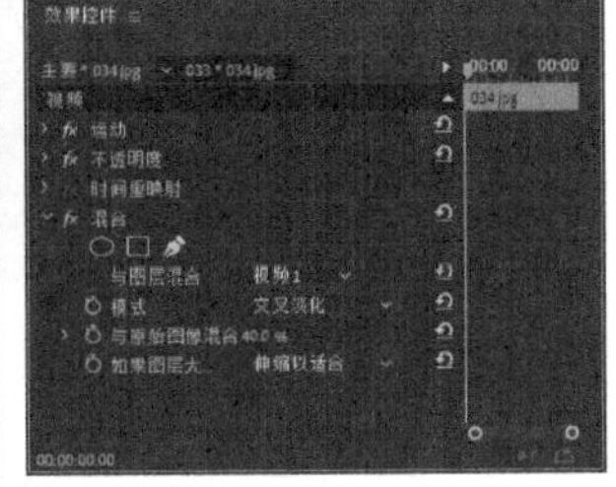
图 5-233

添加【混合】特效后的效果如图 5-234 所示。

图 5-234

4. 【算术】特效

【算术】特效可以对图像的红色、绿色和蓝色通道执行简单的数学运算。该特效的选项组如图 5-235 所示，添加特效前后的效果对比如图 5-236 所示。

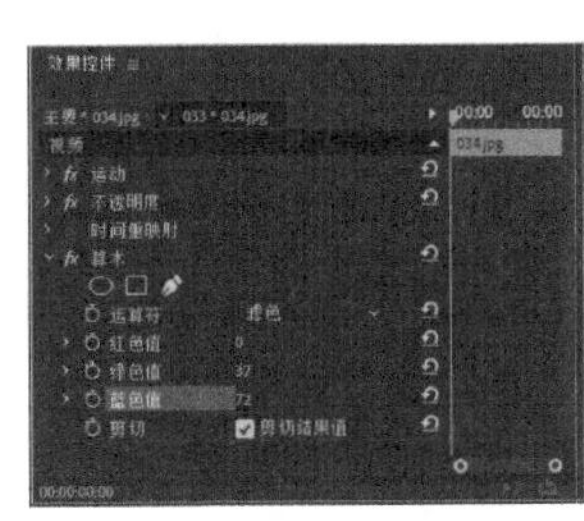
图 5-235

图 5-236

5. 【纯色合成】特效

通过【纯色合成】特效可以在原始图像的后面快速创建纯色合成。该特效的选项组如图 5-237 所示，添加特效前后的效果对比如图 5-238 所示。

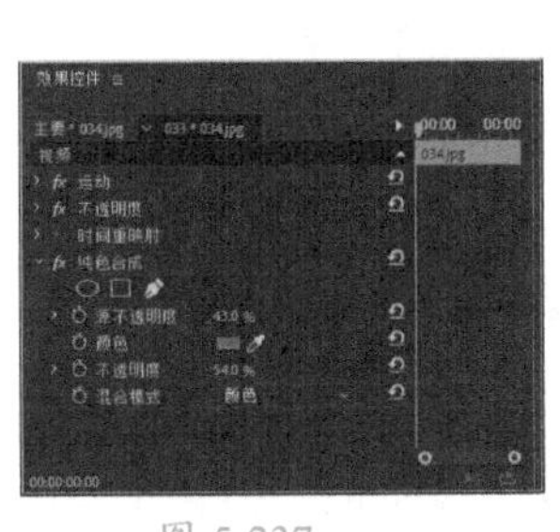
图 5-237

图 5-238

6. 【计算】特效

【计算】特效将一个素材的通道与另一

个素材的通道结合在一起。该特效的选项组如图 5-239 所示，添加特效前后的效果对比如图 5-240 所示。

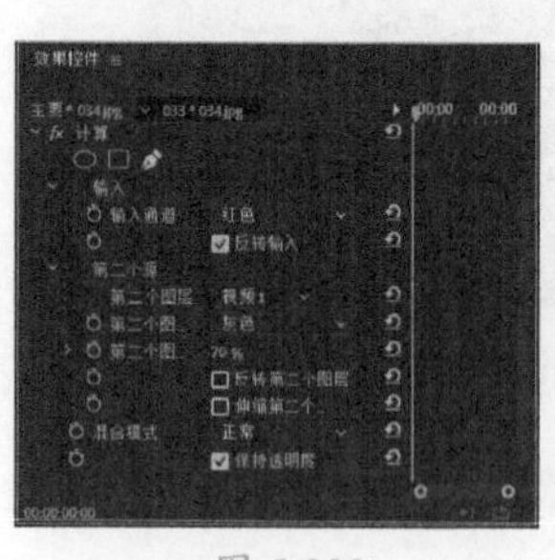
图 5-239

图 5-240

7. 【设置遮罩】特效

通过【设置遮罩】特效可以对视频进行遮罩抠图，该特效的选项组如图 5-241 所示。添加特效前后的对比效果如图 5-242 所示。

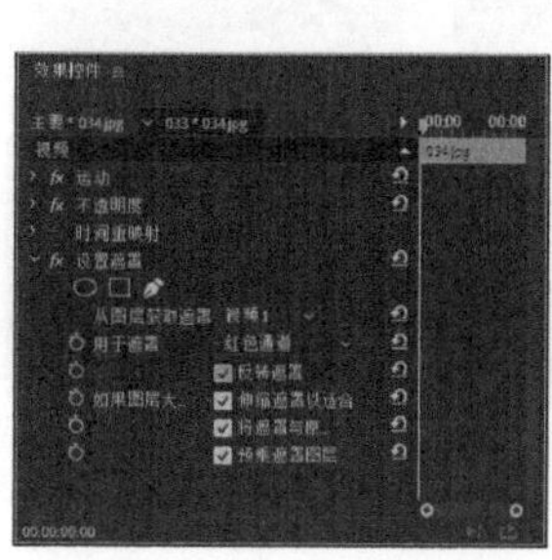
图 5-241

图 5-242

5.17 【键控】视频特效

本节讲解【键控】文件夹下的【Alpha 调整】、【亮度键】、【图像遮罩键】、【差值遮罩】、【移除遮罩】、【超级键】、【轨道遮罩键】、【非红色键】和【颜色键】特效的使用。

1. 【Alpha 调整】特效

【Alpha 调整】特效是通过控制素材的 Alpha 通道来实现抠像效果的，勾选【忽略 Alpha】复选框后会忽略素材的 Alpha 通道，而不让其产生透明。另外，也可以选中【反转 Alpha】复选框，这样可以反转键出效果，其效果如图 5-243 所示。

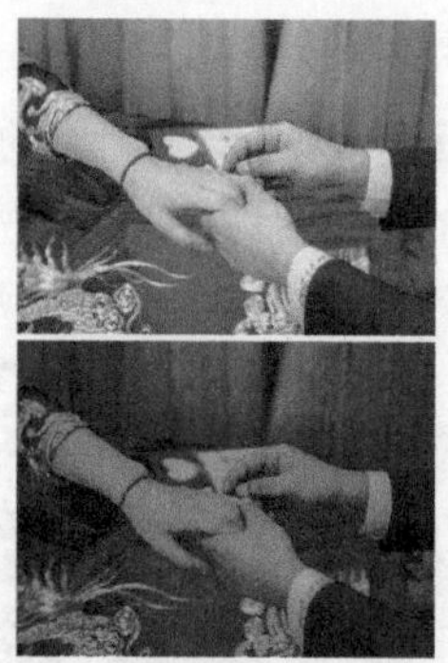
图 5-243

01 新建项目和 DV-PAL|【标准 48kHz】序列文件，在【项目】面板中的空白处双击，在弹出的对话框中选择“素材 \Cha05\035.jpg”素材文件，单击【打开】按钮。在【项目】面板中选择“035.jpg”素材文件，将其添加至【时间轴】面板中的视频轨道上。在【时间轴】面板中选择“035.jpg”素材文件，切换至【效果控件】面板，展开【运动】选项，将【缩放】值设置为 70，如图 5-244 所示。

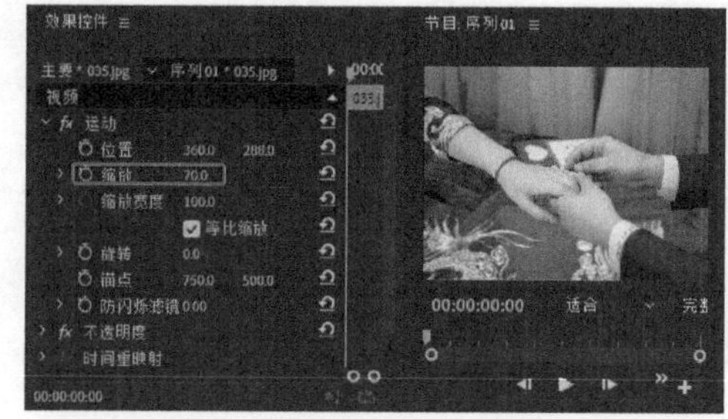
图 5-244

02 切换至【效果】面板，打开【视频效果】文件夹，在该文件夹下选择【键控】|【Alpha 调整】特效，如图 5-245 所示。

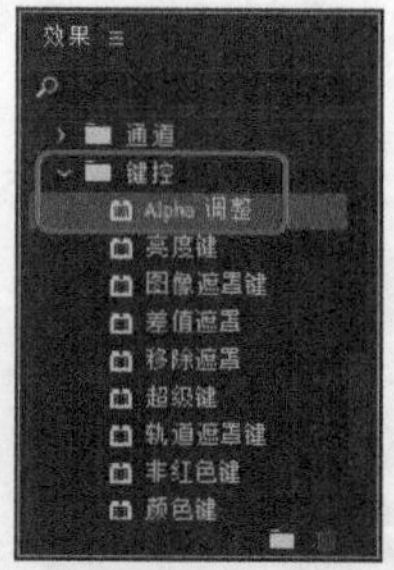

图 5-245

03 选择该特效，将其添加至【时间轴】面板中的“035.jpg”素材文件上，如图 5-246 所示。

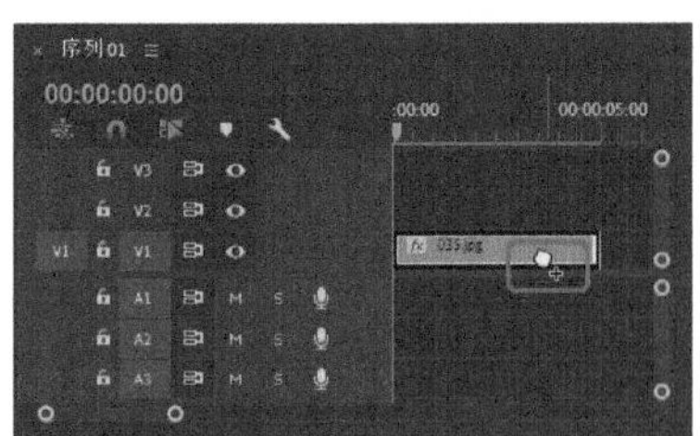

图 5-246

04 切换至【效果控件】面板，展开【Alpha 调整】选项，将【不透明度】设置为 70 %，如图 5-247 所示。

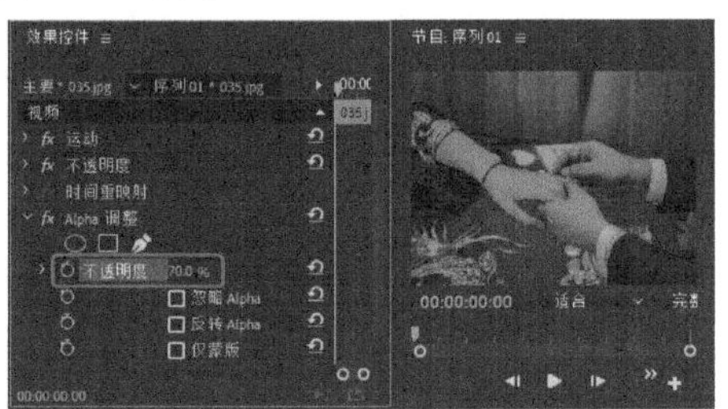

图 5-247

2. 【亮度键】特效

【亮度键】特效可以在键出图像的灰度值的同时保持它的色彩值。【亮度键】特效常用来在纹理背景上附加影片，以使附加的影片覆盖纹理背景，其效果如图 5-248 所示。

图 5-248

01 新建项目和 DV-PAL| 标准【48kHz】序列文件，在【项目】面板中的空白处双击，在弹出的对话框中选择“素材 \Cha05\036.jpg”素材文件。在【项目】面板中选择“036.jpg”素材文件，将其添加至【时间轴】面板中的视频轨道上。切换至【效果】面板，打开【视频效果】文件夹，在该文件夹下选择【键控】|【亮度键】特效，为素材添加特效，如图 5-249 所示。

02 切换至【效果控件】面板，将【缩放】设置为 60，展开【亮度键】选项，将【阈值】设置为 50 %，将【屏蔽度】设置为 10 %，效果如图 5-250 所示。

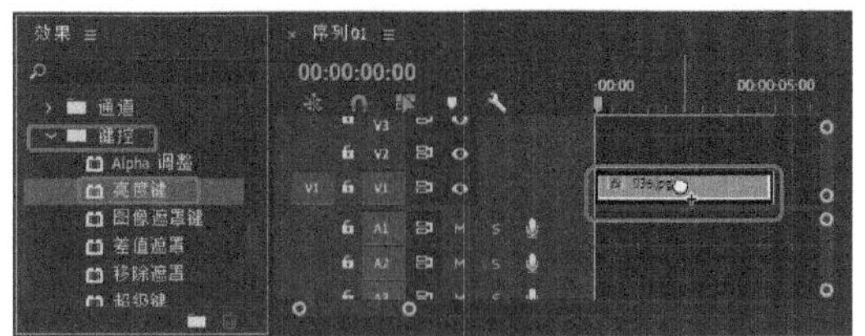

图 5-249

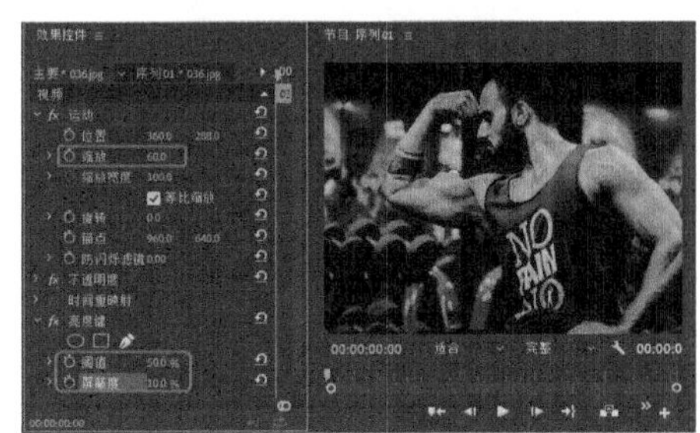

图 5-250

3. 【图像遮罩键】特效

【图像遮罩键】特效根据静止图像（充当遮罩）的亮度值抠出剪辑图像的区域。透明区域显示下方轨道中的图像，可以指定项目中要充当遮罩的任何静止图像，效果如图 5-251 所示。

图 5-251

01 新建项目和 DV-PAL|【标准 48kHz】序列文件，在【项目】面板中的空白处双击，在弹出的对话框中选择“素材 \Cha05\037.jpg”素材文件，单击【打开】按钮。在【项目】面板中选择“037.jpg”素材文件，将其添加至【时间轴】面板中的视频轨道上，将【缩放】设置为 70。切换至【效果】面板，打开【视频效果】文件夹，在该文件夹下选择【键控】|【图像遮罩键】特效，选择该特效，将其添加至【时间轴】面板中的“037.jpg”素材文件上，如图 5-252 所示。

图 5-252

02 切换至【效果控件】面板，展开【图像遮罩键】选项，单击【设置】按钮，如图 5-253 所示。

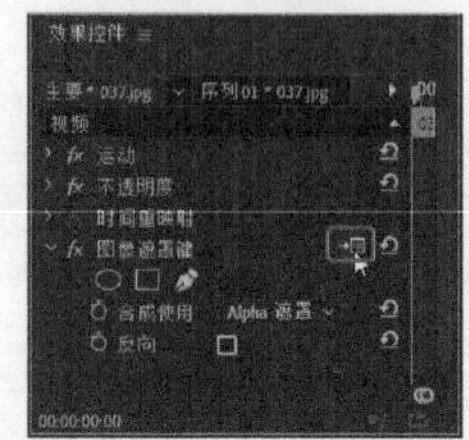

图 5-253

03 打开【选择遮罩图像】对话框，将“038.jpg”素材文件复制到桌面上，在该对话框中选择一张素材图像，单击【打开】按钮，如图 5-254 所示。

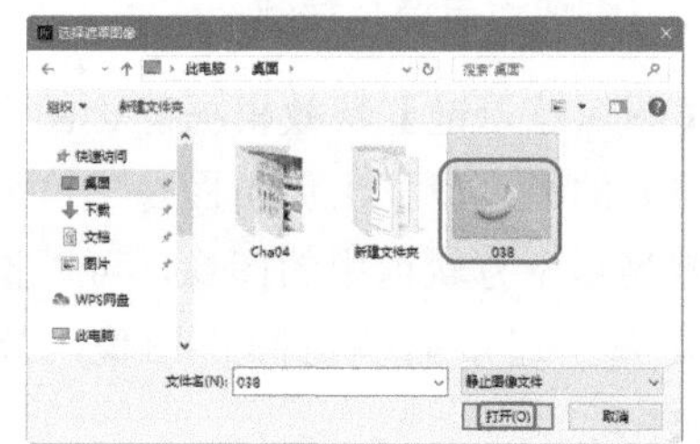

图 5-254

04 在【效果控件】面板中将【合成使用】设置为【亮度遮罩】，如图 5-255 所示。

图 5-255

提示：单击【设置】按钮，打开【选择遮罩图像】对话框，选择素材时，需要将本案例所用的素材文件放置在桌面上，这样才会有效果。

4.【差值遮罩】特效

【差值遮罩】特效创建透明度的方法是将源图像和差值图像进行比较，然后在源图像中抠出与差值图像中的位置和颜色均匹配的像素，其效果如图 5-256 所示。

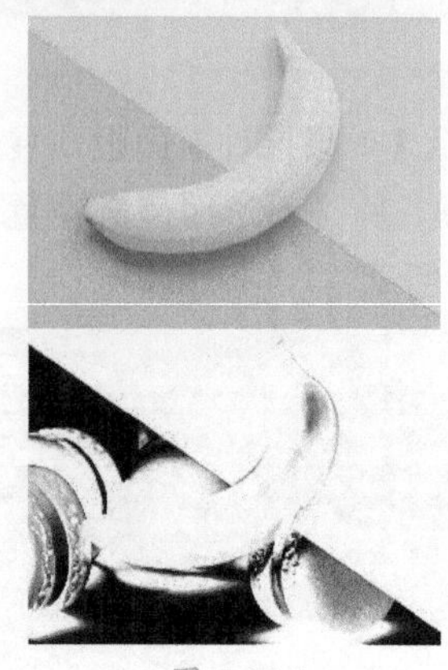

图 5-256

01 新建项目和 DV-PAL|【标准 48kHz】序列文件，在【项目】面板中的空白处双击，在弹出的对话框中选择“素材\Cha05\037.jpg、038.jpg”素材文件，单击【打开】按钮。在【项目】面板中选择“037.jpg”素材文件，将其添加至【时间轴】面板中的视频轨道 V1 上，如图 5-257 所示。将“038.jpg”素材文件添加到【时间轴】面板中的 V2 视频轨道上。

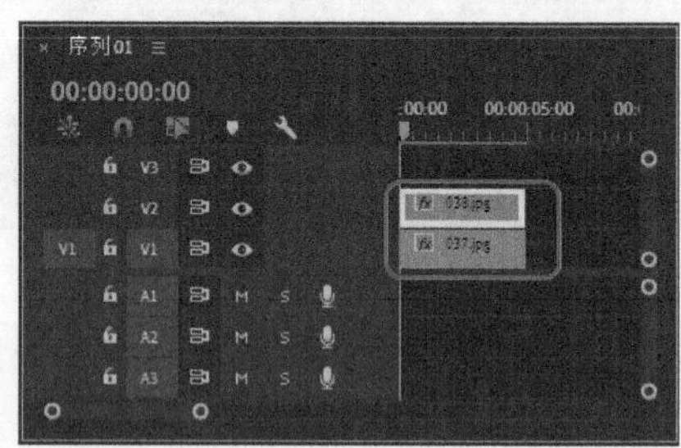

图 5-257

02 在【时间轴】面板中选择“038.jpg”素材文件，切换至【效果控件】面板，展开【运动】选项，将【缩放】设置为 20，如图 5-258 所示。

03 切换至【效果】面板，打开【视频效果】文件夹，在该文件夹下选择【键控】|【差值遮罩】特效，如图 5-259 所示。

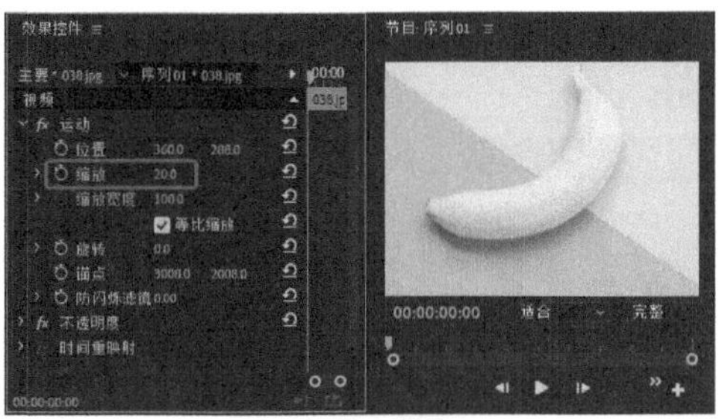
图 5-258

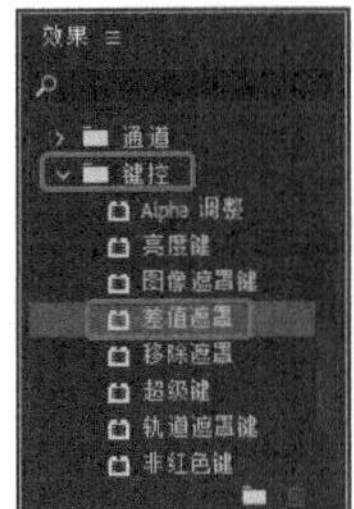
图 5-259

04 选择该特效，将其添加至【时间轴】面板中的“038.jpg”素材文件上，如图 5-260 所示。

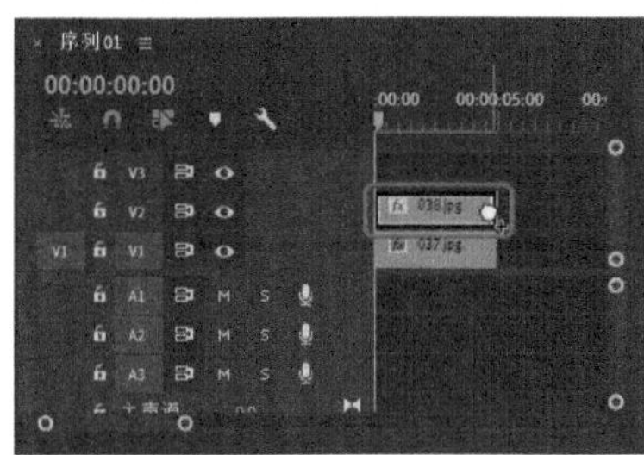
图 5-260

05 切换至【效果控件】面板，展开【差值遮罩】选项，将【视图】设置为【仅限遮罩】，将【差值图层】设置为【视频 1】，将【如果图层大小不同】设置为【伸缩以适合】，将【匹配容差】设置为 3%，将【匹配柔和度】设置为 5%，将【差值前模糊】设置为 2，如图 5-261 所示。

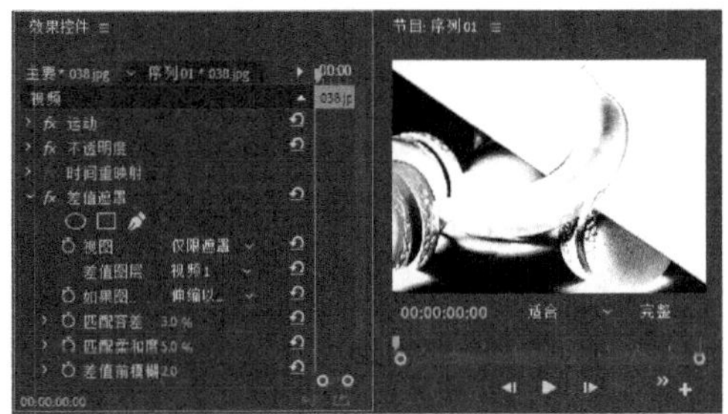
图 5-261

5. 【移除遮罩】特效

【移除遮罩】特效可以移动素材的颜色。如果从一个透明通道导入影片或者用 Premiere Pro 创建透明通道，需要除去图像的光晕。

6. 【超级键】特效

【超级键】特效可以快速、准确地在具有挑战性的素材上进行抠图，可以对 HD 高清素材进行实时抠图。该特效对于照明不均匀、背景不平滑的素材以及人物的卷发都有很好的抠图效果。该特效的选项组如图 5-262 所示。添加特效前后的效果对比如图 5-263 所示。

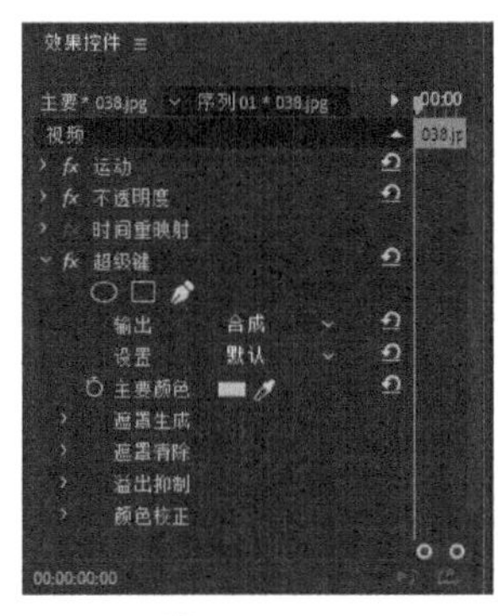
图 5-262

图 5-263

7. 【轨道遮罩键】特效

【轨道遮罩键】特效与【图像遮罩键】特效的工作原理相同，都是利用指定遮罩对当前抠像对象进行透明区域定义，但是【轨道遮罩键】特效更加灵活。由于使用序列中的对象作为遮罩，所以可以使用动画遮罩或者为遮罩设置运动。该特效的选项组如图 5-264 所示。添加特效前后的效果对比如图 5-265 所示。

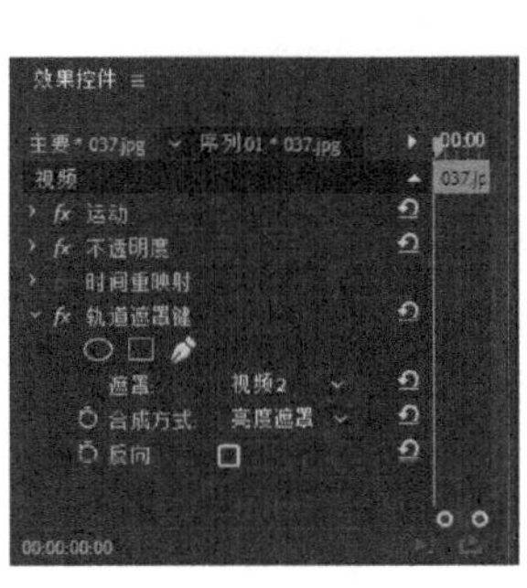
图 5-264

图 5-265

提示：一般情况下，一个轨道的影片作为另一个轨道的影片的遮罩使用后，应该关闭该轨道显示。

8.【非红色键】特效

【非红色键】特效用在蓝、绿色背景的画面上创建透明，类似于前面讲到的【蓝屏键】，可以混合两个素材片段或创建一些半透明的对象。它与绿色背景配合工作时效果尤其好，可以用灰度图像作为屏蔽，其效果对比如图 5-266 所示。

图 5-266

01 新建项目和 DV-PAL|【标准 48kHz】序列文件，在【项目】面板中的空白处双击，在弹出的对话框中选择“素材 \Cha05\037.jpg”素材文件，单击【打开】按钮。在【项目】面板中选择“037.jpg”素材文件，将其添加至【时间轴】面板中的视频轨道上，如图 5-267 所示。

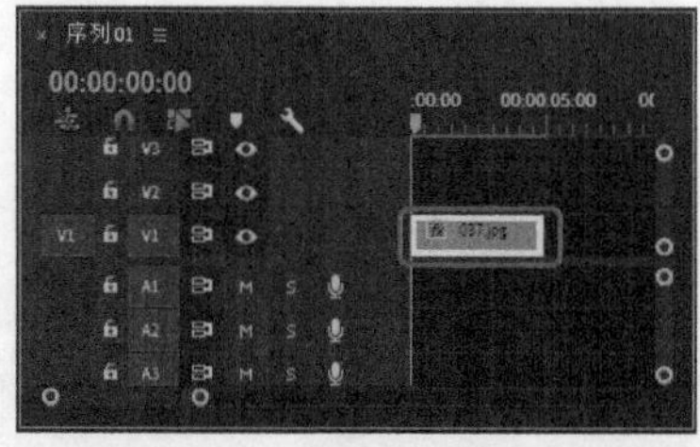

图 5-267

02 在【时间轴】面板中选择“037.jpg”素材文件，切换至【效果控件】面板，展开【运动】选项，将【缩放】设置为 72，如图 5-268 所示。

图 5-268

03 切换至【效果】面板，打开【视频效果】文件夹，在该文件夹下选择【键控】|【非红色键】特效，选择该特效，将其添加至【时间轴】面板中的“037.jpg”素材文件上，如图 5-269 所示。

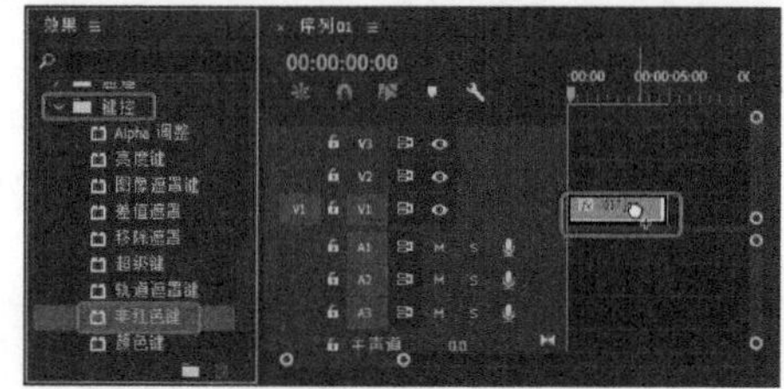

图 5-269

04 切换至【效果控件】面板，展开【非红色键】选项，将【去边】设置为【蓝色】，如图 5-270 所示。

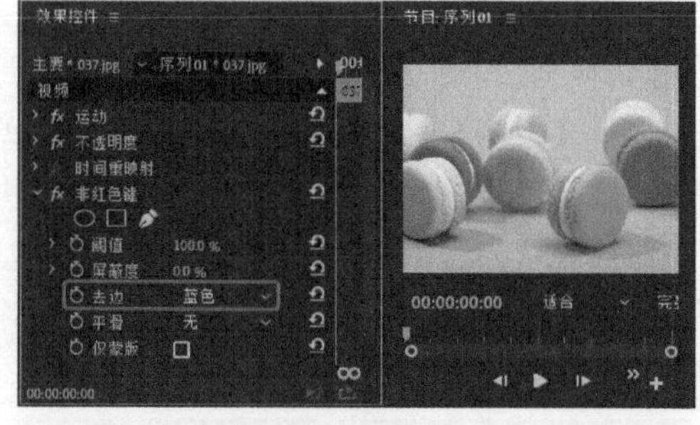

图 5-270

9.【颜色键】特效

【颜色键】特效可以去掉图像中所指定颜色的像素，这种特效只会影响素材的 Alpha 通道。该特效的选项组如图 5-271 所示。添加特效前后的效果对比如图 5-272 所示。

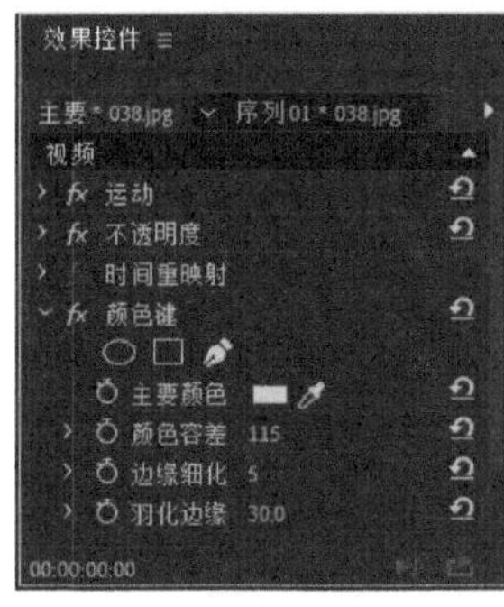

图 5-271

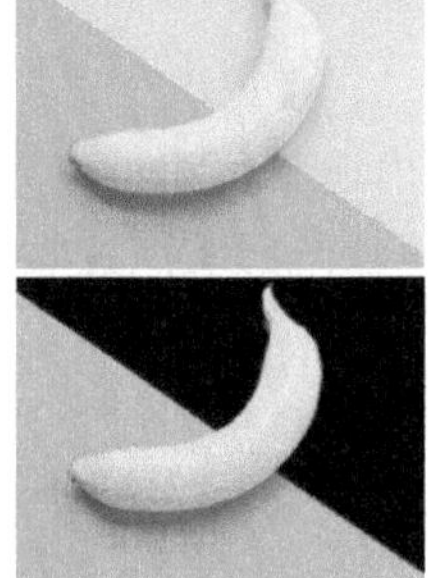

图 5-272

5.18 【颜色校正】视频特效

在【颜色校正】视频特效文件夹下，共有 12 项视频特技效果。本节简单介绍【颜色校正】文件夹下的 ASC CDL、【Lumetri 颜色】、【亮度与对比度】、【保留颜色】、【均衡】、【更改为颜色】、【更改颜色】、【色彩】、【视频限制器】、【通道混合器】、【颜色平衡】和【颜色平衡（HLS）】特效的使用。

1. ASC CDL 特效

ASC CDL 是由美国电影摄影师协会技术委员会、制作 / 后期供应商和色彩科学家共同合作创建的一种用于标准化初级色彩调整的颜色决策表。ASC CDL 就是颜色决策表，就像 ASC EDL 携带的剪辑决策表一样，ASC CDL 携带了一组颜色校正数据。该特效的选项组如图 5-273 所示。添加特效前后的效果对比如图 5-274 所示。

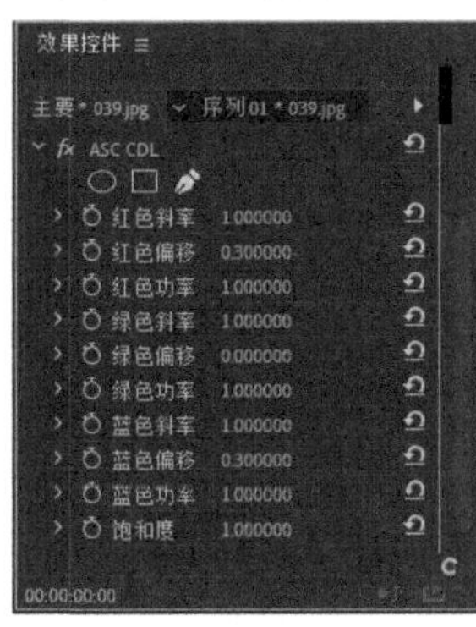

图 5-273

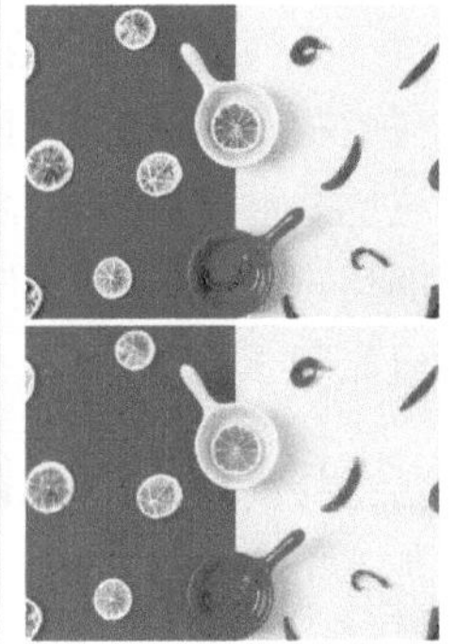

图 5-274

2. 【Lumetri 颜色】特效

在 Premiere Pro 中，【Lumetri 颜色】特效可以应用 SpeedGrade 颜色校正，在【效果】面板中的 Lumetri Looks 文件夹为用户提供了许多预设 Lumetri Looks 库。用户可以为【序列】面板中的素材应用 SpeedGrade 颜色校正图层和预制的查询表 (LUT)，而不必退出应用程序。

提示：在 Premiere Pro 中，【Lumetri 颜色】特效是只读的，因此应在 SpeedGrade 软件中编辑颜色校正图层和 LUT。也可以在 SpeedGrade 软件中保存并打开用户的 Premiere 序列。

3. 【亮度与对比度】特效

【亮度与对比度】特效可以调节画面的亮度和对比度。该效果同时调整所有像素的亮部区域、暗部区域和中间色区域，但不能对单一通道进行调节，该特效的选项组如图 5-275 所示。添加特效前后的效果对比如图 5-276 所示。

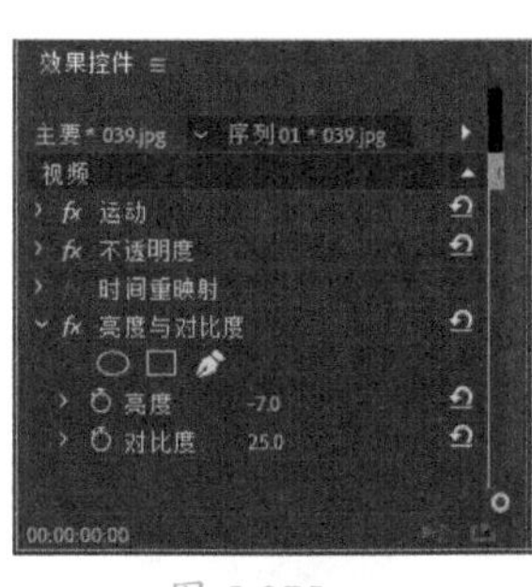

图 5-275

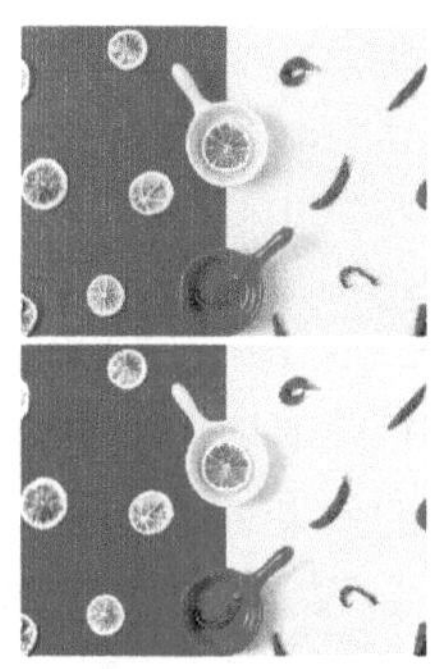

图 5-276

4. 【保留颜色】特效

【保留颜色】特效用于将素材中除要保留的颜色以外的其他颜色进行分离，并对分离的颜色进行脱色处理。该特效的选项组如图 5-277 所示。添加特效前后的效果对比如图 5-278 所示。

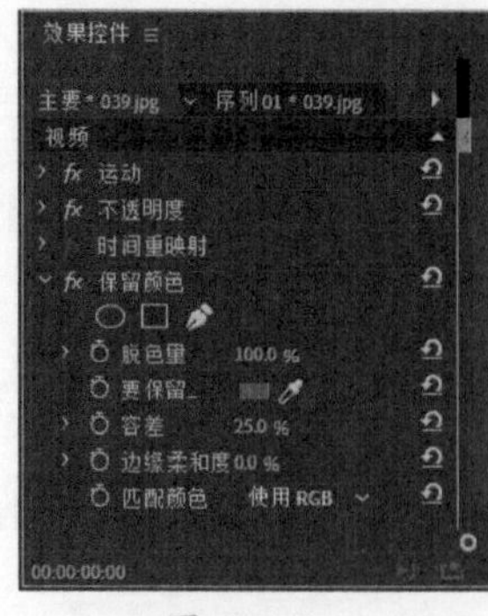

图 5-277

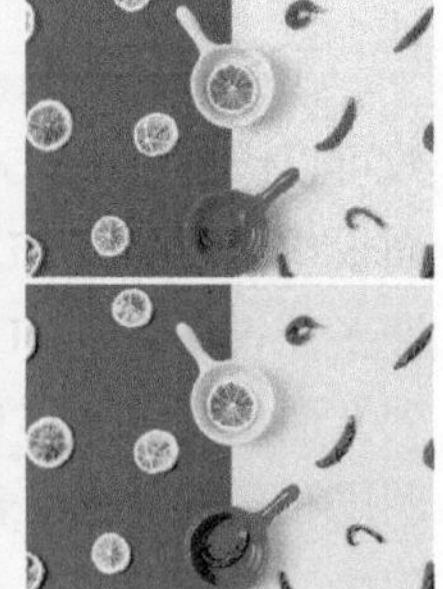

图 5-278

5. 【均衡】特效

【均衡】特效可以改变图像，与 Adobe Photoshop 中的【色调均化】命令类似。该特效的选项组如图 5-279 所示。添加特效前后的效果对比如图 5-280 所示。

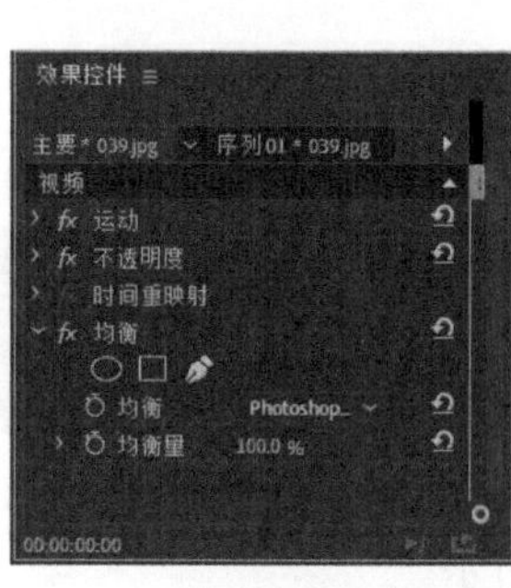

图 5-279

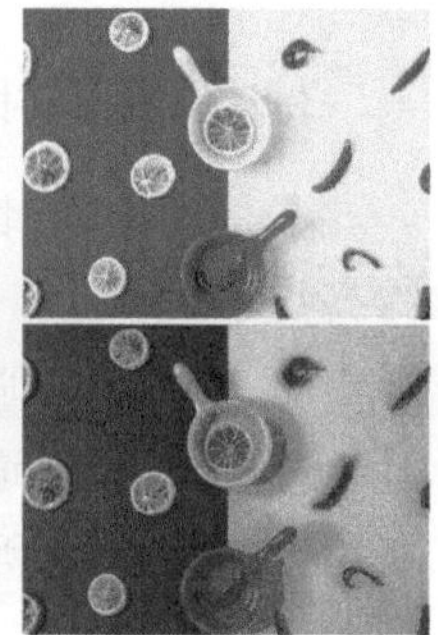

图 5-280

6. 【更改为颜色】特效

【更改为颜色】特效可以指定某种颜色，然后使用一种新的颜色替换指定的颜色。该特效的选项组如图 5-281 所示。添加特效前后的效果对比如图 5-282 所示。

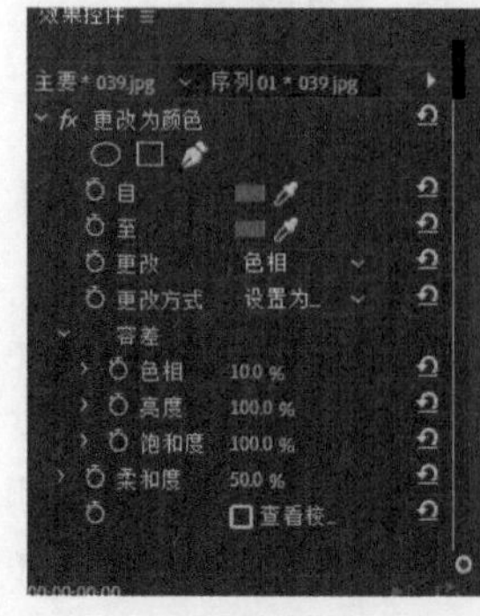

图 5-281

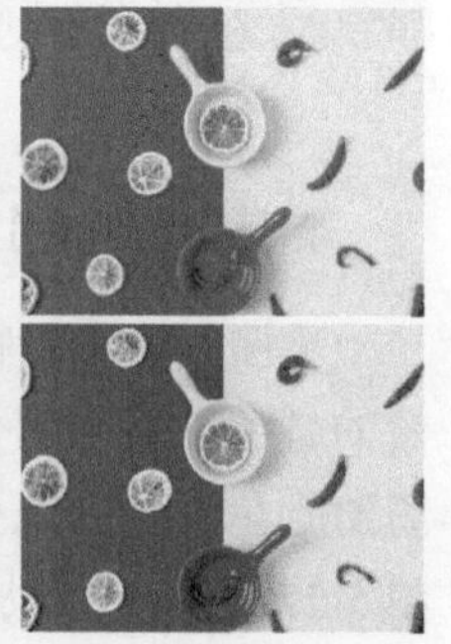

图 5-282

7. 【更改颜色】特效

【更改颜色】特效通过在素材色彩范围内调整色相、亮度和饱和度，以改变色彩范围内的颜色。该特效的选项组如图 5-283 所示。添加特效前后的效果对比如图 5-284 所示。

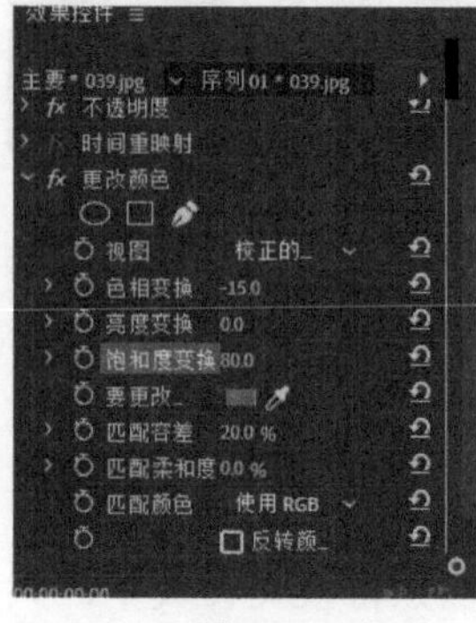

图 5-283

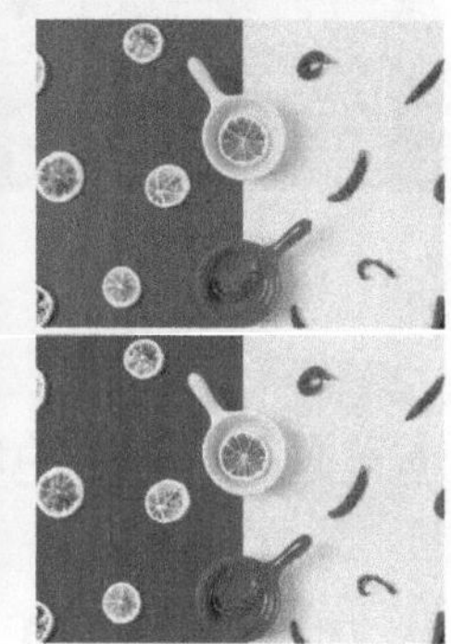

图 5-284

8. 【色彩】特效

【色彩】特效用于修改图像的颜色信息。该特效的选项组如图 5-285 所示。添加特效前后的效果对比如图 5-286 所示。

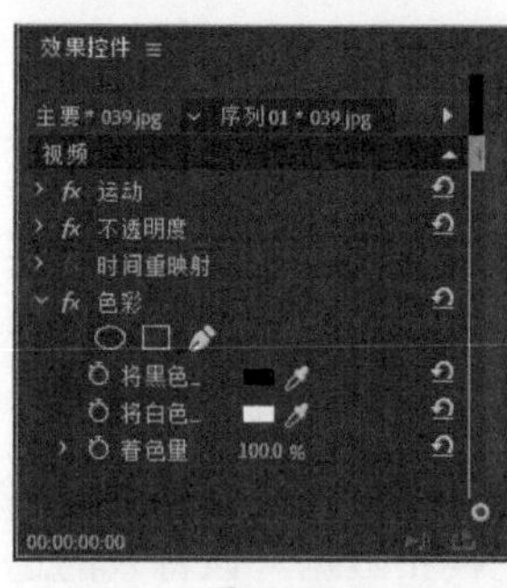

图 5-285

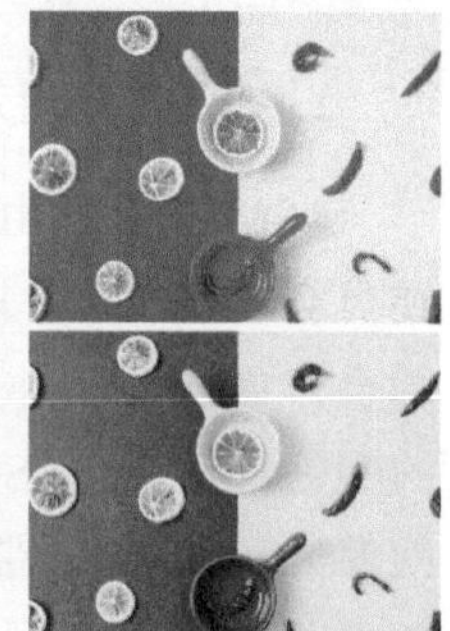

图 5-286

9. 【视频限制器】特效

【视频限制器】特效用于限制剪辑中的亮度和颜色，使它们位于您定义的参数范围。这些参数可用于在使视频信号满足广播限制的情况下尽可能地保留视频。该特效的选项组如图 5-287 所示。

10. 【通道混合器】特效

【通道混合器】特效可以用当前颜色通道的混合值修改一个颜色通道。通过为每个通道设置不同的颜色偏移量来校正图像的色彩。

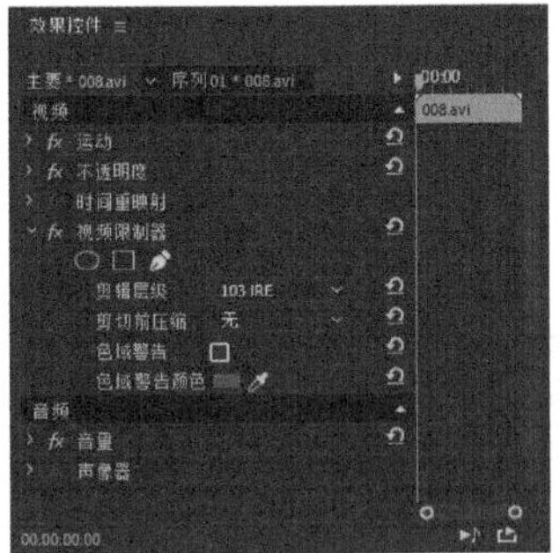

图 5-287

通过【效果控制】选项组中各通道的滑块调节，可以调整各个通道的色彩信息。对各项参数的调节，控制着选定通道到输出通道的强度。该特效的选项组如图 5-288 所示。添加特效前后的效果对比如图 5-289 所示。

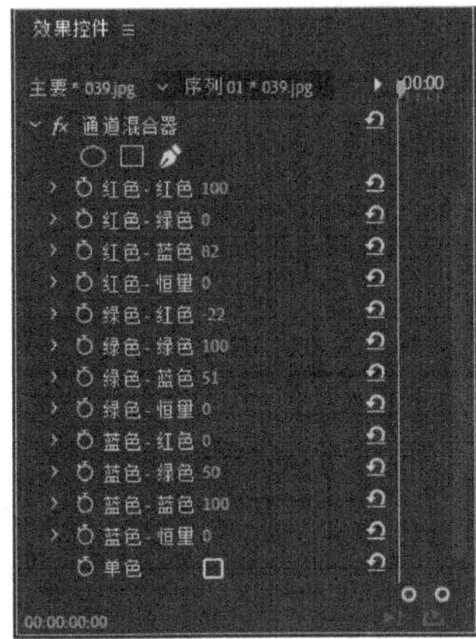

图 5-288

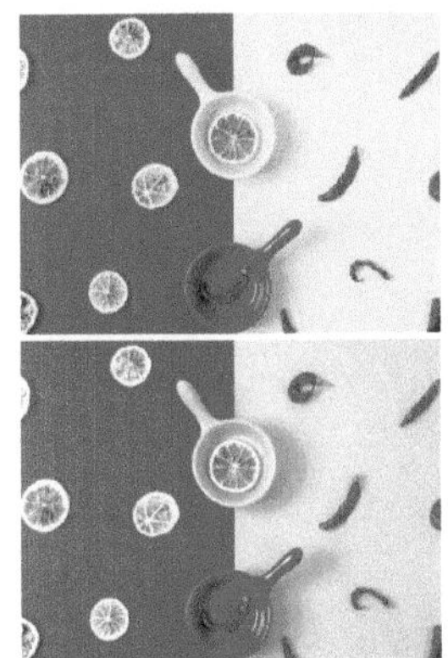

图 5-289

11. 【颜色平衡】特效

【颜色平衡】特效用于设置图像在阴影、中间调和高光下的红、绿、蓝三色的参数。该特效的选项组如图 5-290 所示。添加特效前后的效果对比如图 5-291 所示。

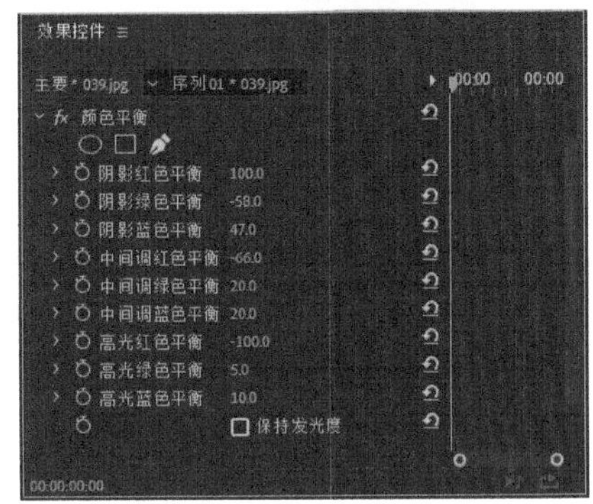

图 5-290

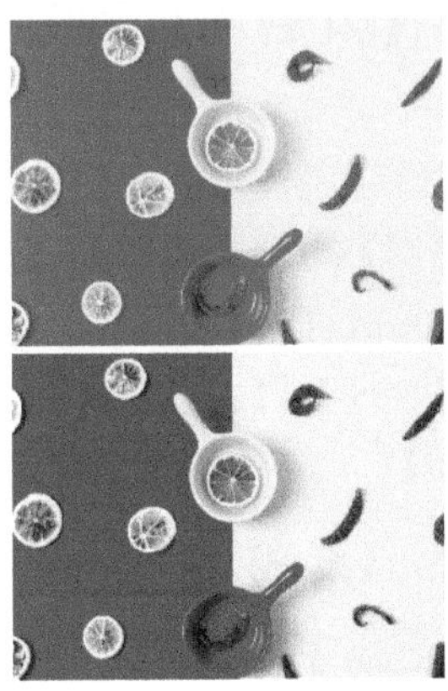

图 5-291

12. 【颜色平衡 (HLS)】特效

【颜色平衡 (HLS)】特效通过调整色相、饱和度和亮度对颜色的平衡度进行调节。该特效的选项组如图 5-292 所示。添加特效前后的效果对比如图 5-293 所示。

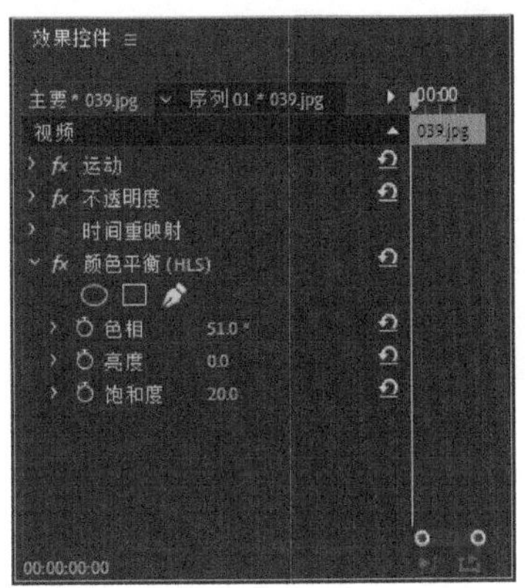

图 5-292

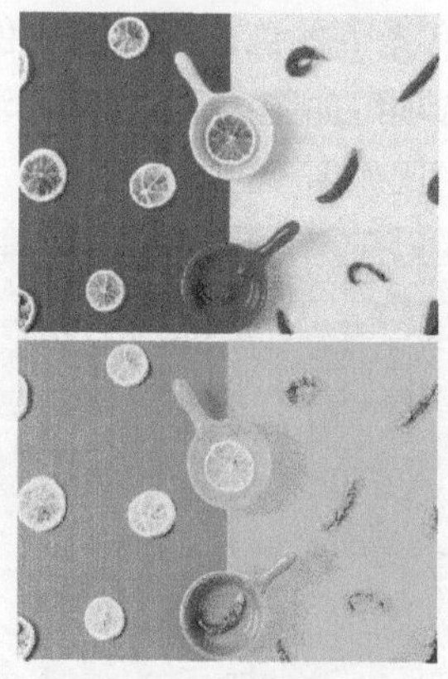
图 5-293

5.19 【风格化】视频特效

本节讲解【风格化】文件夹下的【Alpha 发光】、【复制】、【彩色浮雕】、【曝光过度】、【查找边缘】、【浮雕】、【画笔描边】、【粗糙边缘】、【纹理】、【色调分离】、【闪光灯】、【阈值】和【马赛克】特效的使用。

1. 【Alpha 发光】特效

【Alpha 发光】特效可以对素材的 Alpha 通道起作用，从而产生一种发光效果。如果素材拥有多个 Alpha 通道，那么仅对第一个 Alpha 通道起作用。该特效的选项组如图 5-294 所示。添加该特效前后的效果对比如图 5-295 所示。

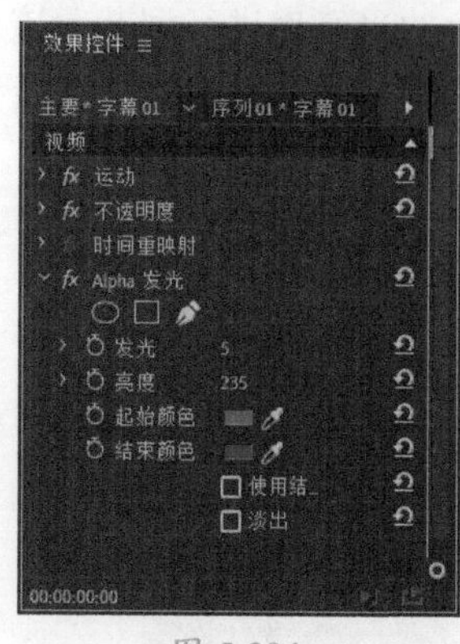

图 5-294

图 5-295

2. 【复制】特效

【复制】特效用于将屏幕分块，并在每一块中都显示整个图像，用户可以通过拖动滑块设置每行或每列的分块数目。该特效的选项组如图 5-296 所示。添加特效前后的效果对比如图 5-297 所示。

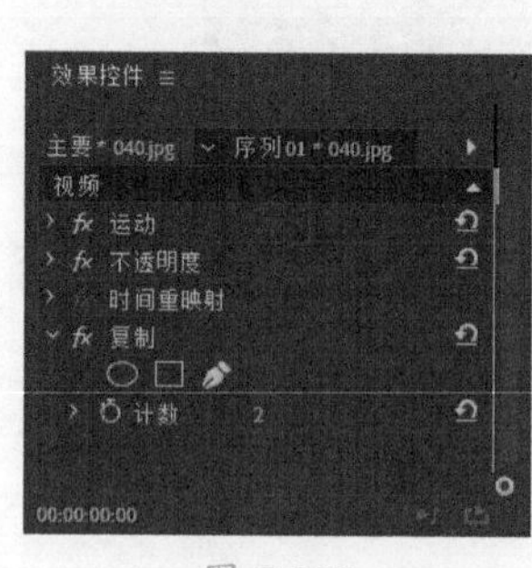

图 5-296

图 5-297

3. 【彩色浮雕】特效

【彩色浮雕】特效用于锐化图像中物体的边缘并修改图像颜色。这个特效会从一个指定的角度使边缘高光。该特效的选项组如图 5-298 所示。添加特效前后的效果对比如图 5-299 所示。

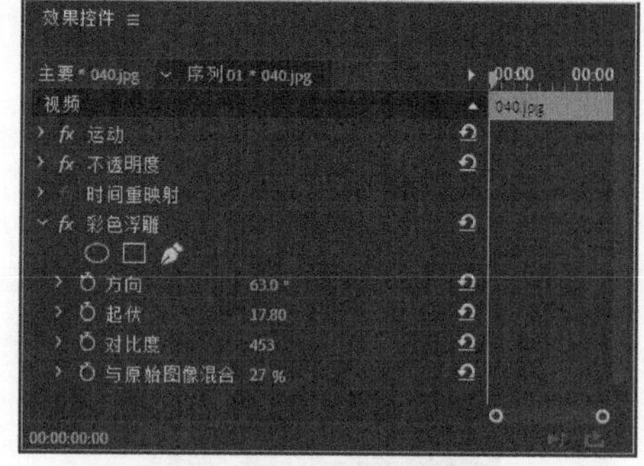

图 5-298

图 5-299

4.【曝光过度】特效

【曝光过度】特效可创建负像和正像之间的混合，导致图像看起来有光晕。该特效的选项组如图 5-300 所示。添加特效前后的效果对比如图 5-301 所示。

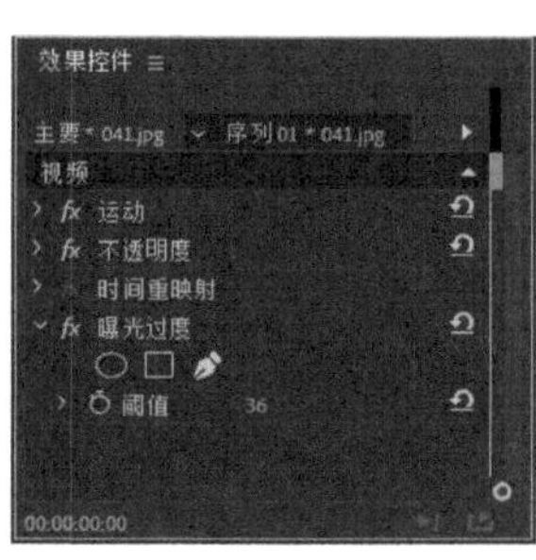

图 5-300

图 5-301

5. 【查找边缘】特效

【查找边缘】特效用于识别图像中有显著变化和明显边缘，边缘可以显示为白色背景上的黑线和黑色背景上的彩色线。该特效的选项组如图 5-302 所示。添加特效前后的效果对比如图 5-303 所示。

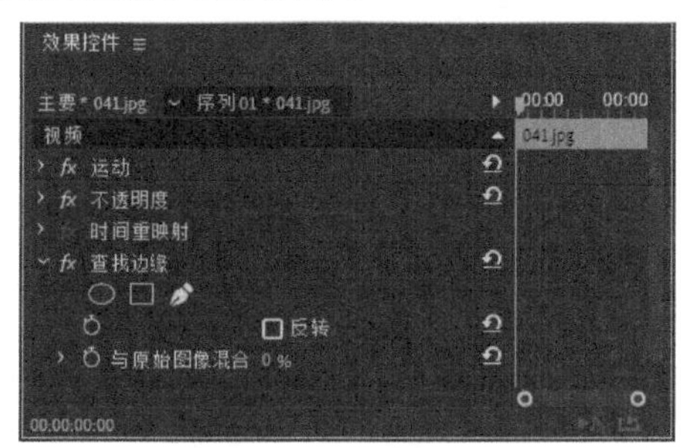

图 5-302

图 5-303

6. 【浮雕】特效

【浮雕】特效可以锐化图像中对象的边缘并抑制颜色。该特效从指定的角度使边缘产生高光。【浮雕】特效与【彩色浮雕】特效图像的原理相似，但【浮雕】特效会抑制图像的原始颜色。该特效的选项组如图 5-304 所示。添加特效前后的效果对比如图 5-305 所示。

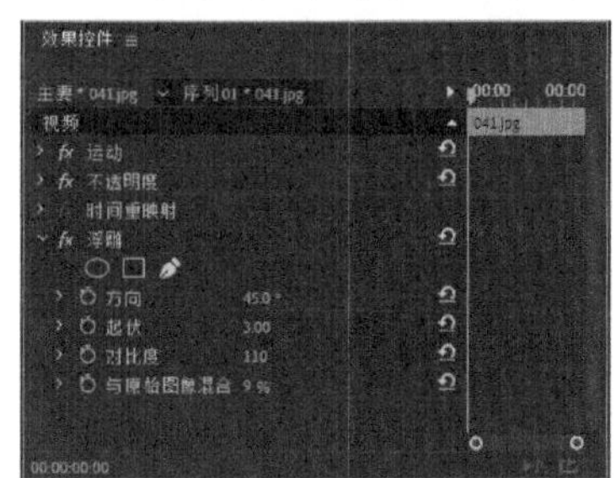

图 5-304

图 5-305

7. 【画笔描边】特效

【画笔描边】特效可以为图像添加一个粗略的着色效果，也可以通过设置该特效笔触的长短和密度制作出油画风格的图像。该特效的选项组如图 5-306 所示。添加特效前后的效果对比如图 5-307 所示。

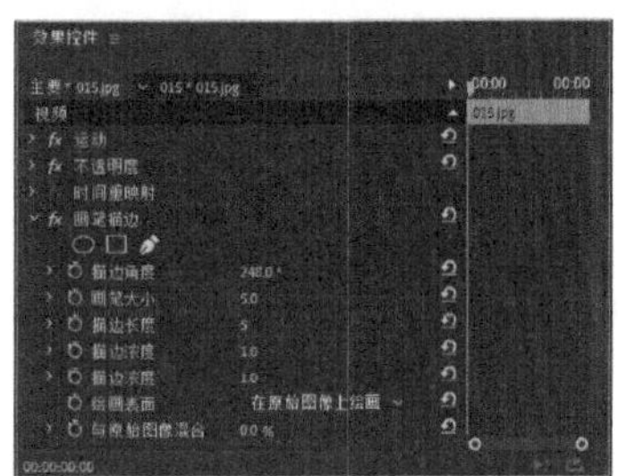
图 5-306

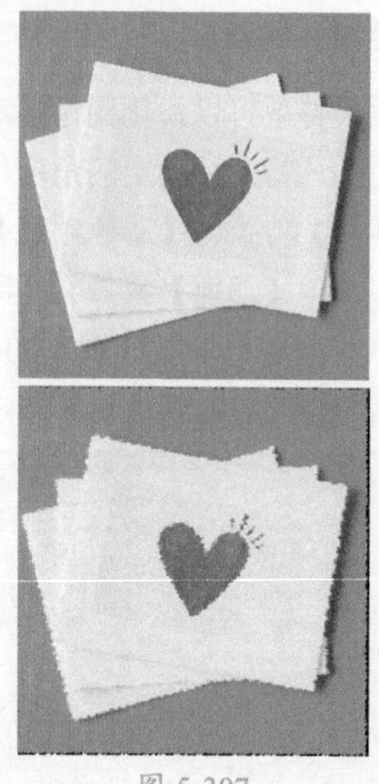

图 5-307

8. 【粗糙边缘】特效

【粗糙边缘】特效可以使图像的边缘产生粗糙效果，使图像边缘变得粗糙。在【边缘类型】下拉列表中可以选择图像的粗糙类型，如腐蚀、影印等。该特效的选项组如图 5-308 所示。添加特效前后的效果对比如图 5-309 所示。

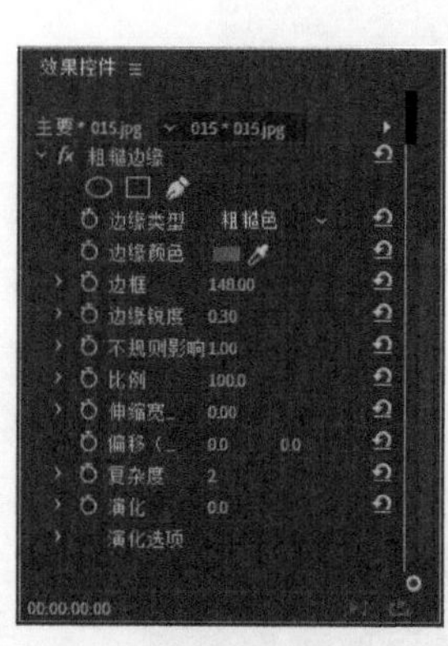

图 5-308

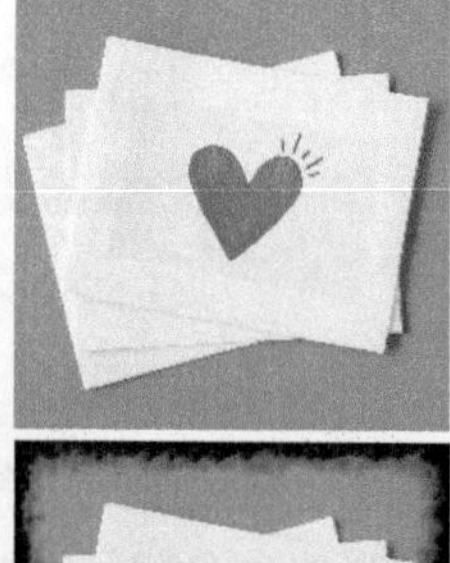

图 5-309

9. 【纹理】特效

【纹理】特效将使素材看起来具有其他素材的纹理效果。该特效的选项组如图 5-310 所示。添加特效前后的效果对比如图 5-311 所示。

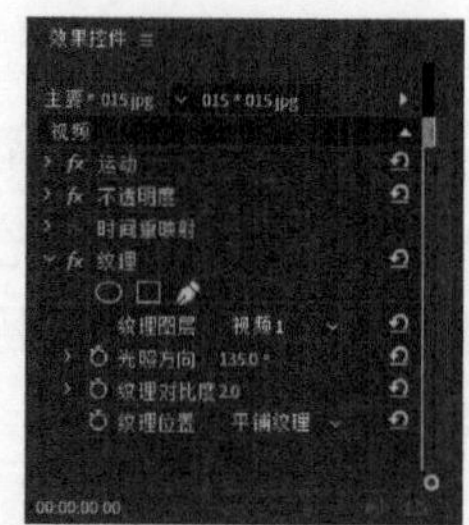

图 5-310

图 5-311

10. 【色调分离】视频特效

【色调分离】特效用于将画面的色调区分调节。该特效的选项组如图 5-312 所示。添加特效前后的效果对比如图 5-313 所示。

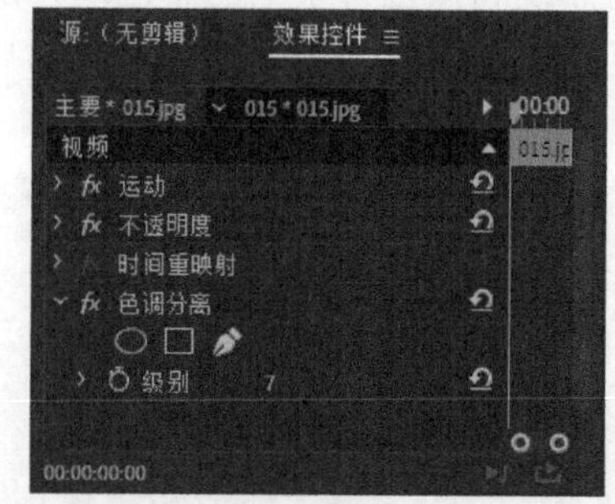

图 5-312

图 5-313

11. 【闪光灯】视频特效

【闪光灯】特效用于模拟频闪或闪光灯效果，它随着片段的播放按一定的控制率隐掉一些视频帧。该特效的选项组如图 5-314 所示。添加特效前后的效果对比如图 5-315 所示。

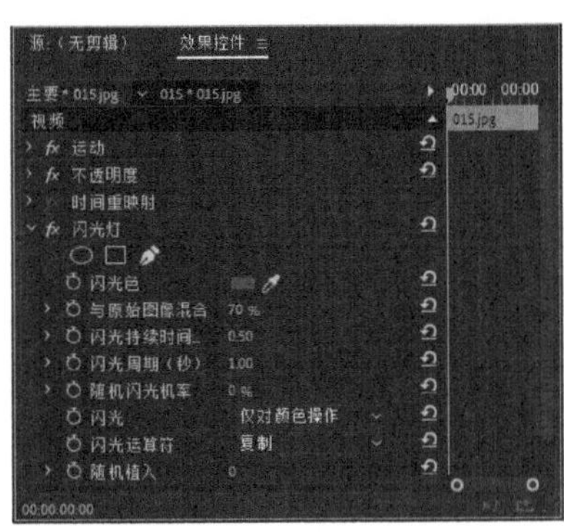

图 5-314

图 5-315

12. 【阈值】视频特效

【阈值】特效将素材转化为黑、白两种色彩，通过调整电平值来影响素材的变化。当值为 0 时素材为白色，当值为 255 时素材为黑色，一般情况下我们可以取中间值。该特效的选项组如图 5-316 所示。添加特效前后的效果对比如图 5-317 所示。

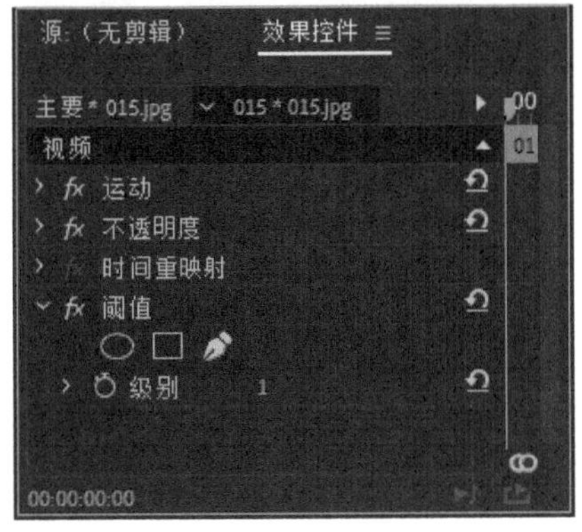

图 5-316

图 5-317

13. 【马赛克】特效

【马赛克】特效将使用大量的单色矩形填充一个图层。该特效的选项组如图 5-318 所示。添加特效前后的效果对比如图 5-319 所示。

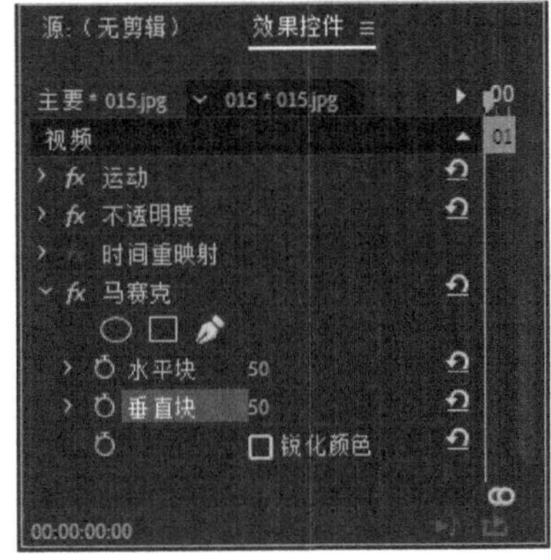

图 5-318

图 5-319

课后项目练习

圣诞麋鹿

下面讲解如何制作圣诞麋鹿的雕刻效果，如图 5-320 所示。

课后项目练习效果展示

图 5-320

课后项目练习过程概要

（1）由于雕刻的作品一般作为艺术品被装裱在画框中，所以本案例以画框作为雕刻的背景。

（2）为图片添加【浮雕】特效，制作圣诞麋鹿的雕刻效果。

素材	素材 \Cha05\ 相框 .png、麋鹿 .jpg
场景	场景 \Cha05\ 圣诞麋鹿 .prproj
视频	视频教学 \ Cha05\ 圣诞麋鹿 .mp4

01 新建项目和序列文件，在【新建序列】对话框中选择【序列预设】选项卡中 DV-PAL|【标准 48kHz】选项，按 Ctrl+I 组合键，在打开的对话框中选择“素材 \Cha05\ 相框 .png、麋鹿 .jpg”素材文件，将“麋鹿 .jpg”素材文件拖曳至 V1 轨道中，将【位置】设置为 369、265，将【缩放】设置为 62，如图 5-321 所示。

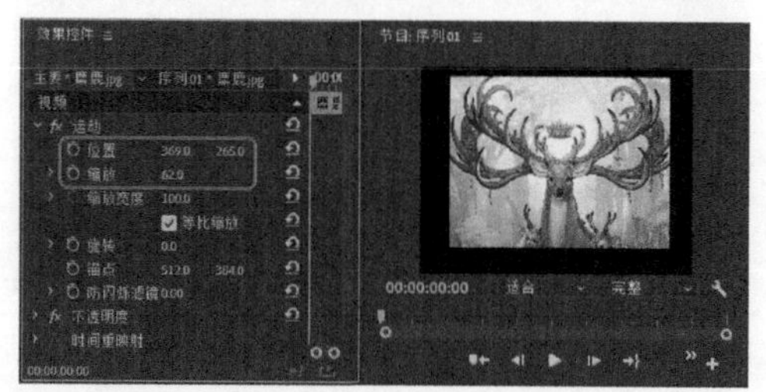

图 5-321

02 将“相框 .png”素材文件拖曳至 V2 轨道中，将【位置】设置为 360、288，将【缩放】设置为 100，如图 5-322 所示。

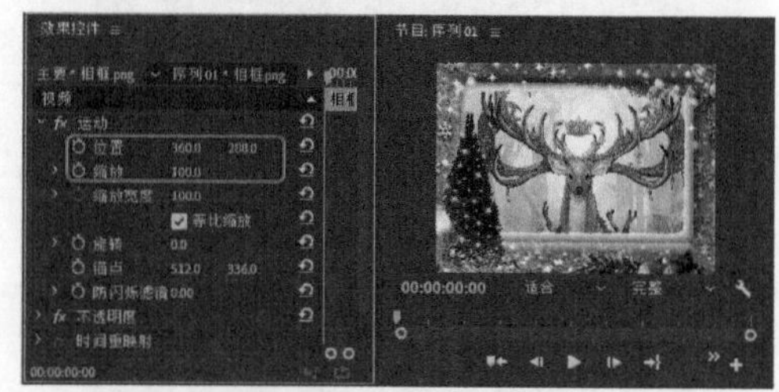

图 5-322

03 在【效果】面板中将【浮雕】视频特效拖曳至 V1 轨道中的素材文件上，将【浮雕】选项组中的【方向】设置为 -7，【起伏】设置为 8.5，【对比度】设置为 69，【与原始图像混合】设置为 100%，并单击其左侧的【关键帧】按钮，如图 5-323 所示。

图 5-323

04 将当前时间设置为 00:00:03:00，将【与原始图像混合】设置为 0%，如图 5-324 所示。

图 5-324

第 6 章

【婚纱摄影宣传片】制作 AVI 格式的影片——项目输出

本章导读：

影片制作完成后，就需要对其进行导出。在 Premiere Pro CC 程序中可以将影片导出为多种格式。本章首先为大家介绍导出选项的设置，然后详细介绍将影片导出为不同格式的方法。

【案例精讲】【婚纱摄影宣传片】制作 AVI 格式的影片

为了更好地完成本设计案例，现对制作要求及设计内容做如下规划，效果如图 6-1 所示。

作品名称	【婚纱摄影宣传片】制作 AVI 格式的影片
设计创意	制作婚纱摄影宣传片，可以吸引即将步入婚姻殿堂的情侣到婚纱摄影公司进行拍摄。本案例将介绍如何导出婚纱摄影宣传片
主要元素	婚纱摄影宣传片
应用软件	Premiere Pro CC
素材	素材 \Cha06\ 婚纱摄影宣传片 .mp4
场景	场景 \Cha06\【案例精讲】【婚纱摄影宣传片】制作 AVI 格式的影片 .prproj
视频	视频教学 \Cha06\【案例精讲】【婚纱摄影宣传片】制作 AVI 格式的影片 .mp4
婚纱摄影宣传片效果欣赏	图 6-1
备注	

01 启动 Premiere Pro CC 软件，在【主页】窗口中选择【打开项目】，在弹出的【打开项目】对话框中选择“素材 \Cha06\【婚纱摄影宣传片 .mp4”素材文件，如图 6-2 所示。

02 单击【打开】按钮，即可在软件中打开，选中【时间轴】面板，在菜单栏中选择【文件】|【导出】命令，在弹出的子菜单中选择【媒体】命令，如图 6-3 所示。

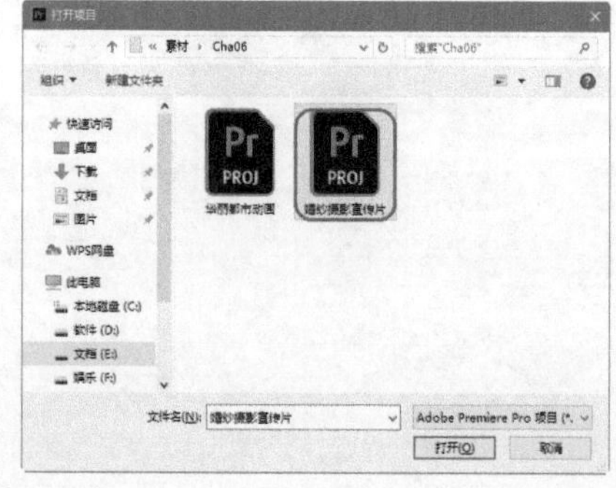

图 6-2

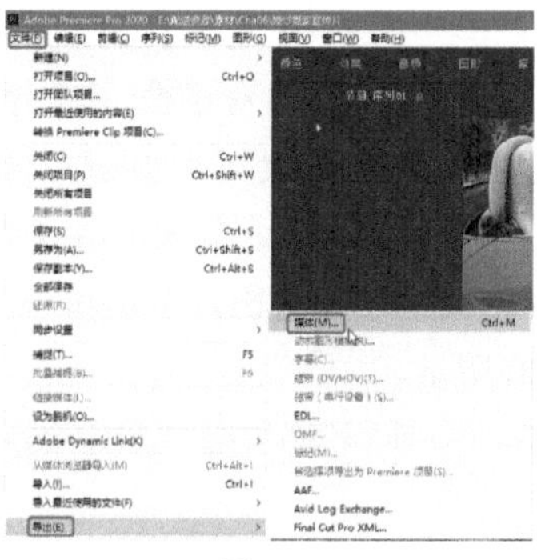

图 6-3

03 执行此命令后，弹出【导出设置】对话框，将【格式】设置为AVI，单击【输出名称】右侧的蓝色文字，在弹出的【另存为】对话框中，设置保存路径和名称，其他保持默认设置，单击【保存】按钮，再单击【导出】按钮，如图6-4所示。

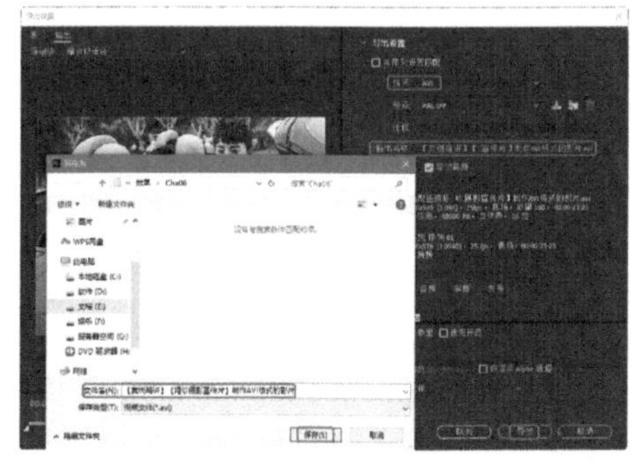

图 6-4

提示：若导出格式为【媒体】，也可以直接按Ctrl+M组合键。

6.1 导出文件

在Premiere Pro CC中，可以选择把文件导出为能在电视上直接播放的电视节目，也可以导出为专门在计算机上播放的AVI格式文件、静止图片序列或动画文件。在设置文件的导出操作时，首先必须知道自己制作这个影视作品的目的，以及这个影视作品面向的对象，然后根据节目的应用场合和质量要求选择合适的导出格式。

6.1.1 导出影片

本案例通过实例来讲解如何导出影片，其具体操作步骤如下。

01 运行Premiere Pro CC软件，在【主页】界面中，单击【打开项目】按钮，弹出【打开项目】对话框，在该对话框中选择“素材\Cha06\001.prproj”素材文件，单击【打开】按钮，如图6-5所示。

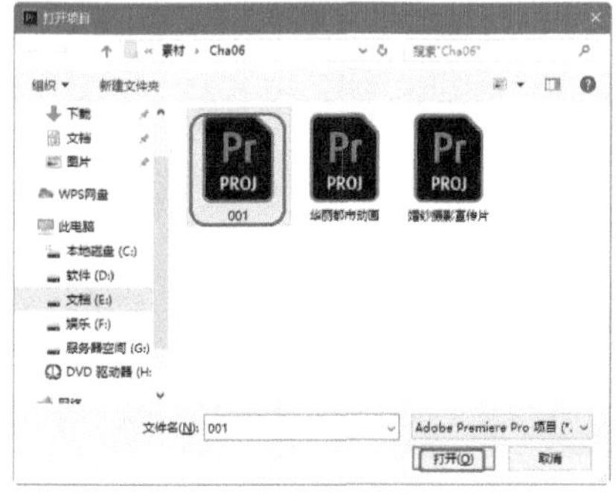

图 6-5

02 打开素材文件后，在【节目】监视器中单击【播放-停止切换】按钮▶可以预览影片，如图6-6所示。

图 6-6

03 预览完成后，在菜单栏中选择【文件】|【导出】|【媒体】命令，弹出【导出设置】对话框。在【导出设置】区域中，设置【格式】为QuickTime，设置【预设】为PAL DV，单击【输出名称】右侧的文字，弹出【另存为】对话框，在该对话框中设置影片名称为【导出影片】，并设置导出路径，如图6-7所示。

04 设置完成后单击【保存】按钮，返回到【导出设置】对话框，在该对话框中单击【导出】按钮，如图6-8所示。

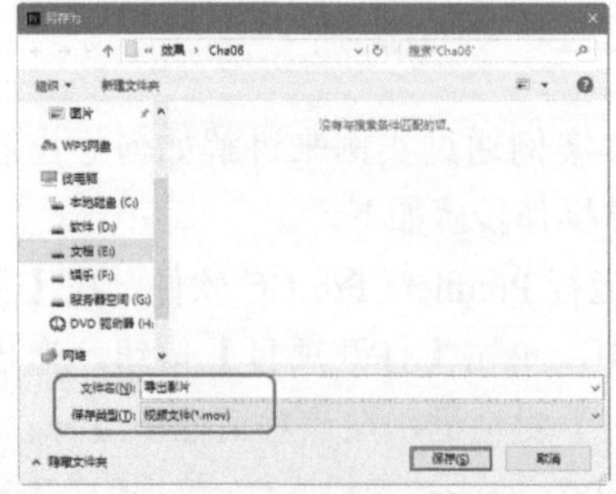

图 6-7

图 6-8

05 影片导出完成后，在其他播放器中进行查看效果即可。

提示：采用比原音频素材更高的品质进行输出，并不会提升音频的播放音质，反而会增加文件的容量。

6.1.2 导出单帧图像

在 Adobe Premiere Pro CC 中，我们可以选择影片中的一帧，将其导出为一个静态图片。导出单帧图像的操作步骤如下。

01 打开“素材 \Cha06\001.mp4”素材文件，将当前时间设置为 00:00:08:00，如图 6-9 所示。

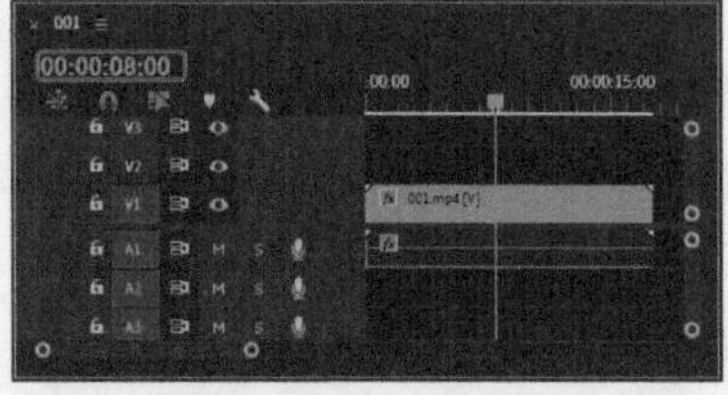

图 6-9

02 在菜单栏中选择【文件】|【导出】|【媒体】命令，弹出【导出设置】对话框。在【导出设置】区域中，将【格式】设置为 JPEG，单击【输出名称】右侧的文字，弹出【另存为】对话框，在该对话框中设置影片名称和导出路径，如图 6-10 所示。

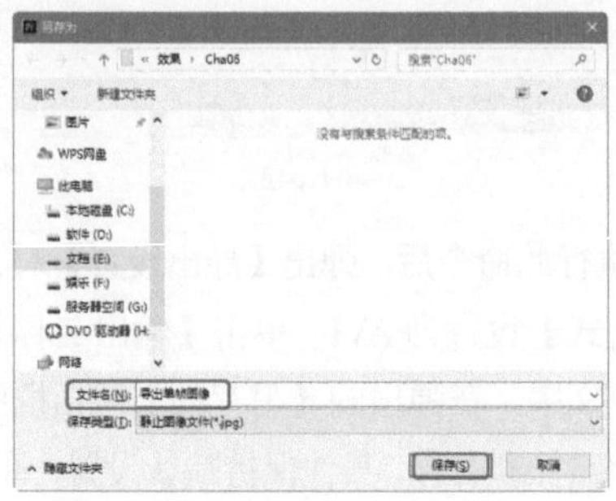

图 6-10

03 设置完成后单击【保存】按钮，返回到【导出设置】对话框中，在【视频】选项卡下，取消选中【导出为序列】复选框，如图 6-11 所示。

图 6-11

04 设置完成后，单击【导出】按钮，单帧图像导出完成。可以在其他看图软件中进行查看，效果如图 6-12 所示。

图 6-12

6.2 可输出的格式

影视编辑工作中需要各种格式的文件，在 Premiere Pro 中，也支持输出多种不同格式的文件。下面详细介绍可输出的格式以及每一种文件格式的属性。

6.2.1 可输出的视频格式

可输出的视频格式分很多种，其中包括 AVI 格式、QuickTime 格式、MPEG4 格式、FLA 格式和 H.264 格式等 5 种输出格式。下面对这 5 种可输出的视频格式进行详细介绍。

1. AVI 格式

AVI 英文全称为 Audio Video Interleaved，即音频、视频交错格式，是将语音和影像同步组合在一起的文件格式。它对视频文件采用了一种有损压缩方式，但压缩比较高，因此尽管画面质量不是太好，但其应用范围仍然非常广泛，可实现多平台兼容。AVI 信息主要应用在多媒体光盘上，用来保存电视、电影等各种影像信息。

2. QuickTime 格式

QuickTime 格式即 MOV 格式文件，它是 Apple 公司开发的一种音频、视频文件格式，用于存储常用数字媒体类型。QuickTime 文件声画质量高，播出效果好，但跨平台性较差，很多播放器都不支持 QuickTime 格式影片的播放。

3. MPEG4 格式

MPEG 是运动图像压缩算法的国际标准，现在几乎已被所有的计算机平台支持。其中，MPEG4 是一种新的压缩算法，使用这种算法可将一部 120 分钟长的电影压缩为 300MB 左右的视频流，以便于传输和网络播出。

4. FLV 格式

FLV 格式是 Flash Video 格式的简称，是随着 Flash MX 的推出，由 Macromedia 公司开发的属于自己的流媒体视频格式。FLV 流媒体格式是一种新的视频格式，由于它形成的文件极小、加载速度也极快，这就使得网络观看视频文件成为可能。FLV 格式不仅可以轻松地导入 Flash 中，几百帧的影片只需两秒钟，同时也可以通过 RTMP 协议从 Flashcom 服务器上流式播出。因此，目前国内外主流视频网站的在线观看都使用此格式。

5. H.264 格式

H.264 被称为 AVC(Advanced Video Codec，先进视频编码)，是 MPEG4 标准的第 10 部分，用来取代之前 MPEG4 的第 2 部分 (简称 MPEG4P2) 所指定的视频编码，因为 AVC 有着比 MPEG4P2 强很多的压缩效率。最常见的 MPEG4P2 编码器有 divx 和 xvid(开源)，最常见的 AVC 编码器是 x264(开源)。

6.2.2 可输出的音频格式

可输出的音频格式分为 4 种，即 MP3 格式、WAV 格式、AAC 音频格式、Windows Media 格式。下面对这 4 种可输出的音频格式进行详细介绍。

1. MP3 格式文件

MP3 是一种音频压缩技术，其全称是动态影像专家压缩标准音频层面 3 (Moving Picture Experts Group Audio Layer Ⅲ)，简称 MP3。它被设计用来大幅度地降低音频数据量。利用 MPEG Audio Layer 3 的技术，将音乐以 1∶10 甚至 1∶12 的压缩率，压缩成容量较小的文件，而对大多数用户来说，重放的音质与最初的不压缩音频相比没有明显的下降。其优点是压缩后占用空间小，适用于移动设备的储存和使用。

2. WAV 格式文件

WAV 波形文件，是微软和 IBM 共同开发的 PC 标准声音格式，文件扩展名为 .wav，是一种通用的音频数据文件。通常使用 WAV 格式来保存一些没有压缩的音频，也就是经过 PCM 编码后的音频，因此也被称为波形文件。它依照声音的波形进行存储，因此要占用较大的储存空间。

3. AAC 格式文件

AAC(Advanced Audio Coding)，中文名为“高级音频编码”，出现于 1997 年，是基于 MPEG-2 的音频编码技术，已取代 MP3 格式。2000 年，MPEG-4 标准出现后，AAC 重新集成了其特性，加入了 SBR 技术和 PS 技术，为了区别于传统的 MPEG-2AAC，它又被称为 MPEG-4-AAC。

4. Windows Media 格式文件

Windows Media 格式文件即 Windows Media Audio，简称 WMA。

6.2.3 可输出的图像格式

可输出的图像格式分为 4 种，即 GIF 格式文件、BMP 格式文件、PNG 格式文件、Targa 格式文件。下面对这 4 种可输出的图像格式进行详细介绍。

1. BMP 格式文件

BMP 是 Windows 操作系统中的标准图像文件格式，可以分为两类，即设备相关位图和设备无关位图。它采用位映射存储格式，除了图像深度可选以外，不使用其他任何压缩文件格式，因此，BMP 文件所占用的空间很大。由于 BMP 文件格式是 Windows 环境中交换与图有关的数据的一种标准，因此在 Windows 环境中运行的图形图像软件都支持 BMP 图像格式。

2. PNG 格式文件

PNG 的名称来源于“可移植网络图形格式 (Portable Network Graphic Format)”，是一种位图文件储存格式。PNG 的设计目的是替代 GIF 和 TIFF 文件格式，同时增加一些 GIF 文件格式所不具备的特性。它一般应用于 Java 程序、网页中，压缩比高，生成的文件体积小。

3. Targa 格式文件

TGA(Targa) 格式是计算机中应用最广泛的图像格式。它兼具 BMP 图像质量较高的优势和 JPEG 容量较小的优势。该格式自身的特点是通道效果好、方向性强。在 CG 领域常作为影视动画的序列输出格式，因为它兼具体积小和效果清晰的特点。

6.3 输出设置

一般情况下，用户需要先将编辑的影片合成一个在 Premiere Pro 中可以实时播放的影片，然后将其录制到录像带，或输出到其他媒介工具。在视频编辑工作中，输出影片前要进行相应的参数设置，其中包括导出设置、视频设置和音频设置等内容。本节将向读者详细介绍输出影片的具体操作方法。

6.3.1 导出设置

【导出设置】对话框中的选项可以用来确定影片项目的导出格式、路径、文件名称等。

01 在【项目】面板中选择要导出的合成序列，然后选择【文件】|【导出】|【媒体】命令，如图 6-13 所示。

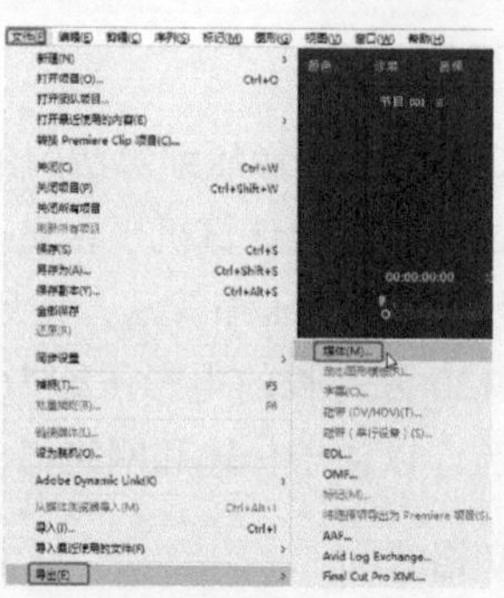

图 6-13

02 弹出【导出设置】对话框，设置相应的参数，如图 6-14 所示。

图 6-14

6.3.2 视频设置

【视频】选项卡中的选项可以对导出文件的视频属性进行设置，包括视频编解码器、质量、画面尺寸、帧速率、场序、像素长宽比等。选择不同的导出文件格式，设置的选项也不同，可以根据实际需要进行设置，或保持默认设置。视频设置选项如图 6-15 所示。

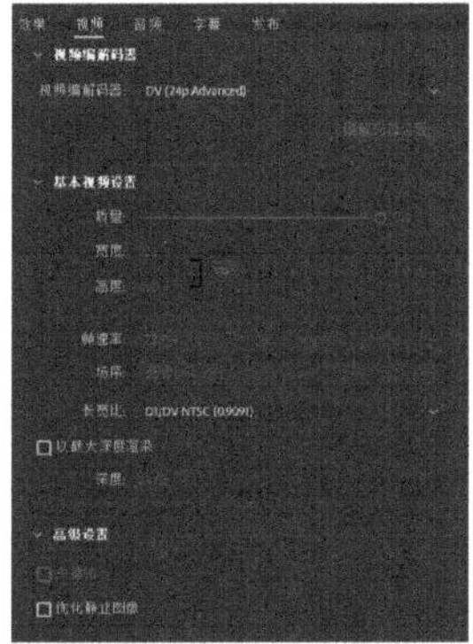

图 6-15

6.3.3 音频设置

【音频】选项卡中的选项可以对导出文件的音频属性进行设置，包括音频编解码器类型、采样速率、声道等。音频设置选项如图 6-16 所示。

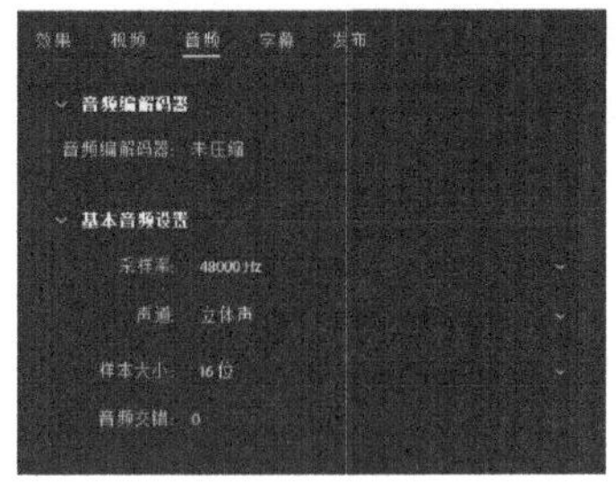

图 6-16

课后项目练习

导出 MP4 无压缩格式文件

本案例讲解如何将华丽都市动画导出为 MP4 无压缩格式文件，效果如图 6-17 所示。

课后项目练习效果展示

图 6-17

课后项目练习过程概要

（1）打开提供的素材文件，在【导出设置】对话框中，设置导出的格式。

（2）设置输出路径和名称。

（3）单击【导出】按钮即可导出素材文件。

素材	素材 \Cha06\ 华丽都市动画 .prproj
场景	场景 \Cha06\ 导出 MP4 无压缩格式文件 .prproj
视频	视频教学 \Cha06\ 导出 MP4 无压缩格式文件 .mp4

01 启动 Premiere Pro CC 软件，在【主页】窗口中选择【打开项目】，在弹出的【打开项目】对话框中选择“素材 \Cha06\ 华丽都市动画 .prproj”素材文件，如图 6-18 所示。

02 单击【打开】按钮，即可在软件中打开，选中【时间轴】面板，在菜单栏中选择【文件】|

【导出】命令，在弹出的子菜单中选择【媒体】命令，如图 6-19 所示。

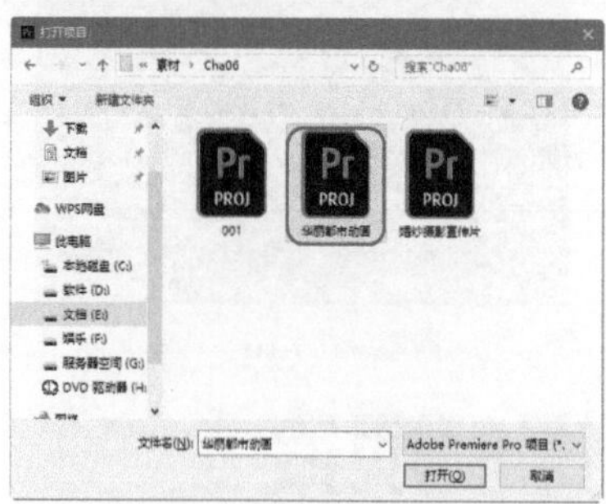

图 6-18

图 6-19

03 执行此命令后，弹出【导出设置】对话框，将【格式】设置为 H.264，单击【输出名称】右侧的蓝色文字，在弹出的【另存为】对话框中，设置保存路径和名称，其他保持默认设置，单击【保存】按钮，返回到【导出设置】对话框，单击【导出】按钮，如图 6-20 所示。

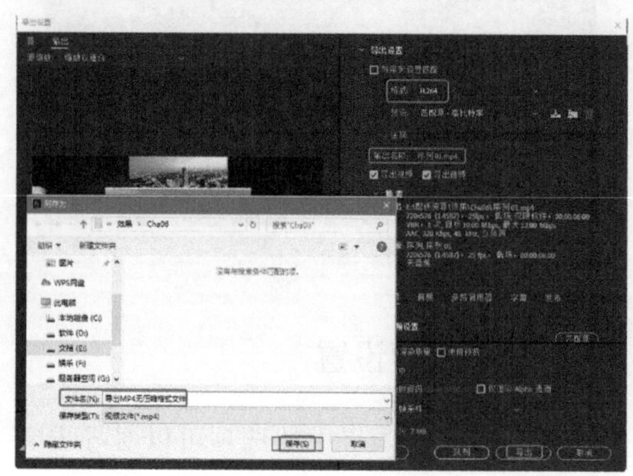

图 6-20

第 7 章

综合案例——足球节目预告

本章导读：

足球有“世界第一运动”的美誉，是全球体育界最具影响力的单项体育运动。标准的足球比赛由两队各派 10 名球员与 1 名守门员组成，共 22 人，在长方形的草地球场上对抗、进攻。本章将根据前面所介绍的知识制作一个足球节目预告。

7.1 导入图像素材

在制作足球节目预告之前，首先将需要用到的素材导入 Premiere Pro CC 中，其具体操作步骤如下。

素材	素材 \Cha07\ 足球序列文件夹、ball.png、BG-01.jpg、paint.psd、player.mov、V01-Studio-Ball.mp4、V01-Studio-Ball-Matte.mp4、V01-Studio-Ball-Prt.mp4、背景音乐 .mp3、燃烧足球 2.mov、图 01.jpg~ 图 03.jpg、音乐 01.mp3
场景	场景 \Cha07\ 足球节目预告 .prproj
视频	视频教学 \Cha07\7.1　导入图像素材 .mp4

01 启动 Premiere Pro CC 软件，在【主页】对话框中单击【新建项目】按钮，在弹出的对话框中指定保存位置及名称，如图 7-1 所示。

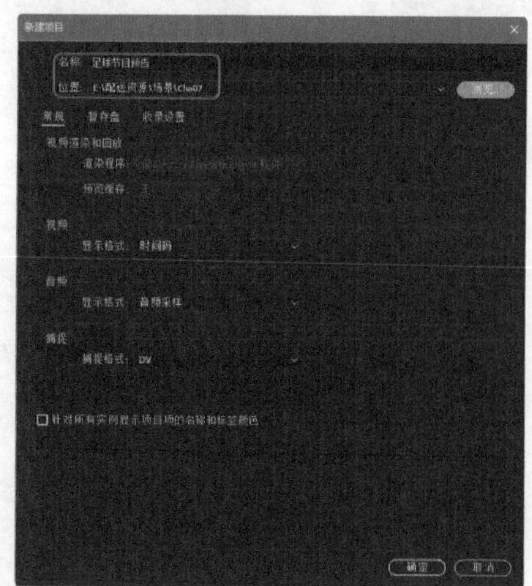

图 7-1

02 单击【确定】按钮，在【项目】面板中的空白处右击，在弹出的快捷菜单中选择【导入】命令，如图 7-2 所示。

03 在弹出的对话框中选择素材 \Cha07\ 除足球序列文件夹以外的其他素材文件，如图 7-3 所示。

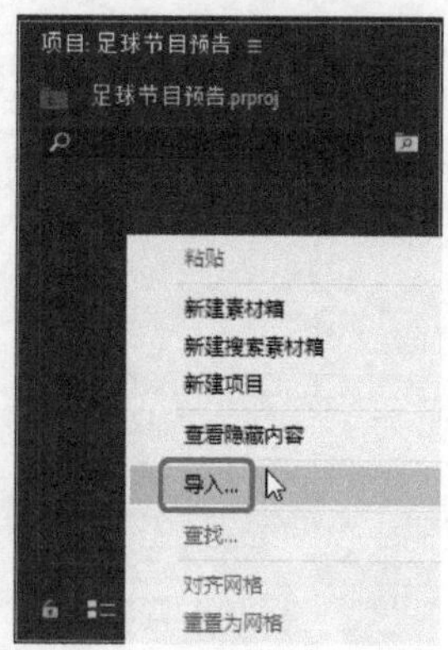

图 7-2

图 7-3

04 单击【打开】按钮，在弹出的对话框中单击【确定】按钮，即可将选中的素材文件导入【项目】面板中，如图 7-4 所示。

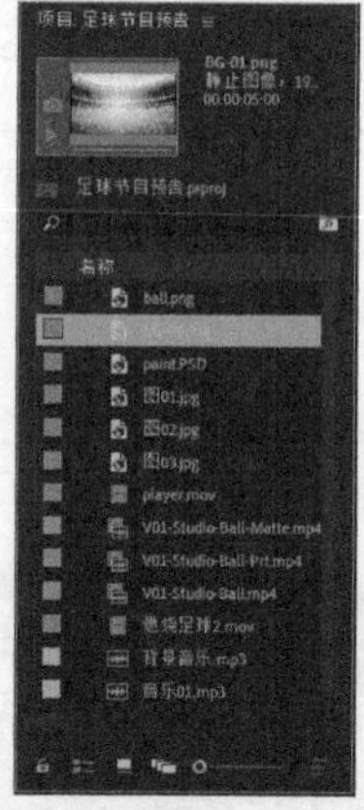

图 7-4

05 在【项目】面板中的空白处右击，在弹出的快捷菜单中选择【导入】命令，在弹出的对话框中选择【足球序列】文件夹中的“brazuca_00001.tif”素材文件，并勾选【图像序列】复选框，如图 7-5 所示。

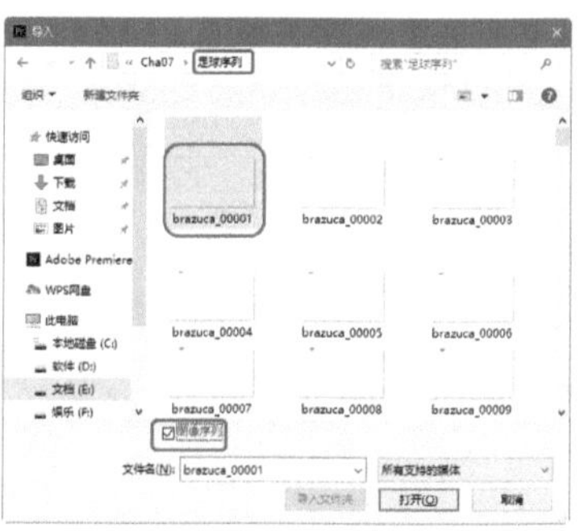
图 7-5

06 单击【打开】按钮，即可将图像序列导入【项目】面板中，如图 7-6 所示。

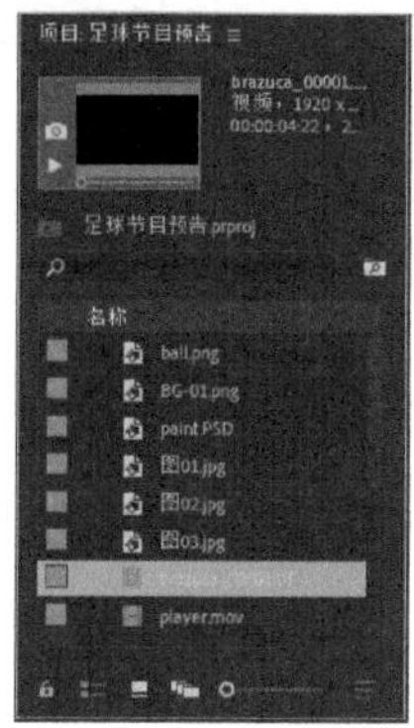
图 7-6

7.2 创建踢球动画效果

下面介绍如何创建踢球动画效果，其具体操作步骤如下。

素材	素材 \Cha07\ 足球序列文件夹、ball.png、BG-01.jpg、paint.psd、player.mov、V01-Studio-Ball.mp4、V01-Studio-Ball-Matte.mp4、V01-Studio-Ball-Prt.mp4、背景音乐 .mp3、燃烧足球 2.mov、图 01.jpg~ 图 03.jpg、音乐 01.mp3
场景	场景 \Cha07\ 足球节目预告 .prproj
视频	视频教学 \Cha07\7.2 创建踢球动画效果 .mp4

01 按 Ctrl+N 组合键，在弹出的对话框中选择 DV-PAL|【标准 48kHz】选项，将【序列名称】设置为【踢球动画】，如图 7-7 所示。

02 设置完成后，单击【确定】按钮。将当前时间设置为 00:00:00:00，在【项目】面板中选择 paint.PSD，按住鼠标左键将其拖曳至 V1 视频轨道中，将其开始处与时间线对齐，并选中该文件右击，在弹出的快捷菜单中选择【速度 / 持续时间】命令，如图 7-8 所示。

图 7-7

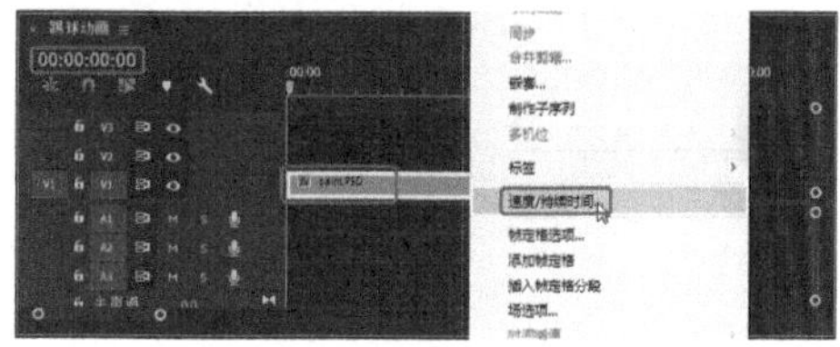
图 7-8

03 在弹出的对话框中将【持续时间】设置为 00:00:06:00，如图 7-9 所示。

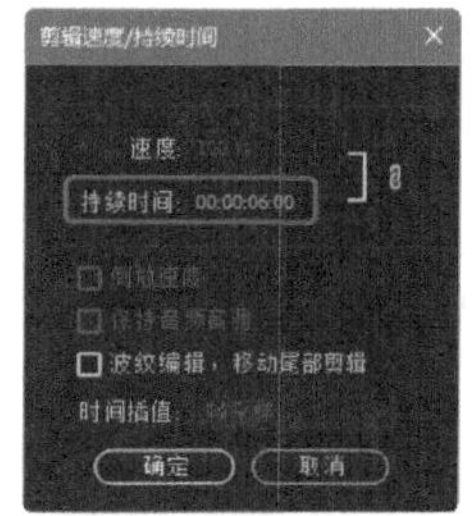

图 7-9

04 设置完成后，单击【确定】按钮。继续选中该素材文件，在【效果控件】面板中将【缩放】设置为 90，将【位置】设置为 355、186，如图 7-10 所示。

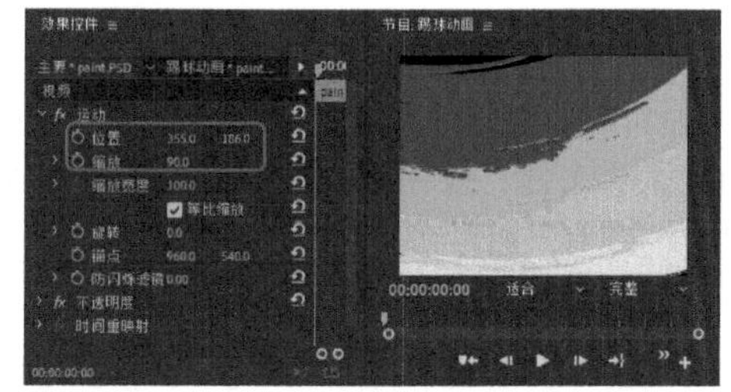
图 7-10

05 确认当前时间为00:00:00:00，在【项目】面板中选择“player.mov”素材文件，按住鼠标左键将其拖曳至V2视频轨道中，将其开始处与时间线对齐，如图7-11所示。

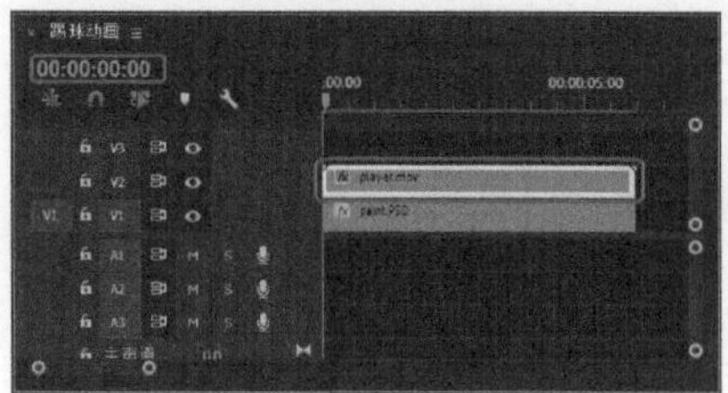

图 7-11

06 选中轨道中的素材文件，在【效果控件】面板中将【缩放】设置为59，如图7-12所示。

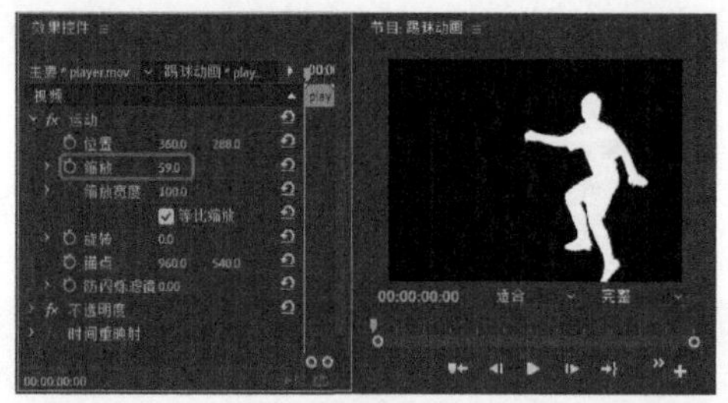

图 7-12

07 确认该素材文件处于选中状态，在【效果】面板中选择【颜色键】视频效果，双击该效果，在【效果控件】面板中将【主要颜色】的RGB值设置为255、255、255，将【颜色容差】设置为255，将【边缘细化】设置为2，如图7-13所示。

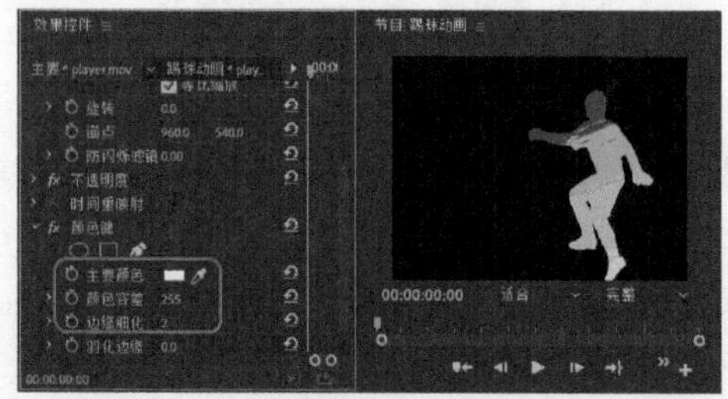

图 7-13

08 在【项目】面板中选择“brazuca_00001.tif”素材文件，按住鼠标左键将其拖曳至V3视频轨道中，如图7-14所示。

09 继续选中视频轨道中的素材文件，在【效果控件】面板中将【位置】设置为424、331，将【缩放】设置为88，如图7-15所示。

图 7-14

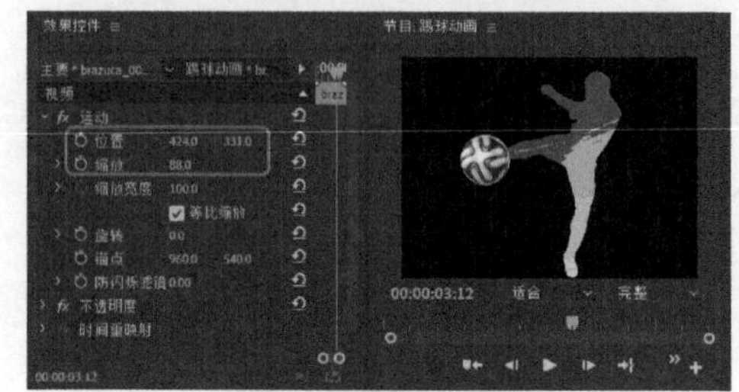

图 7-15

7.3 创建预告封面

下面介绍如何创建预告封面，其具体操作步骤如下。

素材	素材\Cha07\足球序列文件夹、ball.png、BG-01.jpg、paint.psd、player.mov、V01-Studio-Ball.mp4/V01-Studio-Ball-Matte.mp4、V01-Studio-Ball-Prt.mp4、背景音乐.mp3、燃烧足球2.mov、图01.jpg~图03.jpg、音乐01.mp3
场景	场景\Cha07\足球节目预告.prproj
视频	视频教学\Cha07\7.3 创建预告封面.mp4

01 按Ctrl+N组合键，在弹出的对话框中将【序列名称】设置为【封面】，如图7-16所示。

图 7-16

02 在该对话框中切换到【轨道】选项卡，将【视频】设置为 4，如图 7-17 所示。

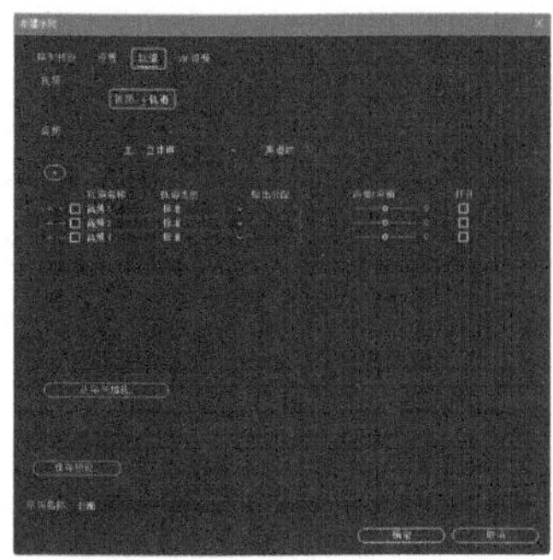

图 7-17

03 设置完成后，单击【确定】按钮。在【项目】面板中右击，在弹出的快捷菜单中选择【新建项目】|【颜色遮罩】命令，如图 7-18 所示。

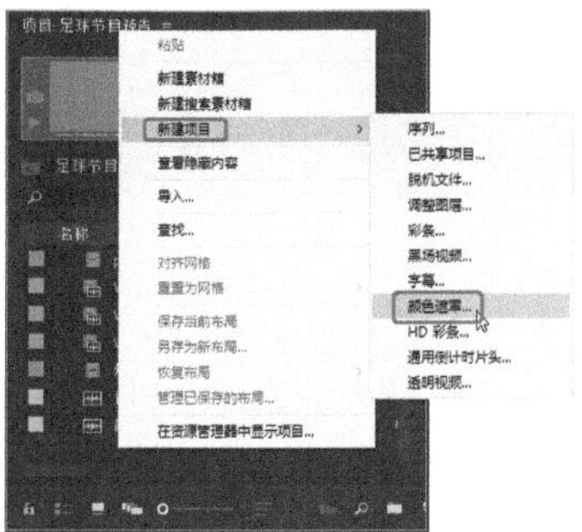

图 7-18

04 在弹出的【新建颜色遮罩】对话框中使用其默认参数，单击【确定】按钮。在弹出的【拾色器】对话框中将 RGB 值设置为 224、240、194，如图 7-19 所示。

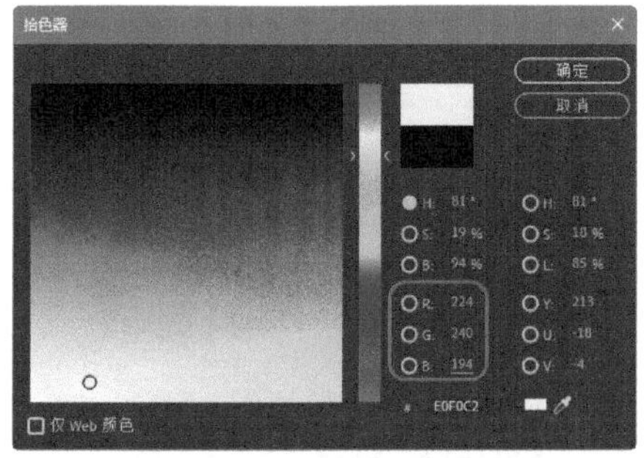

图 7-19

05 设置完成后，单击【确定】按钮，在弹出的对话框中使用其默认参数，单击【确定】按钮。将当前时间设置为 00:00:00:00。在【项目】面板中选择【颜色遮罩】，按住鼠标左键将其拖曳至 V1 视频轨道中，将其开始处与时间线对齐，并将其持续时间设置为 00:00:21:00，如图 7-20 所示。

图 7-20

06 选中该素材文件，为其添加【渐变】视频效果，在【效果控件】面板中将【渐变】下的【渐变起点】设置为 360、281，将【起始颜色】的 RGB 值设置为 84、87、95，将【渐变终点】设置为 290、751，将【结束颜色】的 RGB 值设置为 19、21、25，将【渐变形状】设置为【径向渐变】，如图 7-21 所示。

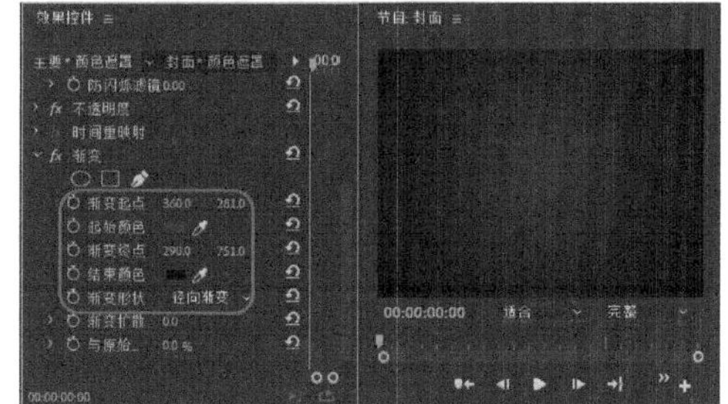

图 7-21

07 在【项目】面板中右击，在弹出的快捷菜单中选择【新建项目】|【颜色遮罩】命令，在弹出的对话框中单击【确定】按钮，再在弹出的对话框中将 RGB 值设置为 255、255、255，如图 7-22 所示。

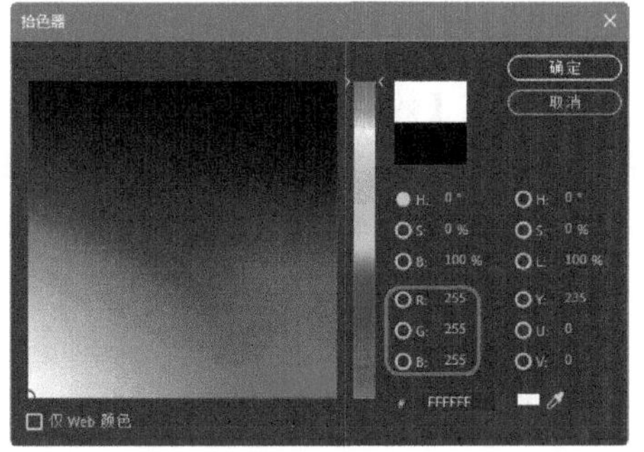

图 7-22

08 设置完成后，单击【确定】按钮，在弹出的对话框中将遮罩名称设置为【白色遮罩】，单击【确定】按钮。将当前时间设置为 00:00:00:00，在【项目】面板中选择【白色遮罩】，按住鼠标左键将其拖曳至 V2 视频轨道中，将其开始处与时间线对齐，将其持续时间设置为 00:00:21:00，如图 7-23 所示。

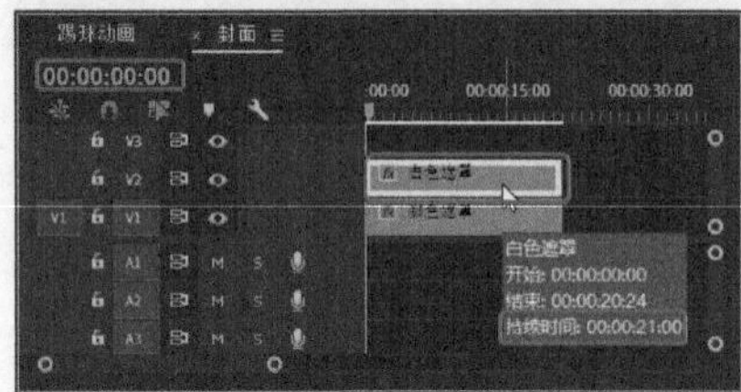

图 7-23

09 继续选中该素材，为其添加【径向擦除】视频效果，在【效果控件】面板中将【不透明度】设置为 25%，单击其左侧的【切换动画】按钮，在弹出的对话框中单击【确定】按钮，将【混合模式】设置为【相乘】，将【径向擦除】下的【过渡完成】、【起始角度】分别设置为 50%、-19.3，将【擦除】设置为【两者兼有】，如图 7-24 所示。

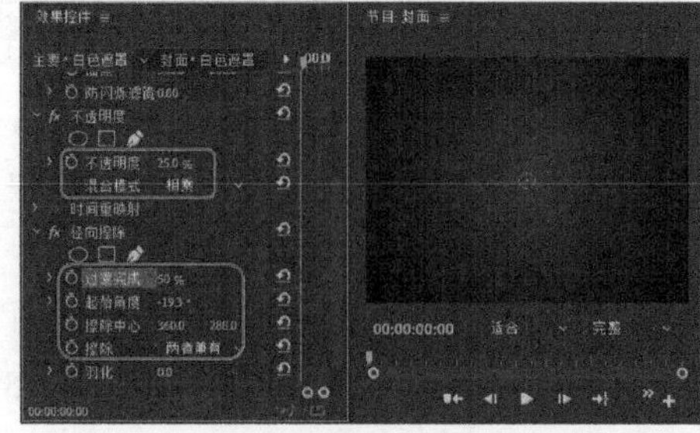

图 7-24

10 继续选中该素材文件，为其添加【投影】视频效果，在【效果控件】面板中将【投影】下的【不透明度】、【方向】、【距离】、【柔和度】分别设置为 42、1×13.0°、42、168，如图 7-25 所示。

11 按住 Alt 键将其复制至 V3 视频轨道中，选中 V3 视频轨道中的素材文件，在【效果控件】面板中将【径向擦除】下的【起始角度】设置为 -29.2°，如图 7-26 所示。

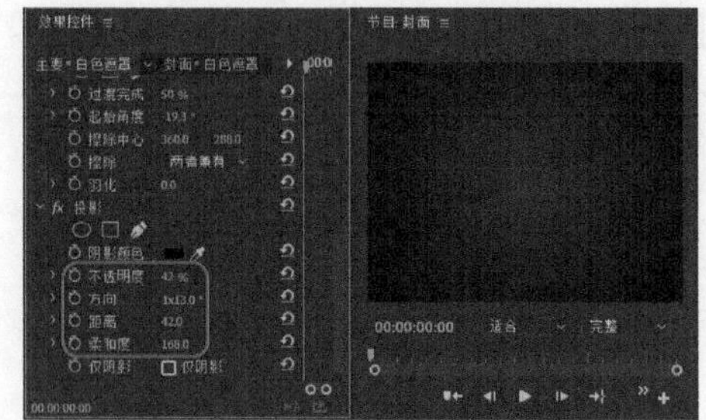

图 7-25

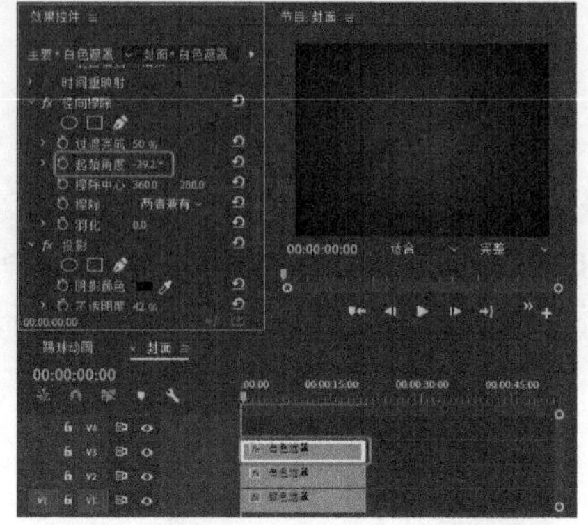

图 7-26

12 继续将该素材复制至 V4 视频轨道中，选中 V4 视频轨道中的素材文件，在【效果控件】面板中将【径向擦除】下的【起始角度】设置为 -41.9°，如图 7-27 所示。

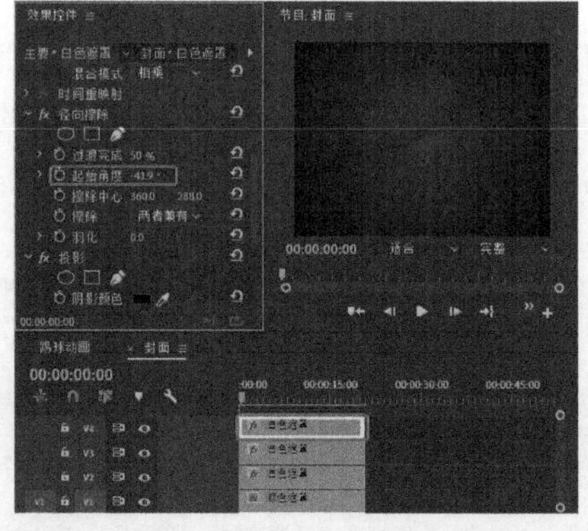

图 7-27

7.4 创建预告封面动画

制作完成预告封面后，将对其进行相应的设置，使其达到动画效果。具体操作步骤如下。

素材	素材\Cha07\足球序列文件夹、ball.png、BG-01.jpg、paint.psd、player.mov、V01-Studio-Ball.mp4、V01-Studio-Ball-Matte.mp4、V01-Studio-Ball-Prt.mp4、背景音乐.mp3、燃烧足球2.mov、图01.jpg~图03.jpg、音乐01.mp3
场景	场景\Cha07\足球节目预告.prproj
视频	视频教学\Cha07\7.4 创建预告封面动画.mp4

01 按Ctrl+N组合键，在弹出的对话框中切换到【序列预设】选项卡，选择DV-PAL|【标准48kHz】选项，将【序列名称】设置为【封面动画】，如图7-28所示。

图7-28

02 设置完成后，单击【确定】按钮。将当前时间设置为00:00:00:00，在【项目】面板中选择【白色遮罩】，按住鼠标左键将其拖曳至V1视频轨道中，将其开始处与时间线对齐，将其持续时间设置为00:00:20:01，如图7-29所示。

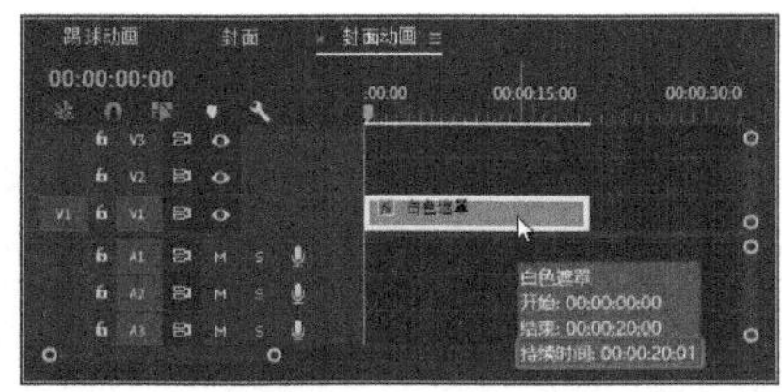

图7-29

03 确认当前时间为00:00:00:00，在【项目】面板中选择【封面】序列文件，按住鼠标左键将其拖曳至V2视频轨道中，将其开始处与时间线对齐，将其持续时间设置为00:00:20:01，并取消速度与持续时间的链接，如图7-30所示。

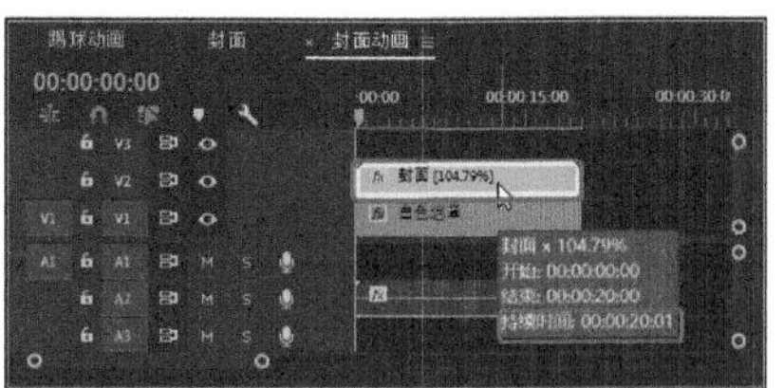

图7-30

04 继续选中该素材文件，为其添加【径向擦除】视频效果，确认当前时间为00:00:01:10，将【过渡完成】设置为50%，单击【过渡完成】左侧的【切换动画】按钮，将【起始角度】设置为180.0°，单击【擦除中心】左侧的【切换动画】按钮，如图7-31所示。

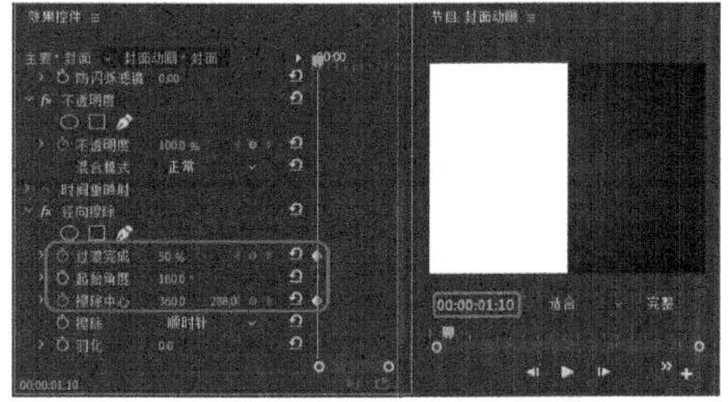

图7-31

05 将当前时间设置为00:00:01:20，在【效果控件】面板中将【过渡完成】设置为79%，将【擦除中心】设置为360、386.1，如图7-32所示。

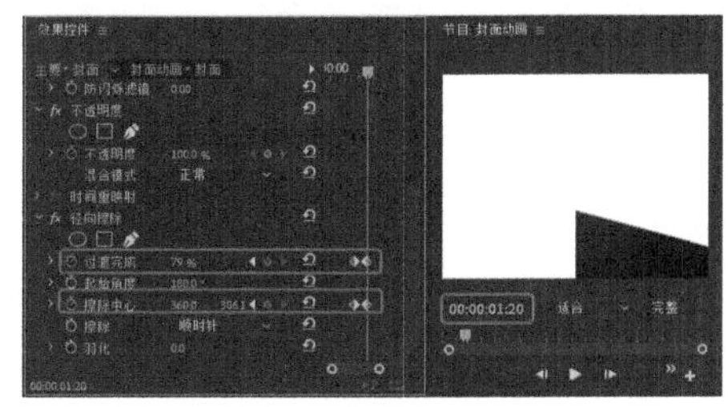

图7-32

06 将当前时间设置为00:00:16:01，在【效果控件】面板中单击【过渡完成】及【擦除中心】右侧的【添加/移除关键帧】按钮，如图7-33所示。

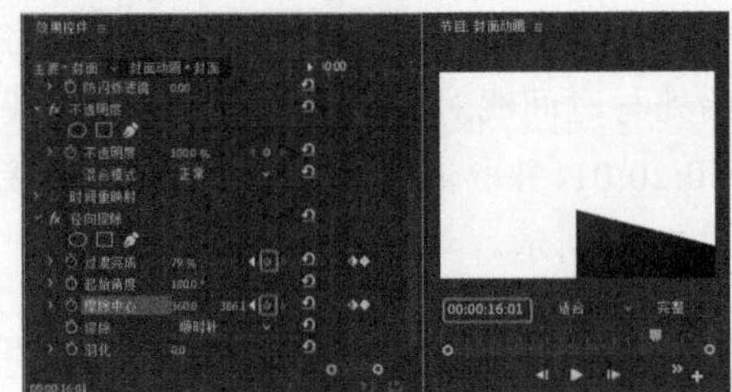

图 7-33

07 将当前时间设置为 00:00:16:11，在【效果控件】面板中将【径向擦除】下的【过渡完成】设置为 50%，将【擦除中心】设置为 360、288，如图 7-34 所示。

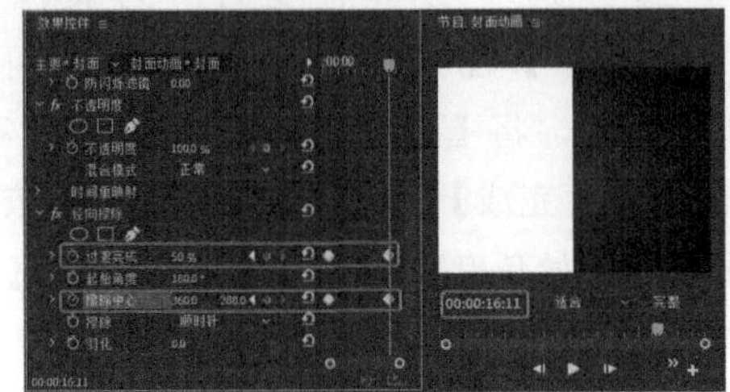

图 7-34

08 将当前时间设置为00:00:00:00，在【项目】面板中选择【封面】序列文件，按住鼠标左键将其拖曳至 V3 视频轨道中，将其开始处与时间线对齐，取消其速度与持续时间的链接，将其持续时间设置为 00:00:20:01，如图 7-35 所示。

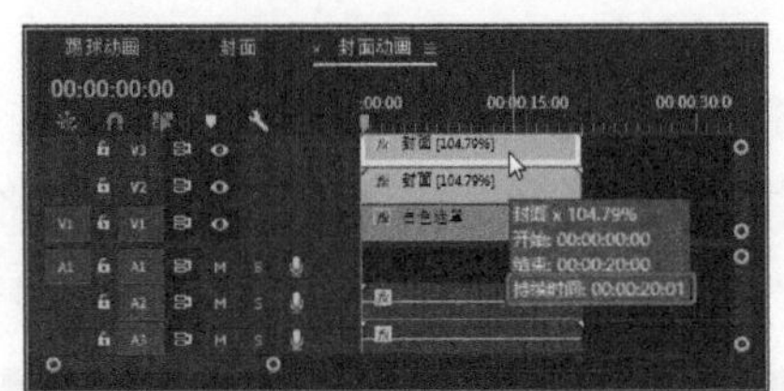

图 7-35

09 选中该素材，为其添加【径向擦除】视频效果，将当前时间设置为 00:00:01:10，在【效果控件】面板中将【过渡完成】设置为 50%，单击其左侧的【切换动画】按钮，将【起始角度】设置为 180.0°，单击【擦除中心】左侧的【切换动画】按钮，将【擦除】设置为【逆时针】，如图 7-36 所示。

10 将当前时间设置为 00:00:01:20，在【效果控件】面板中将【过渡完成】设置为 53%，将【擦除中心】设置为 360、386.1，如图 7-37 所示。

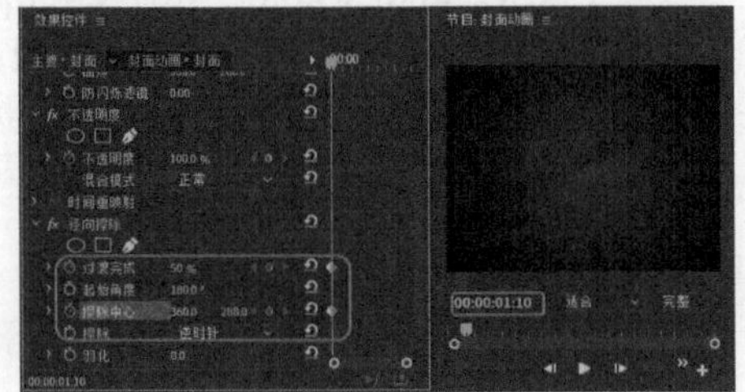

图 7-36

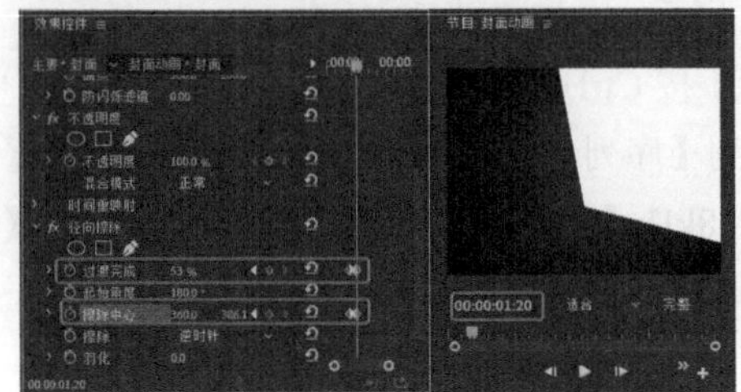

图 7-37

11 将当前时间设置为 00:00:16:01，在【效果控件】面板中单击【过渡完成】及【擦除中心】右侧的【添加/移除关键帧】按钮，如图 7-38 所示。

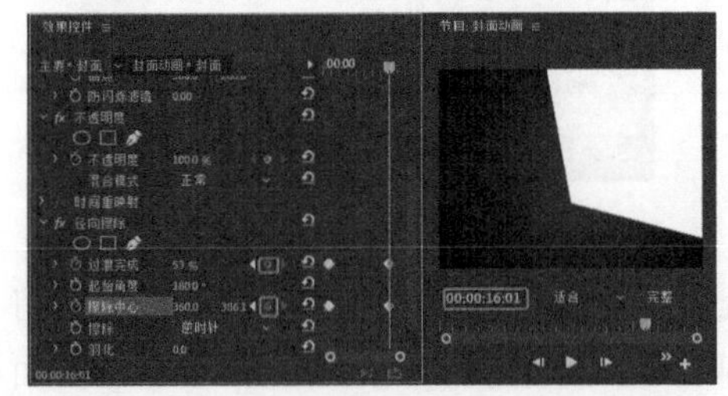

图 7-38

12 将当前时间设置为 00:00:16:11，在【效果控件】面板中将【过渡完成】设置为 50%，将【擦除中心】设置为 360、288，如图 7-39 所示。

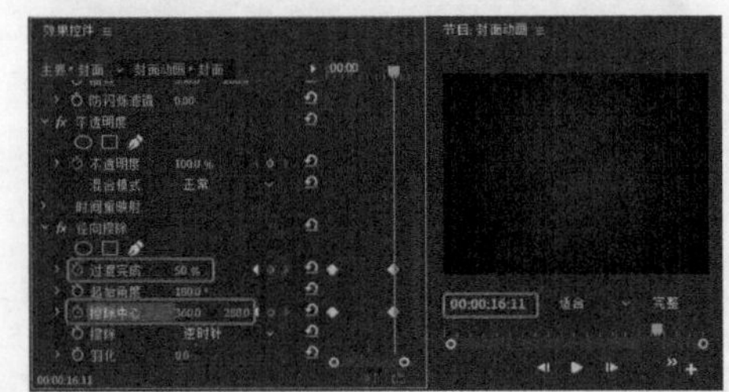

图 7-39

13 将当前时间设置为 00:00:00:00，在【效果控件】面板中选择“ball.png”素材文件，按住鼠标左键将其拖曳至 V3 视频轨道上方的空白处，将其开始处与时间线对齐，将其持续时间设置为 00:00:20:01。选中该素材文件，将当前时间设置为 00:00:01:10，在【效果控件】面板中单击【位置】左侧的【切换动画】按钮，将【缩放】设置为 11，将【旋转】设置为 30.0°，如图 7-40 所示。

图 7-40

14 将当前时间设置为 00:00:01:20，在【效果控件】面板中将【位置】设置为 360、386.1，如图 7-41 所示。

图 7-41

15 将当前时间设置为 00:00:16:01，在【效果控件】面板中单击【位置】右侧的【添加 / 移除关键帧】按钮，如图 7-42 所示。

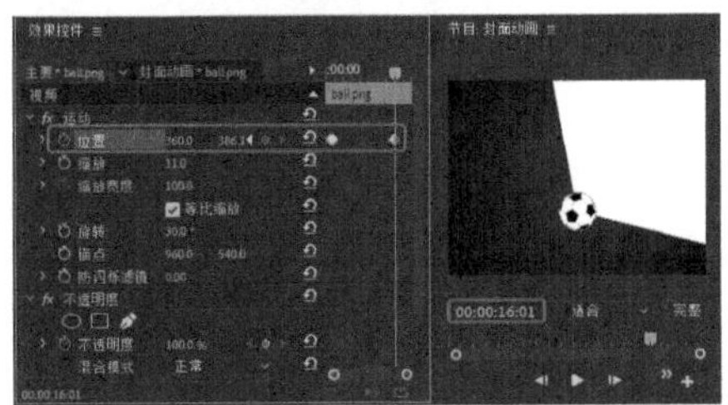

图 7-42

16 将当前时间设置为 00:00:16:11，在【效果控件】面板中将【位置】设置为 360、288，如图 7-43 所示。设置完成后，将 V1 视频轨道中的【白色遮罩】删除。

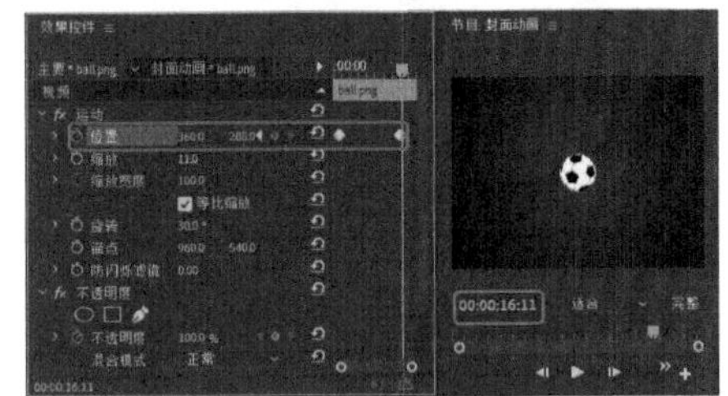

图 7-43

7.5 创建节目预告动画

下面介绍如何创建节目预告动画，其具体的操作步骤如下。

素材	素材 \Cha07\ 足球序列文件夹、ball.png、BG-01.jpg、paint.psd、player.mov、V01-Studio-Ball.mp4、V01-Studio-Ball-Matte.mp4、V01-Studio-Ball-Prt.mp4、背景音乐 .mp3、燃烧足球 2.mov、图 01.jpg~ 图 03.jpg、音乐 01.mp3
场景	场景 \Cha07\ 足球节目预告 .prproj
视频	视频教学 \Cha07\7.5 创建节目预告动画 .mp4

01 按 Ctrl+N 组合键，在弹出的对话框中选择【序列预设】选项卡，选择 DV-PAL|【标准 48kHz】选项，将【序列名称】设置为【预告动画】，如图 7-44 所示。

图 7-44

02 再在该对话框中选择【轨道】选项卡，将视频轨道设置为 11，如图 7-45 所示。

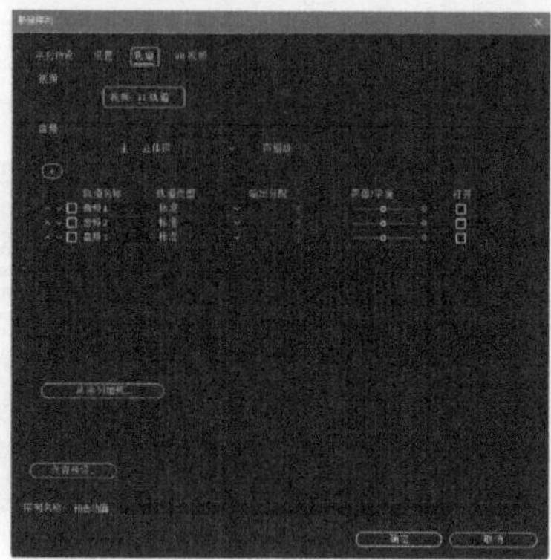

图 7-45

03 设置完成后，单击【确定】按钮，将当前时间设置为00:00:00:00，在【项目】面板中选择【颜色遮罩】，按住鼠标左键将其拖曳至V1视频轨道中，将其开始处与时间线对齐，将其持续时间设置为00:00:18:10，如图7-46所示。

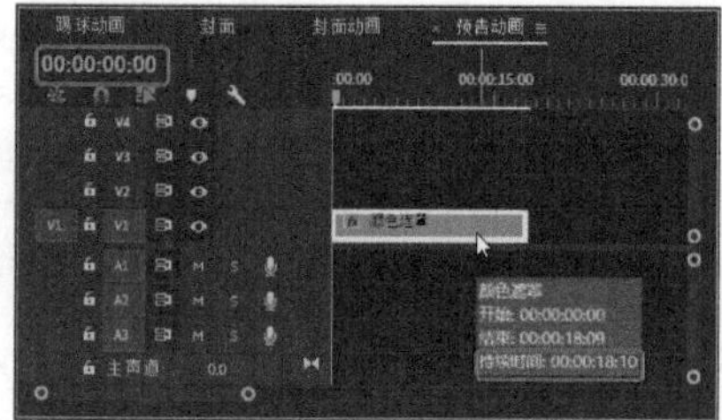

图 7-46

04 选中该素材文件，为其添加【渐变】视频效果，在【效果控件】面板中将【渐变起点】设置为360、195，将【起始颜色】的RGB值设置为169、171、157，将【渐变终点】设置为472、576，将【结束颜色】的RGB值设置为169、171、157，将【渐变形状】设置为【径向渐变】，如图7-47所示。

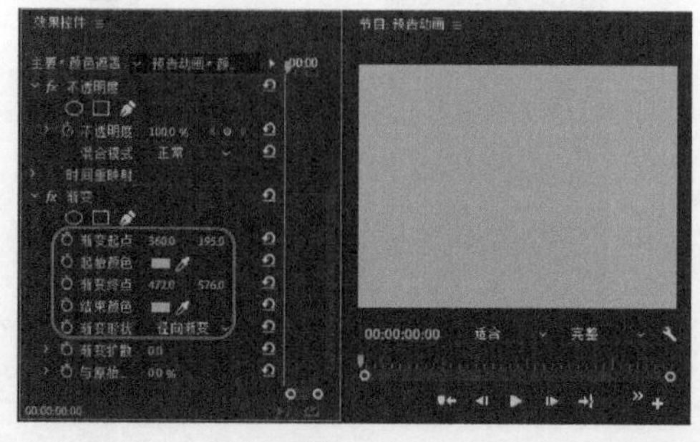

图 7-47

05 在菜单栏中选择【文件】|【新建】|【旧版标题】命令，如图7-48所示。

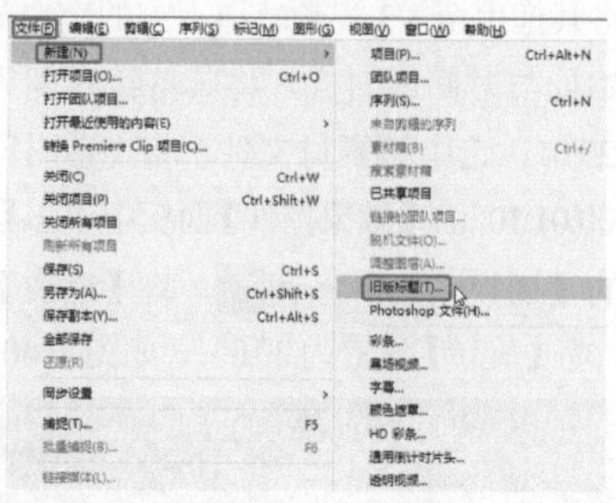

图 7-48

06 在弹出的对话框中使用其默认设置，在弹出的字幕编辑器中单击【椭圆工具】，在【字幕】面板中按住Shift键绘制一个正圆。选中绘制的正圆，在【填充】选项组中将【填充类型】设置为【径向渐变】，将左侧色标的RGB值设置为255、255、255，将【色彩到不透明】设置为69%，将右侧色标的RGB值设置为255、255、255，将【色彩到不透明】设置为0，并调整色标的位置。在【变换】选项组中将【宽度】、【高度】都设置为598，将【X位置】、【Y位置】分别设置为397.6、286.3，如图7-49所示。

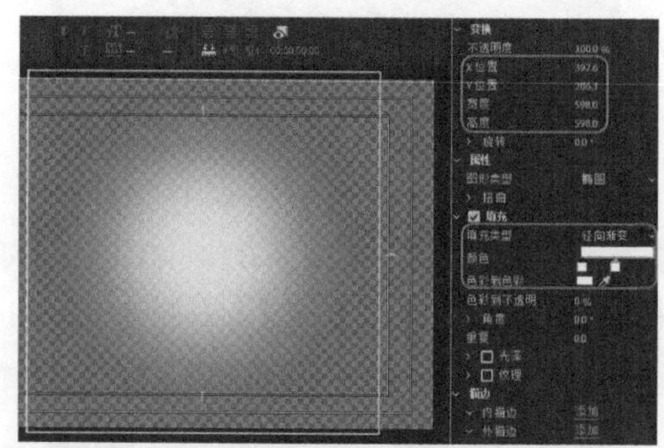

图 7-49

07 确认当前时间为00:00:00:00，在【项目】面板中选择【字幕01】，按住鼠标左键将其拖曳至V2视频轨道中，将其持续时间设置为00:00:18:10。选中该素材，在【效果控件】面板中将【缩放】设置为169，如图7-50所示。

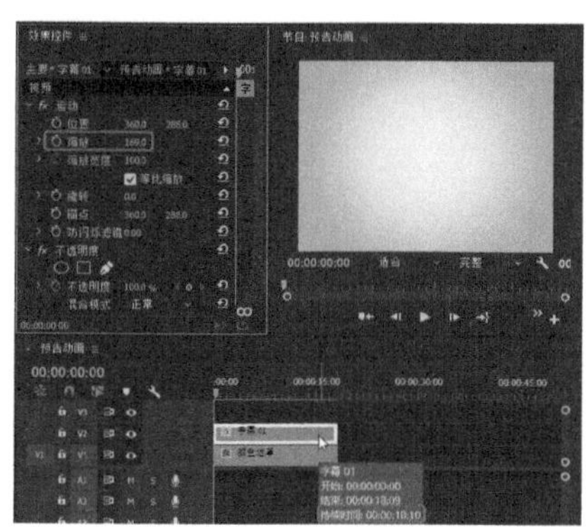

图 7-50

08 将当前时间设置为00:00:01:16，在【项目】面板中选择【颜色遮罩】，按住鼠标左键将其拖曳至 V4 视频轨道中，将其开始处与时间线对齐，将其持续时间设置为 00:00:16:06，如图 7-51 所示。

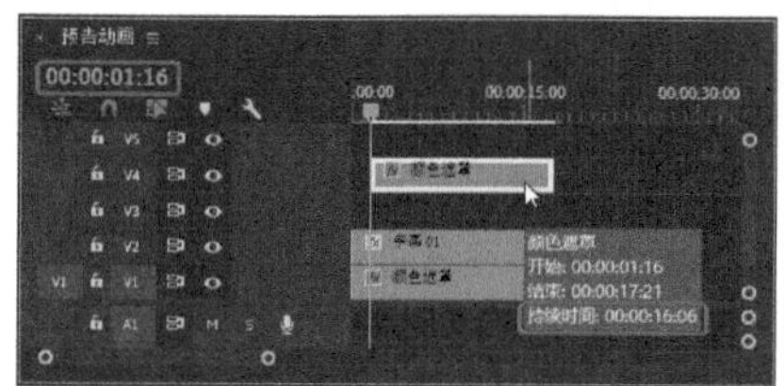

图 7-51

09 继续选中该素材文件，为其添加【颜色替换】、【径向擦除】以及【投影】视频效果，将当前时间设置为 00:00:02:06，在【效果控件】面板中将【颜色替换】下的【相似性】设置为 8，将【目标颜色】的 RGB 值设置为 223、240、193，将【替换颜色】的 RGB 值设置为 163、223、46，单击【径向擦除】下的【过渡完成】左侧的【切换动画】按钮，将【起始角度】设置为 -6，将【擦除中心】设置为 363、436.8，将【投影】下的【不透明度】、【方向】、【距离】、【柔和度】分别设置为 35%、1×41.0°、10、50，如图 7-52 所示。

10 将当前时间设置为 00:00:02:15，在【效果控件】面板中将【过渡完成】设置为 30%，如图 7-53 所示。

11 将当前时间设置为 00:00:06:08，在【效果控件】面板中单击【过渡完成】右侧的【添加 / 移除关键帧】按钮，如图 7-54 所示。

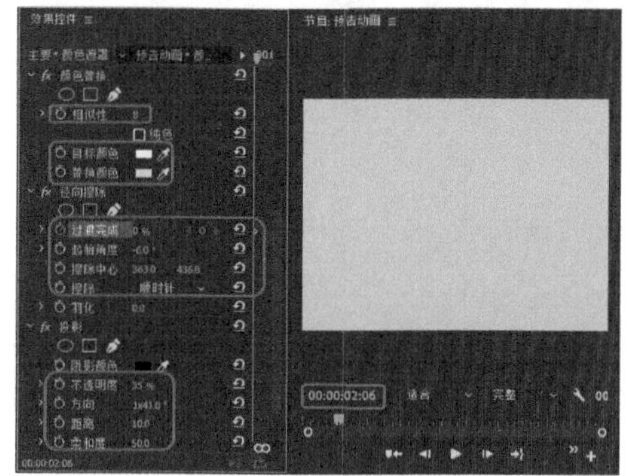

图 7-52

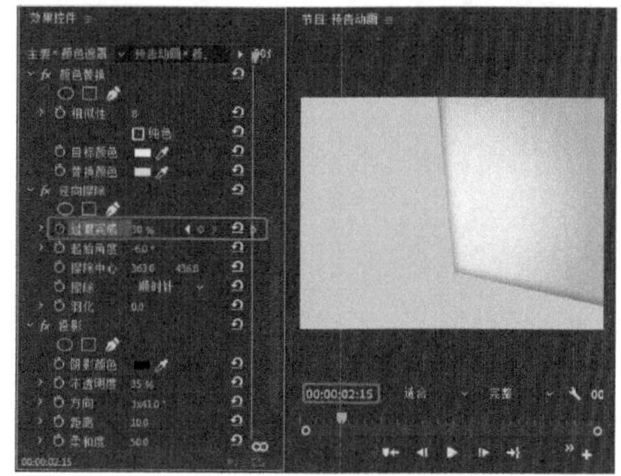

图 7-53

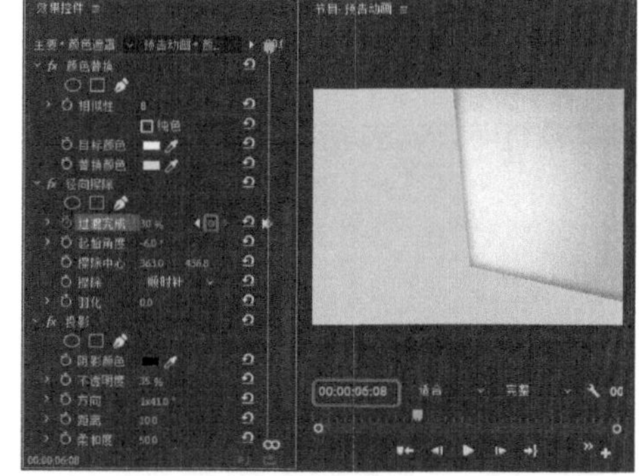

图 7-54

12 将当前时间设置为 00:00:06:16，在【效果控件】面板中将【过渡完成】设置为 0%，如图 7-55 所示。

13 将当前时间设置为 00:00:07:01，在【效果控件】面板中单击【过渡完成】右侧的【添加 / 移除关键帧】按钮，如图 7-56 所示。

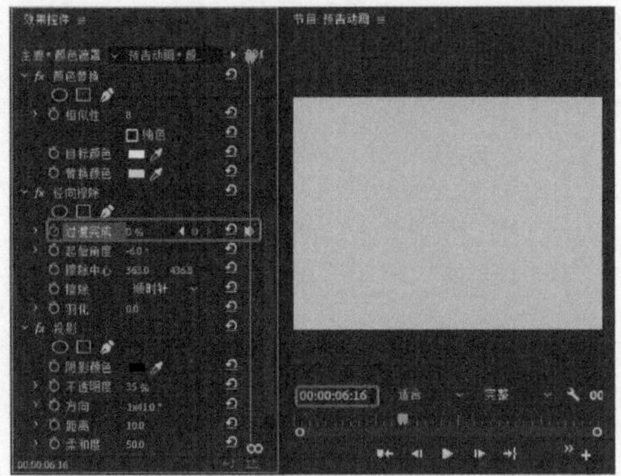

图 7-55

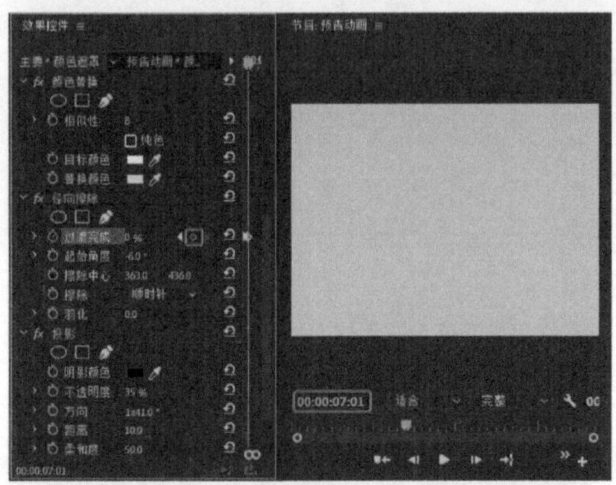

图 7-56

14 将当前时间设置为 00:00:07:09，在【效果控件】面板中将【过渡完成】设置为 30%，如图 7-57 所示。

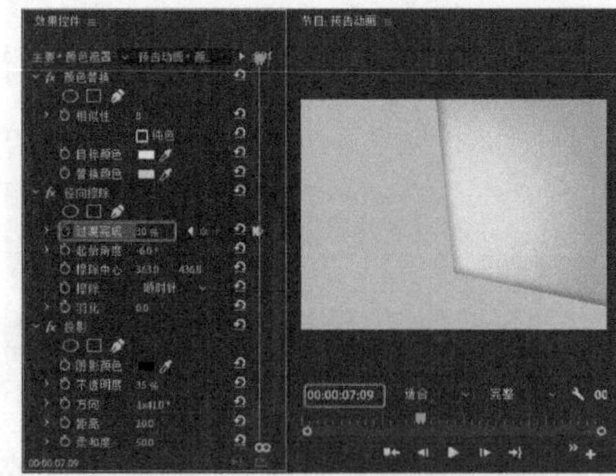

图 7-57

15 将当前时间设置为 00:00:10:16，在【效果控件】面板中单击【过渡完成】右侧的【添加 / 移除关键帧】按钮，如图 7-58 所示。

16 将当前时间设置为 00:00:10:23，在【效果控件】面板中将【过渡完成】设置为 28%，如图 7-59 所示。

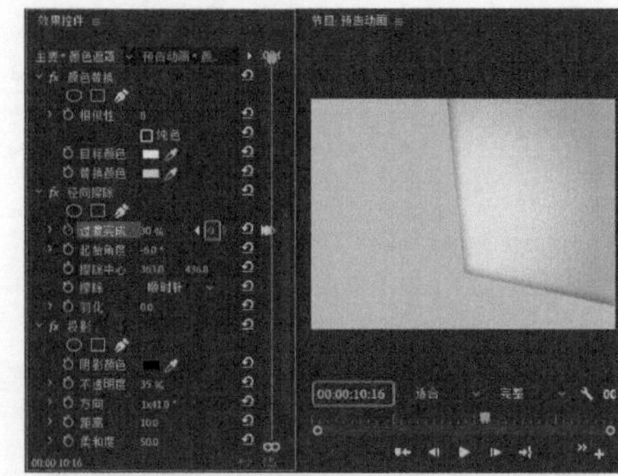

图 7-58

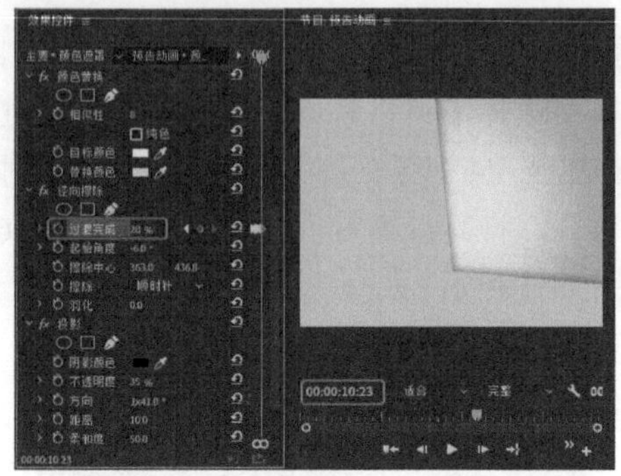

图 7-59

17 将当前时间设置为 00:00:11:07，在【效果控件】面板中将【过渡完成】设置为 0%，如图 7-60 所示。

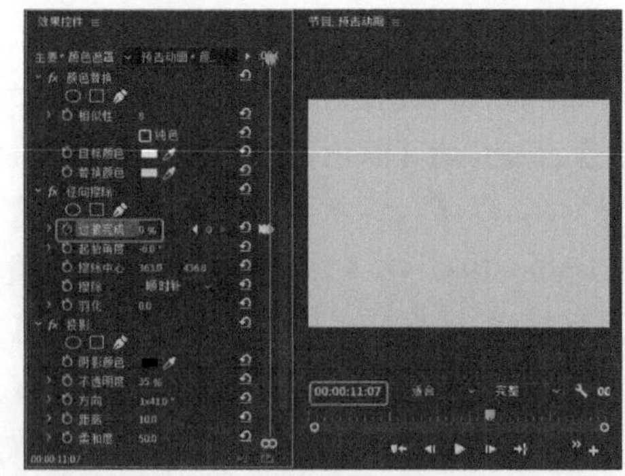

图 7-60

18 将当前时间设置为 00:00:11:18，在【效果控件】面板中单击【过渡完成】右侧的【添加 / 移除关键帧】按钮，如图 7-61 所示。

19 将当前时间设置为 00:00:12:02，在【效果控件】面板中将【过渡完成】设置为 30%，如图 7-62 所示。

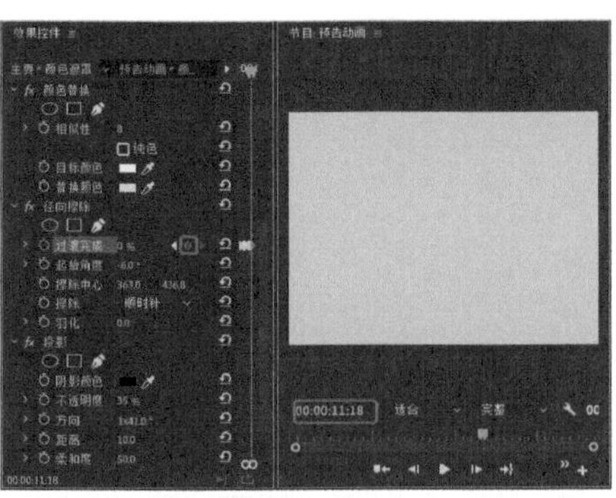
图 7-61

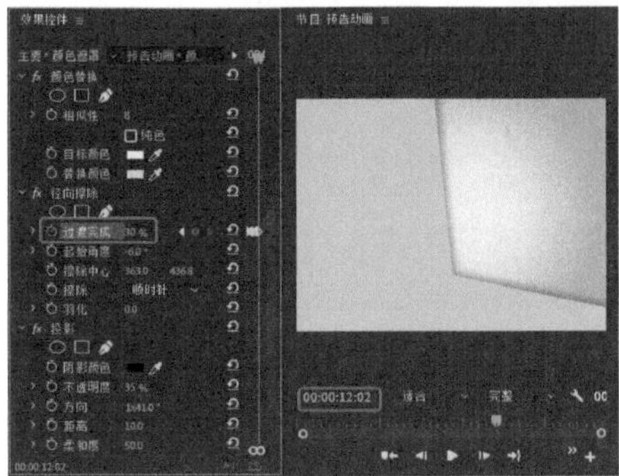
图 7-62

20 将当前时间设置为00:00:15:17，在【效果控件】面板中单击【过渡完成】右侧的【添加/移除关键帧】按钮，如图 7-63 所示。

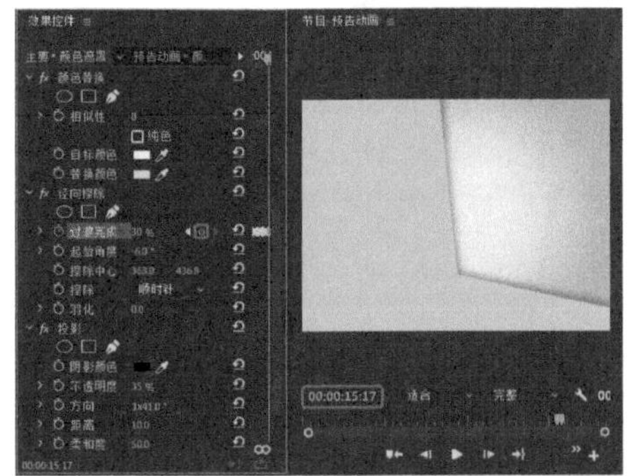
图 7-63

21 将当前时间设置为 00:00:16:00，在【效果控件】面板中将【过渡完成】设置为 0%，如图 7-64 所示。

22 将当前时间设置为 00:00:01:16，在【项目】面板中选择【颜色遮罩】素材文件，按住鼠标左键将其拖曳到 V5 视频轨道中，将其开始处与时间线对齐，将其持续时间设置为 00:00:16:06，如图 7-65 所示。

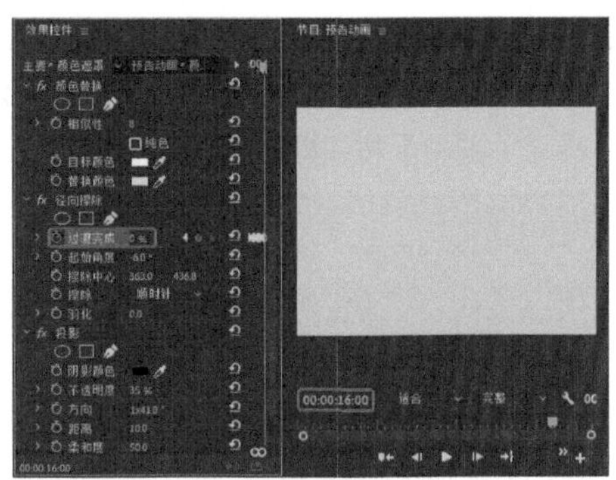
图 7-64

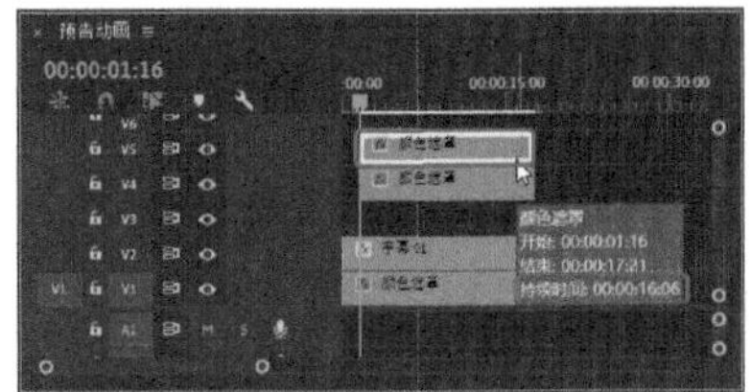
图 7-65

23 将当前时间设置为 00:00:01:23，选中该素材文件，在【效果控件】面板中将【位置】设置为 489、716.8，单击【位置】与【旋转】左侧的【切换动画】按钮，将【旋转】设置为 -62.6°，如图 7-66 所示。

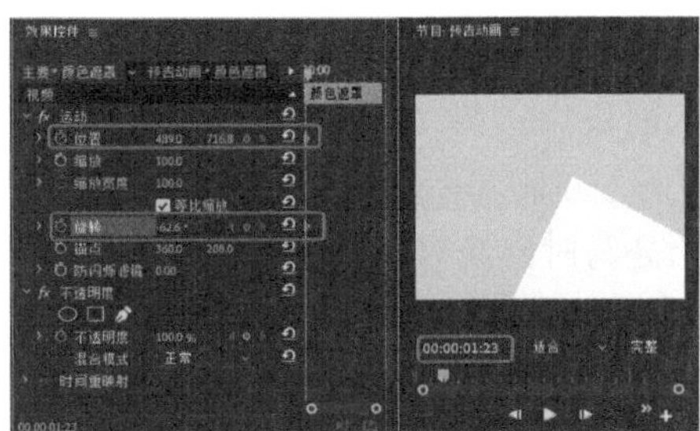
图 7-66

24 将当前时间设置为 00:00:02:08，将【位置】设置为 1022、134.4，将【旋转】设置为 -118.3°，如图 7-67 所示。

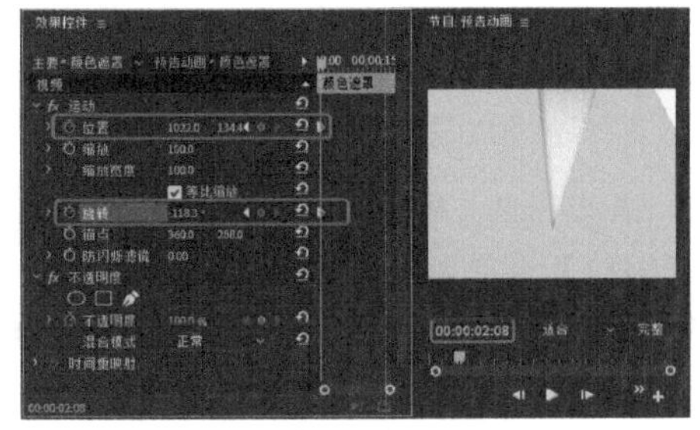
图 7-67

25 将当前时间设置为 00:00:06:09，在【效果控件】面板中单击【位置】与【旋转】右侧的【添加 / 移除关键帧】按钮，如图 7-68 所示。

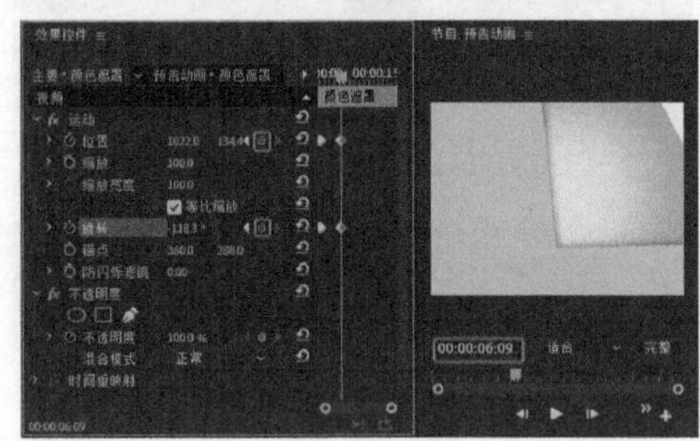

图 7-68

26 使用相同的方法添加其他关键帧，并根据相同的方法创建其他对象，如图 7-69 所示。

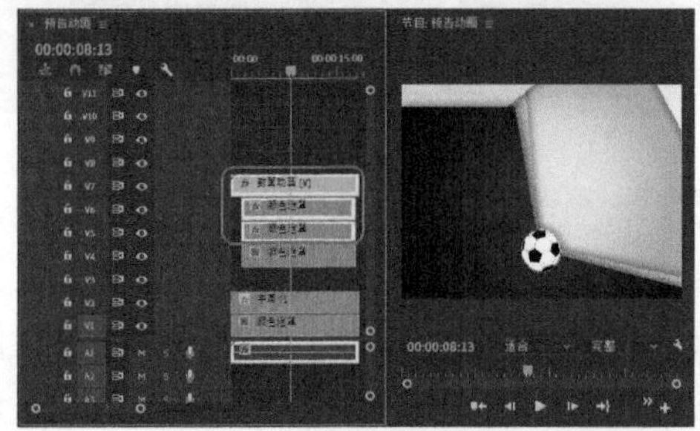

图 7-69

27 将当前时间设置为 00:00:02:05，在【项目】面板中选择“图 01.jpg”素材文件，按住鼠标左键将其拖曳至 V3 视频轨道中，将其开始处与时间线对齐，将其持续时间设置为 00:00:04:11，如图 7-70 所示。

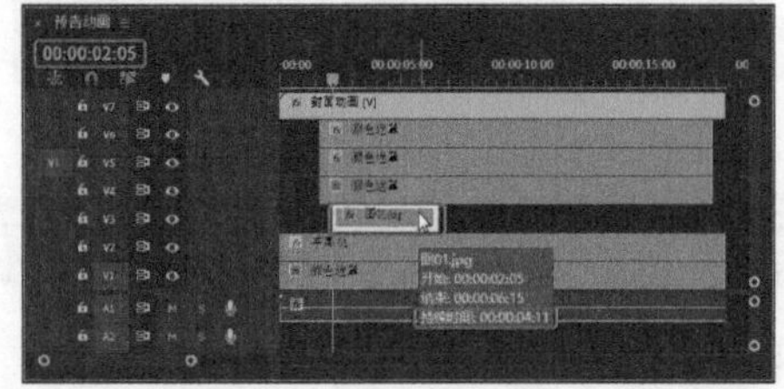

图 7-70

28 将当前时间设置为 00:00:02:06，在【效果控件】面板中将【位置】设置为 611.9、270，并单击其左侧的【切换动画】按钮，将【缩放】设置为 61，如图 7-71 所示。

29 将当前时间设置为 00:00:06:16，在【效果控件】面板中将【位置】设置为 500、270，如图 7-72 所示。

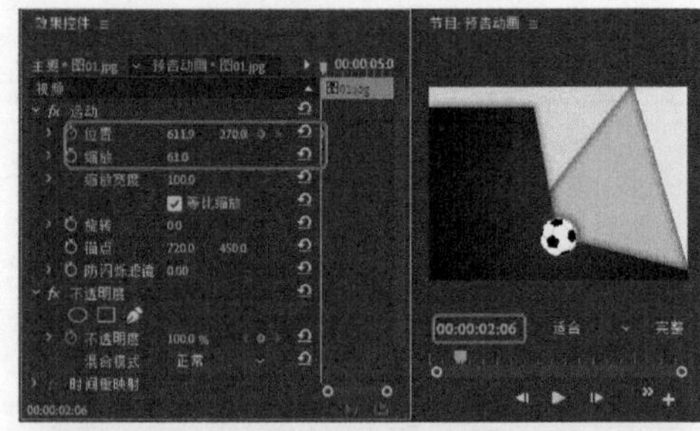

图 7-71

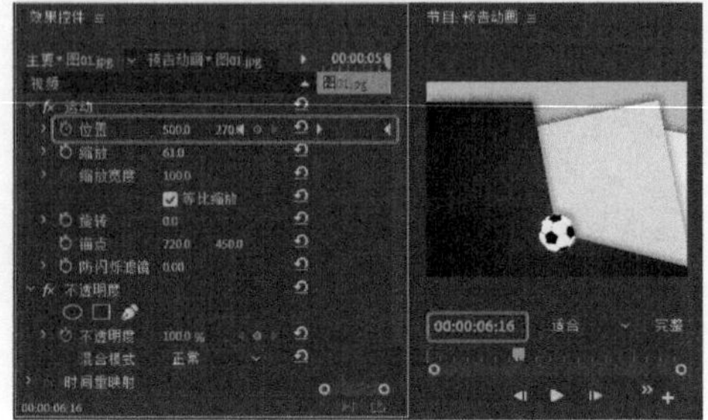

图 7-72

30 使用同样的方法添加另外两个素材文件，并对其进行相应的设置，效果如图 7-73 所示。

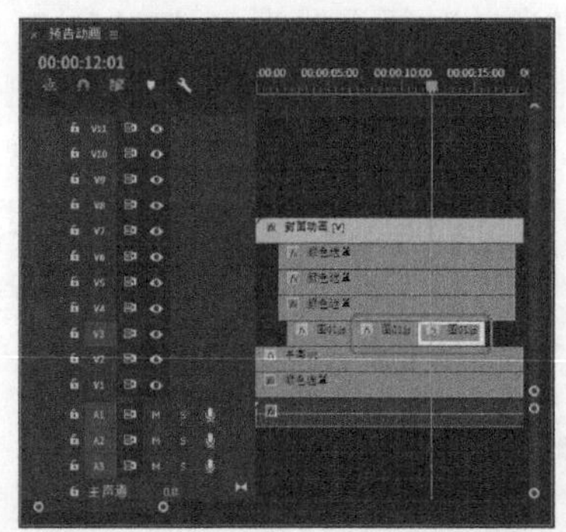

图 7-73

31 预览 00:00:09:23、00:00:12:21 时的动画效果，如图 7-74 所示。

图 7-74

32 在菜单栏中选择【文件】|【新建】|【旧版标题】命令，在弹出的对话框中使用其默认设置，单击【确定】按钮。在弹出的字幕编辑器中单击【文字工具】T，在【字幕】面板中单击，输入文字。选中输入的文字，在【属性】面板中将【字体系列】设置为【黑体】，将【字体大小】设置为 35，在【填充】选项组中将【颜色】的 RGB 值设置为 255、255、255，在【变换】选项组中将【X 位置】、【Y 位置】分别设置为 163.9、110.1，如图 7-75 所示。

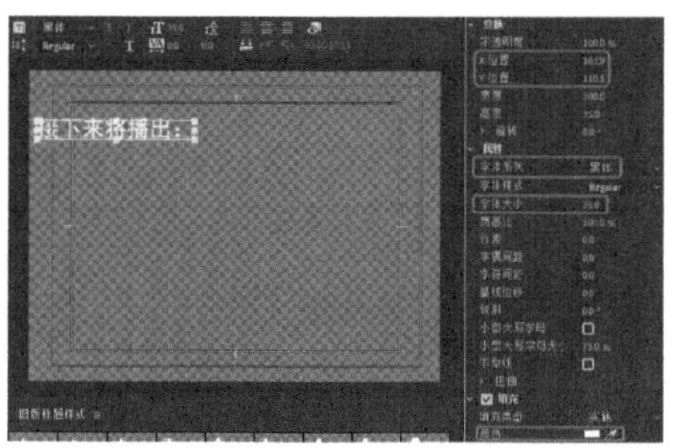

图 7-75

33 使用同样的方法再创建其他字幕，并对其进行相应的设置，效果如图 7-76 所示。

图 7-76

34 将当前时间设置为00:00:00:00，在【项目】面板中选择【字幕 02】，按住鼠标左键将其拖曳至 V8 视频轨道中，将其开始处与时间线对齐，将其持续时间设置为 00:00:18:10，如图 7-77 所示。

35 将当前时间设置为 00:00:01:20，在【效果控件】面板中将【位置】设置为 75、288，单击其左侧的【切换动画】按钮，如图 7-78 所示。

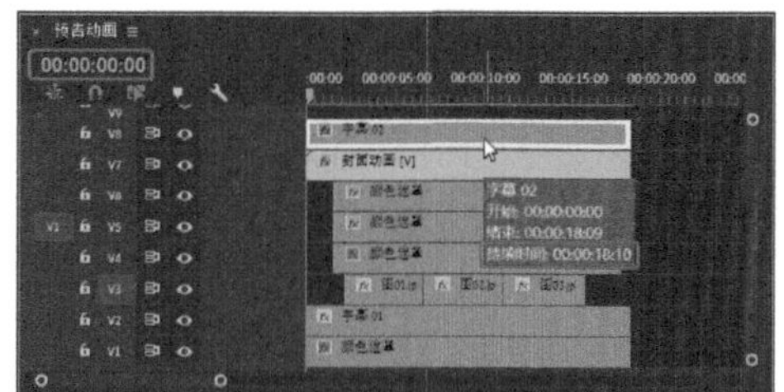

图 7-77

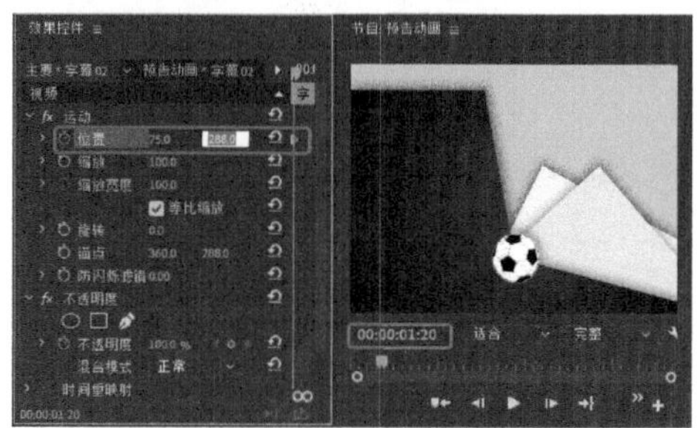

图 7-78

36 将当前时间设置为 00:00:02:01，在【效果控件】面板中将【位置】设置为 360、288，如图 7-79 所示。

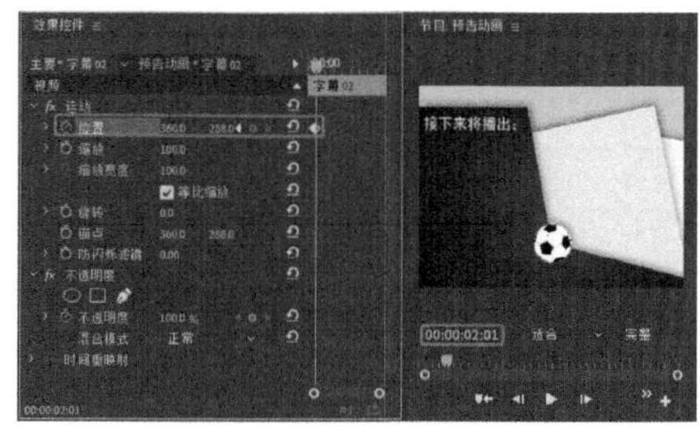

图 7-79

37 将当前时间设置为 00:00:15:08，在【效果控件】面板中单击【位置】右侧的【添加 / 移除关键帧】按钮，如图 7-80 所示。

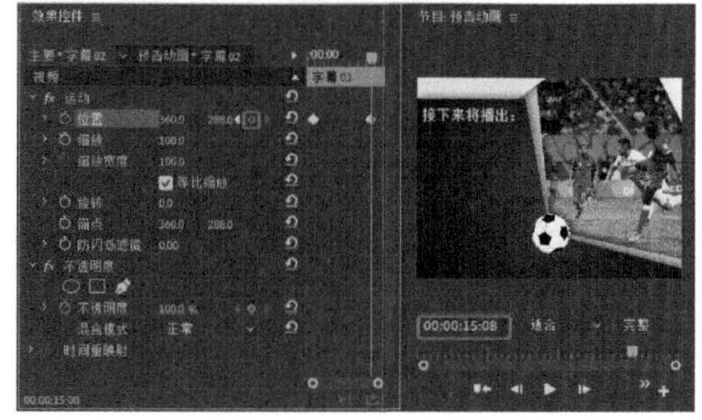

图 7-80

38 将当前时间设置为00:00:15:15，在【效果控件】面板中将【位置】设置为75、288，如图7-81所示。

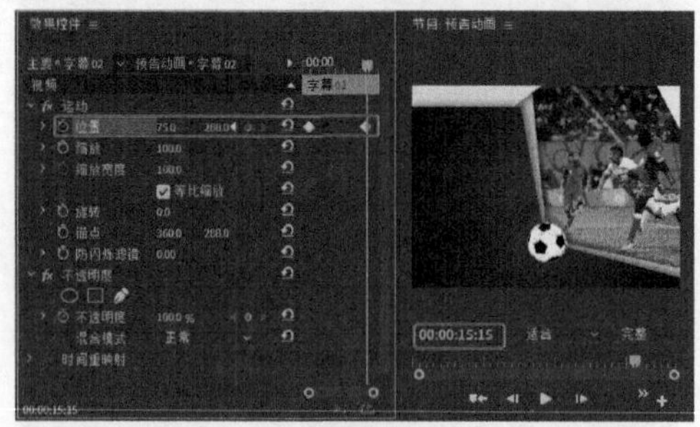

图 7-81

39 将当前时间设置为00:00:00:00，在【项目】面板中选择【字幕03】，按住鼠标左键将其拖曳至V9视频轨道中，将其开始处与时间线对齐，将其持续时间设置为00:00:18:10。将当前时间设置为00:00:01:23，在【效果控件】面板中将【位置】设置为35、288，单击其左侧的【切换动画】按钮，如图7-82所示。

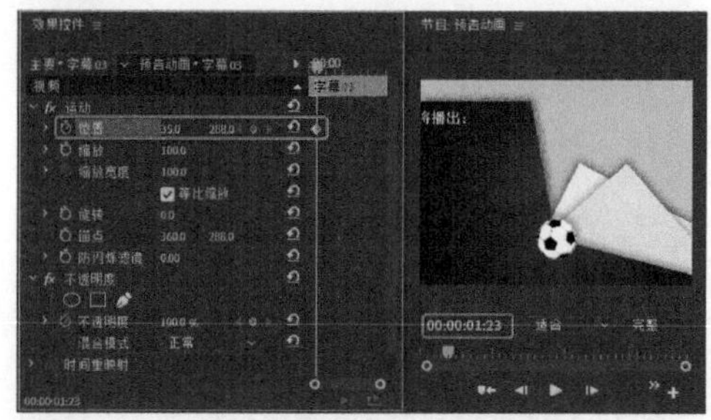

图 7-82

40 将当前时间设置为00:00:02:05，在【效果控件】面板中将【位置】设置为360、288，如图7-83所示。

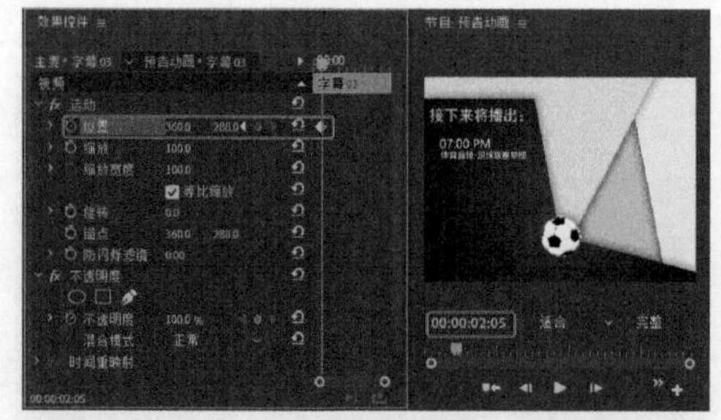

图 7-83

41 将当前时间设置为00:00:06:02，在【效果控件】面板中单击【不透明度】右侧的【添加/移除关键帧】按钮，如图7-84所示。

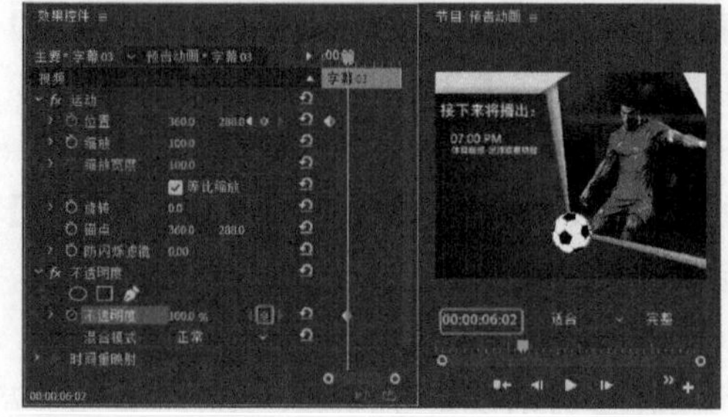

图 7-84

42 将当前时间设置为00:00:06:16，在【效果控件】面板中将【不透明度】设置为30%，如图7-85所示。

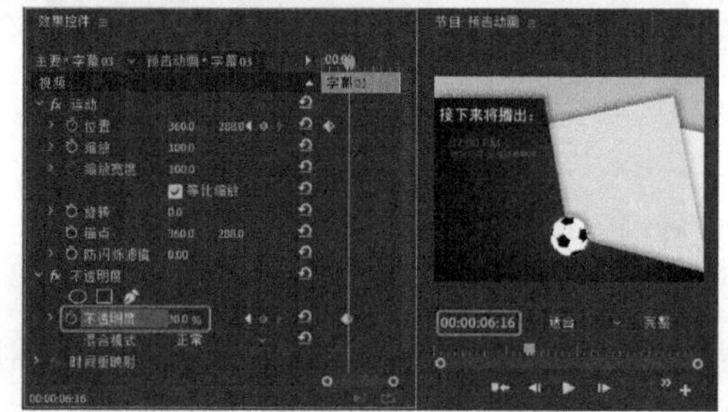

图 7-85

43 将当前时间设置为00:00:15:05，在【效果控件】面板中单击【位置】右侧的【添加/移除关键帧】按钮，如图7-86所示。

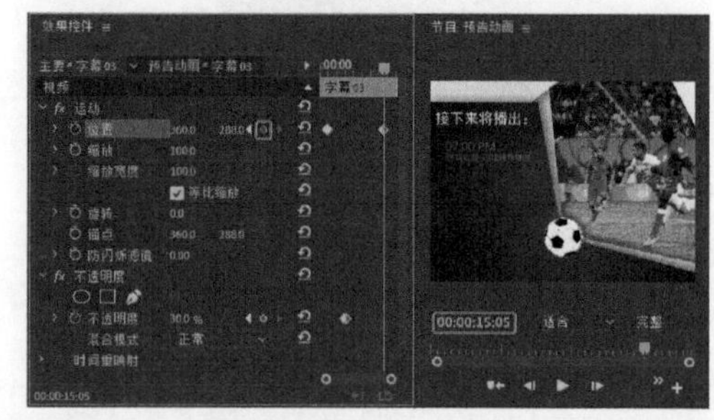

图 7-86

44 将当前时间设置为00:00:15:12，在【效果控件】面板中将【位置】设置为35、288，如图7-87所示。

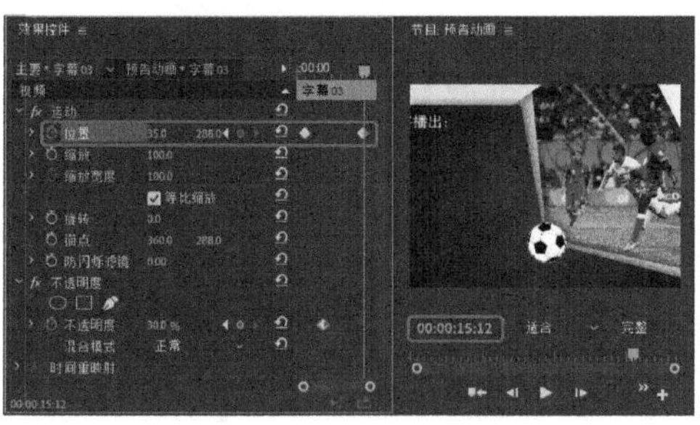

图 7-87

45 使用同样的方法添加其他文字，并对其添加的文字进行设置，效果如图 7-88 所示。

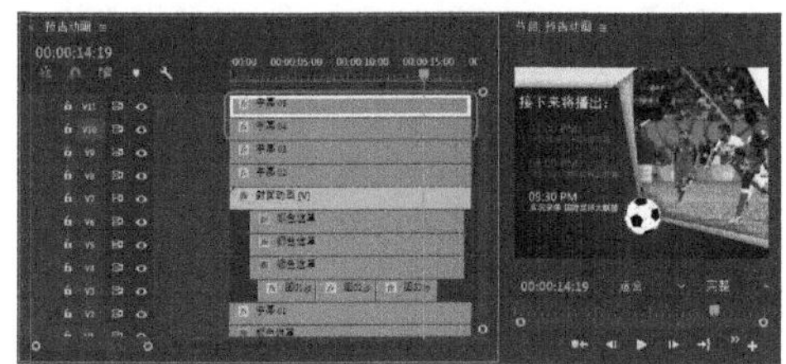

图 7-88

7.6 嵌套序列

下面介绍如何将前面所创建的序列进行嵌套，其具体的操作步骤如下。

素材	素材 \Cha07\ 足球序列文件夹、ball.png、BG-01.jpg、paint.psd、player.mov、V01-Studio-Ball.mp4、V01-Studio-Ball-Matte.mp4、V01-Studio-Ball-Prt.mp4、背景音乐 .mp3、燃烧足球 2.mov、图 01.jpg~ 图 03.jpg、音乐 01.mp3
场景	场景 \Cha07\ 足球节目预告 .prproj
视频	视频教学 \Cha07\7.6 嵌套序列 .mp4

01 按 Ctrl+N 组合键，在弹出的对话框中切换到【序列预设】选项卡，选择 DV-PAL|【标准 48kHz】选项，将【序列名称】设置为【节目预告】，如图 7-89 所示。

02 设置完成后，单击【确定】按钮。将当前时间设置为 00:00:00:00，在【项目】面板中选择“燃烧足球 2.mov”，按住鼠标左键将其拖曳至 V1 视频轨道中，在弹出的对话框中单击【保持现有设置】按钮，添加素材后的效果如图 7-90 所示。

图 7-89

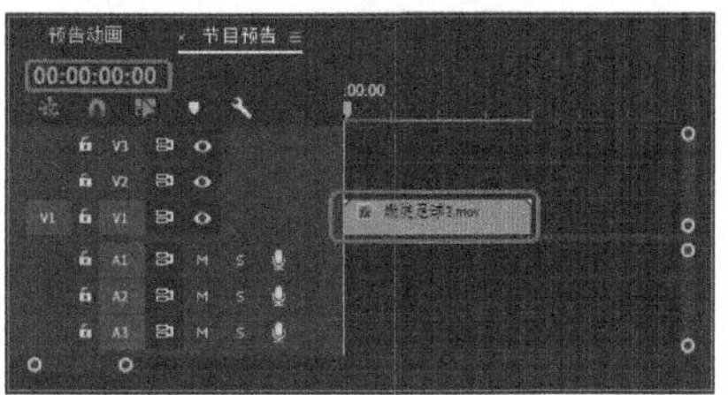

图 7-90

03 将当前时间设置为 00:00:02:00，在【项目】面板中选择【踢球动画】序列文件，按住鼠标左键将其拖曳至 V3 视频轨道中，如图 7-91 所示。

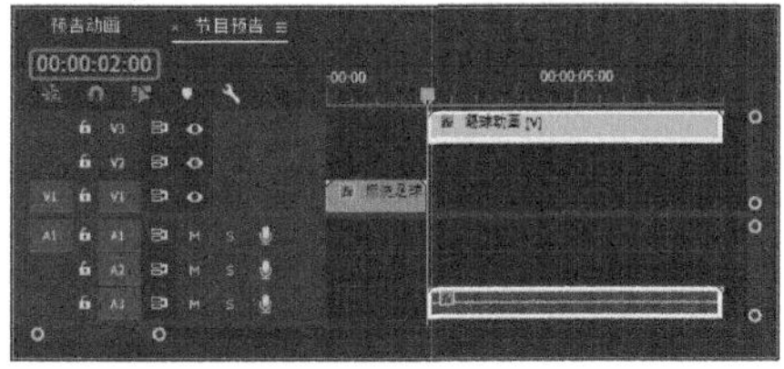

图 7-91

04 将当前时间设置为 00:00:08:01，在【项目】面板中选择“BG-01.png”素材文件，按住鼠标左键将其拖曳至 V2 视频轨道中，将其开始处与时间线对齐，将其持续时间设置为 00:00:03:12，如图 7-92 所示。

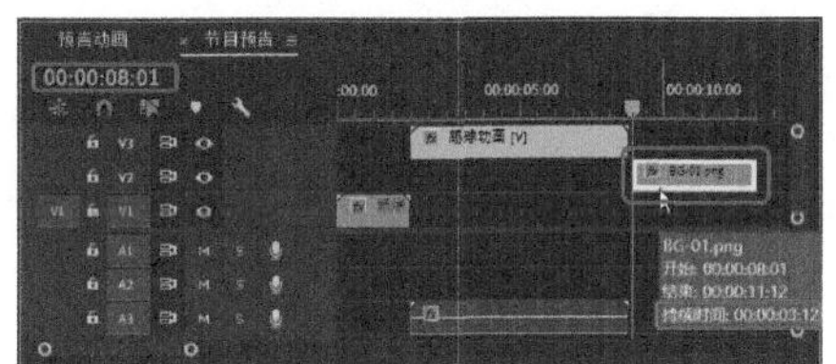

图 7-92

05 将当前时间设置为 00:00:08:01，在【项目】面板中选择“V01-Studio-Ball.mp4”素材文件，按住鼠标左键将其拖曳至 V3 视频轨道中，将其开始处与时间线对齐，取消【速度】与【持续时间】的锁定，将其持续时间设置为 00:00:03:12，如图 7-93 所示。

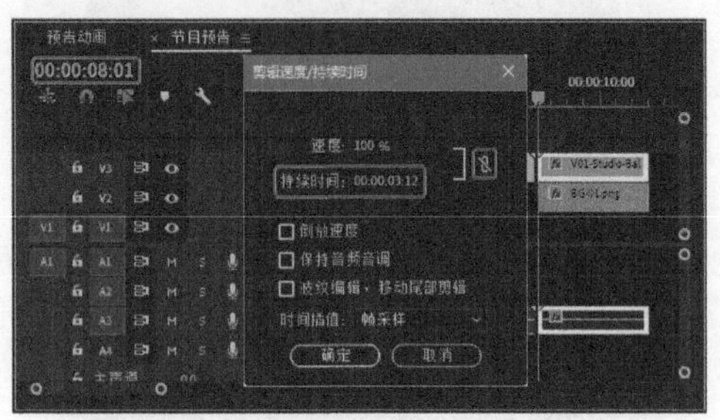

图 7-93

06 选中该视频文件，在【效果控件】面板中将【缩放】设置为 27，如图 7-94 所示。

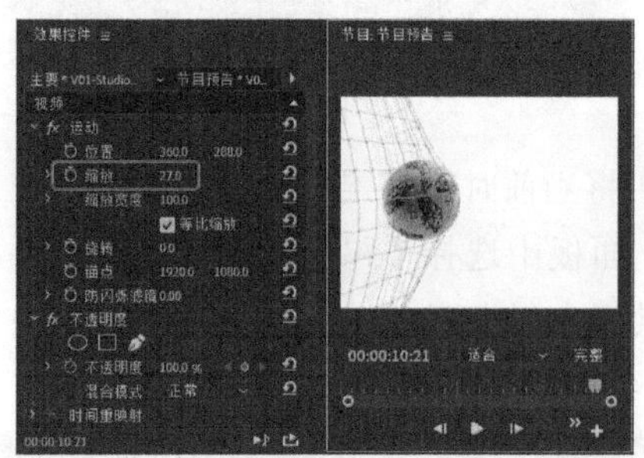

图 7-94

07 将当前时间设置为 00:00:08:01，在【项目】面板中选择“V01-Studio-Ball-Matte.mp4”素材文件，按住鼠标左键将其拖曳至 V3 视频轨道上方，将其开始处与时间线对齐，将【速度】与【持续时间】锁定，将其持续时间设置为 00:00:03:12，如图 7-95 所示。

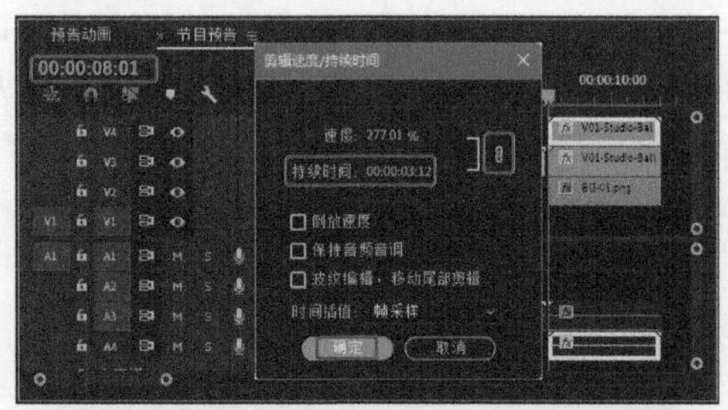

图 7-95

08 选中该视频文件，在【效果控件】面板中选择【颜色键】视频效果，双击，将其添加至选中的视频文件上，在【效果控件】面板中将【缩放】设置为 27，将【不透明度】下的【混合模式】设置为【滤色】，将【主要颜色】的 RGB 值设置为 1、0、1，将【颜色容差】、【边缘细化】、【羽化边缘】分别设置为 255、5、8.5，如图 7-96 所示。

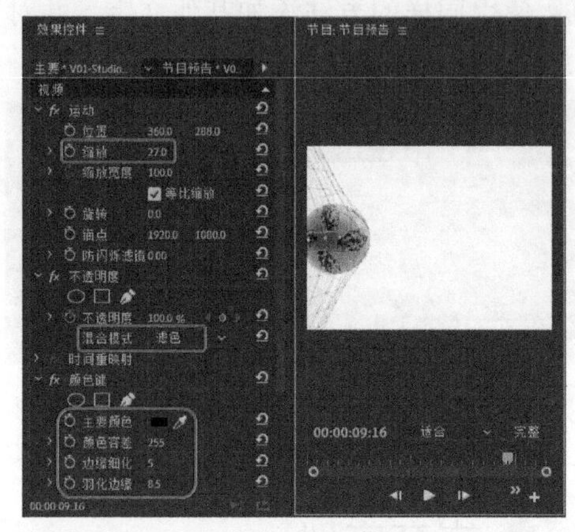

图 7- 96

09 设置完成后，将 V4 视频轨道关闭，效果如图 7-97 所示。

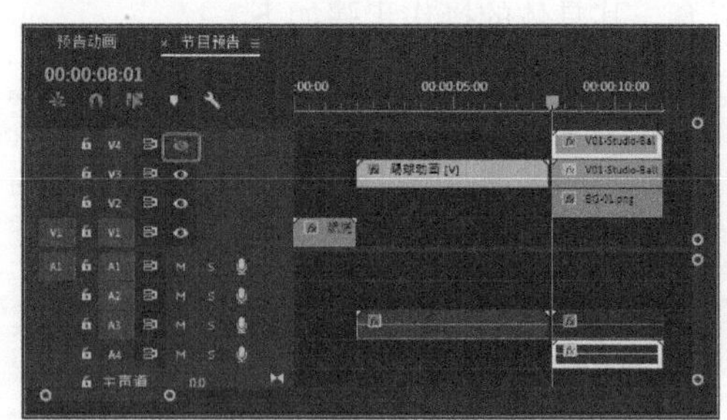

图 7-97

10 选择 V3 视频轨道中的“V01-Studio-Ball .mp4”视频文件，在【效果】面板中选择【设置遮罩】与【亮度与对比度】视频效果，为选中的视频文件添加该效果。在【效果控件】面板中将【设置遮罩】下的【从图层】设置为【视频 4】，将【用于遮罩】设置为【蓝色通道】，将【亮度与对比度】下的【亮度】、【对比度】分别设置为 50、25，如图 7-98 所示。

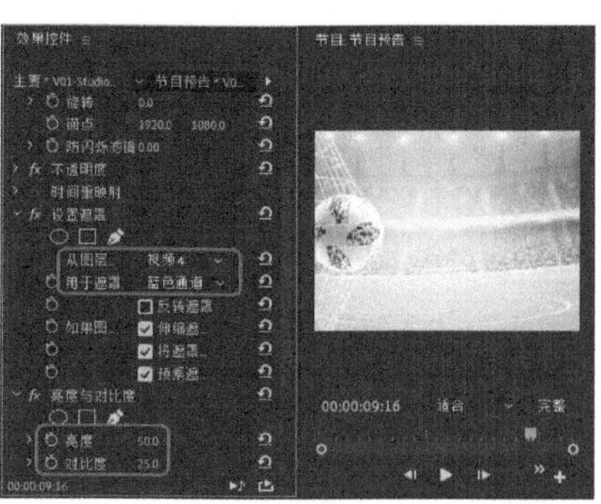

图 7-98

11 将当前时间设置为00:00:08:01，在【项目】面板中选择“V01-Studio-Ball-Prt.mp4”素材文件，按住鼠标左键将其拖曳至 V4 视频轨道的上方，将其开始处与时间线对齐，将【速度】与【持续时间】锁定，将其持续时间设置为 00:00:03:12，如图 7-99 所示。

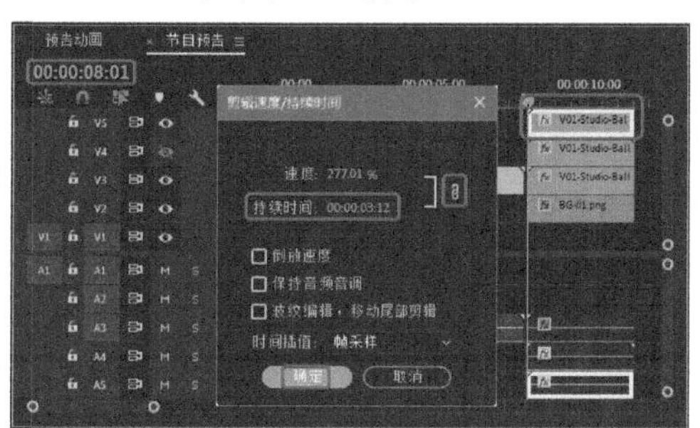

图 7-99

12 选中该视频文件，在【效果】面板中为其添加【颜色键】视频效果，在【效果控件】面板中将【缩放】设置为 27，将【颜色键】下的【主要颜色】的 RGB 值设置为 1、0、1，将【颜色容差】设置为 190，如图 7-100 所示。

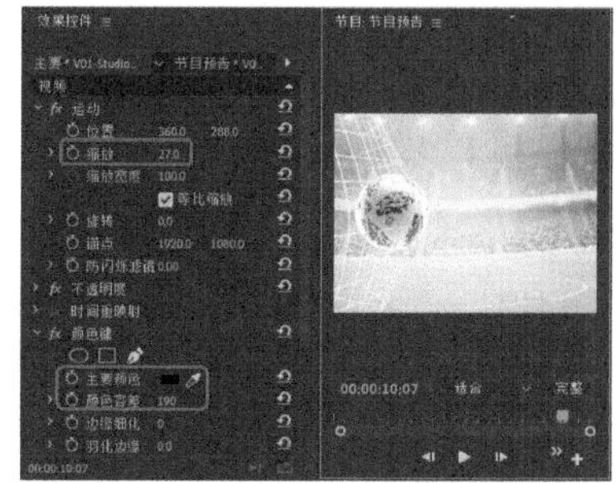

图 7-100

13 将当前时间设置为00:00:11:13，在【项目】面板中选择“燃烧足球 2.mov”，按住鼠标左键将其拖曳至 V3 视频轨道中，将其开始处与时间线对齐，如图 7-101 所示。

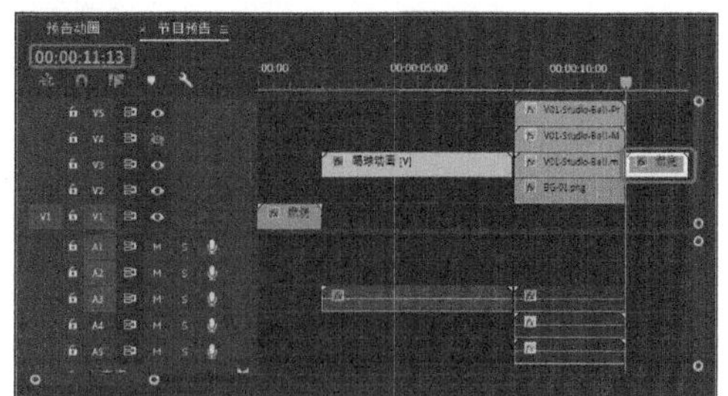

图 7-101

14 将当前时间设置为00:00:13:13，在【项目】面板中选择【预告动画】序列文件，按住鼠标左键将其拖曳至 V1 视频轨道中，将其开始处与时间线对齐，如图 7-102 所示。

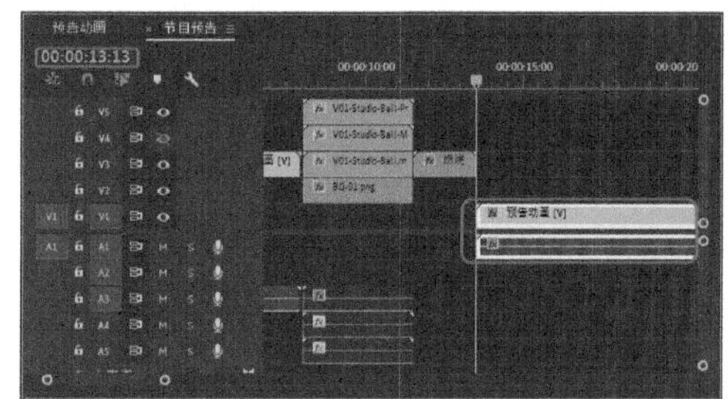

图 7-102

15 将当前时间设置为00:00:02:00，在【项目】面板中选择“音乐 01.mp3”音频文件，按住鼠标左键将其拖曳至 A1 音频轨道中，将其开始处与时间线对齐，如图 7-103 所示。

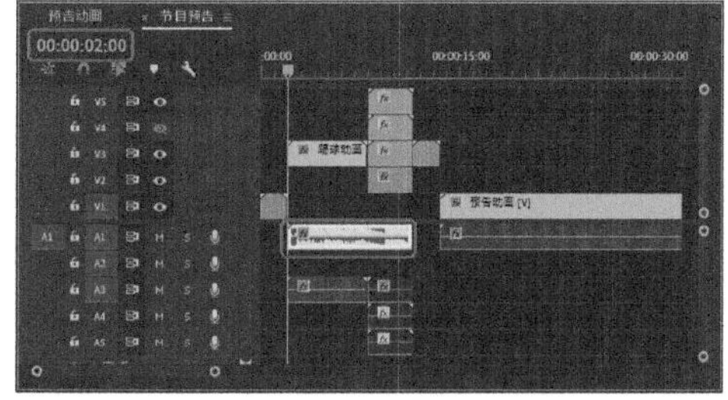

图 7-103

16 将当前时间设置为00:00:00:00，在【项目】面板中选择“背景音乐 .mp3”音频文件，按住鼠标左键将其拖曳至 A2 音频轨道中，将当前时间设置为 00:00:11:13。在工具箱中单击【剃刀工具】，在时间线位置对背景音乐进行裁剪，如图 7-104 所示。

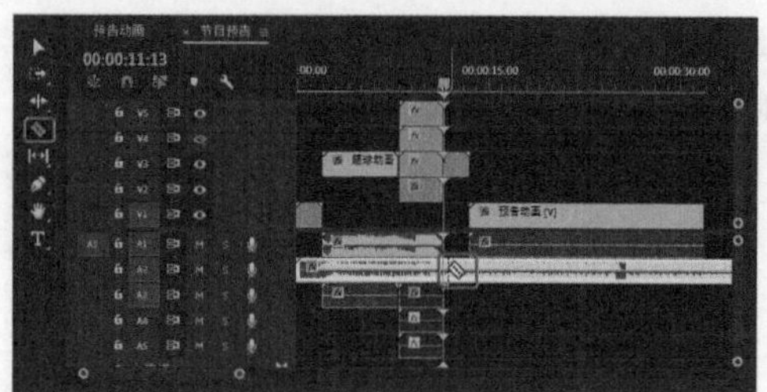
图 7-104

17 将裁剪后的左侧音频文件删除，将当前时间设置为00:00:31:22，使用【剃刀工具】在时间线位置对背景音乐进行裁剪，如图 7-105 所示。

18 将裁剪后的右侧音频文件删除，效果如图 7-106 所示。

19 对完成后的效果进行导出与保存。

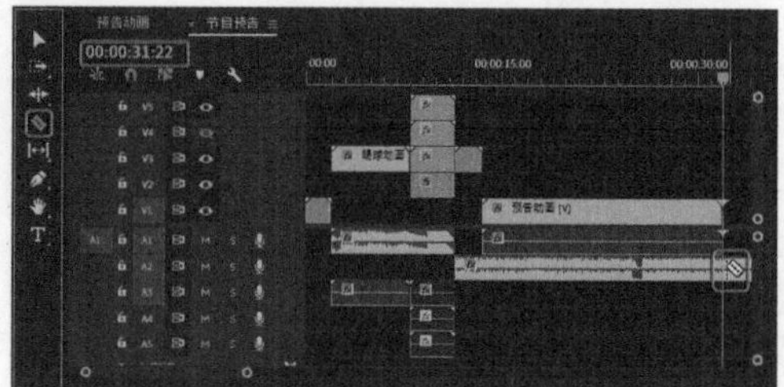
图 7-105

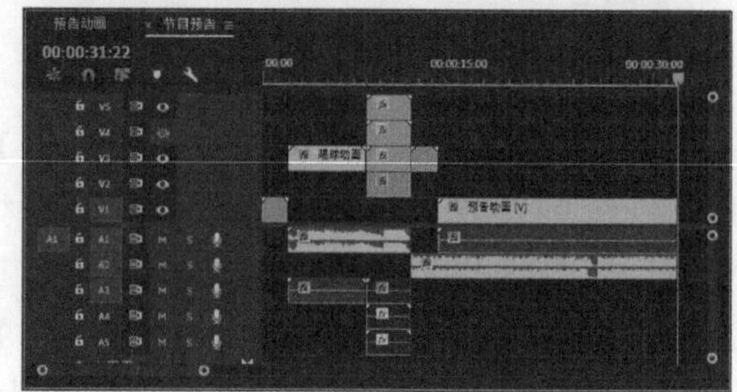
图 7-106

第 8 章

综合案例——公益广告动画

本章导读：

在科技日益发展的今天，动物种类却越来越少，因此，保护动物尤为重要。本章将介绍使用 Premiere Pro CC 制作保护动物公益广告的方法。

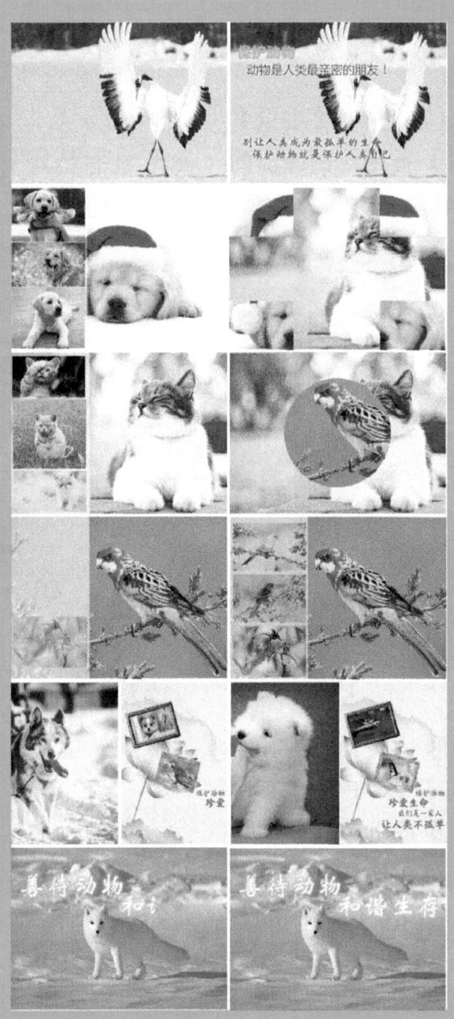

8.1 导入图像素材

在制作保护动物公益广告之前，需要先将收集到的素材文件导入Premiere Pro CC中。具体的操作步骤如下。

素材	素材\Cha08\001.jpg~003.jpg、背景1.jpg～背景3.jpg、背景音乐.mp3、狗.jpg、狗标.png、狗1.jpg～狗3.jpg、猫.jpg、猫标.png、猫1.jpg～猫3.jpg、鸟.jpg、鸟标.png、鸟1.jpg～鸟3.jpg、透明矩形.png、相框1.1.png、相框1.2.png、相框1.3.png、相框1.png、相框2.png、相框2.1.png、相框2.2.png、相框2.3.png
场景	场景\Cha08\公益广告动画.prproj
视频	视频教学\Cha08\8.1 导入图像素材.mp4

01 启动Premiere Pro CC软件，在【主页】对话框中单击【新建项目】按钮，在弹出的对话框中指定保存位置及名称，如图8-1所示。

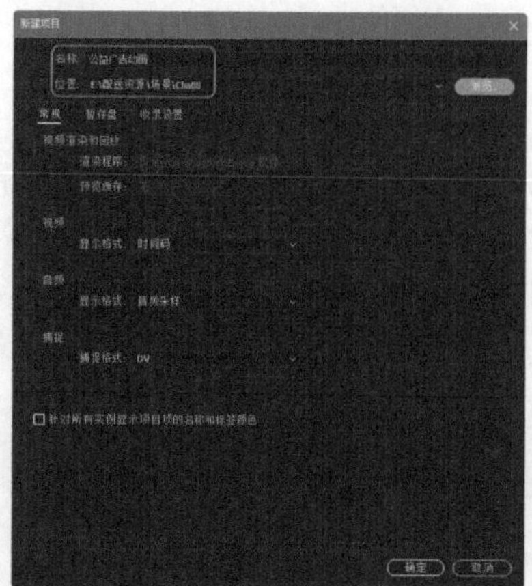

图 8-1

02 单击【确定】按钮，按Ctrl+N组合键，在弹出的对话框中选择DV-PAL|【标准48kHz】选项，单击【确定】按钮。在【项目】面板中的空白处右击，在弹出的快捷菜单中选择【导入】命令，如图8-2所示。

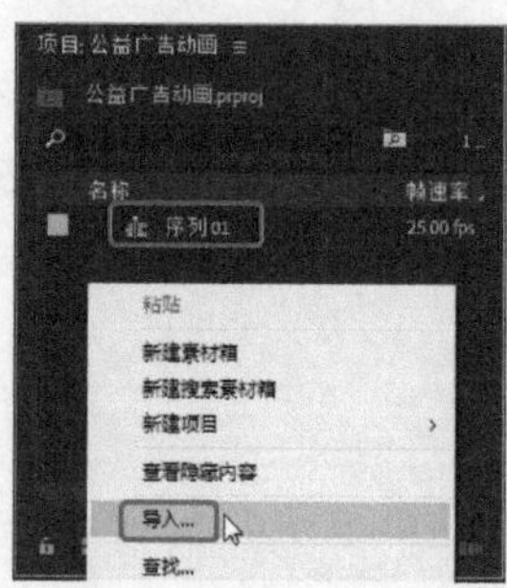

图 8-2

03 在弹出的【导入】对话框中选择素材\Cha08素材文件夹，如图8-3所示。

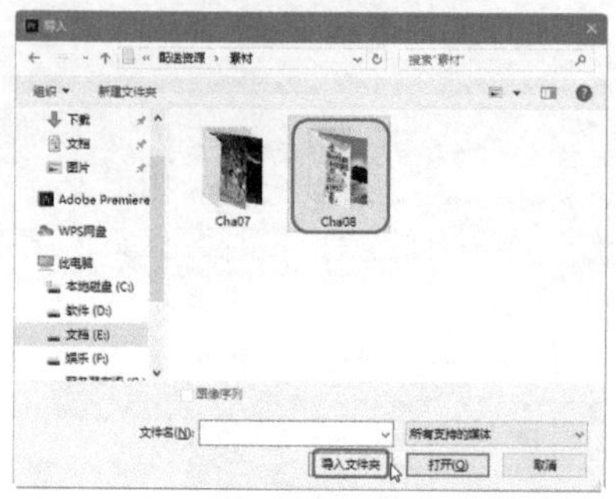

图 8-3

04 单击【导入文件夹】按钮，即可将选中的素材文件夹导入【项目】面板中，如图8-4所示。

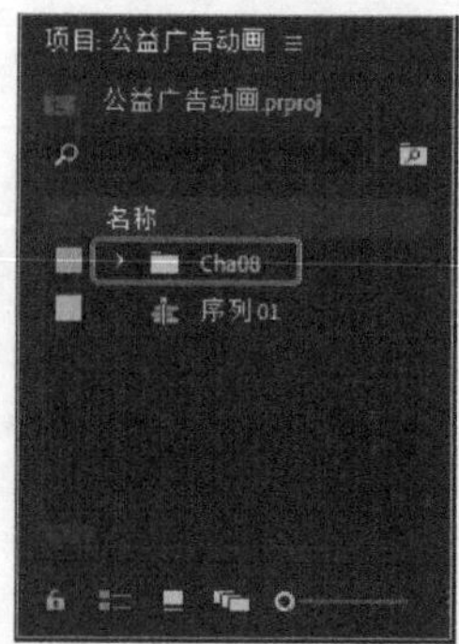

图 8-4

8.2 创建字幕

下面介绍创建字幕的方法，具体操作步骤如下。

素材	素材\Cha08\001.jpg~003.jpg、背景 1.jpg ~ 背景 3.jpg、背景音乐 .mp3、狗 .jpg、狗标 .png、狗 1.jpg ~ 狗 3.jpg、猫 .jpg、猫标 .png、猫 1.jpg ~ 猫 3.jpg、鸟 .jpg、鸟标 .png、鸟 1.jpg ~ 鸟 3.jpg、透明矩形 .png、相框 1.1.png、相框 1.2.png、相框 1.3.png、相框 1.png、相框 2.png、相框 2.1.png、相框 2.2.png、相框 2.3.png
场景	场景\Cha08\公益广告动画 .prproj
视频	视频教学\Cha08\8.2 创建字幕 .mp4

01 在菜单栏中选择【文件】|【新建】|【旧版标题】命令，在弹出的【新建字幕】对话框中输入【名称】为【别让人类成为最孤单的生命】，单击【确定】按钮，如图 8-5 所示。

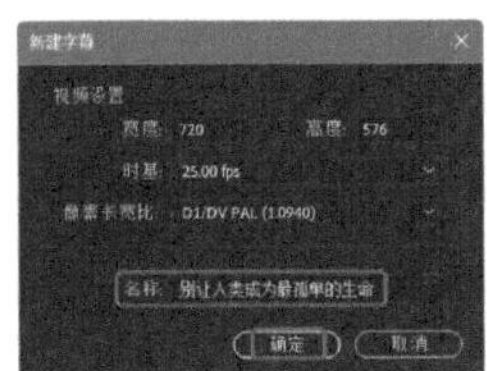

图 8-5

02 弹出字幕编辑器，选择【文字工具】，在【字幕】窗口中输入文字，在【属性】选项组中将【字体系列】设置为【华文新魏】，将【字体大小】设置为 40，将【填充】下的【颜色】的 RGB 值设置为 9、78、180，如图 8-6 所示。

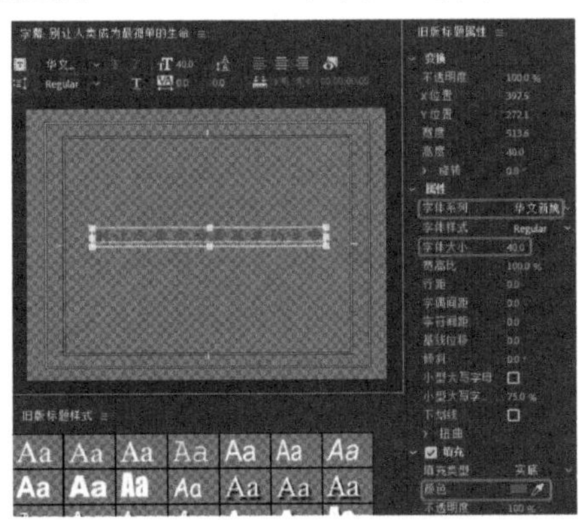

图 8-6

03 勾选【阴影】复选框，将【颜色】的 RGB 值设置为 255、255、255，将【不透明度】设置为 100%，将【角度】设置为 45，将【距离】设置为 0，将【大小】设置为 5，将【扩展】设置为 50。在【变换】选项组中，将【X 位置】设置为 298.2，将【Y 位置】设置为 430.7，如图 8-7 所示。

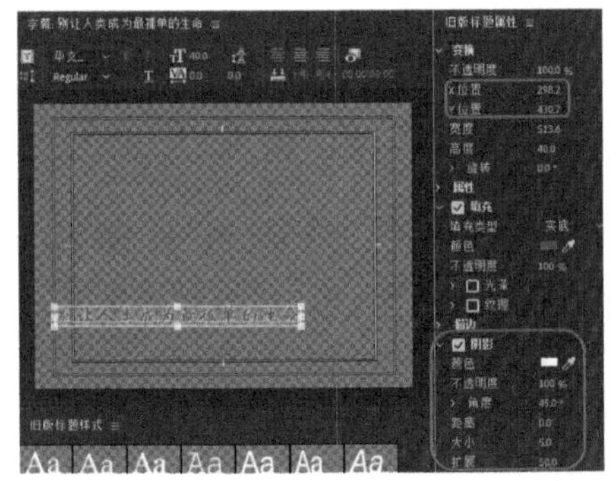

图 8-7

04 单击【基于当前字幕新建字幕】按钮，在弹出的对话框中输入【名称】为【保护动物就是保护人类自己】，单击【确定】按钮，如图 8-8 所示。

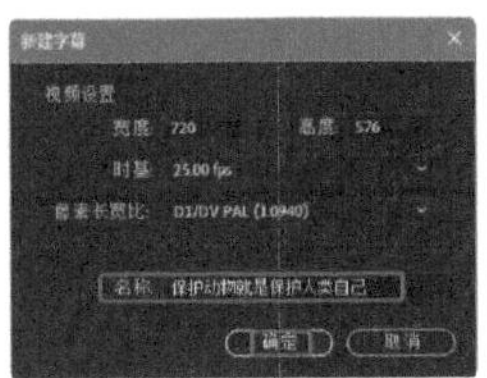

图 8-8

05 在字幕窗口中将文字删除，并输入新的文字，将【X 位置】和【Y 位置】分别设置为 332.8 和 474.3，如图 8-9 所示。

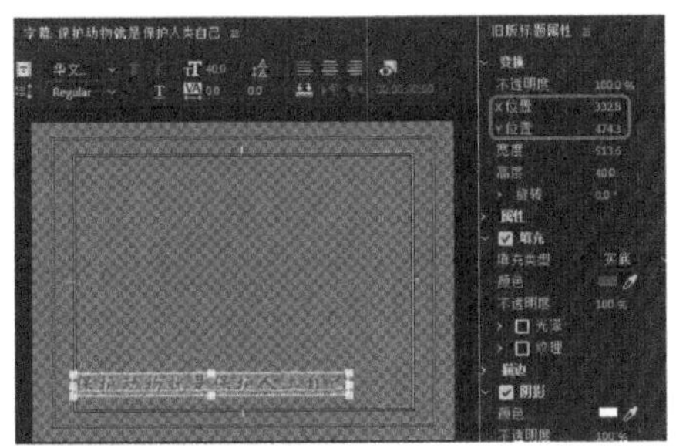

图 8-9

06 在菜单栏中选择【文件】|【新建】|【旧版标题】命令，在弹出的【新建字幕】对话框中，输入【名称】为【保护动物】，单击【确定】按钮，如图 8-10 所示。

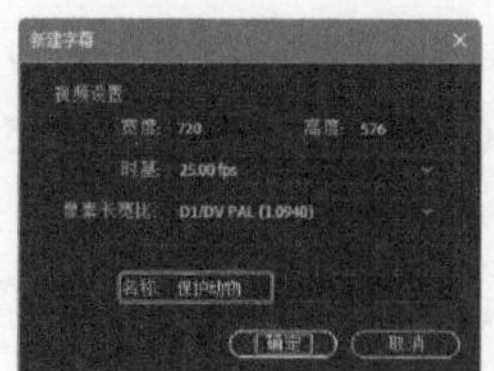
图 8-10

07 在字幕窗口中，使用【文字工具】T输入文字，然后在【属性】选项组中将【字体系列】设置为【华文琥珀】，将【字体大小】设置为45。在【填充】选项组中将【颜色】的RGB值设置为255、180、0，在【变换】选项组中将【X位置】设置为130，将【Y位置】设置为110，如图8-11所示。

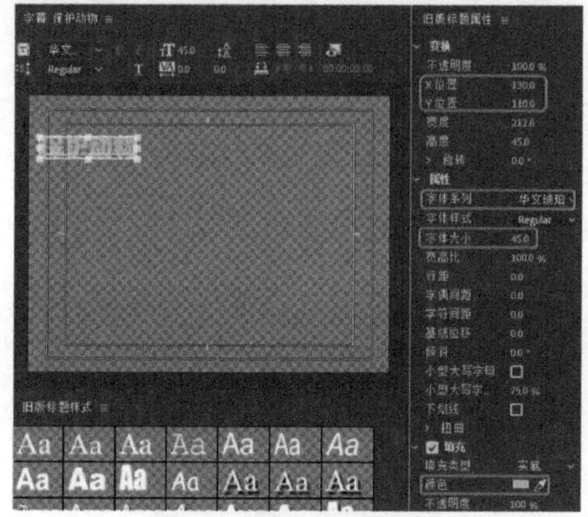
图 8-11

08 在菜单栏中选择【文件】|【新建】|【旧版标题】命令，在弹出的【新建字幕】对话框中，输入【名称】为【动物是人类最亲密的朋友！】，单击【确定】按钮，如图8-12所示。

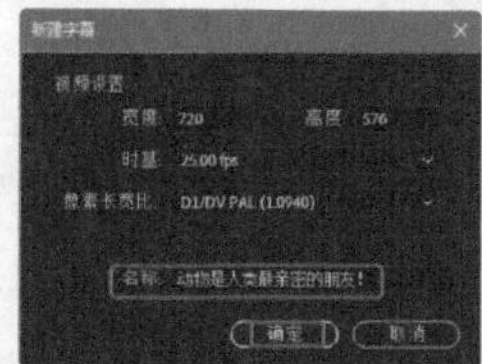
图 8-12

09 在字幕窗口中，使用【文字工具】T输入文字，然后在【属性】选项组中将【字体系列】设置为【微软雅黑】，将【字体样式】设置为Regular，将【字体大小】设置为46。在【填充】选项组中，将【颜色】的RGB值设置为101、119、0。在【变换】选项组中，将【X位置】设置为322.5，将【Y位置】设置为172.2，如图8-13所示。

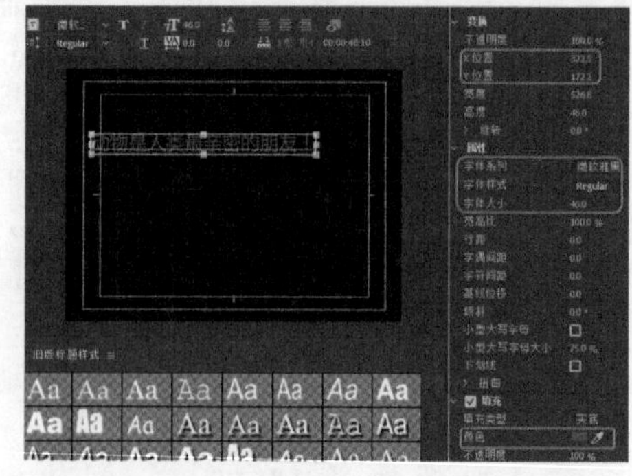
图 8-13

10 勾选【阴影】复选框，将【颜色】的RGB值设置为255、255、255，将【不透明度】设置为100%，将【角度】设置为45，将【距离】设置为0，将【大小】设置为5，将【扩展】设置为50，如图8-14所示。

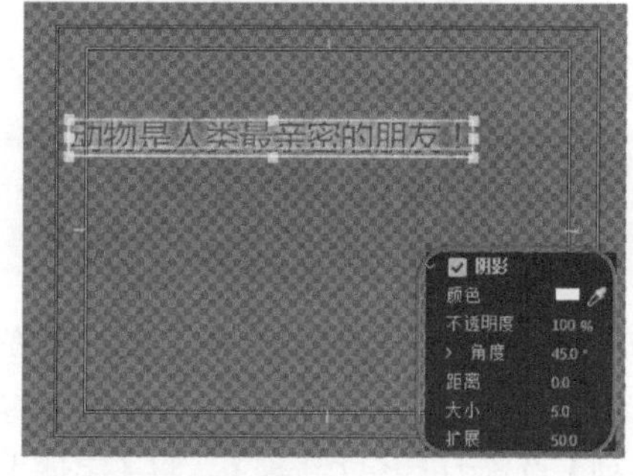
图 8-14

11 在菜单栏中选择【文件】|【新建】|【旧版标题】命令，在弹出的【新建字幕】对话框中，输入【名称】为【保护动物2】，单击【确定】按钮，如图8-15所示。

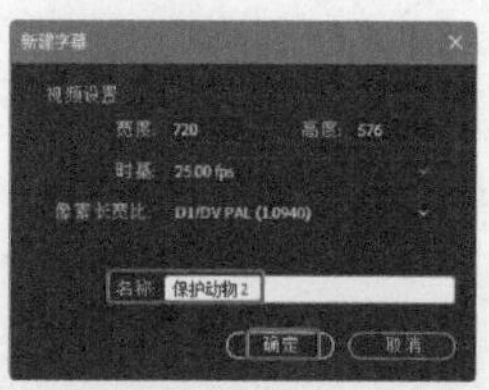
图 8-15

12 在字幕窗口中，使用【文字工具】T输入文字，然后在【属性】选项组中将【字体系列】设置为【方正北魏楷书简体】，将【字体大小】设置为24。在【填充】选项组中，将【颜色色】的 RGB 值设置为 14、88、0。在【变换】选项组中，将【X 位置】设置为 726.4，将【Y 位置】设置为 397.8，如图 8-16 所示。

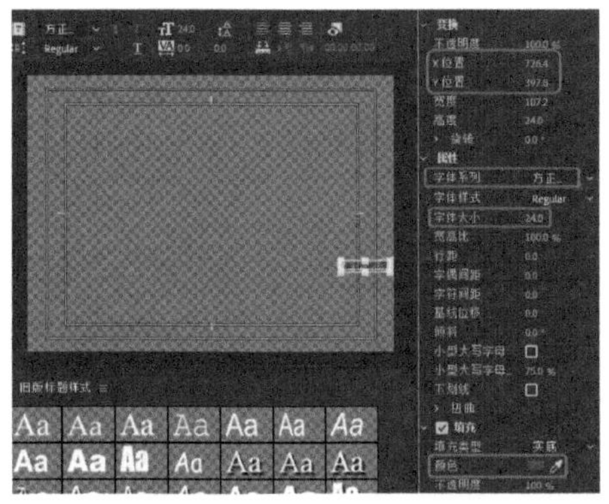

图 8-16

13 单击【基于当前字幕新建字幕】按钮，在弹出的对话框中输入【名称】为【珍爱生命】，单击【确定】按钮，如图 8-17 所示。

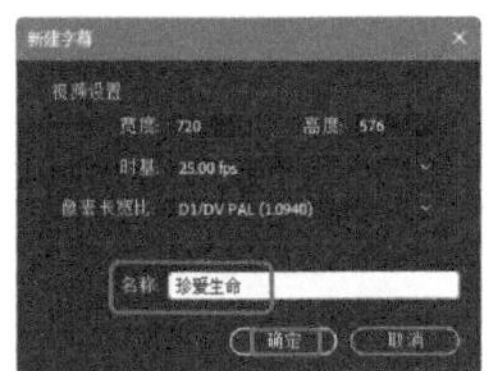

图 8-17

14 在字幕窗口中将文字删除，并输入新的文字，在【属性】选项组中，将【字体大小】设置为 33。在【变换】选项组中，将【X 位置】和【Y 位置】分别设置为 649.2 和 433.5。在【填充】选项组中，将【颜色】的 RGB 值设置为 226、0、43，如图 8-18 所示。

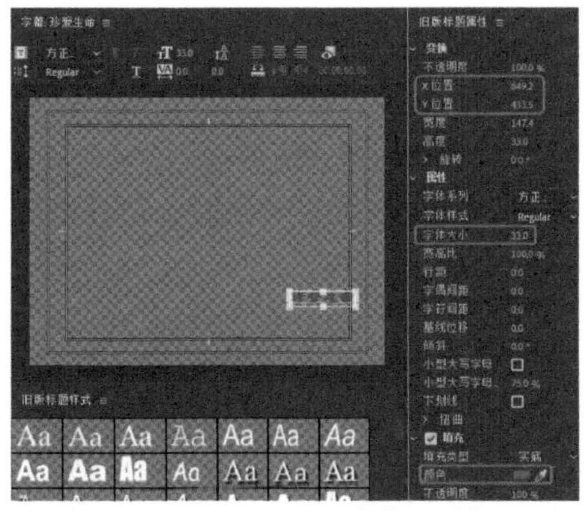

图 8-18

15 单击【基于当前字幕新建字幕】按钮，在弹出的对话框中输入【名称】为【我们是一家人】，单击【确定】按钮，如图 8-19 所示。

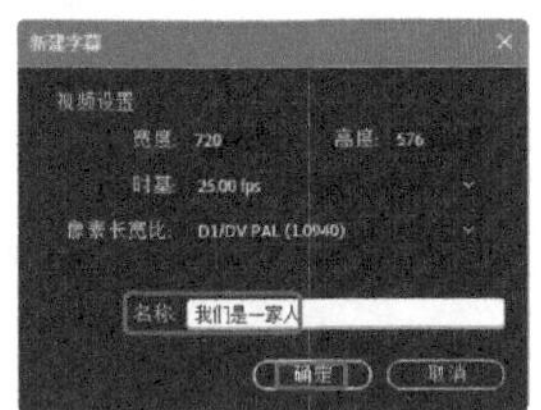

图 8-19

16 在字幕窗口中将文字删除，并输入新的文字，在【属性】选项组中，将【字体大小】设置为 24。在【变换】选项组中，将【X 位置】和【Y 位置】分别设置为 689.4 和 469.6。在【填充】选项组中，将【颜色】的 RGB 值设置为 14、88、0，如图 8-20 所示。

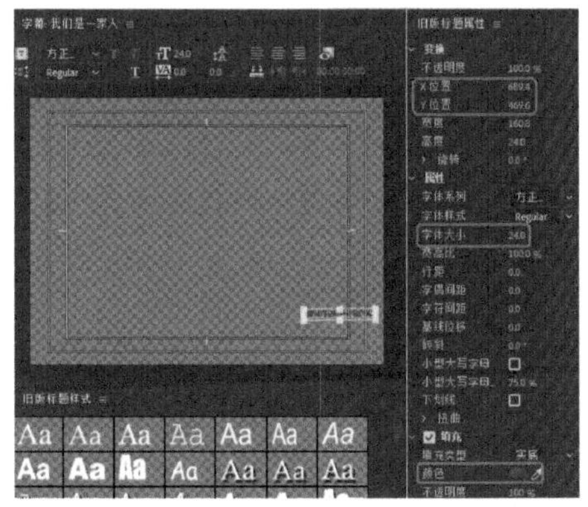

图 8-20

17 单击【基于当前字幕新建字幕】按钮，在弹出的对话框中输入【名称】为【让人类不孤单】，单击【确定】按钮，如图 8-21 所示。

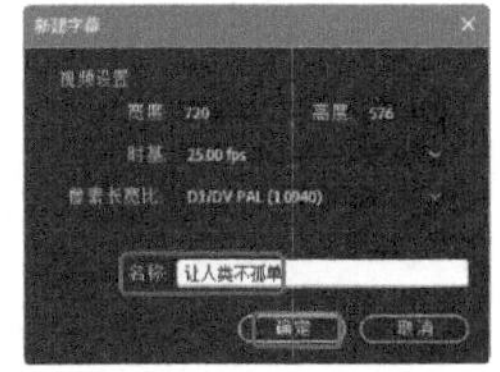

图 8-21

18 在字幕窗口中将文字删除，并输入新的文字，在【属性】选项组中将【字体大小】设置为 35。在【变换】选项组中，将【X 位置】和【Y 位置】分别设置为 664.8 和 510.5。在【填充】选项组中，将【颜色】的 RGB 值设置为 231、0、22，如图 8-22 所示。

图 8-22

19 在菜单栏中选择【文件】|【新建】|【旧版标题】命令，在弹出的【新建字幕】对话框中，输入【名称】为【善待动物】，单击【确定】按钮，如图 8-23 所示。

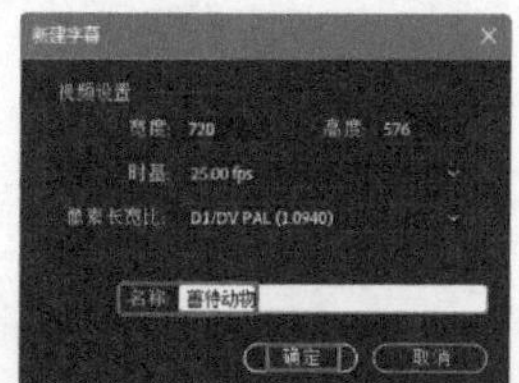

图 8-23

20 在字幕窗口中，使用【文字工具】输入文字，然后在【属性】选项组中将【字体系列】设置为【华文新魏】，将【字体大小】设置为 90。在【填充】选项组中，将【颜色】设置为白色，在【描边】添加【外描边】，将【大小】设置为 20，将【颜色】的 RGB 值设置为 255、192、0。在【变换】选项组中，将【X 位置】设置为 221.4，将【Y 位置】设置为 136.2，如图 8-24 所示。

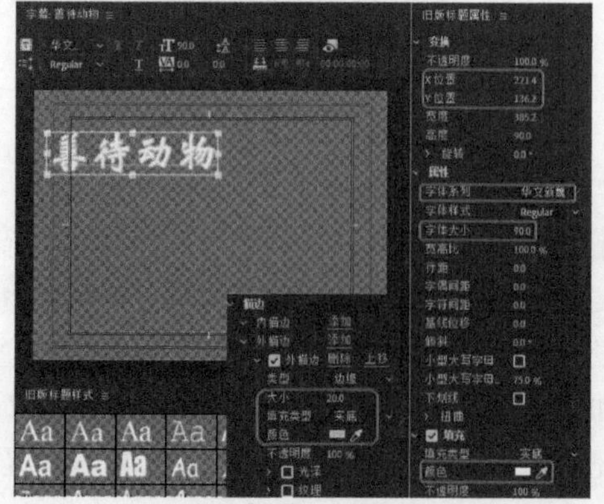

图 8-24

21 勾选【阴影】复选框，将【颜色】的 RGB 值设置为 255、192、0，将【不透明度】设置为 50，将【角度】设置为 45，将【距离】设置为 0，将【大小】设置为 20，将【扩展】设置为 80，如图 8-25 所示。

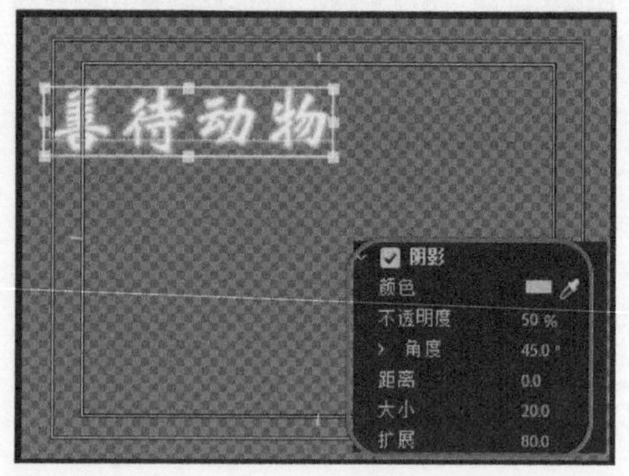

图 8-25

22 单击【基于当前字幕新建字幕】按钮，在弹出的对话框中输入【名称】为【和谐生存】，单击【确定】按钮，如图 8-26 所示。

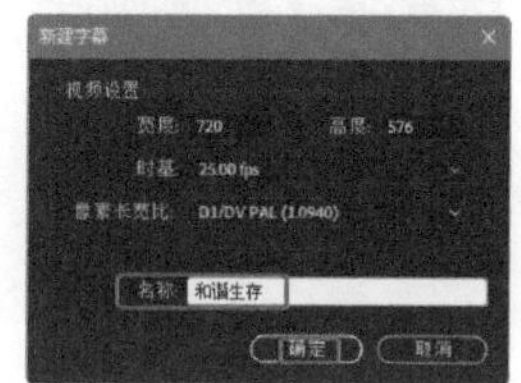

图 8-26

23 在字幕窗口中将文字删除，并输入新的文字，在【描边】选项组中，将【外描边】区域下【颜色】的 RGB 值设置为 189、215、0，将【阴影】选项组中【颜色】的 RGB 值设置为 189、215、0，将【变换】选项组中【X 位置】和【Y 位置】分别设置为 583.9 和 206.5，如图 8-27 所示。

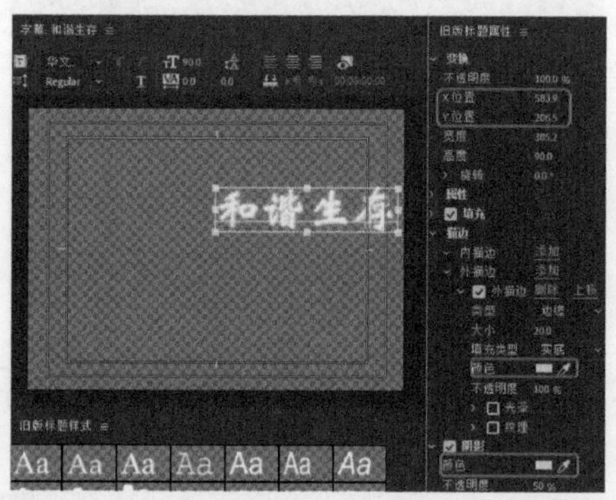

图 8-27

8.3 制作公益广告动画

下面介绍如何制作公益广告动画，其具体的操作步骤如下。

素材	素材 \Cha08\001.jpg~003.jpg、背景 1. jpg ~ 背景 3. jpg、背景音乐 .mp3、狗 .jpg、狗标 .png、狗 1.jpg ~ 狗 3.jpg、猫 .jpg、猫标 .png、猫 1.jpg ~ 猫 3.jpg、鸟 .jpg、鸟标 .png、鸟 1.jpg ~ 鸟 3.jpg、透明矩形 .png、相框 1.1.png、相框 1.2.png、相框 1.3.png、相框 1.png、相框 2.png、相框 2.1.png、相框 2.2.png、相框 2.3.png
场景	场景 \Cha08\ 公益广告动画 .prproj
视频	视频教学 \Cha08\8.3 制作公益广告动画 .mp4

01 将字幕编辑器关闭，在菜单栏中选择【序列】|【添加轨道】命令，弹出【添加轨道】对话框，在该对话框中将【视频轨道】设置为7，将【音频轨道】设置为 0，并单击【确定】按钮，如图 8-28 所示。

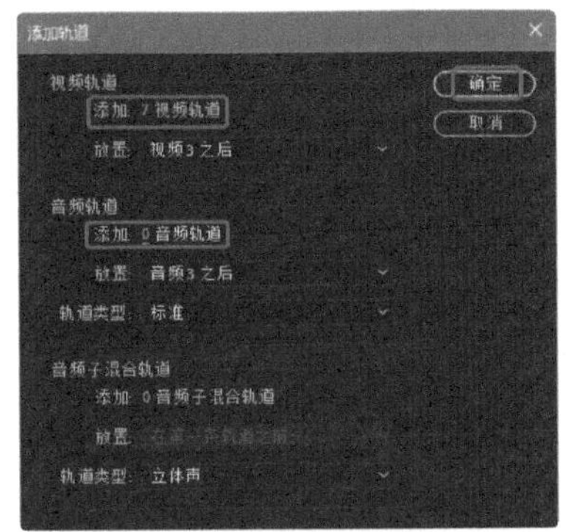

图 8-28

02 在【项目】面板中展开 Cha08 文件夹，将“背景 1.jpg”素材文件拖曳至 V1 轨道中，并在素材文件上右击，在弹出的快捷菜单中选择【速度 / 持续时间】命令，如图 8-29 所示。

03 弹出【剪辑速度 / 持续时间】对话框，在该对话框中将【持续时间】设置为 00:00:06:10，单击【确定】按钮，如图 8-30 所示。

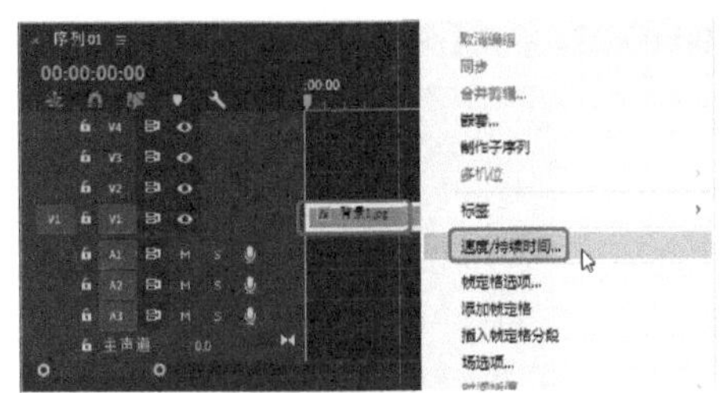

图 8-29

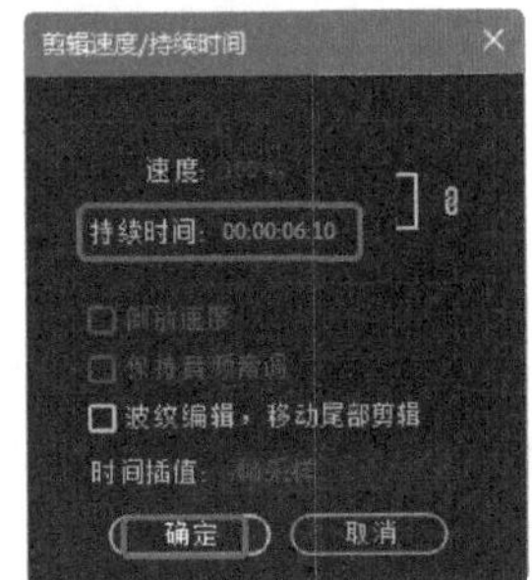

图 8-30

04 确定“背景 1.jpg”素材文件处于选中状态，在【效果控件】面板中，将【缩放】设置为 55，如图 8-31 所示。

图 8-31

05 将字幕【别让人类成为最孤单的生命】拖曳至 V2 轨道中，并在素材文件上右击，在弹出的快捷菜单中选择【速度 / 持续时间】命令，如图 8-32 所示。

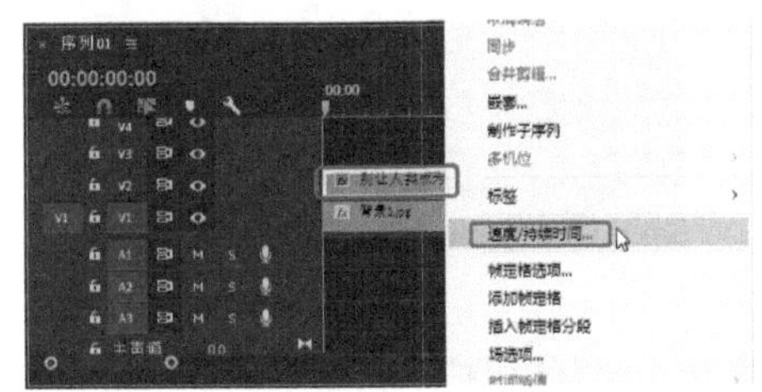

图 8-32

06 弹出【剪辑速度 / 持续时间】对话框，在该对话框中将【持续时间】设置为

00:00:05:22，单击【确定】按钮，如图 8-33 所示。

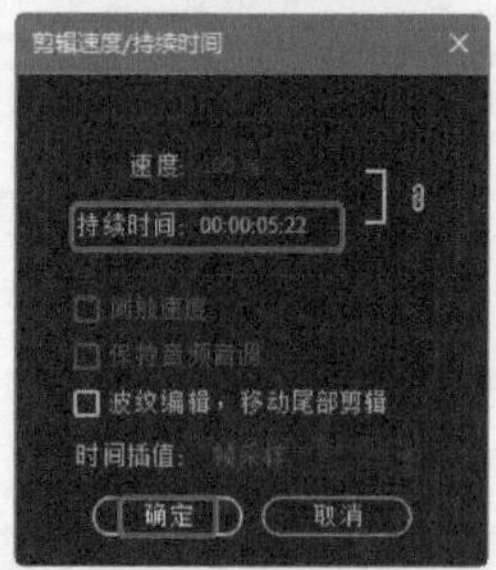

图 8-33

07 选中字幕【别让人类成为最孤单的生命】，确认当前时间为 00:00:00:00，在【效果控件】面板中，将【位置】设置为 13、288，并单击其左侧的【切换动画】按钮，打开动画关键帧记录，将【不透明度】设置为 0%；将当前时间设置为 00:00:01:12，在【效果控件】面板中，将【位置】设置为 360、288，将【不透明度】设置为 100%，如图 8-34 所示。

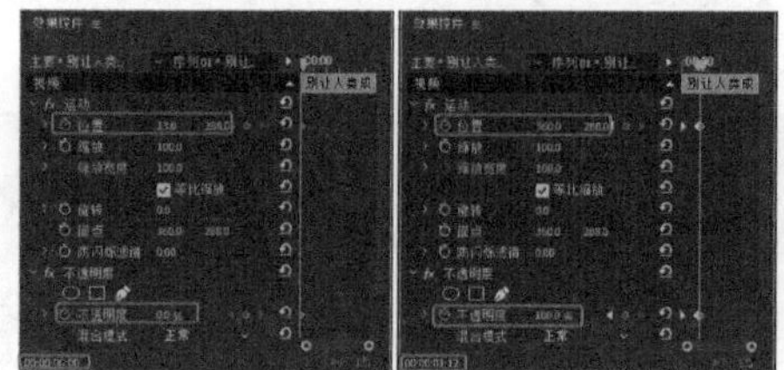

图 8-34

08 将当前时间设置为 00:00:00:00，将字幕【保护动物就是保护人类自己】拖曳至 V3 轨道中，与编辑标识线对齐，将其结束处与 V2 轨道中的字幕【别让人类成为最孤单的生命】结束处对齐，如图 8-35 所示。

图 8-35

09 选中字幕【保护动物就是保护人类自己】，将当前时间设置为 00:00:01:00。在【效果控件】面板中，将【位置】设置为 360、410，并单击其左侧的【切换动画】按钮，打开动画关键帧记录，将【不透明度】设置为 0%。将当前时间设置为 00:00:02:00，在【效果控件】面板中，将【位置】设置为 360、288，将【不透明度】设置为 100%，如图 8-36 所示。

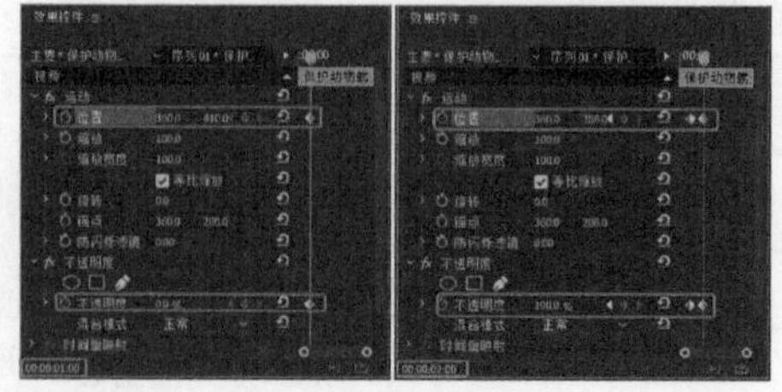

图 8-36

10 将当前时间设置为 00:00:02:05，将字幕【保护动物】拖曳至 V4 轨道中，与编辑标识线对齐，将其结束处与 V2 轨道中的字幕【别让人类成为最孤单的生命】结束处对齐，如图 8-37 所示。

图 8-37

11 在【效果】面板中，展开【视频过渡】文件夹，选择【擦除】文件夹下的【带状擦除】切换效果，将其拖曳至【序列】面板中【保护动物】字幕的开始处，如图 8-38 所示。

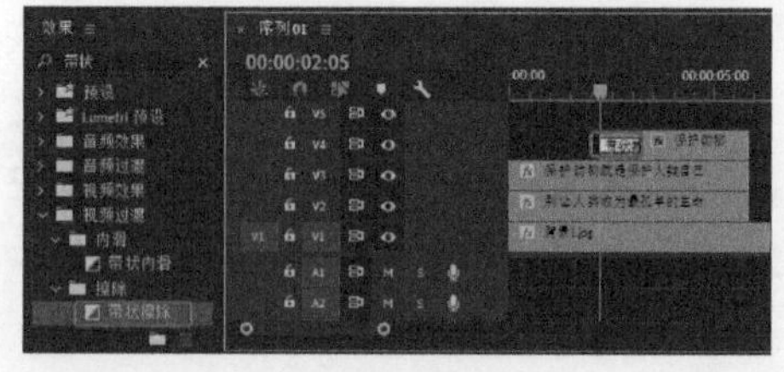

图 8-38

12 选中添加的【带状擦除】切换效果，在【效果控件】面板中，将【持续时间】设置为 00:00:01:12，如图 8-39 所示。

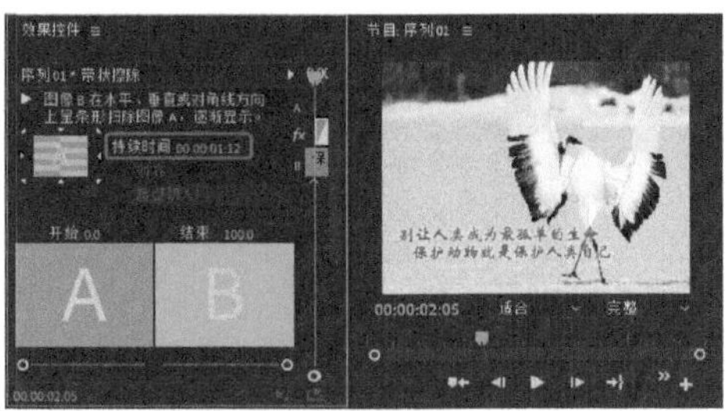
图 8-39

13 将当前时间设置为00:00:03:17，将字幕【动物是人类最亲密的朋友】拖曳至 V5 轨道中，与编辑标识线对齐，将其结束处与 V4 轨道中的字幕【保护动物】结束处对齐，如图8-40所示。

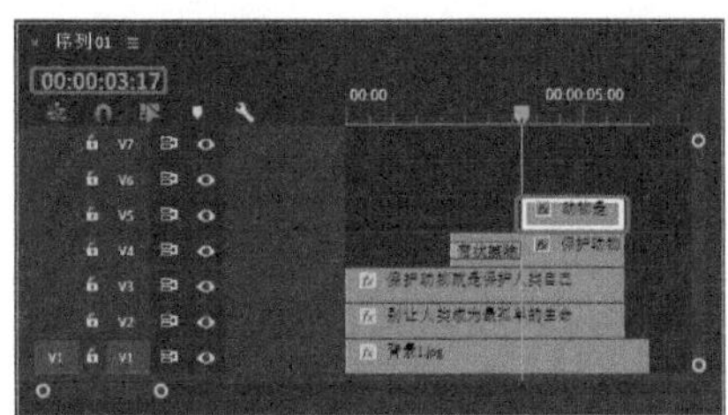
图 8-40

14 在【效果】面板中，展开【视频过渡】文件夹，选择【内滑】文件夹下的【拆分】切换效果，将其拖曳至【序列】面板中【动物是人类最亲密的朋友】字幕的开始处，如图 8-41 所示。

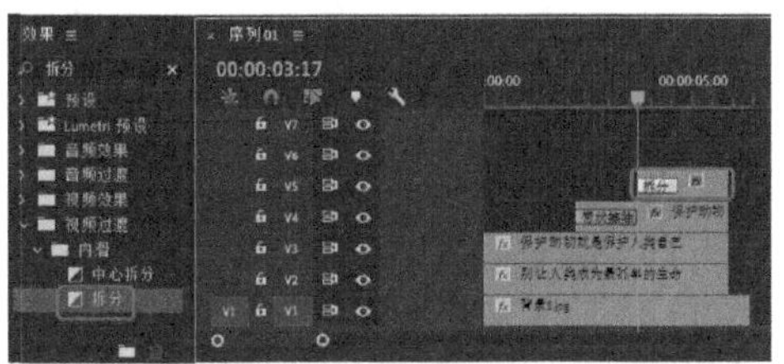
图 8-41

15 将当前时间设置为00:00:06:10，将“狗 .jpg”素材文件拖曳至 V1 轨道中，与编辑标识线对齐，并将其持续时间设置为00:00:10:17，效果如图 8-42 所示。

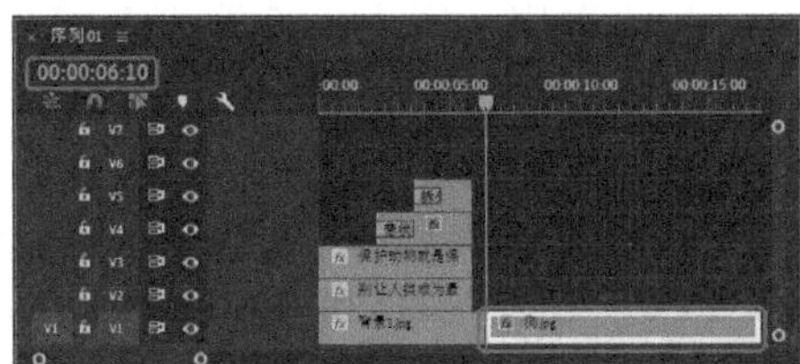
图 8-42

16 选中“狗 .jpg”素材文件，在【效果控件】面板中，将【位置】设置为 360、288，将【缩放】设置为 95，如图 8-43 所示。

图 8-43

17 在【效果】面板中，展开【视频过渡】文件夹，选择【3D 运动】文件夹下的【翻转】切换效果，将其拖曳至【序列】面板中“背景 1.jpg”和“狗 .jpg”素材文件的中间处，如图 8-44 所示。

图 8-44

18 将当前时间设置为 00:00:06:23，将“狗标 .png”素材文件拖曳至 V2 轨道中，与编辑标识线对齐，如图 8-45 所示。

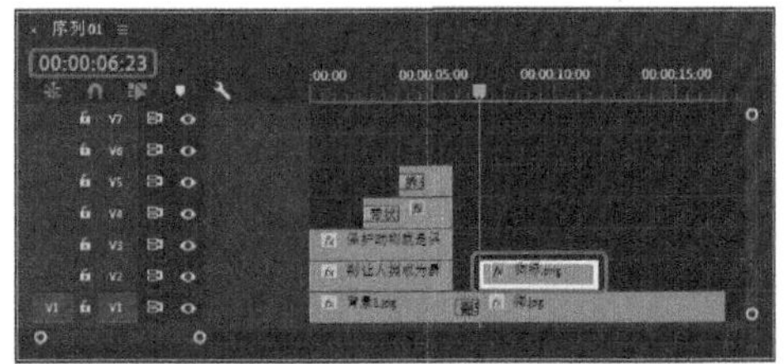
图 8-45

19 选中“狗标 .png”素材文件，确认当前时间为 00:00:06:23，在【效果控件】面板中，将【位置】设置为 109、436，将【缩放】设置为 29，如图 8-46 所示。

20 将当前时间设置为 00:00:11:05，将“透明矩形 .png”素材文件拖曳至 V3 轨道中，与编辑标识线对齐，并将其持续时间设置为00:00:05:10，如图 8-47 所示。

图 8-46

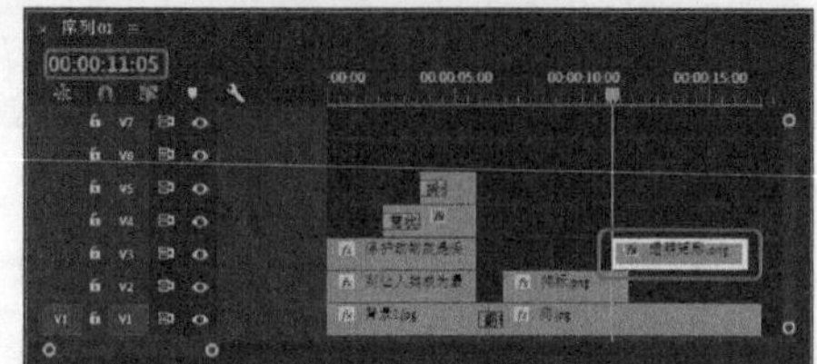

图 8-47

21 选中“透明矩形.png”素材文件，在【效果控件】面板中，将【位置】设置为 130、288，将【缩放】设置为 77，如图 8-48 所示。

图 8-48

22 在【效果】面板中选择【带状擦除】切换效果，将其拖曳至【序列】面板中的“透明矩形.png”素材文件的开始处，如图 8-49 所示。

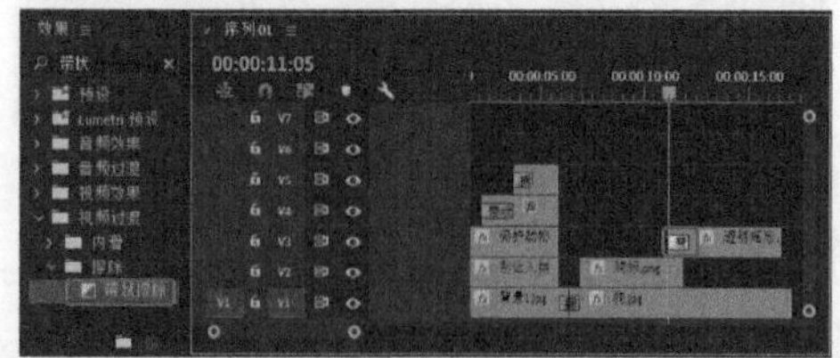

图 8-49

23 选中添加的【带状擦除】切换效果，在【效果控件】面板中，单击【自北向南】图标，如图 8-50 所示。

24 将当前时间设置为00:00:12:15，将“狗 1.jpg”素材文件拖曳至 V4 轨道中，与编辑标识线对齐，将其结束处与 V3 轨道中的“透明矩形.png”素材文件结束处对齐，如图 8-51 所示。

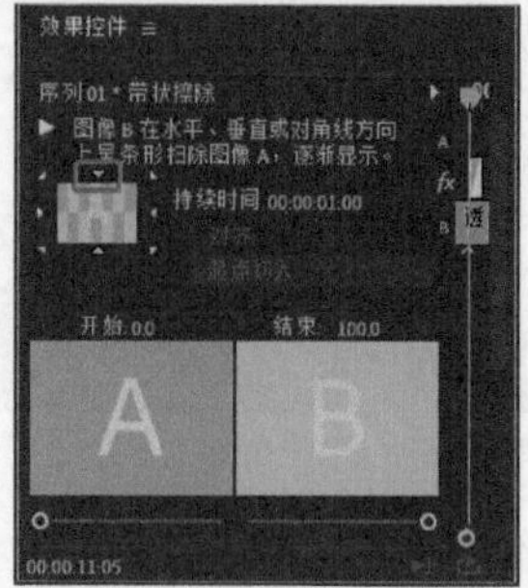

图 8-50

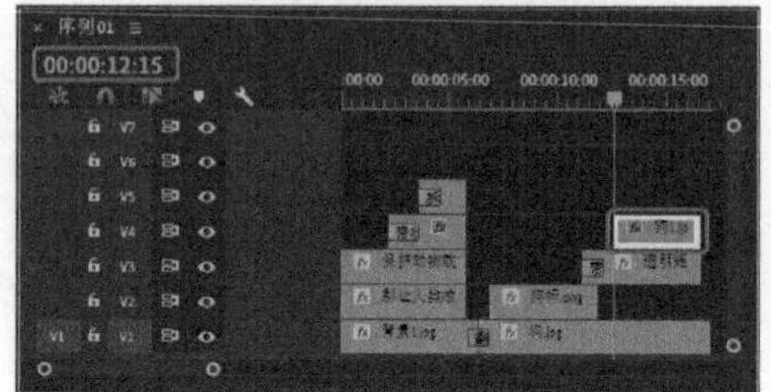

图 8-51

25 选中“狗 1.jpg”素材文件，确定当前时间为 00:00:12:15，在【效果控件】面板中，将【位置】设置为 130、-86，并单击其左侧的【切换动画】按钮，打开动画关键帧记录，将【缩放】设置为 26；将当前时间设置为 00:00:14:00，在【效果控件】面板中，将【位置】设置为 130、473，将【不透明度】设置为 50，如图 8-52 所示。

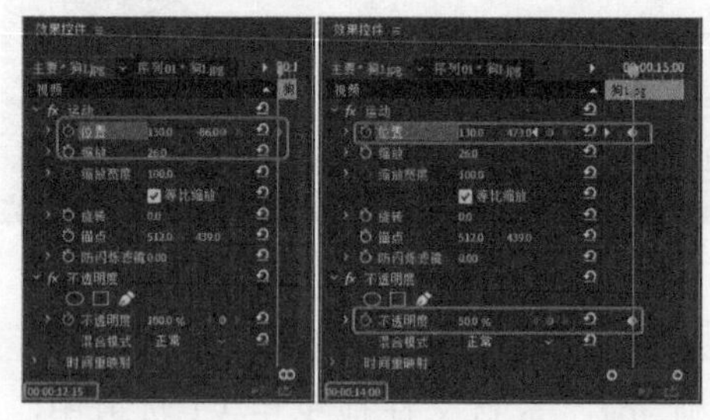

图 8-52

26 将当前时间设置为 00:00:14:01，在【效果控件】面板中，将【不透明度】设置为 100，如图 8-53 所示。

27 将当前时间设置为 00:00:14:00，将“狗 2.jpg”素材文件拖曳至 V5 轨道中，与编辑标识线对齐，将其结束处与 V4 轨道中的“狗 1.jpg”素材文件结束处对齐，如图 8-54 所示。

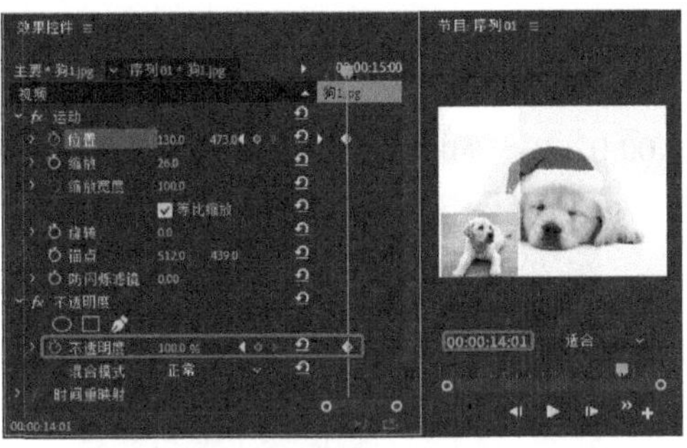
图 8-53

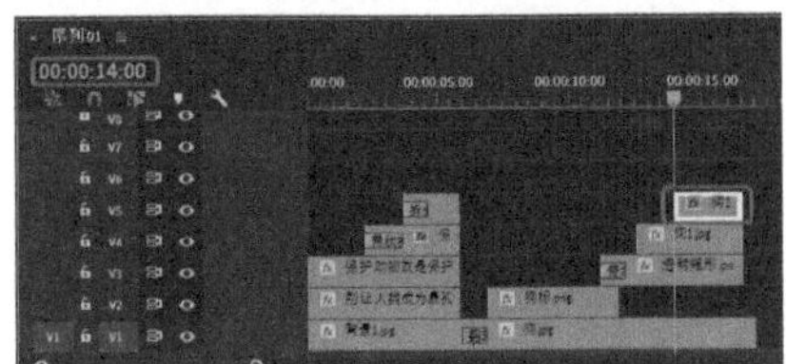
图 8-54

28 选中“狗 2.jpg”素材文件，确定当前时间为 00:00:14:00，在【效果控件】面板中，将【位置】设置为 130、-88，并单击其左侧的【切换动画】按钮，打开动画关键帧记录，将【缩放】设置为 26；将当前时间设置为 00:00:15:05，在【效果控件】面板中，将【位置】设置为 130、277，将【不透明度】设置为 50%，如图 8-55 所示。

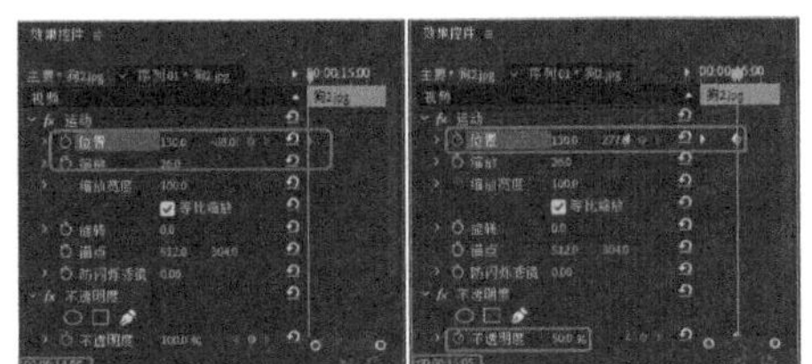
图 8-55

29 将当前时间设置为 00:00:15:06，在【效果控件】面板中，将【不透明度】设置为 100%，如图 8-56 所示。

图 8-56

30 将当前时间设置为 00:00:15:05，将“狗 3.jpg”素材文件拖曳至 V6 轨道中，与编辑标识线对齐，将其结束处与 V5 轨道中的“狗 2.jpg”素材文件结束处对齐，如图 8-57 所示。

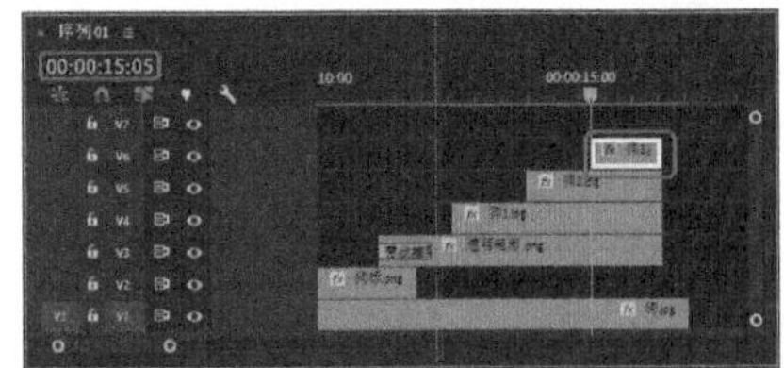
图 8-57

31 选中“狗 3.jpg”素材文件，确定当前时间为 00:00:15:05。在【效果控件】面板中，将【位置】设置为 130、-85，并单击其左侧的【切换动画】按钮，打开动画关键帧记录，将【缩放】设置为 26，将当前时间设置为 00:00:15:20。在【效果控件】面板中，将【位置】设置为 130、100，将【不透明度】设置为 50%，如图 8-58 所示。

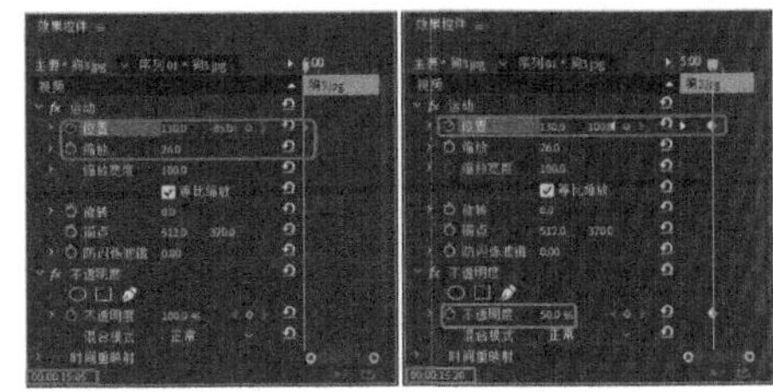
图 8-58

32 将当前时间设置为 00:00:15:21，在【效果控件】面板中，将【不透明度】设置为 100%，如图 8-59 所示。

图 8-59

33 根据前面介绍的方法，制作关于【猫】和【鸟】的动画效果，制作完成后的【序列】面板如图 8-60 所示。

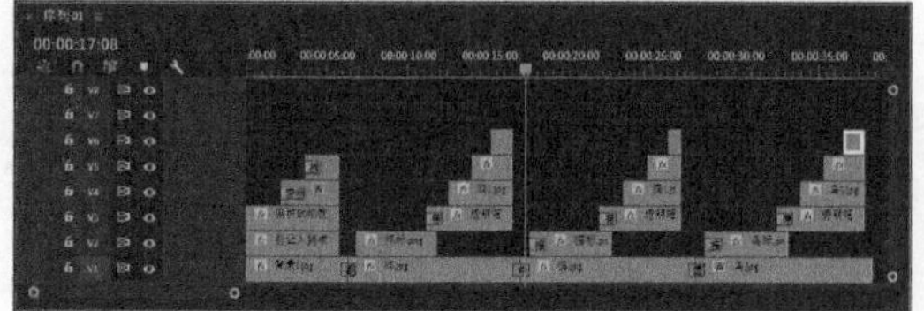

图 8-60

34 将当前时间设置为 00:00:38:11，将“背景 2.jpg”素材文件拖曳至 V1 轨道中，与编辑标识线对齐，并将其持续时间设置为 00:00:08:04，如图 8-61 所示。

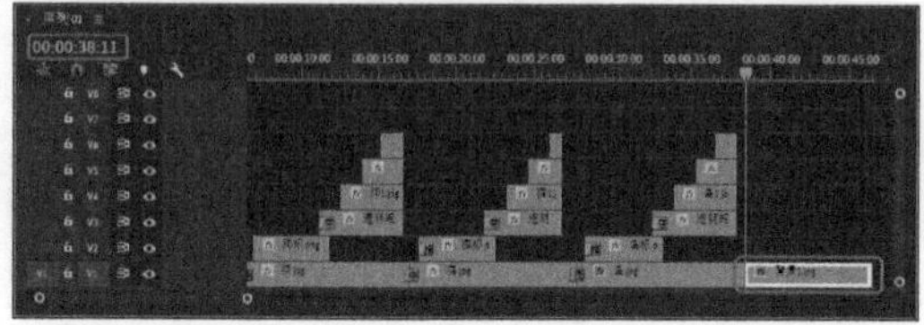

图 8-61

35 选中“背景 2.jpg”素材文件，在【效果控件】面板中，将【缩放】设置为 20，如图 8-62 所示。

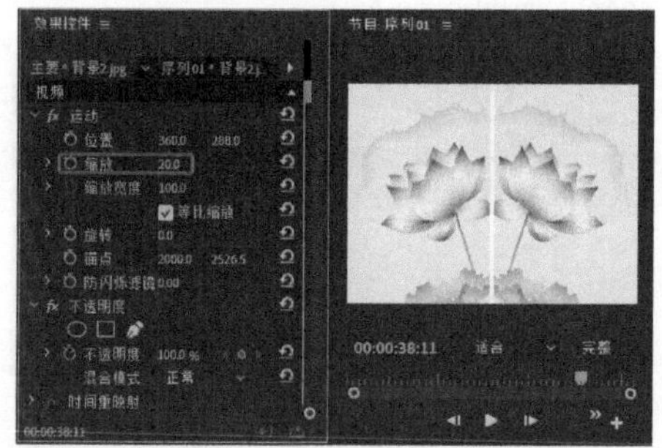

图 8-62

36 在【效果】面板中选择【立方体旋转】切换效果，将其拖曳至【序列】面板中“鸟.jpg”和“背景 2.jpg”素材文件的中间处，如图 8-63 所示。

图 8-63

37 选中添加的【立方体旋转】切换效果，在【效果控件】面板中，将【持续时间】设置为 00:00:00:20，并选中【反向】复选框，如图 8-64 所示。

38 将当前时间设置为 00:00:38:23，将“001.jpg”素材文件拖曳至 V2 轨道中，与编辑标识线对齐，并将其持续时间设置为 00:00:02:20，如图 8-65 所示。

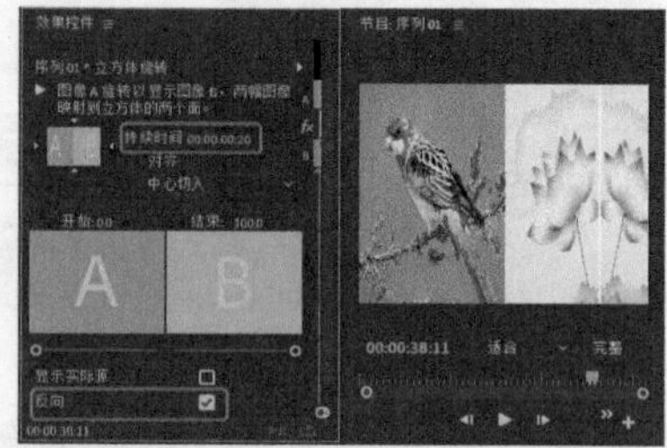

图 8-64

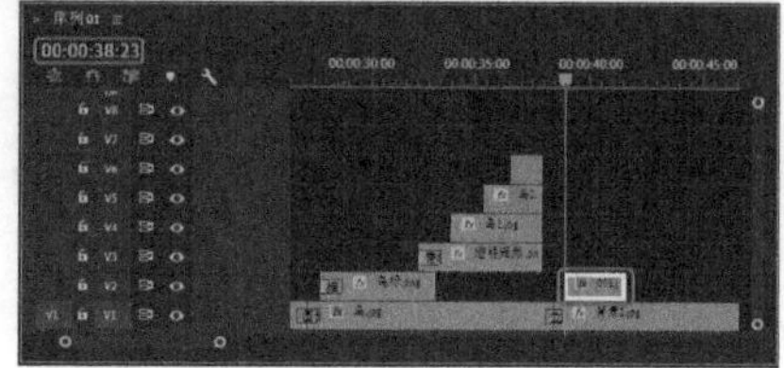

图 8-65

39 选中“001.jpg”素材文件，在【效果控件】面板中，将【位置】设置为 -42、288，将【缩放】设置为 87，如图 8-66 所示。

图 8-66

40 在【效果】面板中选择【交叉溶解】切换效果，将其拖曳至【序列】面板中“001.jpg”素材文件的开始处，如图 8-67 所示。

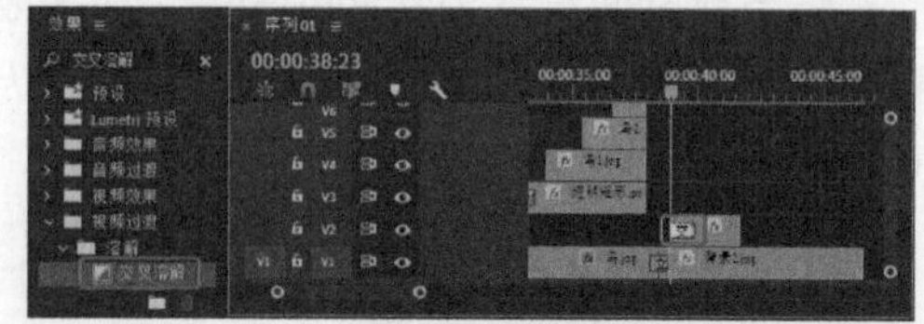

图 8-67

41 将当前时间设置为 00:00:41:18，将“002.jpg”素材文件拖曳至 V2 轨道中，与编辑标识线对齐，并将其持续时间设置为 00:00:02:05，如图 8-68 所示。

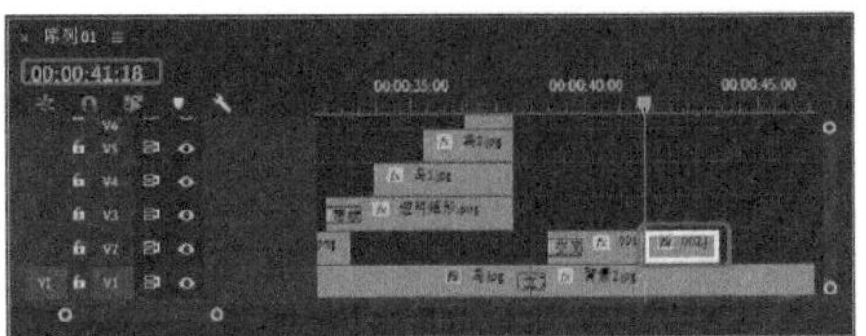
图 8-68

42 选中“002.jpg”素材文件，在【效果控件】面板中，将【位置】设置为-76、288，将【缩放】设置为49，如图8-69所示。

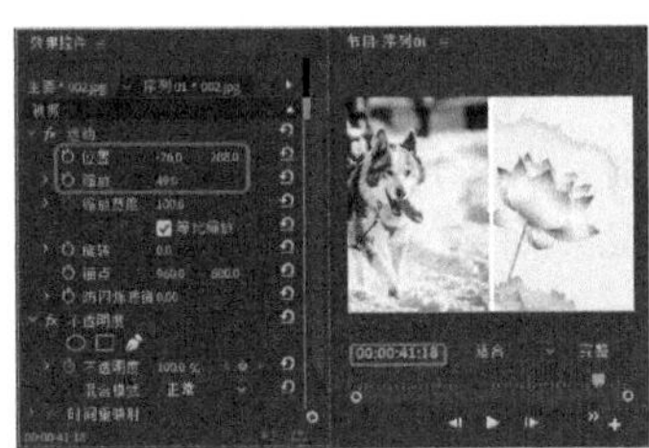
图 8-69

43 在【效果】面板中选择【交叉溶解】切换效果，将其拖曳至【序列】面板中“001.jpg”和“002.jpg”素材文件的中间处，如图8-70所示。

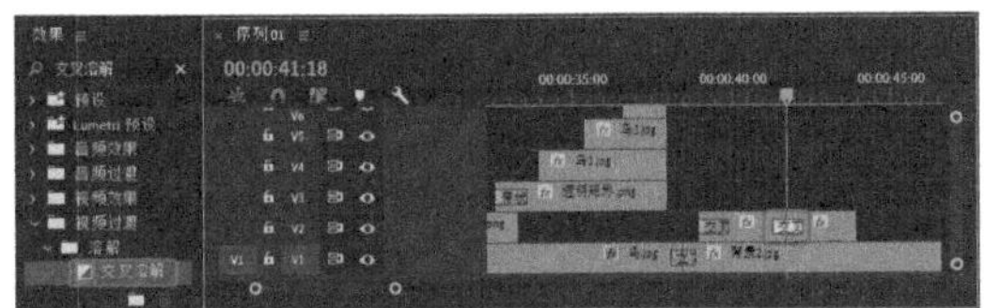
图 8-70

44 将当前时间设置为00:00:43:23，将“003.jpg”素材文件拖曳至V2轨道中，与编辑标识线对齐，并将其持续时间设置为00:00:02:00，如图8-71所示。

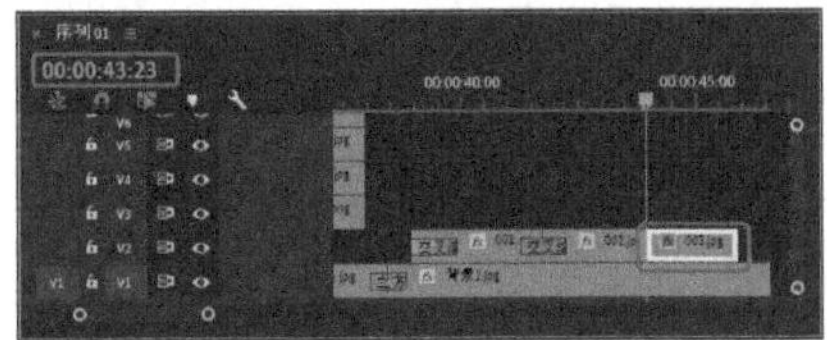
图 8-71

45 选中素材文件“003.jpg”，在【效果控件】面板中，将【位置】设置为-77.3、298.1，将【缩放】设置为50，如图8-72所示。

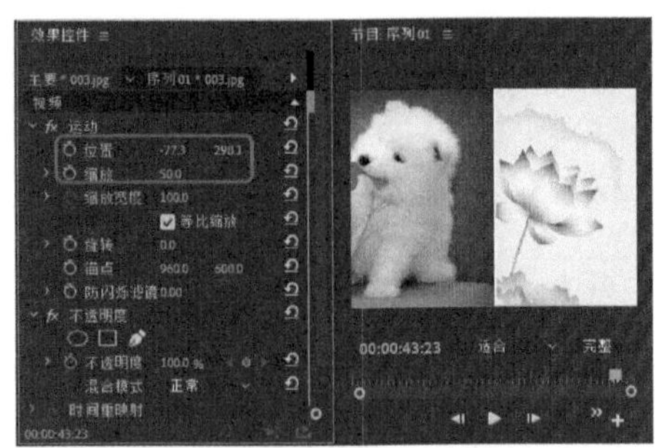
图 8-72

46 在【效果】面板中选择【交叉溶解】切换效果，将其拖曳至【序列】面板中“002.jpg”和“003.jpg”素材文件的中间处，如图8-73所示。

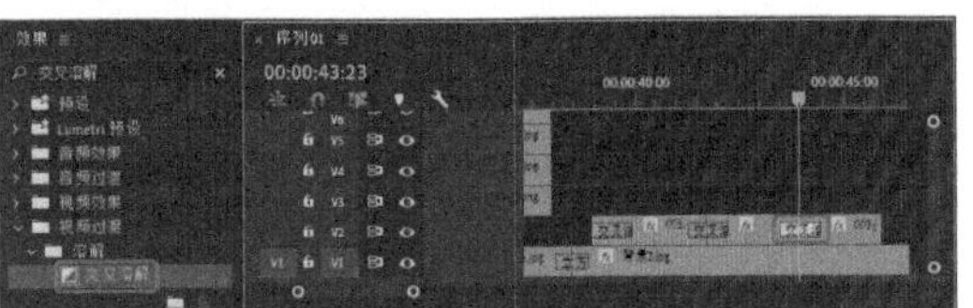
图 8-73

47 将当前时间设置为00:00:38:23，将“相框1.png”素材文件拖曳至V3轨道中，与编辑标识线对齐，将其结束处与V2轨道中的“003.jpg”素材文件结束处对齐，如图8-74所示。

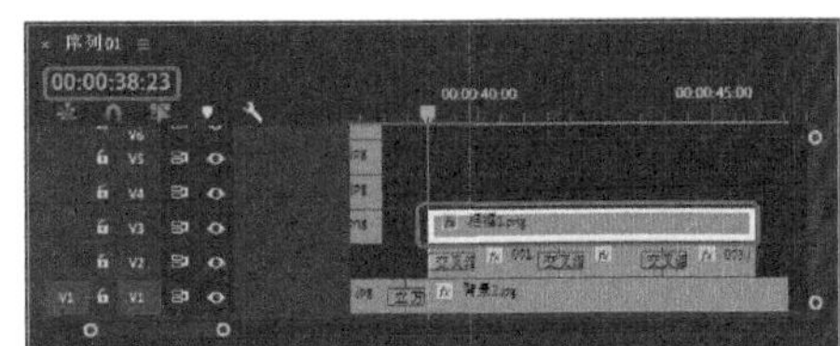
图 8-74

48 选中素材文件“相框1.png”，确认当前时间为00:00:38:23，在【效果控件】面板中，将【位置】设置为470、-53，并单击其左侧的【切换动画】按钮，打开动画关键帧记录，将【缩放】设置为24，将【旋转】设置为-15；将当前时间设置为00:00:39:17，在【效果控件】面板中，将【位置】设置为470、150，如图8-75所示。

49 将当前时间设置为00:00:39:22，将“相框1.1.png”素材文件拖曳至V4轨道中，与编辑标识线对齐，并将其持续时间设置为00:00:02:00，如图8-76所示。

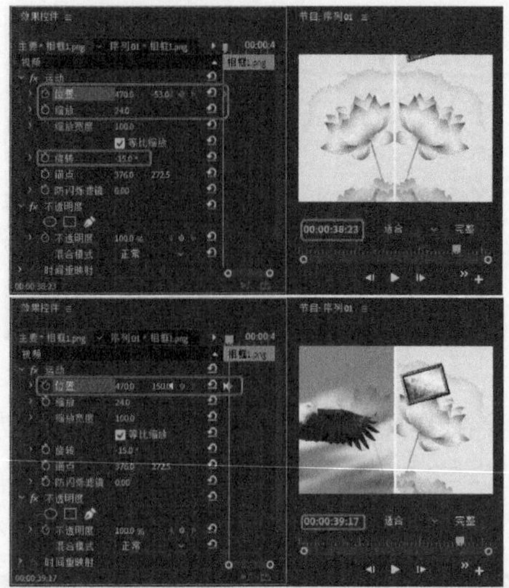
图 8-75

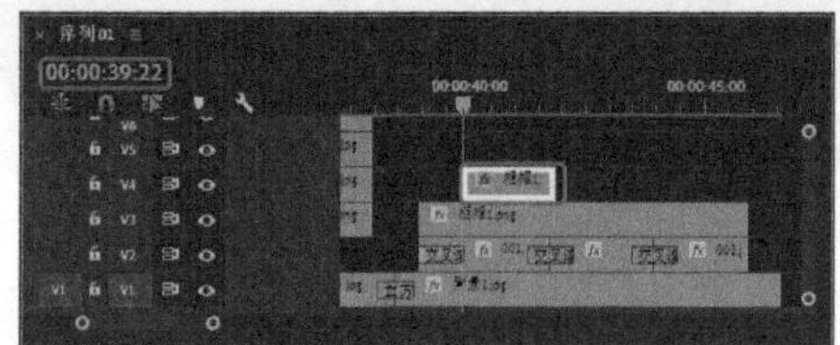
图 8-76

50 选中“相框 1.1.png”素材文件，在【效果控件】面板中，将【位置】设置为 470、150，将【缩放】设置为 24，将【旋转】设置为 -15，如图 8-77 所示。

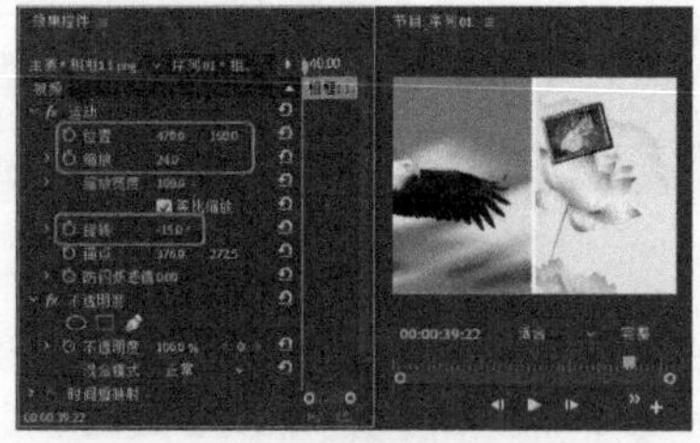
图 8-77

51 在【效果】面板中选择【交叉溶解】切换效果，将其拖曳至【序列】面板中“相框 1.1.png”素材文件的开始处，如图 8-78 所示。

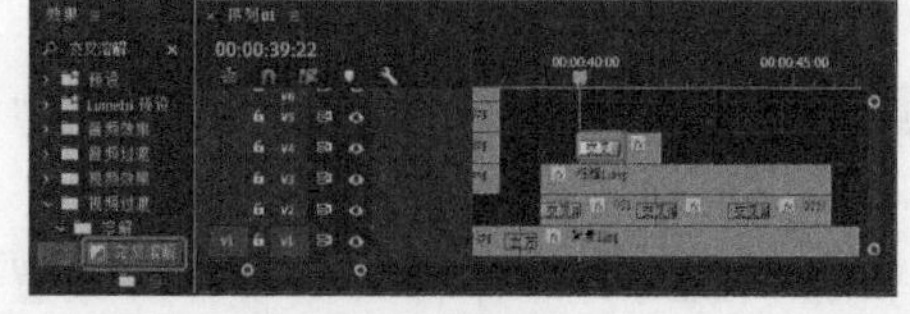
图 8-78

52 选中添加的【交叉溶解】切换效果，在【效果控件】面板中，将【持续时间】设置为 00:00:00:15，如图 8-79 所示。

图 8-79

53 将当前时间设置为 00:00:41:22，将“相框 1.2.png”素材文件拖曳至 V4 轨道中，与编辑标识线对齐，并将其持续时间设置为 00:00:01:13，如图 8-80 所示。

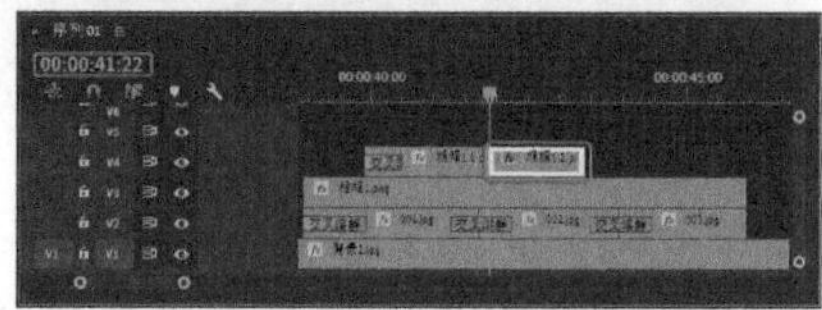
图 8-80

54 选中“相框 1.2.png”素材文件，在【效果控件】面板中，将【位置】设置为 470、150，将【缩放】设置为 24，将【旋转】设置为 -15，如图 8-81 所示。

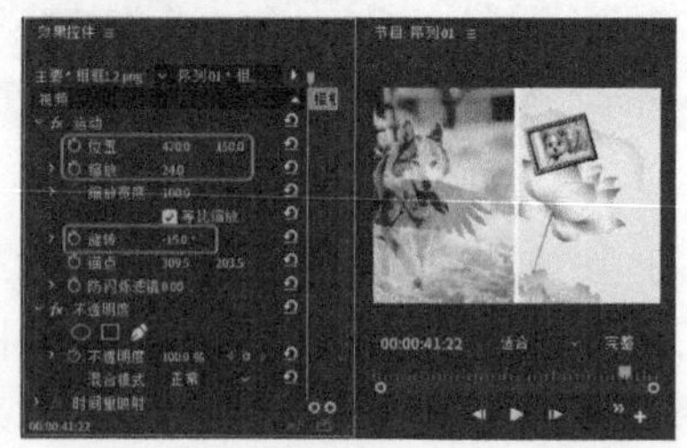
图 8-81

55 在【效果】面板中选择【百叶窗】切换效果，将其拖曳至【序列】面板中“相框 1.1.png”和“相框 1.2.png”素材文件的中间处，如图 8-82 所示。

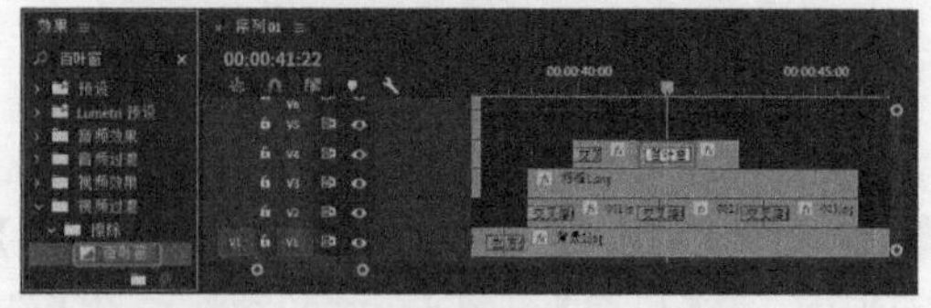
图 8-82

56 选中添加的【百叶窗】切换效果，在【效果控件】面板中，将【持续时间】设置为

00:00:00:15，单击【自定义】按钮，在弹出的【百叶窗设置】对话框中，将【带数量】设置为 32，单击【确定】按钮，如图 8-83 所示。

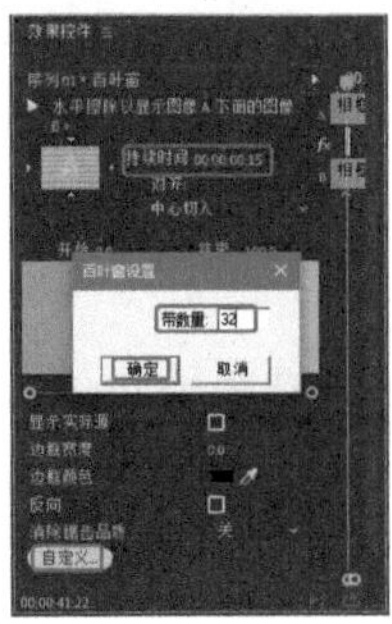

图 8-83

57 将当前时间设置为 00:00:43:10，将“相框 1.3.png”素材文件拖曳至 V4 轨道中，与编辑标识线对齐，将其结束处与 V3 轨道中的“相框 1.png”素材文件结束处对齐，如图 8-84 所示。

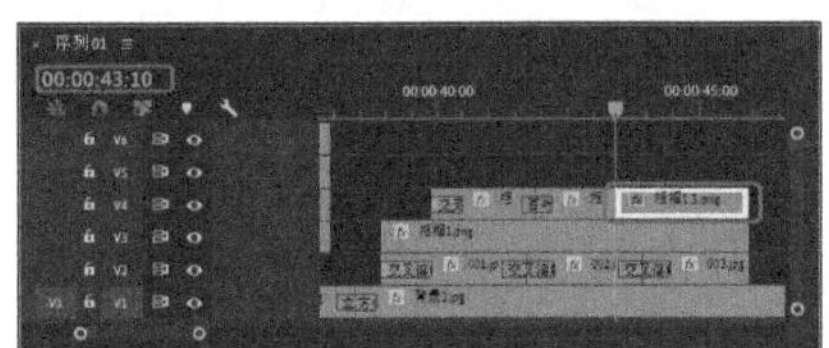

图 8-84

58 选中“相框 1.3.png”素材文件，在【效果控件】面板中，将【位置】设置为 470、150，将【缩放】设置为 24，将【旋转】设置为 -15，如图 8-85 所示。

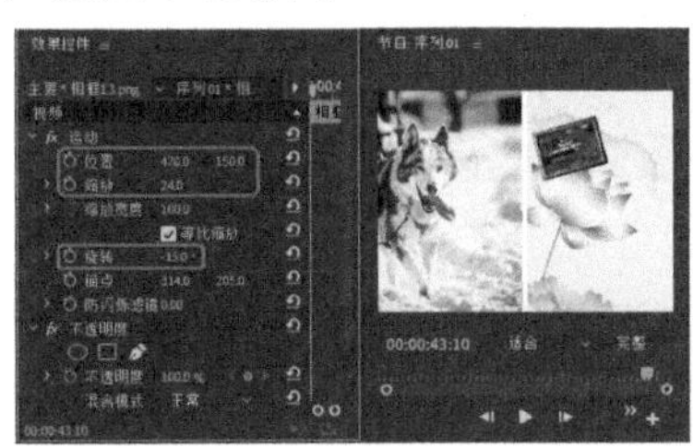

图 8-85

59 在【效果】面板中选择【风车】切换效果，将其拖曳至【序列】面板中“相框 1.2.png”和“相框 1.3.png”素材文件的中间处，如图 8-86 所示。

图 8-86

60 选中添加的【风车】切换效果，在【效果控件】面板中，将【持续时间】设置为 00:00:00:15，单击【自定义】按钮，在弹出的【风车设置】对话框中，将【楔形数量】设置为 32，单击【确定】按钮，如图 8-87 所示。

图 8-87

61 将当前时间设置为 00:00:39:17，将“相框 2.png”素材文件拖曳至 V5 轨道中，与编辑标识线对齐，将其结束处与 V4 轨道中的“相框 1.3.png”素材文件结束处对齐，如图 8-88 所示。

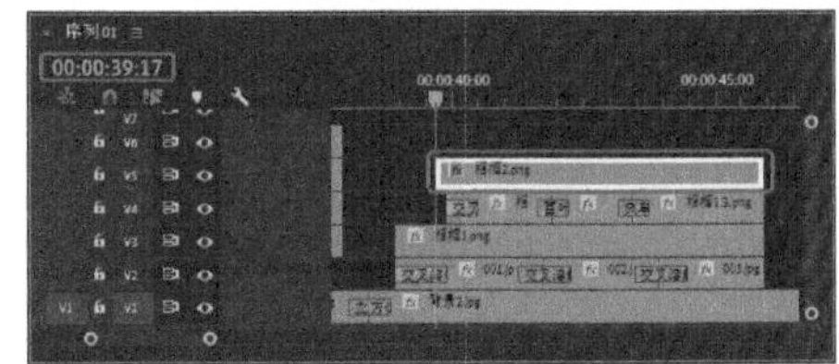

图 8-88

62 选中素材文件“相框 2.png”，确认当前时间为 00:00:39:17，在【效果控件】面板中，将【位置】设置为 796、320，并单击其左侧的【切换动画】按钮，打开动画关键帧记录，将【缩放】设置为 9，将【旋转】设置为 15；将当前时间设置为 00:00:40:17，在【效果控件】面板中，将【位置】设置为 555、320，如图 8-89 所示。

63 将当前时间设置为 00:00:40:22，将“相框 2.1.png”素材文件拖曳至 V6 轨道中，与编辑标识线对齐，并将其持续时间设置为 00:00:02:00，如图 8-90 所示。

64 选中素材文件“相框 2.1.png”，在【效果控件】面板中，将【位置】设置为 555、320，将【缩放】设置为 6.5，将【旋转】设置为 15，如图 8-91 所示。

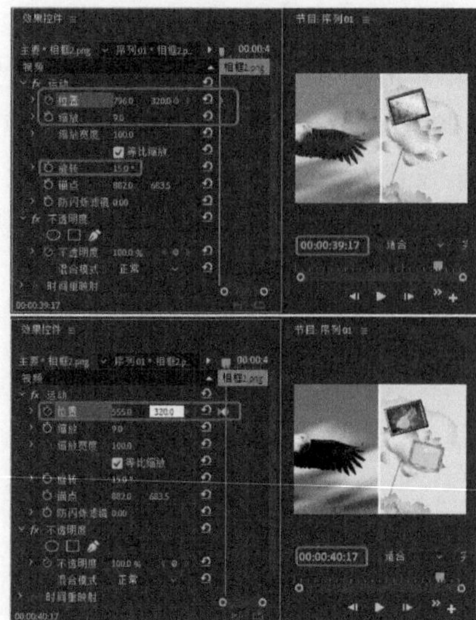
图 8-89

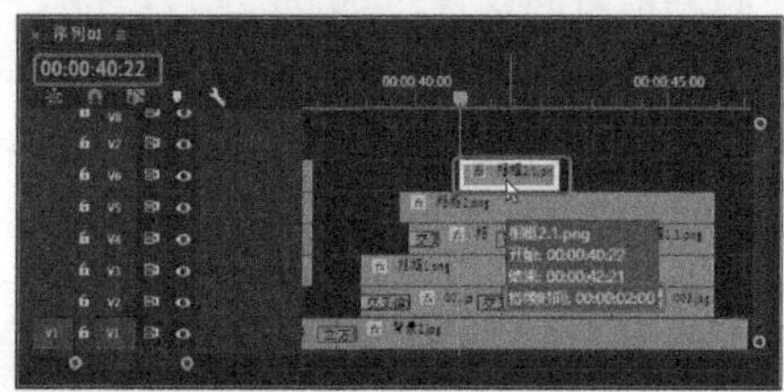
图 8-90

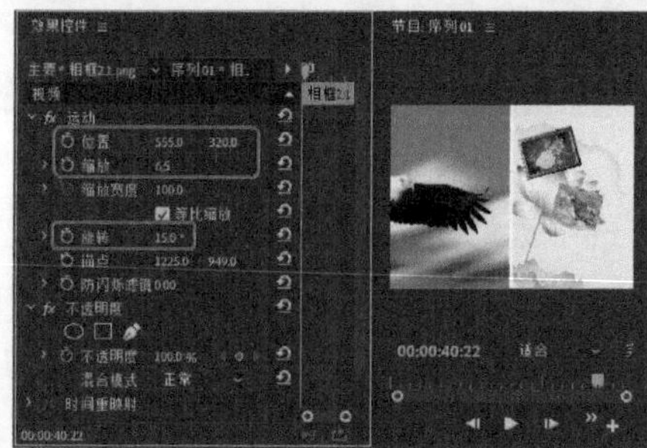
图 8-91

65 在【效果】面板中选择【交叉溶解】切换效果，将其拖曳至【序列】面板中“相框2.1.png”素材文件的开始处，如图 8-92 所示。

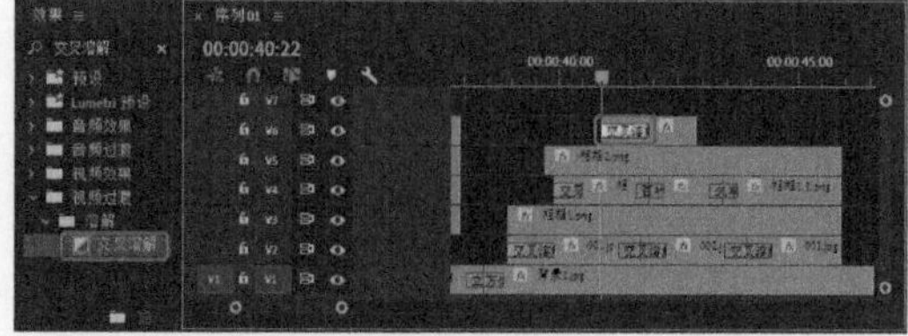
图 8-92

66 选中添加的【交叉溶解】切换效果，在【效果控件】面板中，将【持续时间】设置为 00:00:00:15，如图 8-93 所示。

图 8-93

67 将当前时间设置为 00:00:42:22，将“相框 2.2.png”素材文件拖曳至 V6 轨道中，与编辑标识线对齐，并将其持续时间设置为 00:00:02:00，如图 8-94 所示。

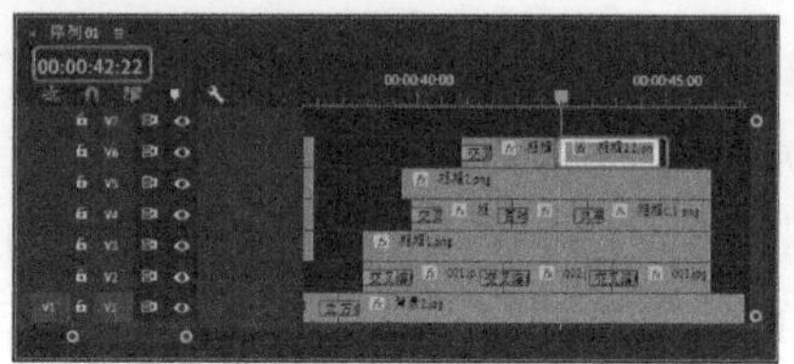
图 8-94

68 选中素材文件“相框 2.2.png”，在【效果控件】面板中，将【位置】设置为 555、320，将【缩放】设置为 6.5，将【旋转】设置为 15，如图 8-95 所示。

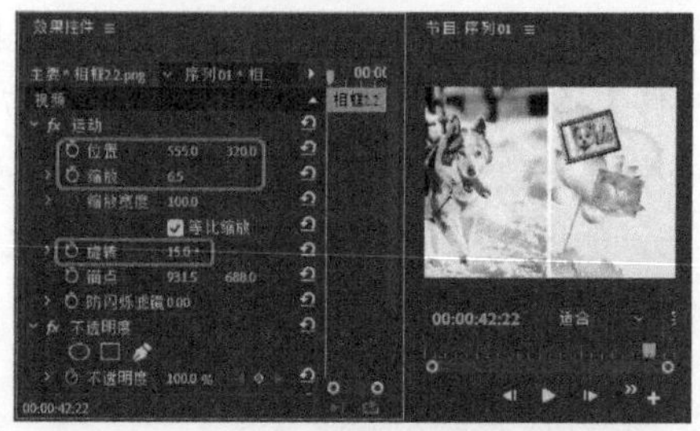
图 8-95

69 在【效果】面板中选择【百叶窗】切换效果，将其拖曳至【序列】面板中“相框 2.1.png”和“相框 2.2.png”素材文件的中间处，如图 8-96 所示。

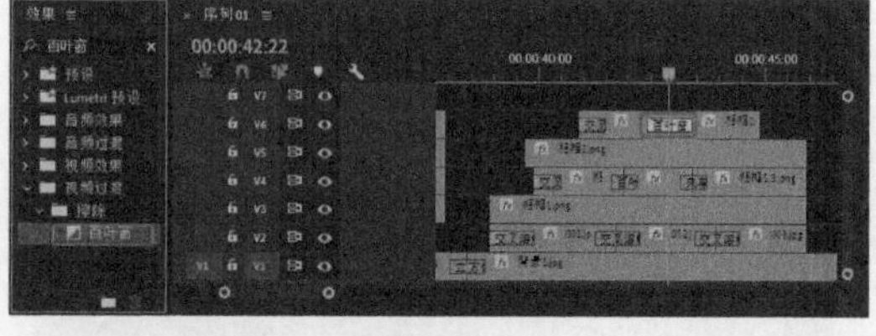
图 8-96

70 选中添加的【百叶窗】切换效果，在【效果控件】面板中，将【持续时间】设置为

00:00:00:15，单击【自定义】按钮，在弹出的【百叶窗设置】对话框中，将【带数量】设置为 32，单击【确定】按钮，如图 8-97 所示。

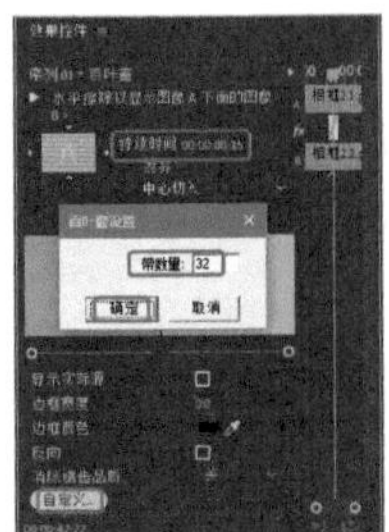

图 8-97

71 将当前时间设置为 00:00:44:22，将“相框 2.3.png”素材文件拖曳至 V6 轨道中，与编辑标识线对齐，将其结束处与 V5 轨道中的“相框 2.png”素材文件结束处对齐，如图 8-98 所示。

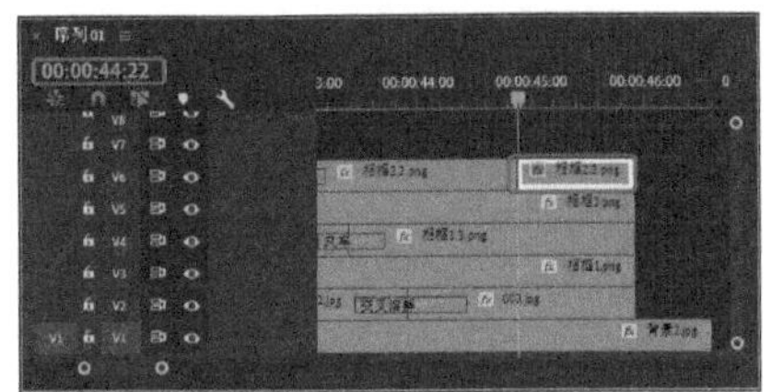

图 8-98

72 选中素材文件“相框 2.3.png”，在【效果控件】面板中将【位置】设置为 555、320，将【缩放】设置为 21，将【旋转】设置为 15，如图 8-99 所示。

图 8-99

73 在【效果】面板中选择【风车】切换效果，将其拖曳至【序列】面板中“相框 2.2.png”和“相框 2.3.png”素材文件的中间处，如图 8-100 所示。

74 选中添加的【风车】切换效果，在【效果控件】面板中，将【持续时间】设置为 00:00:00:15，单击【自定义】按钮，在弹出的【风车设置】对话框中，将【楔形数量】设置为 32，单击【确定】按钮，如图 8-101 所示。

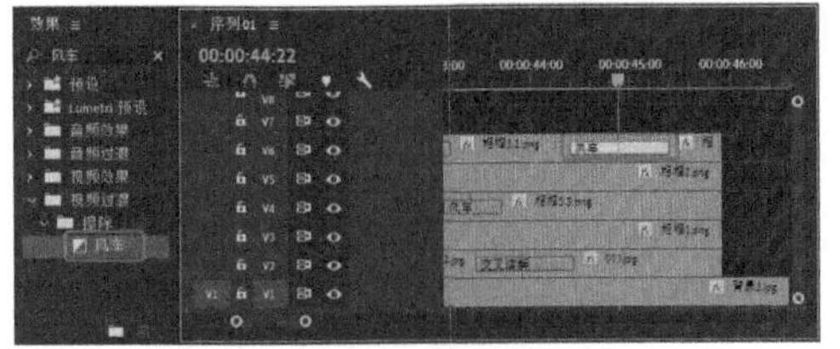

图 8-100

图 8-101

75 将当前时间设置为 00:00:41:02，将【保护动物 2】字幕拖曳至 V7 轨道中，与编辑标识线对齐，将其结束处与 V6 轨道中的“相框 2.3.png”素材文件结束处对齐，如图 8-102 所示。

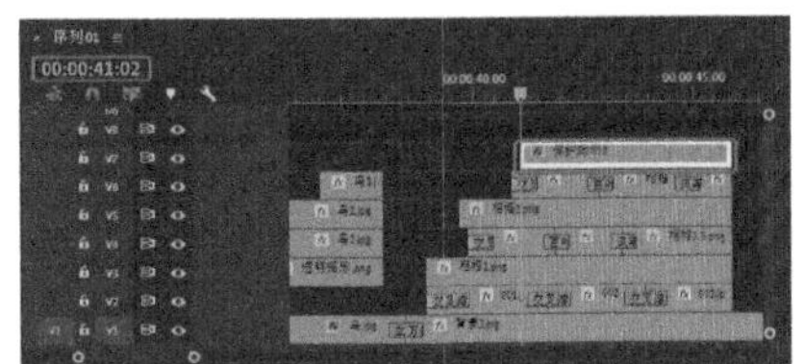

图 8-102

76 选中字幕【保护动物 2】，确认当前时间为 00:00:41:02，在【效果控件】面板中，将【不透明度】设置为 0%；将当前时间设置为 00:00:42:02，在【效果控件】面板中，将【不透明度】设置为 100%，如图 8-103 所示。

77 确认当前时间为 00:00:42:02，将【珍爱生命】字幕拖曳至 V8 轨道中，与编辑标识线对齐，将其结束处与 V7 轨道中的【保护动物 2】字幕结束处对齐，如图 8-104 所示。

78 选中字幕【珍爱生命】，确认当前时间为 00:00:42:02，在【效果控件】面板中，将【位置】设置为 505、288，并单击其左侧的【切换动画】按钮，打开动画关键帧记录；将当前时间设置为 00:00:43:02，在【效果控件】面板中，将【位置】设置为 360、288，如图 8-105 所示。

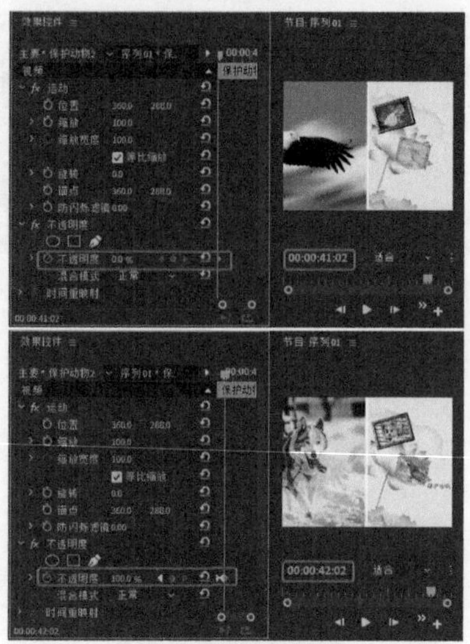

图 8-103

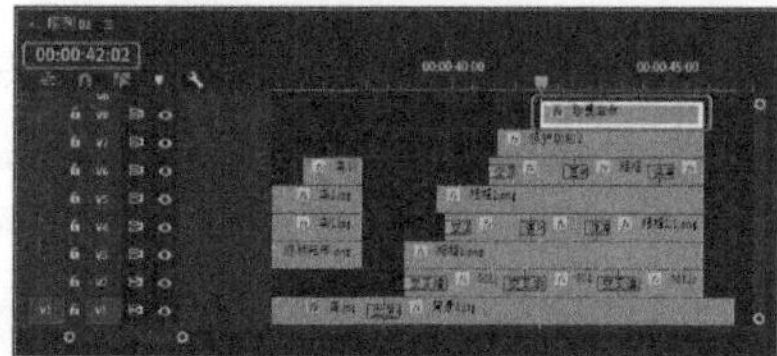

图 8-104

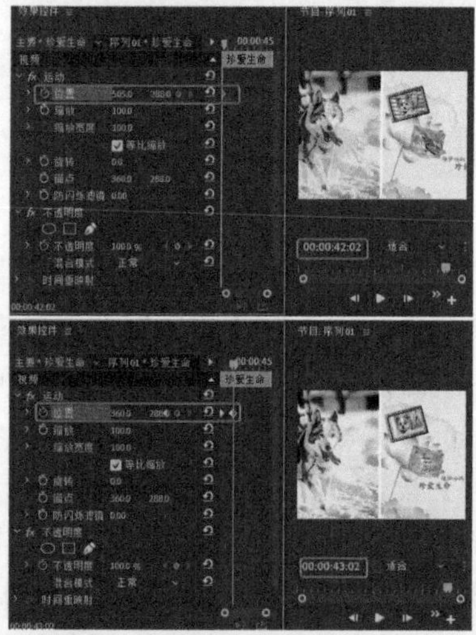

图 8-105

79 确认当前时间为 00:00:43:02，将【我们是一家人】字幕拖曳至 V9 轨道中，与编辑标识线对齐，将其结束处与 V8 轨道中的【珍爱生命】字幕结束处对齐，如图 8-106 所示。

80 选中字幕【我们是一家人】，确认当前时间为 00:00:43:02，在【效果控件】面板中，将【位置】设置为 360、411，并单击其左侧的【切换动画】按钮，打开动画关键帧记录；将当前时间设置为 00:00:44:02。在【效果控件】面板中，将【位置】设置为 360、288，如图 8-107 所示。

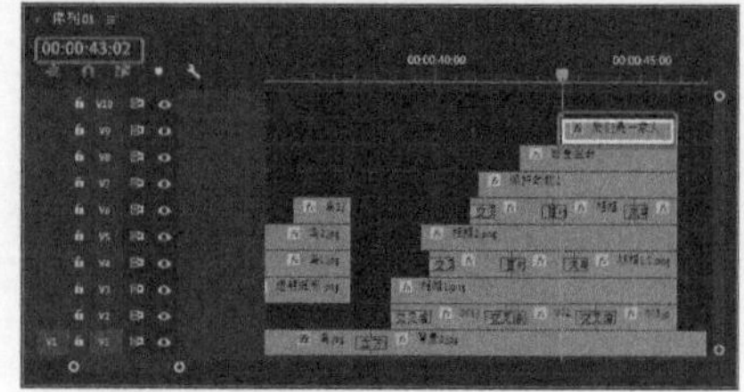

图 8-106

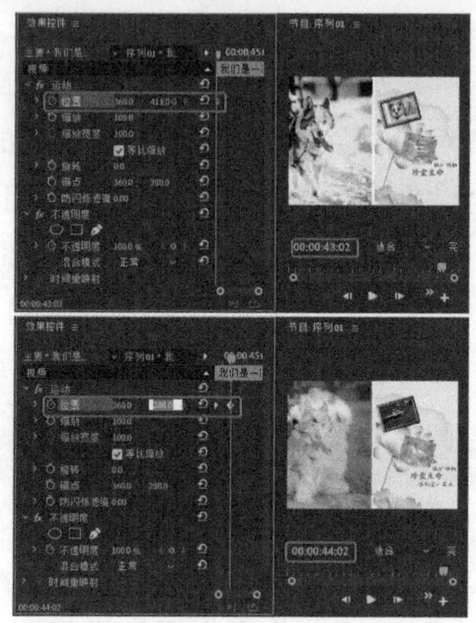

图 8-107

81 确认当前时间为 00:00:44:02，将【让人类不孤单】字幕拖曳至 V10 轨道中，与编辑标识线对齐，将其结束处与 V9 轨道中的【我们是一家人】字幕结束处对齐，如图 8-108 所示。

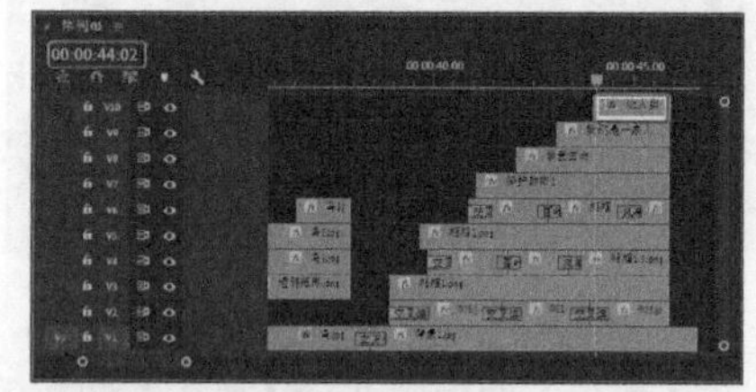

图 8-108

82 选中字幕【让人类不孤单】，确认当前时间为 00:00:44:02，在【效果控件】面板中，将【位置】设置为 540、460，将【缩放】设置为 0，并单击【位置】、【缩放】左侧的【切换动画】按钮，打开动画关键帧记录；将当前时间设置为 00:00:44:16，在【效果控件】面板中，将【位置】设置为 360、288，将【缩放】设置为 100，如图 8-109 所示。

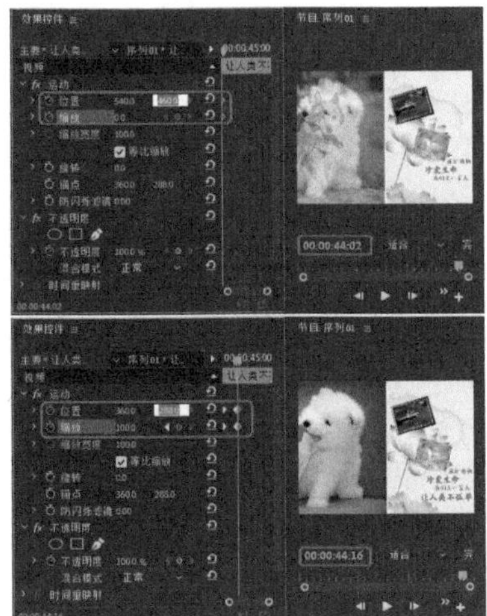

图 8-109

83 将当前时间设置为 00:00:46:15，将"背景 3.jpg"素材文件拖曳至 V1 轨道中，与编辑标识线对齐，将其持续时间设置为 00:00:04:10，如图 8-110 所示。

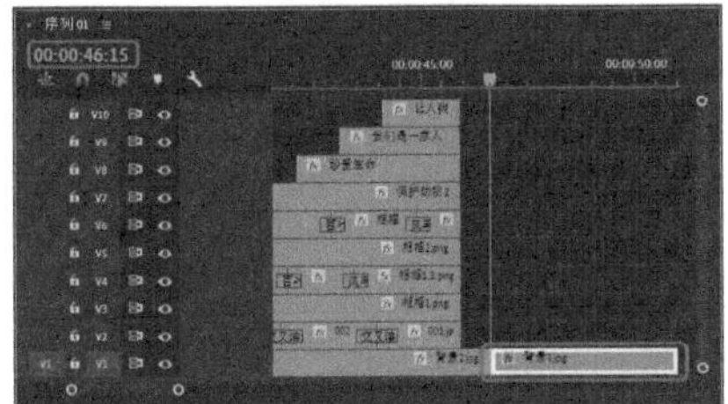

图 8-110

84 选中素材文件"背景 3.jpg"，在【效果控件】面板中，将【缩放】设置为 77，如图 8-111 所示。

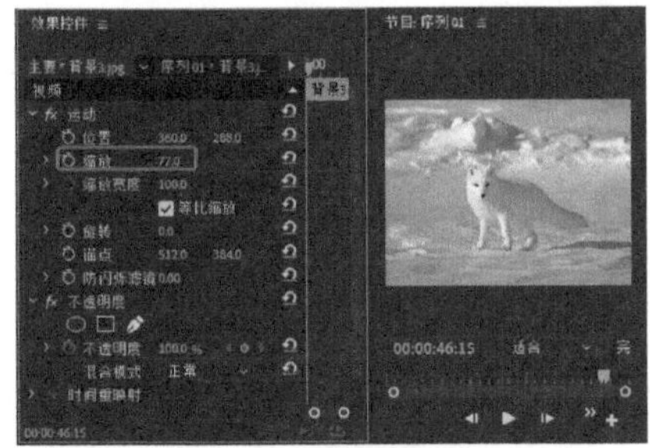

图 8-111

85 在【效果】面板中选择【带状擦除】切换效果，将其拖曳至【序列】面板中"背景 2.jpg"和"背景 3.jpg"素材文件的中间处，如图 8-112 所示。

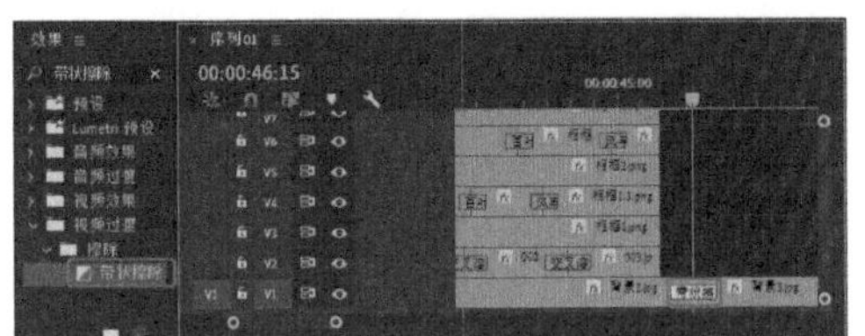

图 8-112

86 确认当前时间为 00:00:47:03，将【善待动物】字幕拖曳至 V2 轨道中，与编辑标识线对齐，将其结束处与 V1 轨道中的"背景 3.jpg"素材文件结束处对齐，如图 8-113 所示。

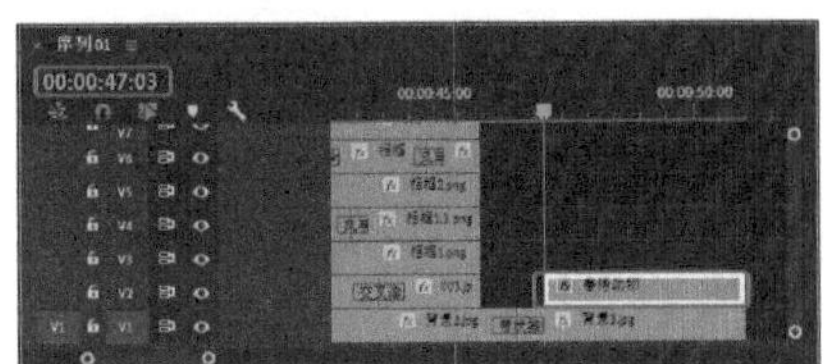

图 8-113

87 选中字幕【善待动物】，确认当前时间为 00:00:47:03，在【效果控件】面板中，将【位置】设置为 -14、288，并单击其左侧的【切换动画】按钮，打开动画关键帧记录；将当前时间设置为 00:00:48:03，在【效果控件】面板中，将【位置】设置为 360、288，如图 8-114 所示。

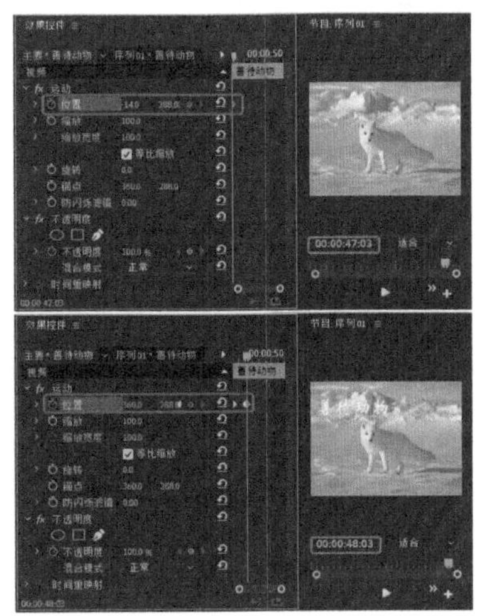

图 8-114

88 确认当前时间为 00:00:48:03，将【和谐生存】字幕拖曳至 V3 轨道中，与编辑标识线对齐，将其结束处与 V2 轨道中的【善待动物】字幕结束处对齐，如图 8-115 所示。

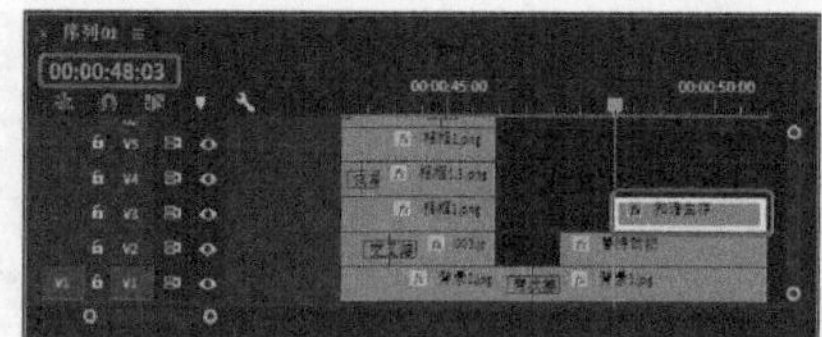
图 8-115

89 在【效果】面板中，展开【视频效果】文件夹，选择【变换】文件夹下的【裁剪】视频效果，将其拖曳至【序列】面板中【和谐生存】字幕上，如图 8-116 所示。

图 8-116

90 选中【和谐生存】字幕，确认当前时间为 00:00:48:03，在【效果控件】面板中，将【剪裁】选项组中【右侧】设置为 50%，并单击其左侧的【切换动画】按钮，打开动画关键帧记录；将当前时间设置为 00:00:48:18，在【效果控件】面板中，将【右侧】设置为 38%，如图 8-117 所示。

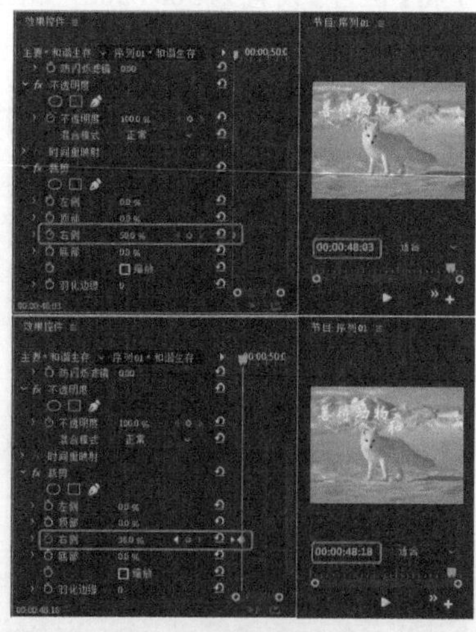
图 8-117

91 将当前时间设置为 00:00:49:08，在【效果控件】面板中，将【右侧】设置为 26.0%；将当前时间设置为 00:00:49:23，在【效果控件】面板中，将【右侧】设置为 15.0%，如图 8-118 所示。

92 将当前时间设置为 00:00:50:13，在【效果控件】面板中，将【右侧】设置为 4.0%，如图 8-119 所示。

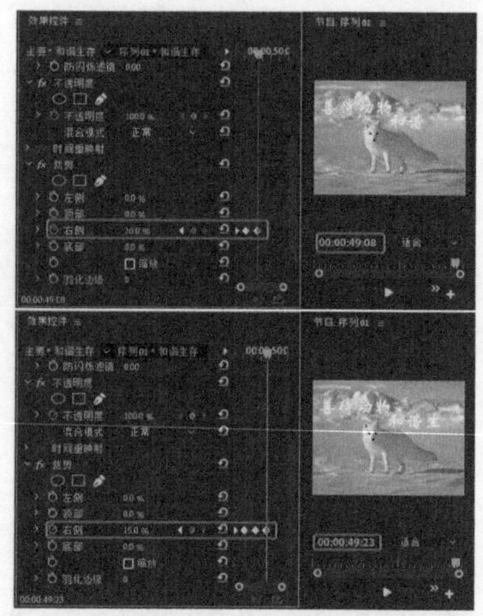
图 8-118

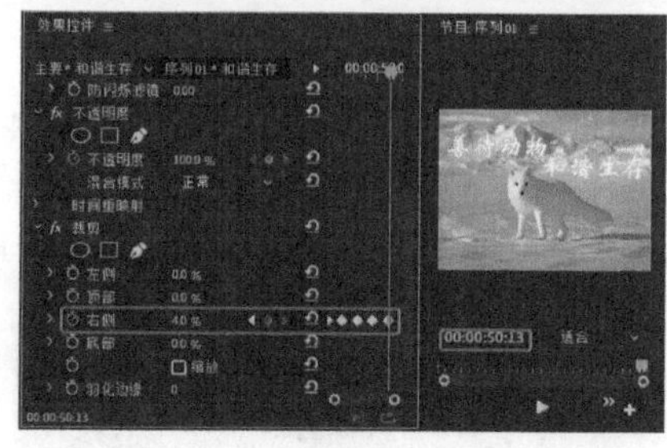
图 8-119

93 将当前时间设置为 00:00:00:00，将“背景音乐 .mp3”素材文件拖曳至 A1 轨道中，与编辑标识线对齐，如图 8-120 所示。

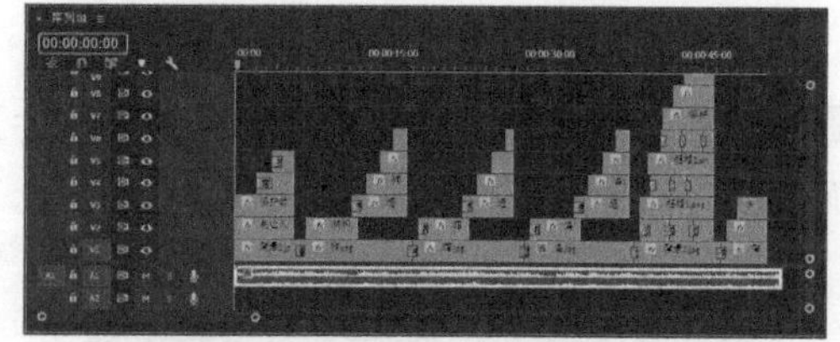
图 8-120

94 将“背景音乐 .mp3”素材文件的结束处与 V1 轨道中的“背景 3.jpg”素材文件结束处对齐，如图 8-121 所示。

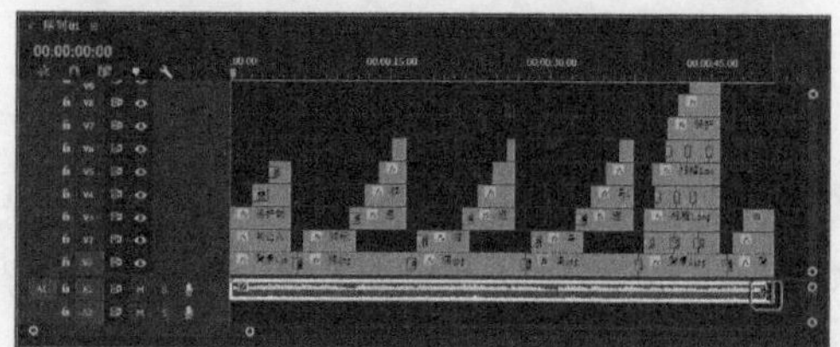
图 8-121

第 9 章

课程设计

本章导读：

本章将通过前面所学的知识来制作环保宣传片以及婚礼片头效果。通过本章的案例可以巩固、加深前面所学内容，通过练习，可以举一反三，制作出其他动画效果。

9.1 环保宣传片

效果展示：

环境污染会给生态系统造成直接的破坏和影响，如沙漠化、森林破坏，也会给人类社会造成间接的危害。本案例将通过制作环保宣传动画来呼吁人们重视环境问题，增强绿色低碳意识，让环保理念更加普及。环保宣传片效果展示如图 9-1 所示。

图 9-1

操作要领：

（1）在制作环保宣传片之前，首先将需要用到的素材导入【项目】面板中。

（2）创建环保宣传片中的字幕。

（3）将素材和字幕添加至序列中，为其添加特效，并设置【位置】、【缩放】及【不透明度】参数，制作环保宣传片。

（4）环保宣传片制作完成后，为完成后的效果添加音乐并进行输出。

9.2 婚礼片头

效果展示：

如今，在结婚录像中都有一段精彩、喜庆的片头。本案例婚礼影片片头使读者能够更加深入地掌握 Premiere，达到融会贯通、举一反三的目的，通过实践来开拓思路以制作出更好的作品。婚礼片头效果展示如图 9-2 所示。

图 9-2

操作要领：

（1）将素材文件导入【项目】面板中，创建 DV-PAL|【标准 48kHz】的【婚礼片头】序列。

（2）在【项目】面板中选择【星光粒子】素材文件，将其添加至 V1 视频轨道中，在弹出的对话框中单击【保持默认设置】按钮，单击【确定】按钮，将【持续时间】设置为 00:00:06:03。

（3）选中添加的素材文件，在【效果控件】面板中将【缩放】设置为 80。

（4）将当前时间设置为 00:00:05:14，在【项目】面板中选择“照片 1.jp”素材文件，将其添加至 V2 视频轨道中，将其开始处与时间线对齐，将其持续时间设置为 00:00:07:16。

（5）选中添加的素材文件，在【效果控件】面板中将【缩放】设置为 300，单击其左侧的【切换动画】按钮，将【不透明度】设置为 0。

（6）将当前时间设置为 00:00:06:14，单击【位置】左侧的【切换动画】按钮，将【缩放】设置为 100，将【不透明度】设置为 100。

（7）将当前时间设置为 00:00:08:05，在【效果控件】面板中将【位置】设置为 421、307.1。

（8）将当前时间设置为 00:00:10:05，将【位置】设置为 328.6、282.3。

（9）在【效果】面板中选择【四色渐变】，按住鼠标左键将其拖曳至 V2 视频轨道的素材上，在【效果控件】面板中，将【混合】、【抖动】、【不透明度】分别设置为 100、0、64，将【混合模式】设置为【滤色】。

（10）将当前时间设置为 00:00:05:05，将“树叶视频 .avi”素材文件拖曳至 V3 轨道中，将持续时间设置为 00:00:08:00，在【效果控件】面板中，将【缩放】设置为 51，将【不透明度】

选项组下的【混合模式】设置为【滤色】。

（11）将当前时间设置为00:00:10:14，将“照片2.jpg”素材文件拖曳至V4轨道中，将【持续时间】设置为00:00:08:09，将【缩放】设置为291，单击左侧的【切换动画】按钮，将【不透明度】设置为0。

（12）将当前时间设置为00:00:11:14，将【位置】设置为360、288，单击左侧的【切换动画】按钮，将【缩放】设置为100，将【不透明度】设置为100。

（13）将当前时间设置为00:00:14:06，将【位置】设置为438、288。

（14）将当前时间设置为00:00:17:06，将【位置】设置为284、288。

（15）在【效果】面板中搜索【四色渐变】特效，将其添加至“照片2.jpg”素材文件上，将【混合】、【抖动】、【不透明度】分别设置为100、0、64，将【混合模式】设置为【滤色】。

（16）将当前时间设置为00:00:10:23，将“树叶视频.avi”素材文件拖曳至V5轨道中，将【持续时间】设置为00:00:08:00，将【混合模式】设置为【滤色】。

（17）将当前时间设置为00:00:17:14，将“照片3.jpg”素材文件拖曳至V6轨道中，将【持续时间】设置为00:00:00:10。

（18）将“照片4.jpg”~“照片14.jpg”素材文件添加至V6轨道中，设置【持续时间】为00:00:00:10。将“照片9.jpg”~“照片14.jpg”素材文件的【缩放】设置为125，将“照片13.jpg”素材文件的【位置】设置为360、383。

（19）在菜单栏中选择【文件】|【新建】|【旧版标题】命令，在弹出的对话框中保持默认设置，单击【确定】按钮。打开字幕编辑器，使用【矩形工具】绘制矩形，将【宽度】和【高度】分别设置为891.5、645.4，将【X位置】和【Y位置】分别设置为400、280.9，将【填充】选项组下的【填充类型】设置为【径向渐变】，将左侧色块颜色的RGB值设置为74、0、117，将【色彩到不透明】设置为0%，将右侧色块颜色的RGB值设置为51、0、80，将【色彩到不透明】设置为65%。

（20）将当前时间设置为00:00:17:14，将【字幕01】添加至V7轨道中，将当前时间与时间线对齐，将【持续时间】设置为00:00:10:00。

（21）将“点光粒子.avi”素材文件添加至V8轨道中，将【持续时间】设置为00:00:10:00，在【效果控件】面板中，将【混合模式】设置为【滤色】。

（22）将当前时间设置为00:00:22:09，将“花瓣例子倒计时.mp4”素材文件添加至V9轨道中，将【持续时间】设置为00:00:07:19，将【缩放】设置为54。

（23）在菜单栏中选择【文件】|【新建】|【旧版标题】命令，创建婚礼片头中的字幕。

（24）使用同样的方法，通过调整字幕的【位置】、【缩放】及【不透明度】参数，制作婚礼动画。

（25）添加音频、输出视频。

附　录

常用快捷键

工具

V 选择工具	A 向前选择轨道工具	Shift+A 向后选择轨道工具
B 波纹编辑工具	N 滚动编辑工具	R 比率拉伸工具
C 剃刀工具	Y 外滑工具	U 内滑工具
P 钢笔工具	H 手形工具	Z 缩放工具
T 文字工具		

文件

Ctrl + Alt + N 新建项目	Ctrl + O 打开项目	Ctrl + Shift + W 关闭项目
Ctrl + W 关闭面板	Ctrl + S 保存	Ctrl + Shift + S 另存为
F5 捕捉	F6 批量捕捉	Ctrl + I 导入
Ctrl + M 导出媒体	Ctrl + Q 退出	Ctrl + / 新建文件夹

编辑

Ctrl + Z 撤销	Ctrl + X 剪切	Ctrl + C 复制
Ctrl + V 粘贴	Ctrl + Shift + V 粘贴插入	Ctrl + Alt + V 粘贴属性
Ctrl + A 全选	Ctrl + Shift + A 取消全选	Ctrl + Shift + / 重复
Delete 清除	Ctrl+G 编组	Ctrl + Shift + G 取消编组
Ctrl + F 查找	Shift + T 修剪编辑	Ctrl + K 添加编辑
Ctrl + E 编辑原始资源	Ctrl + PageDown 项目窗口 放大查看图标	Ctrl + PageUp 项目窗口 列表查看图标
Ctrl + ` 切换全屏	Shift + F 在项目窗口查找	Ctrl + E 编辑原始
Ctrl + R 速度 / 持续时间	Ctrl + B 新建素材箱（项目面板）	Shift + G 音频声道
Shift + E 启用（软件打开素材播放的意思）	Ctrl + L 链接 / 取消链接	Ctrl + U 制作子剪辑
Alt + Shift + 0 重置当前工作区		

标记

I　标记入点	O　标记出点	M 添加标记
X 标记剪辑	/ 标记选择项	Shift + I　转到入点
Shift + O　转到出点	Ctrl + Shift + I 清除入点	Ctrl + Shift + Q 清除出点
Ctrl + Shift + X　清除入点和出点	Shift + M 转到下一个标记	Ctrl + Shift + M 转到上一个标记
Ctrl + Alt + M 清除当前标记	Ctrl + Alt + Shift + M 清除所有标记	

字幕

Ctrl + T 新建字幕	Ctrl + Shift + L　左对齐	Ctrl + Shift + C　居中
Ctrl + Shift + R　右对齐	Ctrl + Shift + T　制表符设置	Ctrl + J 模板
Ctrl + Alt +] 上层的下一个对象	Ctrl + Alt + [　下层的下一个对象	Ctrl + Shift +] 移到最前
Ctrl + Shift + [　移到最后	Ctrl +] 前移	Ctrl + [后移

参考文献

[1] 江真波，薛志红，王丽芳 .After Effects CS6 影视后期制作标准教程 [M]. 北京：人民邮电出版社，2016.

[2] 潘强，何佳 .Premiere Pro CC 影视编辑标准教程 [M]. 北京：人民邮电出版社，2016.

[3] 周建国 .Photoshop CS6 图形图像处理标准教程 [M]. 北京：人民邮电出版社，2016.

[4] 沿铭洋，聂清彬 .Illustrator CC 平面设计标准教程 [M]. 北京：人民邮电出版社，2016.

[5] Adobe 公司 .Adobe InDesign CC 经典教程 [M]. 北京：人民邮电出版社，2014.

[6] 唯美映像 .3ds MaX2013+VRay 效果图制作自学视频教程 [M]. 北京：人民邮电出版社，2015.